불의 사용부터 우주 개척까지

인류의 과학 기술 문명

불의 사용부터 우주 개척까지

인류의 과학 기술 문명

DK 과학사 편집위원회 지음 | 박종석, 박다혜, 전경희, 최지미, 이영미 옮김

Contents

300만 년 전-800
과학의 시작, 그 이전

800-1545
새로운 사고

1545-1790
발견의 시대

1790-1895
혁명

1895-1945
원자 시대

1945-현재
현대 과학

TIMEO

300만 년 전–800
과학의 시작, 그 이전

불의 사용, 농경의 시작과 같은 인류 최초의 과학적 발견은 기원전 4000년경 최초의 문명이 생겨나기 훨씬 전에 일어났다. 사람들이 정착하게 되면서 변화의 속도는 더욱 빨라졌다. 바빌로니아인들은 천문학을, 그리스인들은 의학과 수학을 발전시켰고 로마인들은 공학 분야를 선도했다. 하지만 476년 서로마 제국이 멸망한 후 많은 과학 지식이 수 세기 동안 사라졌다.

300만 년 전 ▸ 기원전 8000

현재까지 발견된 가장 오래된 악기는 조류 뼈와 매머드 상아로 만든 4만 년이 넘은 피리이다.

기원전 79만 년

최초의 불 사용

인류는 150만 년 전부터 불을 피우고 다루는 방법을 알고 있었을 것이다. 집에서 불을 피운 가장 오래된 흔적은 이스라엘의 제셰 베노 야코프 유적지에서 발견된 기원전 79만 년의 화로이다. 불을 사용해 사람들은 음식을 더 다양하게 조리할 수 있게 되었다.

기원전 40만 년

창을 사용한 사냥

초기 사냥꾼들은 나무 막대기를 창으로 사용했다. 끝이 날카로운 창을 찌르거나 던져서 먼 거리의 사냥감을 공격할 수 있었다. 기원전 20만 년경 창 끝에 돌촉을 붙여 더욱 효과적으로 사용할 수 있게 만들었다.

가장 오래된 나무 창은 독일 쇠닝엔에서 발견되었다.

창을 조준하는 초기 사냥꾼

300만 | 400,000 | 125,000

약 260만 년 전~기원전 25만 년 석기

인류가 특정한 목적으로 만든 최초의 물건은 석기이다. 가장 오래된 석기는 케냐의 투르카나 호수에서 발견되었으며 330만 년 전 만들어진 것으로 추측된다. 도구 제작자들은 하나의 돌로 다른 돌을 깎아 날카로운 날을 만들었다. 이렇게 만든 도구를 "올도완"이라고 한다.

올도완 자르개

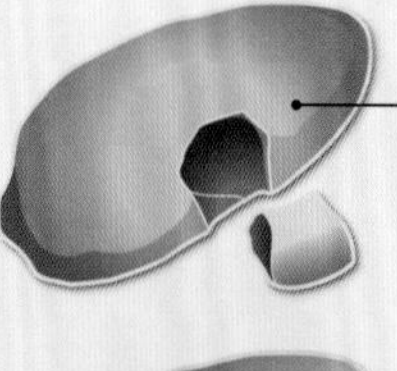

1. 몸돌을 준비한다.

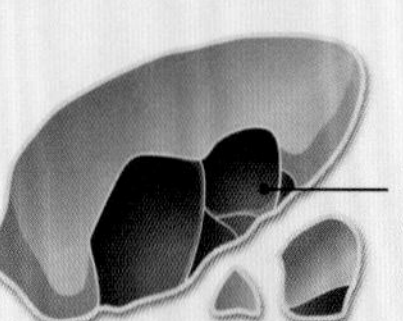

2. 몸돌을 일정한 형태로 떼어낸다.

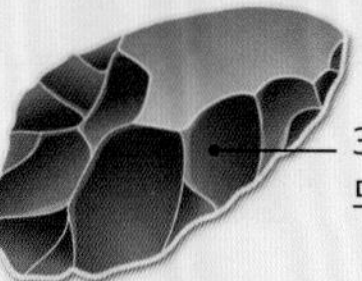

3. 도구의 최종 모양이 나타난다.

주먹도끼

올도완 석기는 상당히 조잡했다. 그러다가 약 176만 년 전에 새로운 석기 가공법이 등장했다. 아슐리안으로 알려진 이 방법은 돌의 양면을 떼어내어 날을 만들고 아랫부분을 잡기 쉽도록 모양을 만드는 것이었다. 이러한 도구를 주먹도끼라고 한다.

아슐리안 주먹도끼

르발루아 기법

약 32만 5천 년 전 석공들은 현재 르발루아 기법으로 알려진 도구 제작 방법을 사용하기 시작했다. 이 방법으로 몸돌에서 의도적인 형태로 격지석기를 떼어냈다.

기원전 71,000년

활과 화살

남아프리카에서 발견된 작은 돌화살촉은 인류가 기원전 71,000년 전부터 활과 화살 만드는 방법을 알았다는 것을 보여준다. 활과 화살은 창보다 더 효율적이어서 사냥할 때 먼 거리의 사냥감을 쓰러뜨릴 수 있었다.

초기 화살촉

아마 섬유를 꼬면 더 강해진다.

기원전 34,000년

최초의 아마 섬유

유럽과 아시아 사이의 코카서스 지역에 있는 조지아의 동굴에서 발견된 꼬아서 만든 아마 섬유는 기원전 34,000년에 인류가 식물 섬유를 사용하여 밧줄이나 끈을 만드는 방법을 알았다는 것을 보여주는 증거이다. 일부 섬유는 화려한 색으로 보이도록 염색되어 있었다.

기원전 18,000년

토기 제작

최초의 토기는 점토로 모양을 만들어 불에 구워서 음식을 조리하거나 저장하는 데 사용했다. 가장 초기의 도자기는 기원전 18,000년경에 중국에서 만들어졌다. 기원전 14,000년경에는 일본의 조몬인이 대규모로 토기를 만들었다.

일본 조몬 시대 토기

양의 초기 품종인 무플런

기원전 8500년

동물 가축화

초기 농부들은 동물을 사냥만 하는 대신 동물을 기르고 사육하기 시작했다. 이렇게 최초로 가축화된 양과 염소는 인류에게 안정된 식량원이 되었다.

35,000

8000

동물 가죽을 뚫기 위해 사용한 끝이 뾰족하고 가는 바늘

기원전 30,000년

바늘

이 무렵 뾰족하게 깎은 뼈바늘이 확산되기 시작했는데 이는 당시에도 바느질을 했었음을 시사한다. 기원전 63,000년부터 중국, 아프리카, 유럽의 일부 지역에서 뼈바늘을 사용한 증거가 있지만 그 용도는 확실하지 않다.

기원전 10,500년

작물 재배

시리아의 아부 후레이라 마을 사람들이 의도적으로 야생 호밀과 밀의 일종인 외알밀 씨앗을 뿌린 것이 농경의 시작이었다. 이로써 채집을 위해 멀리 이동하지 않아도 수확할 수 있는 여분의 식량원을 확보하게 되었다.

농경의 시작
10~11쪽

기원전 8000년

최초의 통나무 배

인류는 기원전 5만 년경부터 배를 이용해 호주에 다다랐을 것이 틀림없지만 현재까지 발견된 가장 오래된 배는 네덜란드에서 발견된 기원전 8000년경에 만들어진 카누이다. 이 카누는 큰 통나무 속을 파서 앉을 자리를 만들었다.

“테라스에서 경작지와 휴경지, 연못과 과수원이 보인다.”

메소포타미아의 길가메시 서사시, 기원전 2000년경

앉을 자리를 만들기 위해 속을 파낸 나무

가장 초기의 배는 사진의 아메리카 원주민 더그아웃 카누와 매우 흡사했다.

농경의 시작

기원전 8500년경 서남아시아 사람들은 주거지 주변에 곡물 씨앗을 뿌리기 시작했다. 덕분에 그들은 식물을 수확하기 위해 멀리 이동해야 하는 번거로움을 피할 수 있었다. 거의 같은 시기에 최초의 농부들은 야생 염소, 돼지, 양, 소를 길들였고 그중 가장 우수한 것을 가축으로 선택하여 고기, 우유, 가죽을 얻었다.

가축화와 재배

더 크고 좋은 옥수수

기원전 9000년경 중앙아메리카에서 재배하기 시작한 테오신트는 속대가 작고 껍질은 단단해서 수확 시 알갱이가 쉽게 떨어졌다. 당시 농부들은 잘 부서지지 않고 속대가 큰 개체를 선택해 옥수수를 점차 개량해 나갔다.

테오신트　옥수수

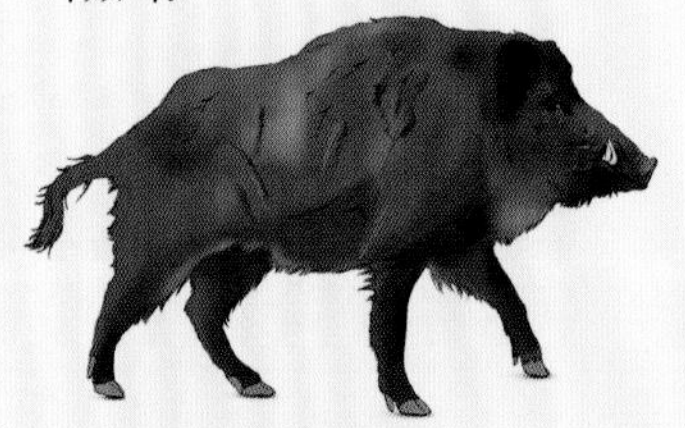

멧돼지

돼지 길들이기

기원전 7500년경 서아시아의 사냥꾼들이 야생 멧돼지를 선별해 기르면서 돼지 사육이 시작되었다. 그들은 돼지를 점차 더 작고 온순한 가축으로 길들였다.

오늘날 가축화된 돼지

더 맛있는 감자

감자는 약 8000년 전 페루에서 처음 재배되었다. 야생 감자는 쓴맛이 났지만 맛이 점차 개선되고 품종이 다양해졌다.

페루의 야생 감자

오늘날의 감자

북아메리카

기원전 2000~1000년
호박, 해바라기,
마디풀, 작은보리

멕시코

기원전 8000~3000년
고추, 아보카도, 옥수수, 호박, 콩,
목화, 토마토, 칠면조, 오리

농경의 확산

서아시아, 동아시아, 중남미, 북미 동부, 아프리카 일부, 인도 아대륙 등 여러 지역에서 식물이 재배되고 동물이 가축화되었다. 이후 농경은 전 세계로 확산되었다.

수확 도구

농부들은 농작물의 거친 줄기를 자르기 위해 주로 날이 구부러진 낫과 같은 도구를 개발했다. 초기의 날은 연마한 돌로 만들어졌지만 금속 가공 기술이 발전하면서 나중에는 구리, 청동, 철로 만들어졌다.

청동 농기구(왼쪽)와 철제 날(오른쪽)

주요 사건

기원전 27,000~12,000년

사냥꾼들은 늑대를 길들여서 동물을 처음 가축화하였다. 가축화는 여러 지역에서 동시에 일어났을 것이다.

기원전 23,500~22,500년

중동의 수렵 채집인들은 야생 밀, 보리, 피스타치오, 올리브를 수확해서 절굿공이로 갈았다.

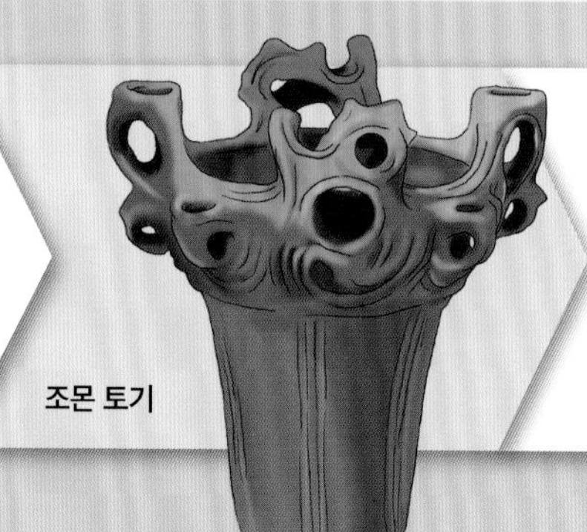

조몬 토기

기원전 14,000년

농부들에게 필수적인 토기는 중국에서 처음 등장했다. 하지만 기원전 14,000년경에는 일본의 조몬인이 고품질 토기 생산의 선두 주자였다.

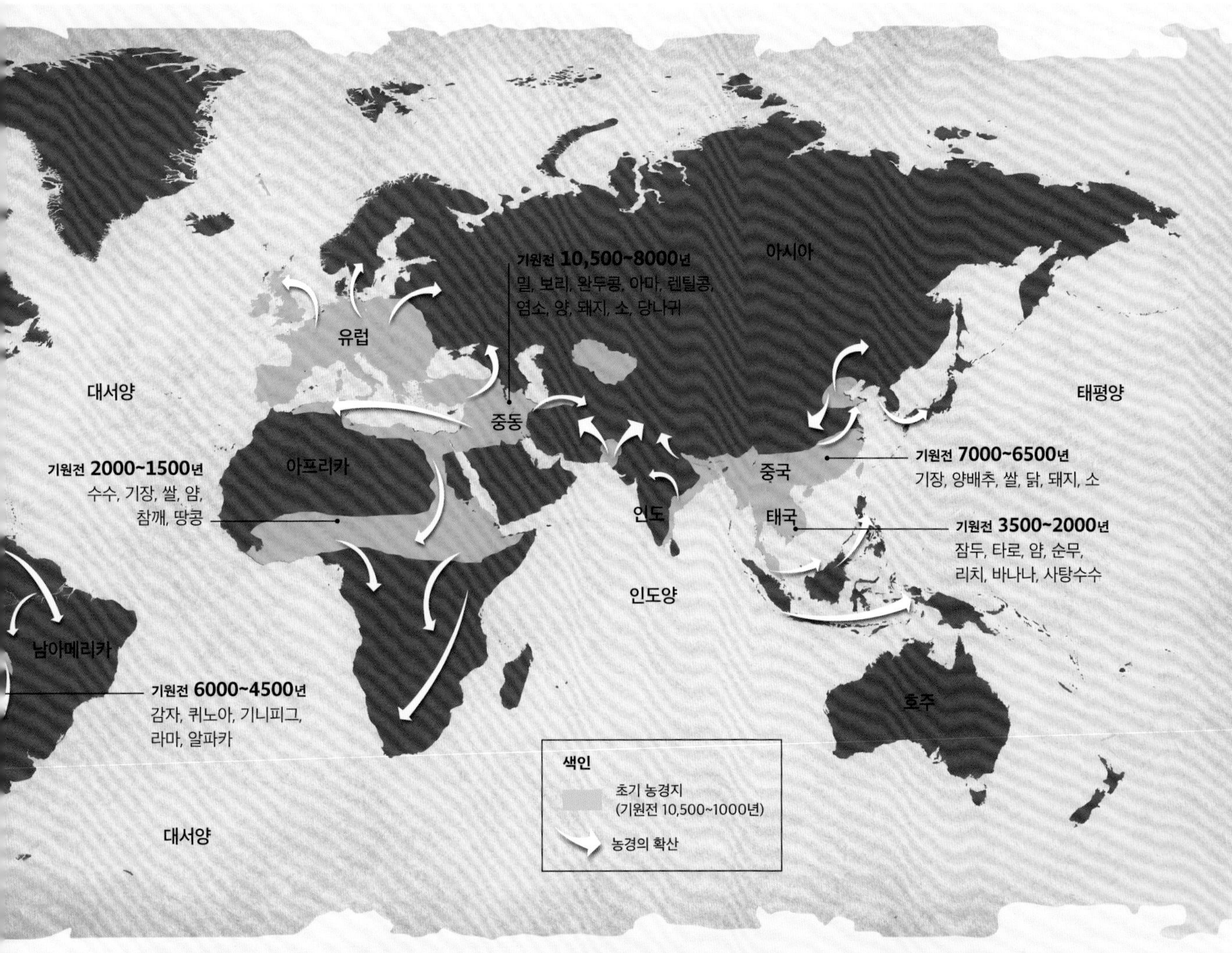

정착 생활의 시작

농경 기술이 발전하면서 사람들은 유목 생활을 포기하고 마을에 정착했다. 작물의 재배와 가축화로 인해 식량이 더 안정적으로 공급되면서 인구가 증가했다. 사람들의 생활은 작물을 심고 수확하는 연간 주기를 중심으로 돌아가기 시작했다.

기원전 8500년

튀르키예 서부에서는 고기와 우유를 얻기 위해 대형 야생 소인 오로크스를 가축화했다. 시간이 지남에 따라 현대의 소와 비슷하게 더 작고 온순한 소로 사육되었다.

기원전 8500년

정착민들은 야생 밀을 심었다. 수확기가 되면 농부들은 가장 좋은 씨앗을 보관해 다음 해에 파종했고 서서히 수확량이 증가했다.

기원전 4300년

물에서 벼를 재배하는 최초의 논은 중국에서 등장했다. 쌀 자체는 약 5,000년 이전부터 재배되었다.

기원전 3500년

남미에서는 가축화에 적합한 동물이 별로 없어서 농부들은 라마, 알파카, 기니피그를 가축화했다.

라마

기원전 8000 ▸ 기원전 3000

옹기 가마

옹기를 굽는 가마는 메소포타미아에서 발명되었다. 가마에서는 더 높은 온도를 오래 유지할 수 있었기 때문에 이전보다 더 튼튼한 옹기를 만들 수 있었다.

고대 건축
26~27쪽

차탈회위크 유적지 조사에서 18겹으로 이루어진 건물이 발견되었다.

발굴 내용에 기반한 차탈회위크 복원도

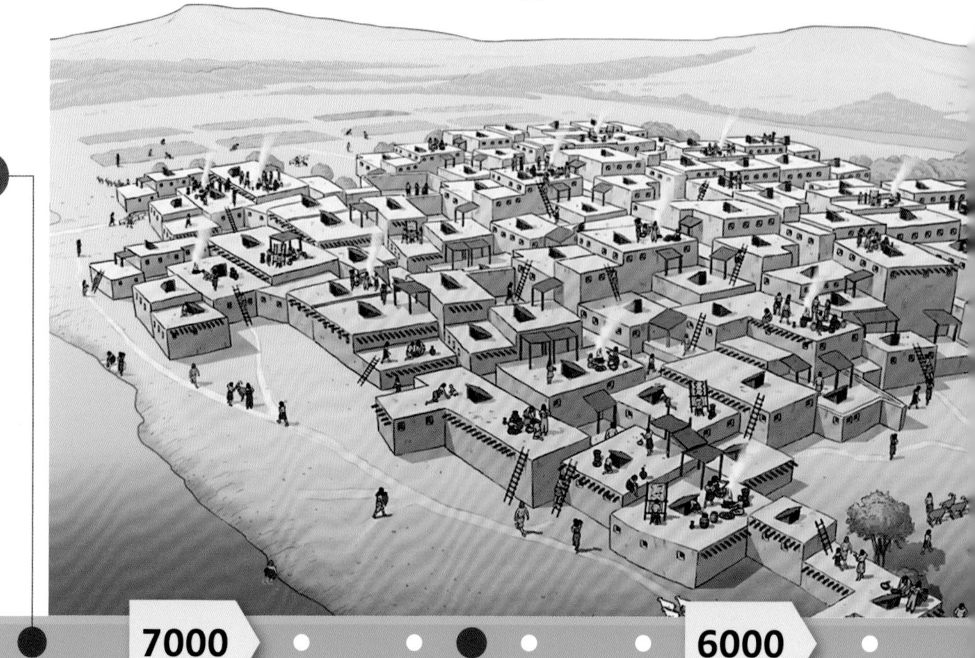

기원전 7400년

세계에서 가장 오래된 마을

현재 튀르키예 남부의 언덕 위에 세워진 차탈회위크는 세계에서 가장 오래된 마을이다. 주민 3,500~8,000명이 빽빽하게 들어선 흙벽돌집에서 살았다. 집과 집 사이에는 길이 없어서 사람들은 사다리를 이용하거나 지붕 위를 건너서 이동했다.

8000 · 7000 · 6000

기원전 6500년

구리 제련

이 시기에 널리 사용된 구리 도구는 원석을 망치로 두드려 만들어졌다. 기원전 9000년에 처음으로 구리를 제련하기 시작했다. 구리를 제련한 최초의 흔적은 튀르키예에서 발견되었으며 이는 기원전 5500년경으로 거슬러 올라간다.

기원전 6000년

아드 쟁기

초기의 농부들은 씨앗을 파종하기 위해 날이 달린 괭이로 땅에 구멍을 파는 수작업을 했다. 나중에 괭이를 가로대가 달린 긴 기둥에 부착하여 최초의 쟁기인 아드를 만들었다. 메소포타미아에서 개발된 아드는 더 넓은 곳을 경작하고 씨앗을 더 효율적으로 파종할 수 있게 해 주었다.

가락바퀴

기원전 6000년경 중동 사람들은 방추로 가공되지 않은 양모나 면을 꼬고 당겨 직물을 만드는 방법을 익혔다. 방추에 작은 원반 모양의 가락바퀴를 장착하면 더 빨리 회전시킬 수 있었다.

황소가 끄는 아드로 밭을 가는 농부가 그려진 고대 이집트 무덤 벽화

기원전 5500년

최초의 관개수로

이라크 동부의 농부들은 티그리스강의 물을 밭에 대기 위해 수로를 팠다. 이 관개수로 덕분에 비가 거의 내리지 않는 지역에서도 농작물을 재배할 수 있게 되었다.

이집트 범선 모형

기원전 3000년

최초의 범선

고대 이집트에서 최초로 노 대신 돛으로 움직이는 배가 등장했다. 조류의 반대 방향으로 항해하거나 물결이 잔잔할 때는 노를 저어야 했지만 돛은 바람을 이용해 배를 빠르게 움직일 수 있었다. 초기 범선은 나무 판자를 서로 묶어 만들었다.

금속 가공
18~19쪽

기원전 3500년

바퀴의 발명

바퀴는 단순한 원통형 나무에서 발전했을 것으로 추측된다. 왼쪽 그림과 같은 단단한 재질의 나무 바퀴는 폴란드, 발칸 반도, 메소포타미아에서 발명되었다. 이 바퀴는 나무 축을 이용해 마차에 장착되었다.

기원전 3200년

최초의 청동 생산

두 가지 금속을 섞어서 만드는 합금은 원래의 금속보다 더 강한 경우가 있었다. 서남아시아의 장인들은 구리와 주석을 혼합하여 구리보다 훨씬 단단한 청동을 생산해 갑옷과 무기를 만들었다.

5000 4000 3000

기원전 5000년

유럽의 거석

서유럽 전역에서는 주로 종교적인 이유로 거석이 세워지기 시작했다. 대표적인 거석으로는 영국 남부의 스톤헨지와 같은 원형 구조물, 프랑스의 카르나크 열석처럼 나란히 늘어선 구조물, 아일랜드의 뉴그레인지처럼 돌로 만든 무덤 등이 있다.

기원전 4100년

최초의 도시

이 무렵부터 메소포타미아에 정치와 무역의 중심지로 성장하기 시작한 크고 작은 마을들이 있었다. 이러한 초기 도시의 유적은 현재 이라크의 우르와 우루크 지역에 거대한 궁전과 신전으로 남아 있다.

프랑스 브르타뉴주 카르나크 열석

기원전 3200년경 초기 문자

문자는 기원전 3200년경 이집트와 메소포타미아에서 등장했다. 통치하기에 도시가 점점 복잡해지자 관리들은 정확한 기록을 남기기 위해 기억에 의존하지 않고 문자를 사용했다.

수메르인의 쐐기 문자

메소포타미아의 수메르인은 사물을 본떠 만든 쐐기 문자를 발명했다. 뾰족한 갈대를 부드러운 점토에 누르는 방식으로 쐐기 문자는 작성되었다.

이집트인의 상형 문자

이집트인은 상형 문자라는 복잡한 형태의 그림 문자를 발명했다. 이 상형 문자는 돌이나 점토에 새겨지거나 갈대로 만든 파피루스에 기록되었다.

9,000년 전, 아르헨티나

아르헨티나 산타 크루즈의 리오 핀투라스 암각화에 있는
어린이와 어른의 손 모양 그림

동굴 벽화

인류는 35,000~40,000년 전 석기 시대부터 동굴 벽에 그림을 그리기 시작했다. 9,000년 전 그려진 아르헨티나의 리오 핀투라스 암각화도 대표적인 동굴 벽화 중 하나이다. 손을 흔들고 있는 모습으로 가득한 이 그림은 스텐실처럼 손 주위에 물감을 뿌려서 만들었다. 때로는 동굴의 부드러운 벽에 단단한 부싯돌로 그림을 새겼다. 물감에는 광물성 안료가 사용되었다. 산화철로 붉은색을, 산화망간이나 숯으로 검은색을, 다른 광물로 노란색과 갈색을 만들었다. 동굴 벽화 기법에는 손가락으로 그림을 그리거나 동물 털이나 식물성 섬유로 만든 붓을 사용하는 것도 있었다.

“동굴 벽화부터 인터넷 사용까지 사람들은 항상 비유와 우화를 통해 자신의 역사와 진실을 이야기해 왔다.”

비밴 키드론, 영국 영화감독

기원전 3000 ▸ 기원전 2000

기원전 3000년

표준화된 무게

도시가 커지면서 지역 내 거래와 다른 도시와의 거래가 더욱 복잡해졌다. 메소포타미아에서는 시장에서 속임수를 쓰지 못하게 표준화된 무게가 도입되었다. 이는 밀이나 보리 알갱이를 기준으로 했고 무게는 모두 비슷했다.

기원전 1500년경 니푸르의 거리 지도가 표시된 점토판

기원전 2500년

최초의 마을 지도

최초의 마을 지도는 메소포타미아에서 제작되었으며 두 언덕 사이에 놓인 땅의 모습을 보여준다. 이 점토판은 가장 초기의 거리 지도이다. 유프라테스강, 성벽, 사원을 포함한 수메르의 도시 니푸르를 보여준다.

기원전 2500년

조타 노

이집트의 배는 수직 기둥에 연결된 하나의 노 또는 한 쌍의 노로 조타했다. 나중에 한 쌍의 노는 막대로 서로 연결되었고 이 시스템은 방향타와 틸러라고 불리는 조타 레버로 발전했다.

초기 이집트 배의 작은 모형. 원본은 쿠푸의 대피라미드 주변에서 발굴되었다.

3000 · · · · 2800 · · · · 2600 ·

이집트인은 파이안스를 눈부시다는 뜻의 "제네트(tjehnet)"라고 불렀다.

고대 이집트 파이안스 구슬 목걸이, 기원전 2000년

기원전 3000년경

이집트 파이안스

이집트인들은 분쇄된 실리카와 석회로 만든 반죽인 파이안스를 제조하는 기술을 완성했다. 반죽에 금속 산화물을 첨가하면 파란색이나 청록색이 되고 이를 가열하면 점토처럼 작은 물건을 만들 수 있다. 다른 재료 위에 유약으로 덧바르기도 한다.

기원전 2625년

조세르의 계단 피라미드

"마스타바"라고 불리는 초기 이집트 무덤은 진흙 벽돌로 만든 직사각형 구조물이었다. 파라오 조세르의 무덤은 위로 올라갈수록 작은 마스타바를 차례로 쌓아 올린 구조로 지어졌다. 이 계단식 구조는 이집트에서 최초로 건설된 피라미드이다.

기원전 2500년

스톤헨지의 돌

신석기 시대 사람들은 영국 남부에 있는 스톤헨지의 중앙에 원형 돌기둥을 세우기 시작했다. 이곳은 아마도 계절의 변화와 관련된 종교적인 장소였을 것이다. 스톤헨지는 이미 수백 년 전부터 중요한 유적지였다. 이 유적지는 기원전 3100년경 구덩이 안에 목재와 석재 기둥을 세우는 작업으로부터 시작되었다.

파라오 조세르의 무덤

기원전 2550년 거대한 피라미드

기원전 2550년 무렵 이집트인들은 죽은 파라오의 무덤으로 이전보다 훨씬 더 큰 피라미드를 짓기 시작했다. 계단식 피라미드와는 달리 이 피라미드는 수백만 개의 매끄러운 석회암 블록으로 이루어졌다. 가장 오래된 피라미드는 기자의 대피라미드로 불리는 쿠푸왕의 피라미드이다. 이후 300년 동안 약 100개의 피라미드가 건설되었다.

피라미드 꼭대기에 있는 돌을 캡스톤이라고 부른다.
외부는 광택이 나는 흰색 석회암으로 만들어졌다.
50 m 길이의 통로가 왕의 방으로 이어져 있다.
피라미드의 무게는 500만 톤에 가깝다.

건설 방법

대피라미드는 인근 사막에서 채석해 나무 롤러에 실어 기자로 운반한 석회암 블록 200만 개로 이루어져 있다. 피라미드는 한 번에 한 층씩 건설되었다. 블록을 더 높은 층으로 운반하기 위해 경사로가 이용되었을 것이다.

2400 2200 2000

기원전 2400년

샤두프 발명

관개용 물을 끌어올리는 장치인 샤두프는 메소포타미아에서 발명되었고 이후 이집트에서도 사용되었다. 직립형 프레임에 양동이가 달린 기둥이 붙어 있었다. 농부는 기둥을 내려 수로에서 양동이로 물을 퍼 올렸다. 그런 다음 샤두프를 회전시킨 후 다시 내려서 물을 다른 수로, 종종 다른 높이의 수로로 옮겼다.

샤두프로 물을 퍼 올리는 농부의 벽화, 기원전 1200년경

기원전 2100년

달력의 발전

가장 오래된 달력은 수메르인이 슐기왕 시기에 만든 움마 달력이다. 이 달력은 한 달이 29일이나 30일이고 열두 달로 이루어졌으며 일 년은 354일이었다. 수메르인들은 달력을 실제 365.25일의 태양력에 맞추기 위해 몇 년마다 한 달을 추가했다.

우르의 지구라트

기원전 2200년

지구라트 건설

메소포타미아인들은 피라미드 모양의 사원인 최초의 지구라트를 건축했다. 계단식 테라스로 연결된 여러 층의 지구라트는 신을 모시는 신전이었다. 이를 건설하는 데 엄청난 양의 자재와 인력이 투입되었다.

금속 가공

기원전 9000년경부터 사람들은 돌, 뼈, 나무 대신 자연에서 찾을 수 있는 금속을 도구 제작에 사용하기 시작했다. 그 후 장인들은 강한 열을 이용해 광석에서 금속을 녹여내는 방법을 발견했다. 처음에는 구리, 그 다음에는 청동, 마지막으로 철을 작업하는 방법을 알아냈다. 기술이 발전함에 따라 도구와 무기는 이전보다 더 강하고 내구성이 좋아졌다.

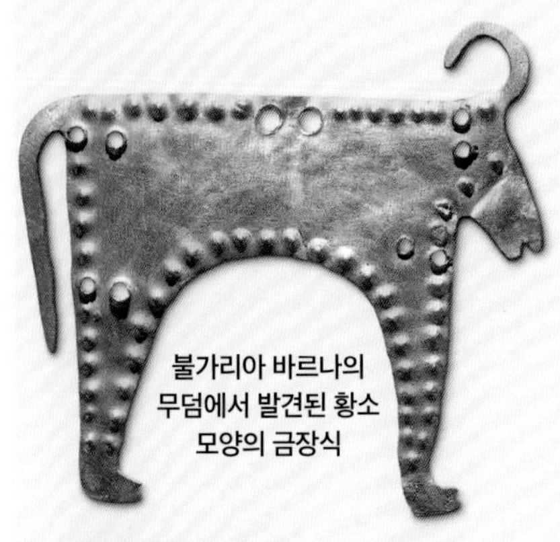
불가리아 바르나의 무덤에서 발견된 황소 모양의 금장식

최초의 금속 가공

기원전 9000년경 금속 세공사들은 구리와 금 같은 덩어리 형태의 금속을 얇은 판으로 두드리면 장식품과 같은 간단한 물건을 만들 수 있을 만큼 단단해진다는 사실을 발견했다.

중국 상나라 시대의 사람 얼굴 모양 청동 도끼, 기원전 12~11세기

금속이 녹는 온도

철
1,540°C, 숯을 첨가하면 1,200°C에서 녹음

구리
1,083°C

금
1,063°C

청동
주석이 12% 함유된 청동, 약 1,000°C에서 녹음

1,500°C
1,250°C
1,000°C

구리 제련

기원전 5500년경 사람들은 제련이라는 과정을 통해 구리 광석에서 구리를 추출했다. 여기에는 구리가 함유된 암석을 용광로에서 고온으로 가열하는 과정이 포함되었다. 녹인 구리는 부어서 주조하거나 식는 동안 두드려서 모양을 만들었다.

청동의 발견

금속 세공사들은 고온에서 구리에 다른 금속을 첨가하면 청동이 생성된다는 사실을 발견했다. 합금인 청동은 원래의 금속보다 더 단단하다. 기원전 4200년경에는 구리에 비소를 첨가하여 청동을 만들었고 기원전 3200년부터는 주석이 12% 함유된 혼합물을 사용했다.

구리를 가열하는 이집트 금속 세공사

구리가 녹아서 흘러나올 때까지 도가니에 들어 있는 구리 광석을 가열한다.

주요 사건

기원전 9000년경
구리와 금의 냉간 가공은 순수한 금속을 치거나 망치로 두드려서 얇은 띠나 판을 만드는 방식으로 유럽 남동부의 발칸 반도에서 개발되었다.

기원전 5500년경
발칸 반도와 아나톨리아에서 구리 제련법이 발견되어 중동과 이집트로 급속히 퍼져 나갔다.

기원전 4200년
제련 과정에서 구리에 비소를 첨가하여 청동을 생산했다.

기원전 3200년
구리에 주석이 첨가된 주석 청동은 구리보다 단단하여 더 좋은 무기와 장비를 만드는 데 사용할 수 있었다.

기원전 2500년경
초기 철 생산 기술로 무르고 쉽게 성형할 수 있는 금속을 만들었으나 강한 물체를 만들지는 못했다.

메소포타미아의 철제 칼집과 단검

철과 강철

철은 기원전 2500년에 이미 제련되었지만, 나중에 숯과 같은 탄소 물질로 더 높은 온도에서 가열하면 훨씬 더 단단한 금속이 된다는 사실이 발견되었다. 이렇게 강화된 철, 즉 강철은 기원전 1200년경 아나톨리아(현재의 튀르키예)에서 보편화되었다. 이 새로운 공정을 통해 더 강력한 무기와 도구를 생산할 수 있었다.

"은이 나는 곳이 있고 금을 제련하는 곳이 있으며 철은 흙에서 캐내고 동은 돌에서 녹여 얻느니라."

『성경』, 욥기 28장 1-2절.

가느다란 홈으로 녹은 구리가 흘러나오면 이를 모은다.

주조

최초의 용광로에서는 불순물이 포함된 철 덩어리가 만들어졌기 때문에 두드려서 제거해야 했다. 기원전 900년경 중국에서는 철광석을 더 높은 온도로 가열하여 순수한 철만을 생산하는 용광로가 개발되었다. 물건을 만들기 위해 녹인 금속을 틀에 바로 부었다.

도구와 무기 등의 주철 물건을 만드는 데 사용되는 돌 주형

숯 용광로

연기가 빠져나가는 출구

점토 용광로 벽

분쇄된 광석을 도가니에 넣는다.

도가니에서 녹은 금속이 흘러나온다.

숯으로 도가니를 가열한다.

준보석이 세팅된 로마의 금박 목걸이, 1세기경

금박

미세한 금박으로 물체를 입히는 기술은 기원전 3000년에 이미 이루어졌다. 1세기에 로마의 금속 세공사들은 수은과 금으로 된 아말감을 만들기 시작했는데, 이는 표면에 더 잘 달라붙었다.

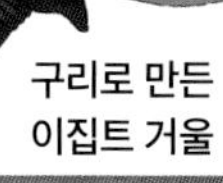

구리로 만든 이집트 거울

기원전 1400년경

구리, 안티몬, 납의 합금인 백랍은 중동에서 처음 생산되었다. 백랍은 그릇과 식기류에 주로 사용되었다.

기원전 1300년경

금속 세공사는 제련 과정에서 철에 탄소를 첨가하여 강도가 훨씬 높은 강철을 만들었다.

기원전 900년

주철 제조 기술은 중국에서 발견되었다. 녹은 철을 주형에 부어 금속 제품을 만드는 방법이었다.

100년경

로마의 금속 세공사들은 수은과 금을 혼합한 아말감을 만들어 금박보다 내구성이 뛰어난 소재를 만들었다.

피타고라스 정리의 초기 작업이 기록된 점토판, 기원전 2000년경

기원전 1800년

바빌로니아 수학

바빌로니아 학자들은 복잡한 수학 체계를 연구하여 점토판에 쐐기 문자로 기록했다. 이 점토판에는 피타고라스의 정리가 적혀 있다. 이 기록은 2의 제곱근을 소수점 이하 여섯 자리까지 정확하게 보여준다.

원시 시나이 문자 M

원시 시나이 문자 H

기원전 1800년

최초의 알파벳 문자

이집트 시나이 사막의 터키석 광부들이 세계에서 가장 오래된 알파벳 문자를 개발했다. 현재 원시 시나이 문자로 알려진 이 문자는 이집트 상형 문자를 기반으로 했지만 각 기호가 하나의 소리를 나타낸다. 원시 시나이 문자는 자음으로만 구성되었다.

2000 1800 1600

기원전 1800년

복합 활

중앙아시아에서 발명된 것으로 추정되는 복합 활은 뿔, 나무, 동물의 힘줄 조각을 여러 겹으로 접착하여 만들었다. 한 가지 재료로만 만든 활보다 더 강할 뿐만 아니라 궁수들이 더 멀리, 더 큰 힘으로 화살을 쏠 수 있었다.

기원전 1650년

금성 연구

바빌로니아 왕 암미사두카 시대에 편찬된 금성에 대한 쐐기 문자 석판은 천문 관측에 대한 가장 오래되고 상세한 기록이다. 점토판에 21년 동안 금성이 뜨고 진 시각이 기록되어 있다.

기원전 1370년경에 제작된 물고기 모양의 유리 연고병

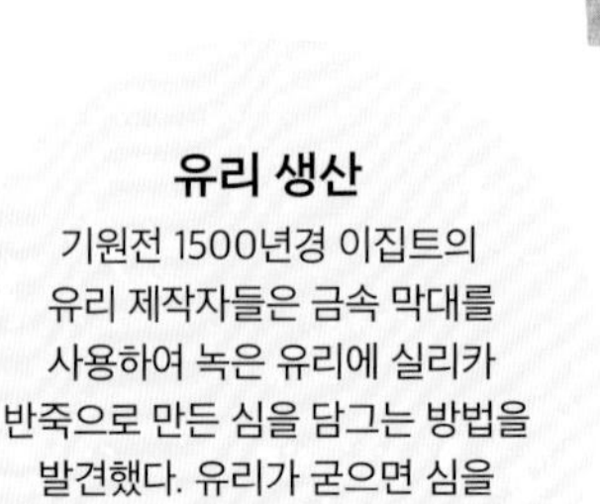

유리 생산

기원전 1500년경 이집트의 유리 제작자들은 금속 막대를 사용하여 녹은 유리에 실리카 반죽으로 만든 심을 담그는 방법을 발견했다. 유리가 굳으면 심을 잘라내어 최초의 유리 용기를 만들었다.

기원전 1560년

에베르스 파피루스

가장 오래된 의학 문서 중 하나인 이집트의 이 파피루스에는 종양, 우울증, 이명과 같은 질병에 대한 설명과 함께 약의 제조법이 기록되어 있다. 신체 혈액 공급에서 심장의 역할에 대한 초기 지식이 들어 있다.

기원전 1500년

고삐 멍에

바퀴 달린 이동 수단의 사용이 확산되면서 동물의 힘을 효율적으로 이용할 수 있는 방법을 찾아야 했다. 동물의 목과 가슴을 가로지르는 납작한 끈으로 이루어진 고삐 멍에가 발명되면서 큰 짐을 끌 수 있게 되었다. 또한 이집트에서는 말이 빠른 속도로 끌 수 있는 경전차가 개발되었다.

고삐 멍에

두 마리의 말이 고삐 멍에로 전차에 묶여 있는 모습

죽은 말과 궁수의 시체들

파라오 람세스 4세의 미라
(기원전 1150년 사망)

기원전 1000년

미라 만들기

이집트인들은 내부 장기를 제거하고 말린 시신을 리넨으로 싸서 시신을 보존하는 방법인 미라를 발명했다. 미라 제작 기술은 기원전 1000년경에 정점에 달했다. 이 과정은 주로 왕족과 부유층을 위해 사용되었다.

기원전 1400년

나무 선반

나무를 깎는 도구인 선반은 이집트에서 발명되었다. 초기에는 한 작업자가 끈이나 밧줄을 사용하여 작업할 조각을 회전시키는 동안 다른 작업자가 날카로운 도구나 끌로 조각의 모양을 만들었다.

1400 · 1200 · 1000

기원전 1400~1300년 **철 제련**

철을 함유한 광석에서 고온으로 철을 추출하는 제련은 기원전 1400년경 중동, 약 1세기 후 인도에서 발견되었다. 생산된 철은 청동보다 훨씬 강하고 내구성이 뛰어나 다양한 도구와 무기에 사용되었다.

철 톱

철 집게

철 단검

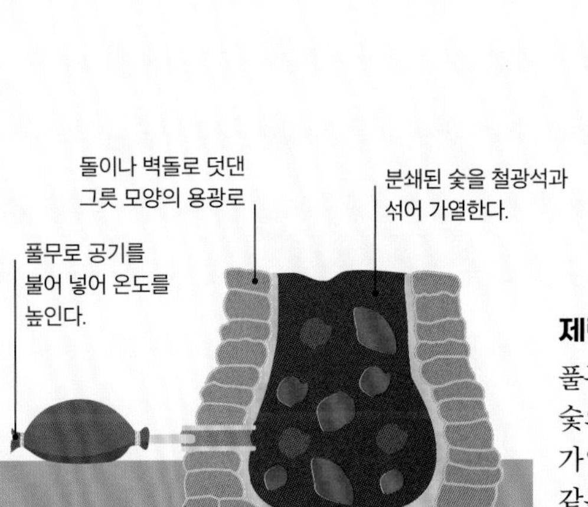

제련

풀무로 불어 넣은 공기가 철광석과 숯의 혼합물을 약 약 1,100℃까지 가열하면 철이 분리된다. 스펀지 같은 철 덩어리를 다시 가열하고 두드리면 단단해진다.

용광로의 발전

로마 시대에 더 큰 수직 통로 용광로가 개발되면서 광석과 숯을 더 많이 넣을 수 있게 되었다. 용광로 바닥에는 순수한 주철과 함께 폐슬래그가 배출되었다. 광석과 숯의 혼합물은 주기적으로 보충할 수 있었다.

기원전 2500년, 영국 윌트셔

"스톤헨지부터 건축가들은 항상 최첨단 기술을 선도해 왔다."

노먼 포스터, 영국 건축가

스톤헨지

스톤헨지의 기념비는 기원전 3100년경부터 단계적으로 세워졌는데 이 유적지는 둑과 기둥으로 구성되어 있다. 기원전 2500년경에 시작된 중앙의 원형 돌기둥의 건설은 신석기 시대 영국인들에게 엄청난 공학적 업적이었다. 20~30톤의 거대한 사르센 스톤은 30 km 떨어진 윌트셔 다운스에서 통나무 굴레를 이용해 운반되었을 가능성이 높다. 스톤헨지에서 사르센 스톤을 어떻게 똑바로 세웠는지는 확실하지 않다. 돌을 다듬고 상판돌과의 이음새를 매끄럽게 하기 위해 몰이라고 불리는 무거운 돌망치를 사용했다. 나중에는 약 200 km 떨어진 웨일즈의 프레셀리 언덕에서 약 4톤 무게의 블루스톤을 주로 인력으로 운반해 왔다.

영국 남부 윌트셔에 있는 스톤헨지의 중앙 원형 돌기둥의 조감도이다. 원래는 서 있는 돌 쌍 위에 대부분 상판돌이라고 불리는 세 번째 수평 돌이 있었지만 이후 많은 돌이 쓰러졌다.

기원전 450년경 아크라가스(시칠리아의 그리스 식민지)의 엠페도클레스는 모든 물질이 흙, 공기, 불, 물 네 가지의 기본 원소로 구성된다고 생각했다.

기원전 600년

가장 오래된 세계 지도

고대 바빌로니아에서 만들어진 최초의 세계 지도는 점토판에 평평한 원반으로 세계를 그려냈다. 이 지도에서 바빌로니아는 중앙에 사각형으로 표시되어 있고 8개의 다른 도시가 원형으로 표시되어 있다.

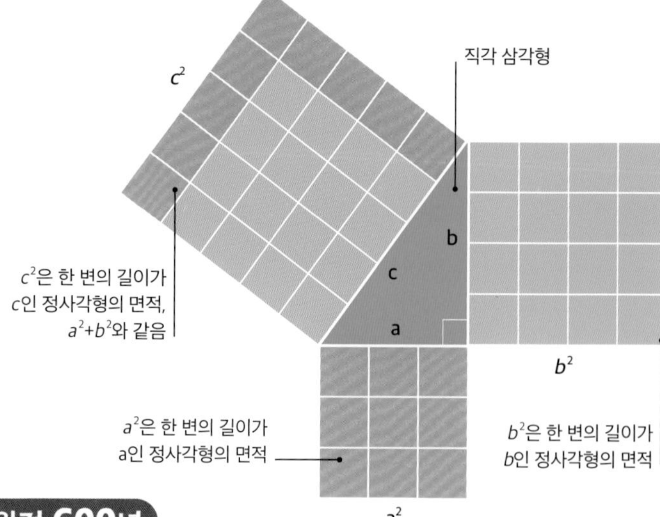

기원전 530년

피타고라스 정리

그리스 수학자 피타고라스는 숫자의 홍미로운 힘에 관심이 있었다. 그의 이름을 딴 피타고라스의 정리는 이집트와 바빌로니아에서 이미 알려져 있었지만 피타고라스가 이를 완전히 설명했다. 이 정리는 직각 삼각형에서 두 변의 각각 제곱의 합은 빗변의 제곱과 같다는 내용이다.

1000 800 600

기원전 700년 아르키메데스 나선형 펌프

나선형 펌프는 기원전 700년경에 아시리아인에 의해 발명된 것으로 추정된다. 그들은 당시 니네베에 있는 센나케리브 왕의 정원에서 물을 높은 곳으로 옮기는 데 이 펌프를 사용했다. 수 세기 후, 그리스 수학자 아르키메데스(기원전 약 287~기원전 212년)가 이집트에서 이를 목격했을 것으로 추측된다. 그는 이를 배의 선실에서 물을 빼내는 데 사용했고 이러한 종류의 펌프는 그의 이름을 따서 명명되었다.

중심 나선이 회전한다.

꼭대기에서 물이 배출된다.

나사 작용으로 물을 위로 끌어올린다.

시라쿠스의 아르키메데스

아르키메데스는 다양한 분야에 관심이 많았다. 나선형 펌프를 개발하는 일뿐만 아니라 기하학, 특히 원의 면적을 계산하는 데 중요한 기여를 했다. 그는 또한 빛을 배열된 거울에 집중시켜 열선을 발명한 것으로 알려져 있다.

나선이 어떻게 작동할까

물은 아르키메데스 펌프의 하부로 유입된다. 펌프의 중앙 나선이 회전하면 물이 그 내부로 흘러 들어가고 높은 곳으로 이동한 후 펌프에서 배출된다.

폼페이의 로마 도시 유적에 있는 포장 도로

그리스 수학자 에우클레이데스가 기원전 300년경에 쓴 『기하학원론』은 이후 2,000년 동안 기하학의 기초를 확립했다.

기원전 420년

원자

고대 그리스의 철학자와 과학자들은 우주를 이루는 기본 물질에 대해 깊이 고민했다. 아브데라의 데모크리토스는 모든 물질이 더 이상 나눌 수 없는 작은 입자로 이뤄져 있다고 주장했다. 그는 이 입자들을 원자라 불렀는데 이는 그리스어로 "자를 수 없는 것"을 의미한다.

기원전 312년

최초의 로마 도로

로마인은 아피아 가도를 시작으로 거대한 도로망을 건설했다. 이 도로는 기원전 312년에 건설이 시작되어 로마와 이탈리아 남부 도시 카푸아를 연결했다. 도로는 일반적으로 점토층에 자갈을 채우고 그 위에 포장돌이나 자갈을 깔아서 만들어졌다. 로마 도로의 높은 품질은 로마 제국 내에서의 소통을 원활하게 했다.

기원전 50년

시리아의 유리공예

로마 유리 장인은 시리아 동부 지역에서 활동하면서 얇은 관으로 녹은 유리를 불어내면 매우 고르게 흐르는 현상을 발견했다. 이 과정을 통해 품질과 강도가 향상된 유리를 제작할 수 있었으며, 더 복잡한 모양의 용기를 만들어 오랫동안 사용할 수 있게 되었다.

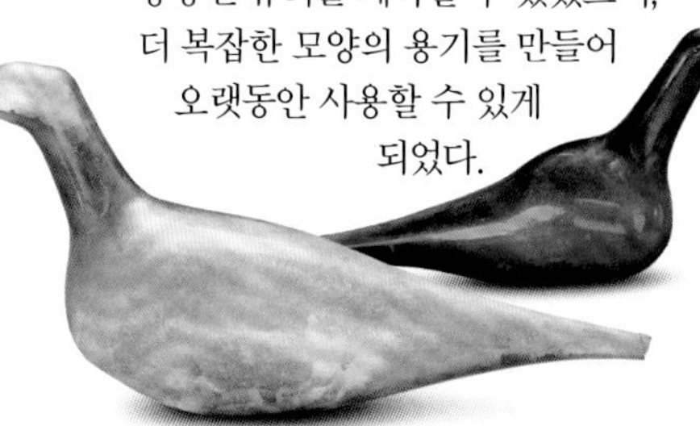

1세기 비둘기 모양의 로마 유리 공예품

400 · 200 · 1

기원전 400년

4체액설

고대 그리스 의사 히포크라테스는 몸 안에 네 가지 기본 물질인 "체액"이 존재한다고 주장했다. 이 체액은 혈액, 점액, 검은 담즙, 노란 담즙으로 이루어져 있는데 체액들의 균형이 깨지면 질병이 생긴다고 설명했다. 그러나 이 이론은 나중에 틀렸음이 밝혀졌다.

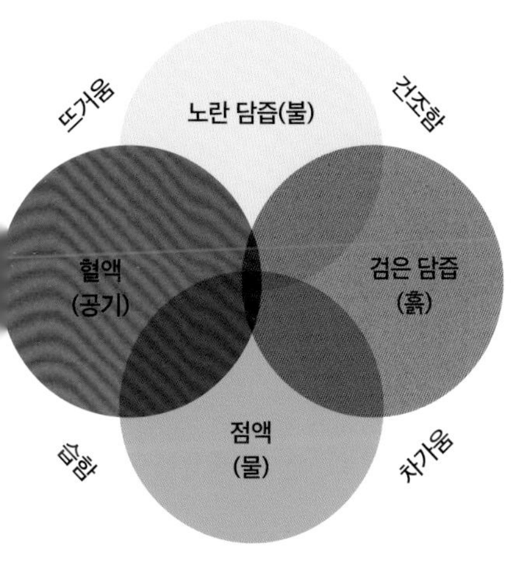

당시 사람들은 체액이 어떻게 섞이는지에 건강이 달려 있다고 생각했다.

고대 중국 나침반의 숟가락은 자성을 띠게 되면 남쪽을 가리킨다(사진 속 나침반의 왼쪽).

기원전 200년

나침반

자연에서 발견되는 자석인 자철석이 중국에서 처음으로 기록되었다. 그들은 자철석을 철에 문지르면 철이 자화된다는 사실을 발견해 자화된 철로 만든 주걱이나 숟가락이 북쪽을 향하는 원시적인 나침반을 만들었다.

기원전 100년경

안티키테라

안티키테라 메커니즘은 톱니바퀴가 있는 복잡한 고대 장치로 1900년에 난파선에서 발견되었다. 이 기계는 약 2,000년 전에 만들어진 것으로 추정되며 30개 이상의 기어로 이루어져 있었다. 아마도 천체의 위치를 계산하고 태양과 달의 일식을 예측하는 데 사용되었을 것이다.

안티키테라 메커니즘의 잔해

초기 건축 자재

초기 건축가들은 건축 자재의 입수 용이성 및 건물의 사용 기간에 따라 다양한 자재를 선택하여 사용했다.

진흙

진흙 벽돌 건물은 지속적인 유지 보수가 필요했고 강우량이 적은 지역에서만 효과적이었다.

나무

나무는 화재 위험이 높고 대규모 건축물에는 적합하지 않았다.

돌

돌은 내구성이 강해 기념비적 구조물 제작에 용이했지만 채석장에 따라 사용이 제한되었다.

고대 건축

인류는 약 50만 년 전부터 나무로 만든 원시적인 주거지를 만들었다. 기원전 9000년경에는 돌로 더 큰 건물을 세울 수 있는 기술이 개발되었고 기원전 3000년경에는 건축과 공학이 크게 발전하여 피라미드, 신전, 궁전과 같은 기념비적인 구조물을 건설할 수 있게 되었다.

스카라 브레에 있는 돌로 만든 집

최초의 건물

튀르키예의 차탈회위크와 같은 초기 도시는 대부분 진흙 벽돌로 집을 지었다. 도시에는 돌로 된 방어용 담이 있었는데 기원전 8000년경에 지어진 팔레스타인 예리코의 돌담이 그 예이다. 또한 스코틀랜드 오크니 제도의 섬에 위치한 기원전 3200년경의 신석기 시대 마을인 스카라 브레에서는 돌로 만든 집들이 발견되었다.

멕시코 팔렌케, 비문의 사원

신전과 피라미드

기원전 3000년경부터 건축가들은 매우 큰 건물을 설계하는 방법을 이미 알고 있었다. 특히 이집트와 중미에서는 피라미드의 지지대를 세우는 기술을 사용했고 큰 신전을 지탱하는 기둥을 세우고 그 아래에 공간을 확보하는 기술도 있었다.

외벽은 석회암의 일종인 트래버틴으로, 내벽은 콘크리트로 만들어졌다.

주요 사건

기원전 10,000년

튀르키예에 있는 괴베클리 테페 언덕 꼭대기에 석조 신전이 세워졌다. 이 건물은 가장 오래된 대규모 석조 건물 중 하나로 알려져 있다.

기원전 2575년경

이집트의 기자에서 가장 거대한 피라미드는 쿠푸왕의 무덤이다. 이것은 고대 세계에서 가장 큰 건축물로 260만 m^3의 돌로 만들어졌다.

기원전 438년

아테네의 파르테논 신전은 그리스 여신 아테나를 기리기 위해 도리스 양식으로 건설되었다. 이 건축물은 그리스 건축의 최고 수작 중 하나로 평가받고 있다.

파르테논 신전, 그리스

아치

아치는 건물의 일부 무게를 효과적으로 분산시켜 주는 구조물로 기원전 200년경에 로마인에 의해 개발되었고 이를 통해 돌이나 벽돌의 사용을 줄여 더 큰 건물을 가볍게 건설할 수 있게 되었다.

코벨 아치

최초의 아치는 기원전 1250년경에 그리스 미케네의 사자문과 같은 코벨식으로 만들어졌다. 이는 각 돌이 튀어나오도록 층층이 쌓아 올린 디자인이다. 그러나 이 디자인은 무게를 고르게 분산시키지 못해 코벨 아치는 아래의 수평 지지대나 측면의 보강이 필요했다.

개선문

진정한 아치를 완성한 로마인은 더 긴 다리를 건설하고 경량 아치를 활용하여 수도를 구축했다. 또한 확장된 아치를 지붕으로 활용하여 돔 모양의 건물을 세웠다. 그들은 황제의 승리를 기리기 위해 여러 개선문을 세우기도 했는데 로마에 위치한 티투스의 개선문(82년경)은 그중에서도 가장 화려한 것으로 알려져 있다.

콘크리트

기원전 200년경 로마인들은 로마 근처에서 발견되는 모래의 일종인 포촐라나에 석회를 첨가하면 빨리 굳는다는 것을 알아내고 콘크리트를 발견했다. 이후 콘크리트로 지어진 건물은 석재를 덜 사용해도 되어 비용을 절감할 수 있었다. 로마 건축가들은 이 혁신적인 재료를 콜로세움, 판테온과 같은 거대한 건물을 지을 때 적극적으로 활용했다.

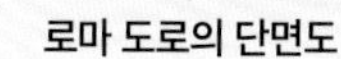

도랑의 양옆에 경계석을 세워 추가적으로 지지한다.
고운 모래와 콘크리트로 맨 위를 채운다.
더 큰 돌과 자갈로 도랑을 채운다.

로마 도로의 단면도

도로 건설

로마인은 뛰어난 기술자로서 제국 내 도시들을 연결하는 고품질 도로망을 건설했다. 도랑을 파고 자갈, 작은 돌, 고운 모래와 콘크리트를 차례로 채워 도로를 만들었다. 특히 중요한 도로는 맨 위를 자갈로 포장했다.

콜로세움, 로마

각 층에 있는 80개의 콘크리트 아치는 건물을 강화하고 관중들이 쉽게 들어갈 수 있도록 했다.

60년경

퐁 뒤 가르는 로마 수로 중에서도 탁월한 예로 로마의 도시 네모수스에 물을 공급하기 위해 건설되었다. 이 수로는 길이가 275 m 이상이며 원래 3단으로 60개의 콘크리트 아치로 이루어져 있었다.

퐁 뒤 가르, 프랑스

126년경

판테온은 로마의 황제 하드리아누스에 의해 지어졌다. 이 건물의 거대한 돔은 높이 약 43 m로 아직까지는 세계에서 지지물 없는 가장 큰 콘크리트 돔으로 알려져 있다.

683년

멕시코의 팔렌케에 위치한 비문의 사원은 마야 제국의 지도자인 키니치 하나브 파칼을 기리기 위해 세워진 기념비이다. 이 건축물은 중미에서 가장 큰 피라미드 구조물 중 하나이다.

1 ▸ 800

약 25~50년

의학 백과사전

로마 제국 초기에는 의학 분야에서 큰 발전이 있었다. 1세기 초 의학 저술가인 켈수스는 당시 의학에 관한 최신 정보를 제공하는 백과사전인 『의학에 관하여』를 저술했다. 이 책에는 신장 결석 수술에 대한 설명도 포함되어 있었다.

소라누스 저서의 후기 라틴어판

127~141년

프톨레마이오스의 천문학

그리스-로마의 천문학자 프톨레마이오스는 행성의 운동을 설명하기 위한 모델을 고안했다. 이 모델은 일부 행성이 다른 행성들과는 반대 방향으로 궤도를 도는 것을 설명하고 있다. 또한 프톨레마이오스는 세계 여러 장소의 위도와 경도를 측정하는 체계를 개발하여 세계 지도를 만들 수 있게 되었다.

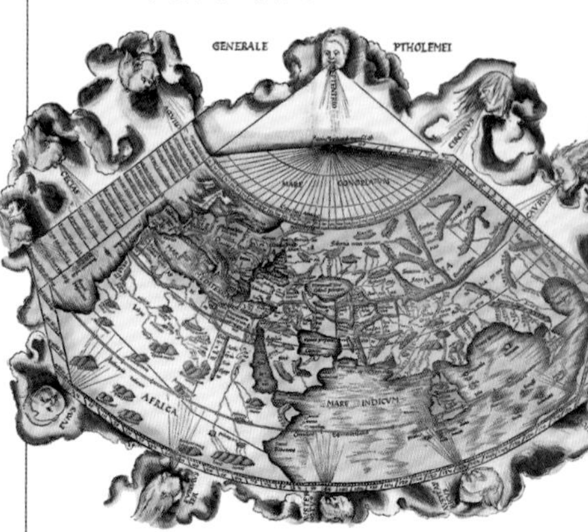

프톨레마이오스의 세계 지도 (14세기 판)

100년경

종이 제조

이 시기에 우리가 아는 진정한 종이가 중국 환관인 채륜에 의해 발명되었다 (이미 약 200년 전부터 종이의 한 종류가 사용되었다). 채륜은 나무껍질과 낡은 헝겊의 펄프를 건조해 글을 쓸 수 있는 종이를 만들었다.

100년

여성을 위한 건강 서적

고대 그리스의 에페수스 출신 의사 소라누스는 여성 건강에 관한 최초의 서적을 저술했다. 그의 책은 젖병 만드는 방법 등 출산 및 육아에 대해 다루고 있다.

1 ▸ 200

50년경

헤론의 증기 기관

그리스의 발명가 헤론은 수많은 기계를 설계했다. 그가 아에올리스의 공이라고 불렀던 증기 기관은 가열된 증기의 힘으로 금속 구슬을 회전시켰다. 매우 독창적인 아이디어였지만 실용화되지는 못했다.

증기가 빠져나가면 금속공이 회전한다.
증기가 관을 통해 상승한다.
물을 가열하여 증기를 만든다.

132년

최초의 지진 탐지기

중국 학자 장형은 지진을 감지하는 도구인 간이 지진계를 최초로 만들었다. 지진이 발생하면 청동 항아리 모양의 기계 내부의 진자가 외부에 부착된 8개의 용머리 중 하나가 향하는 방향으로 흔들렸다. 그러면 용의 입에서 공이 튀어나와 지진의 방향을 표시했다.

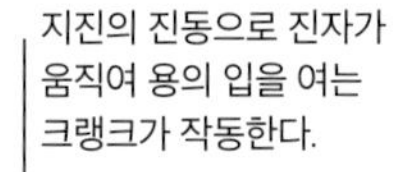

지진의 진동으로 진자가 움직여 용의 입을 여는 크랭크가 작동한다.
지진이 일어난 방향을 바라보는 용이 두꺼비 입으로 구슬을 떨어뜨린다.

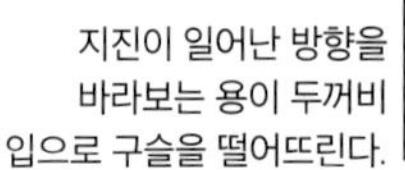

후풍지동의(候風地動儀) 단면 모형

약 130~약 210년 갈레노스

페르가몬 출신의 그리스 의사 갈레노스는 고대의 가장 영향력 있는 의사 중 한 명이었다. 그는 맥박 측정 등 환자를 직접 관찰하는 방법을 신뢰했다. 갈레노스는 건강을 신체의 모든 기관이 균형을 이루는 것으로 보았으며 해부학의 전문가였다.

250년 알렉산드리아의 디오판토스는 그의 저서 『산수론』에서 대수 방정식을 표시하기 위해 문자와 기호를 최초로 사용했다.

아야 소피아 돔의 지름은 32.5 m이다.

532~537년

아야 소피아 대성당

비잔틴 제국 유스티니아누스 황제는 그리스 건축가 안테미오스와 이시도로스에게 콘스탄티노플에 아야 소피아 성당을 건설하도록 했다. 이들은 정사각형 기단 위에 펜덴티브라고 불리는 굽은 삼각형 돌로 원형 돔을 만들어 구조를 강화했다. 이렇게 만들어진 아야 소피아는 약 1,000년 동안 세계에서 가장 큰 돔형 건물로 남아 있었다.

600

800

475~499년

원주율 계산

수백 년 동안 수학자들은 원주율(원주를 지름으로 나눈 값, 기호 π로 표시됨) 값을 계산하려고 노력했다. 475년경 중국 수학자 조충지는 원주율을 소수점 아래 7자리까지 계산했고 499년에는 인도의 수학자 아르야바타가 소수점 아래 4자리까지 정확한 3.1416으로 추정했다.

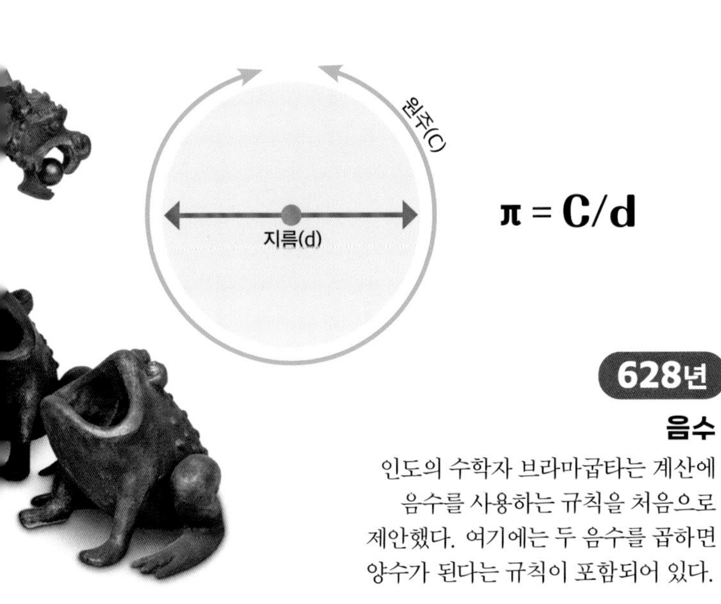

628년

음수

인도의 수학자 브라마굽타는 계산에 음수를 사용하는 규칙을 처음으로 제안했다. 여기에는 두 음수를 곱하면 양수가 된다는 규칙이 포함되어 있다.

750년

아스트롤라베에 대한 최초의 기록

기원전 100년경에 발명된 아스트롤라베는 고대 천문학자들이 태양과 별의 위치를 계산하기 위해 사용했던 움직이는 원이 달린 장치이다. 8세기에 이슬람 천문학자들에 의해 크게 발전되었고 그중 한 명인 알 파자리는 아스트롤라베에 관한 최초의 서적을 저술했다.

대부분의 아스트롤라베는 휴대용이다.
주어진 시간의 하늘 모양을 표시하도록 겉면이 조정된다.

1100년경 제작된 중세 아랍식 황동 아스트롤라베

위대한 과학자

아리스토텔레스

그리스 철학자이자 과학자인 아리스토텔레스(기원전 384~기원전 322년)는 당대의 위대한 사상가 중 한 명으로 고대 세계에 큰 영향을 미쳤다. 중세 시대에 그의 저서는 이슬람 학자들에게 매우 중요하게 여겨졌으며 그들을 통해 유럽으로 전해졌다. 아리스토텔레스는 논리학, 정치학, 수학, 생물학, 물리학 등의 학문을 연구했다.

알렉산드로스의 스승

기원전 343년 그리스의 마케도니아 왕 필리포스 2세는 아리스토텔레스를 초대하여 후에 알렉산드로스 대왕이 되는 그의 아들을 가르치게 했다. 아리스토텔레스는 수년 동안 그를 가르쳤으며 알렉산드로스는 아리스토텔레스가 그에게 선물한 그리스의 서사시 『일리아스』 사본을 전쟁터에 가지고 다녔다.

초기 철학자

아리스토텔레스 시대 훨씬 이전부터 밀레투스 출신 아낙시메네스와 같은 그리스 철학자들은 자연 세계에서 일어나는 일을 과학적으로 설명하기 위해 노력했다. 우주를 구성하는 물질에 대한 다양한 이론을 제시한 것이 바로 그 예이다.

아카데미

아리스토텔레스는 10대 시절 그리스 철학자 플라톤이 설립한 아카데미에서 공부하기 위해 아테네로 갔다. 플라톤은 그리스의 위대한 사상가인 소크라테스의 제자였다. 플라톤은 오늘날에도 여전히 논의되고 있는 실재와 이상에 대한 많은 아이디어를 제시했다. 그러나 아리스토텔레스는 실용적인 관점을 가지고 사물을 추론하는 방법을 배웠다. 그는 자연을 이해하고 동물 간의 차이를 분류하는 데 큰 관심이 있었다.

정치와 사회

아리스토텔레스는 사람과 정치에도 관심이 있었다. 그는 사람을 "정치적 동물"이라고 불렀는데 혼자보다는 사회, 이상적으로는 아테네와 같은 도시 국가에서 생활하는 것이 가장 적합하다고 생각했다. 그는 후에 아테네에 직접 리시움이라는 학교를 설립했고 교사로서도 유명해졌다.

> **"사람은 어떤 종류의 벌이나 군집 동물보다 훨씬 더 정치적인 동물이다."**
>
> 아리스토텔레스, 『정치학』

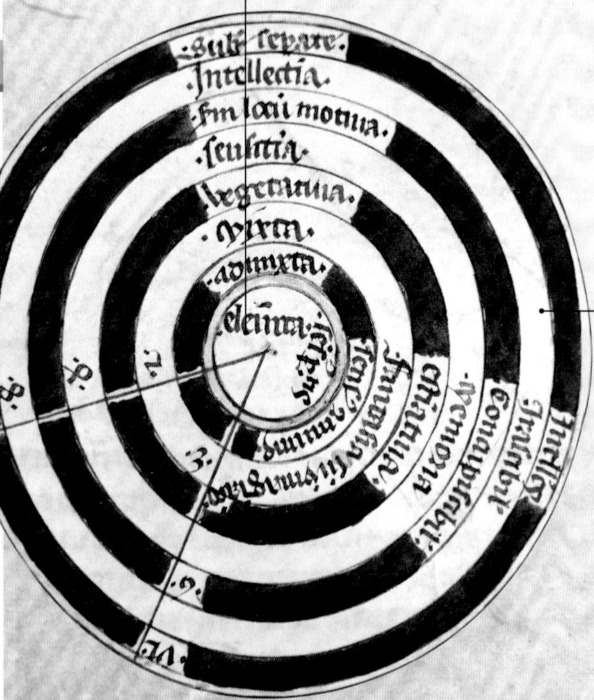

아리스토텔레스의 우주에서 중심은 고정된 지구이다.
각 행성은 구에 위치한다고 생각했다.

아리스토텔레스의 지구 중심 우주론 모델

천문학 이론

아리스토텔레스는 지구가 우주의 중심에 자리 잡고 있다고 믿었다. 그는 태양이나 행성과 같은 다른 천체들이 동심원을 그리며 지구 주위를 돌고 있다고 제안했다.

아리스토텔레스의 유산

아리스토텔레스의 작품은 12, 13세기에 서유럽에서 재발견되었다. 그의 사상은 토마스 아퀴나스와 같은 신학자들에게 영향을 미쳤고 그의 정치에 관한 작품들이 널리 읽혔다. 이 원고는 니콜 오렘이 프랑스어로 번역한 아리스토텔레스의 저서 『정치학』이다.

아리스토텔레스의 저서 『정치학』에서 밭에서 일하는 사람을 묘사한 부분

아리스토텔레스와 플라톤
이탈리아 르네상스 화가 라파엘로가 바티칸에 그린 "아테네 학당"은 고대 그리스의 많은 철학자들을 묘사한 프레스코 벽화이다. 그림에서 플라톤(왼쪽)과 그의 제자 아리스토텔레스(오른쪽)가 깊은 토론에 몰두하고 있다.

"바다에는 동물인지 식물인지 구분하기 힘든 생물체들이 있다. 어떤 것들은 뿌리를 내리고 있고, 또 다른 것들은 떼어내면 죽을 수도 있다."

아리스토텔레스, 『동물지』

800-1545 새로운 사고

중세 대부분의 기간 동안 중국, 인도, 이슬람 세계는 수학, 의학, 공학, 항해술의 발전으로 과학 분야를 선도했다. 다른 곳에서는 오랫동안 분실되었지만 아랍 도서관에 소장되었던 고대 그리스와 로마 서적의 번역본이 서양에 도착하면서 유럽도 다른 지역의 발전을 따라잡기 시작했다. 15세기에는 이러한 지식의 재발견이 고전 예술과 사상에 대해 새로운 관심을 가졌던 르네상스에 영감을 주었다. 오래된 사고가 재검토되고 의문이 제기되면서 유럽의 과학은 큰 진전을 이루었다.

바그다드 지혜의 집에 모인 학자들

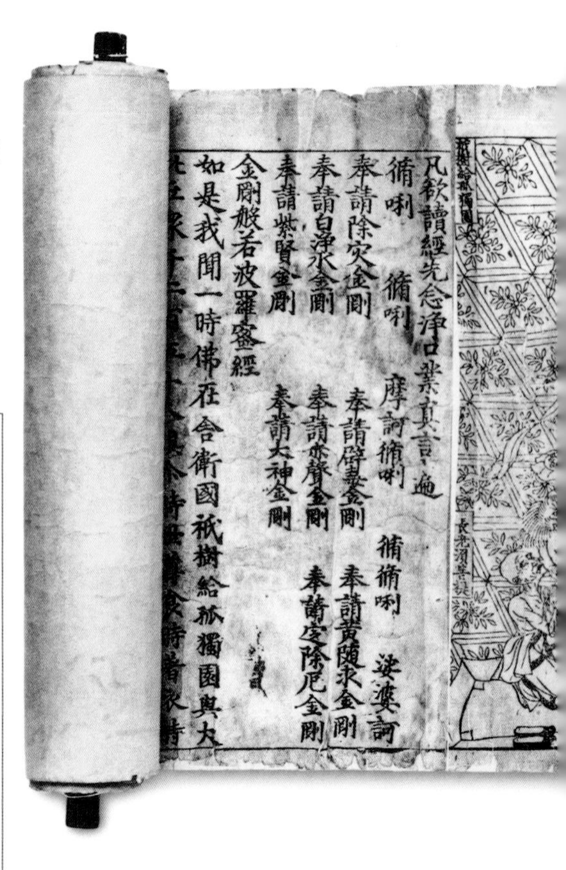

凡欽讀經先念淨口業真言遍
脩唎 脩唎 摩訶脩唎 脩脩唎 娑婆訶
奉請除灾金剛 奉請辟毒金剛 奉請黃隨求金剛
奉請白淨水金剛 奉請赤聲金剛 奉請定除厄金剛
奉請紫賢金剛 奉請大神金剛
金剛般若波羅蜜經
如是我聞一時佛在舍衛國祇樹給孤獨園與大

『금강경』의 목판 인쇄 페이지

810년

지혜의 집

바이트 알 히크마 즉 지혜의 집은 9세기 초 바그다드에 세워졌다. 이곳에는 거대한 도서관이 있었으며 그리스어 과학 문헌을 아랍어로 번역하는 학자들이 사용했다.

868년

금강경

9세기에 중국인들은 각 페이지를 하나의 나무판에 조각하여 책을 인쇄하는 기술을 발명했다. 1907년에 발견된 불교 경전인 『금강경』은 이러한 방식으로 제작된 책 중 가장 오래되고 완전한 예이다. 페이지 중 하나에는 868년 5월 11일이라는 날짜가 적혀 있다.

800 845

808년

화약의 발견

9세기 중반 중국의 연금술사들은 초석을 이용해 불로장생 약을 찾던 중이었다. 그러던 중 이 화학 물질을 유황, 숯과 섞으면 폭발성 물질인 화약이 만들어진다는 것을 발견했다.

830년

대수학의 탄생

아랍의 수학자 알 콰리즈미는 현재 대수학으로 알려진 수학의 유형을 설명하는 책을 출판했다. 그는 현대 수학자처럼 문자를 사용하여 숫자를 표현하지는 않았지만 방정식을 풀기 위한 중요한 아이디어를 소개했다.

850년

알 킨디의 숫자

바스라(현 이라크) 출신의 아랍 수학자이자 학자인 아부 유수프 알 킨디는 수백 권의 책을 저술했다. 그중에는 현대 숫자의 기반이 된 인도 숫자에 관한 연구도 포함되어 있으며 이를 이슬람 세계에 소개했다. 또한 암호 해독의 새로운 기법을 고안하고 평행선 이론에 관한 저서도 썼다.

843년 아일랜드의 신학자 요하네스 스코투스 에리우게나는 수성, 금성, 화성, 목성이 태양 주위를 돌고 있다고 제안했다.

우즈베키스탄에 있는 알 콰리즈미의 동상

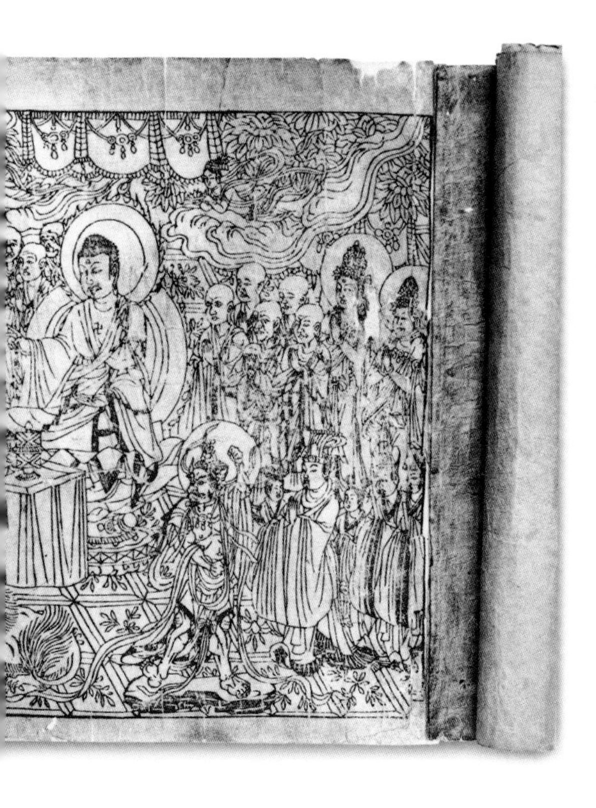

약 854~925년 알라지

라이(현재 이란)에서 태어난 알라지는 아랍 세계에서 가장 위대한 의사 중 한 명으로 꽃가루 알레르기와 천연두의 증상을 최초로 설명했다. 당시 대부분의 의사와 달리 그는 체액의 잘못된 균형이 건강에 영향을 미친다는 이론을 지지하지 않았다.

실험실에서 조수와 함께 있는 알라지

원소 분류

연금술에 관심이 많았던 알라지는 원소 분류 체계를 고안했다. 그는 물질을 정령, 금속, 광물로 나누고 가열하거나 화학 처리할 때 각각의 물질이 어떻게 되는지 연구했다.

890

945

876년

0의 등장

수학자들은 0의 사용과 관련된 문제를 해결했지만 9세기 이전에는 0을 나타내는 기호가 없었다. 876년 인도 괄리오르에서 발견된 비문에는 정원의 크기를 설명하는 데 0을 나타내는 기호가 처음으로 사용된 것으로 알려져 있다. 0의 등장으로 완전한 십진수 체계가 개발될 수 있었다.

이동식 판은 아스트롤라베의 정렬을 조정하고 사용자가 천체의 위치를 계산할 수 있도록 도와준다.
별 포인터는 특정 별의 위치를 표시한다.
고리는 태양이 하늘을 통과하는 경로를 나타낸다.

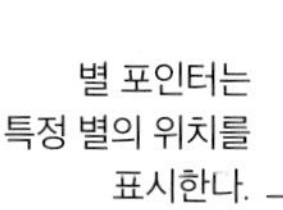

하늘의 지도를 그리다

고대 천문학자들은 별과 다른 천체의 위치를 계산하는 데 아스트롤라베라는 장치를 사용했다. 920년경 아랍의 천문학자 알 바타니는 아스트롤라베 사용에 필요한 복잡한 계산을 해냈다.

"진실이 어디에 있든 우리는 진실을 인정하거나 추구하는 것을 부끄러워해서는 안 된다."

알 킨디, 아랍의 수학자이자 철학자, 약 800~873년

해부학

검사를 위해 시신을 절단하는 인체 해부 관행은 기원전 300년경부터 시작되었다. 이 시기에 고대 그리스 의사들은 인체가 어떻게 작동하는지 제대로 이해하기 시작했다. 해부학 연구는 5세기 로마 제국의 붕괴 이후 쇠퇴했다가 15세기에 이르러서야 플랑드르 태생의 해부학자 안드레아스 베살리우스가 인체를 지도화하여 영향력 있는 업적을 남기면서 다시 관심을 받게 되었다.

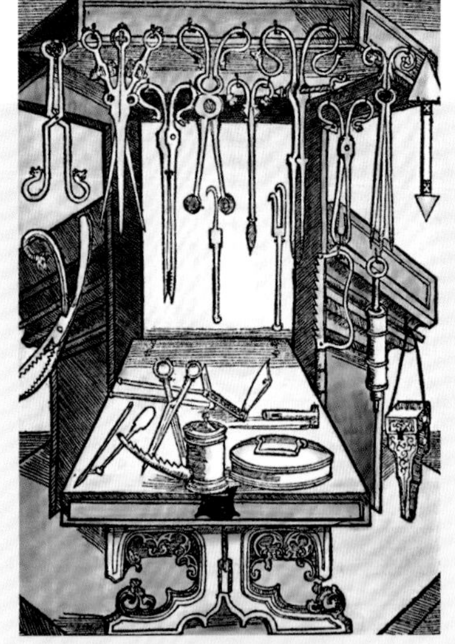

이 목판화는 브룬슈비히의 『외과학』에 나오는 것으로 가위, 집게, 톱 등 그의 수술 도구를 모아 놓은 것을 보여준다.

수술 도구

중세 시대에는 해부학자들과 외과 의사들이 다양한 도구를 보유하고 있었다. 독일 외과 의사 히에로니무스 브룬슈비히는 그의 저서 『외과학』에 절단하는 방법에 대한 지침과 총상 치료에 대한 최초의 설명을 담았다.

최초의 해부학 판화

인쇄술의 발명으로 프랑스 의사 리샤르 엘랭의 1493개 골격 목판과 같은 해부학 이미지가 더 널리 배포되었다. 이 목판은 골반 크기나 치아 개수 등 부정확한 부분이 있었다.

신체를 연구한 레오나르도

이탈리아의 예술가 레오나르도 다빈치는 해부학에 깊은 관심을 갖고 인체를 정확하게 그리는 데 열중했다. 그는 지식을 얻기 위해 공개 해부에 참석했다. 그는 관찰을 통해 놀랍도록 상세한 해부학 스케치 시리즈를 제작할 수 있었다.

허파
간
위
횡격막
척추

레오나르도는 동물 해부를 통해 많은 해부학을 배웠는데 이 연구를 위해 돼지의 장기를 사용했을 것으로 추측된다.

주요 사건

기원전 500년

그리스 작가 크로톤의 알크메온은 뇌가 지능의 중심이라고 말했다. 그는 시신경을 발견하고 동물의 해부를 최초로 수행했다.

기원전 300년

"해부학의 아버지"로 알려진 칼케돈(현재 튀르키예 이스탄불) 출신의 그리스인 헤로필로스는 정맥과 동맥의 차이를 이해하고 최초의 공개 인체 해부를 수행했다.

50년경

로마의 의사 에페수스의 루푸스는 『인체 부위의 명칭에 관하여』라는 저서를 통해 인체 부위에 대한 상세한 목록을 최초로 소개했다.

175년경

그리스의 의사 갈레노스는 뇌, 신경계, 심장 등 여러 신체 부위의 구조를 설명하면서 동맥이 혈액을 운반한다는 사실을 밝혀냈다.

해부학 극장

이탈리아 볼로냐 대학의 의사 몬디노 데 루치는 공개 해부의 길을 열었다. 그는 고대 이래로 의대생들에게 해부학을 가르친 최초의 의사였다. 나중에 특수 해부실 즉 계단식 강의실은 유럽 대학의 특징이 되었다. 초기 계단식 강의실 중 하나는 1594년 네덜란드 라이덴에 세워졌다.

17세기 초 라이덴 대학 해부학 극장에 대한 가상의 판화에서 해골들이 해부된 신체를 둘러싸고 있다.

베살리우스의 그림

플랑드르의 의사이자 해부학자인 안드레아스 베살리우스는 이탈리아 파도바 대학교에서 의학을 공부한 후 그곳에서 교수로 재직했다. 고대 해부학자들의 생각 중 많은 부분이 잘못되었다는 것을 깨달은 그는 인체를 면밀히 관찰하고 놀라울 정도로 정확한 그림을 많이 그렸다. 이 그림들은 그의 유명한 저서인『사람 몸의 구조』에 실렸다. 베살리우스의 해부학 도면은 이전에 볼 수 없었던 수준이었고 그의 작업은 현대 해부학의 시작이었다.

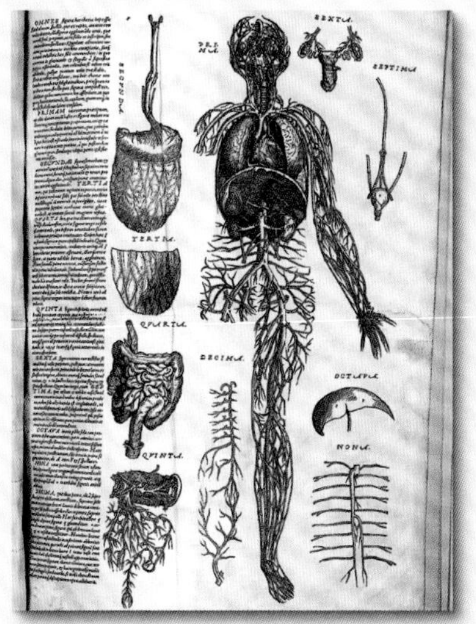

이 페이지는 베살리우스의『사람 몸의 구조』에 나오는 것으로 신경계의 다양한 모습을 설명하고 있다.

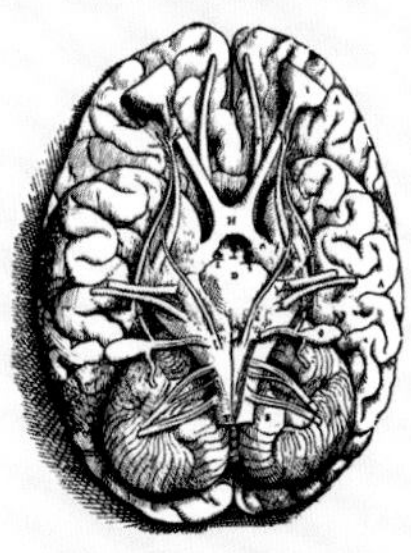

베살리우스는 이전 삽화가들이 무시했던 뇌의 세부 사항을 잘 나타냈다.

1250년경

아랍의 의사 이븐 알 나피시는 심장의 왼쪽에 도달한 혈액이 폐를 먼저 통과하는 폐순환을 발견했다.

1525년경

이탈리아 카르피의 야곱 베렌가르는 송과선과 흉선이라는 두 가지 호르몬 생성 기관을 설명했다. 그는 또한 뇌의 구조에 대해서도 설명했다.

1543년

인체 해부학에 대한 완전하고 상세한 설명을 담은 최초의 도해서인 베살리우스의『사람 몸의 구조』가 출판되었다.

1628년

영국의 의사 윌리엄 하비는 심장이 몸 전체에 피를 순환시키는 역할을 한다는 것을 처음으로 정확하게 설명했다.

심장 및 혈관

945 ▸ 1045

약 980~1037년 이븐 시나

아비센나로도 알려진 아랍 학자 이븐 시나는 중앙아시아에서 살았다. 그는 철학, 의학, 심리학, 지질학, 수학, 논리학 등 다양한 주제에 대해 400권 이상의 책을 저술했다. 그는 직접 관측을 통해 금성이 태양보다 지구에 더 가깝다고 추론했다. 그는 또한 지진에 대한 이론을 발전시켰고 지진이 산의 형성에 어떤 역할을 하는지에 대해서도 연구했다.

의학정전

이븐 시나의 『의학정전』은 중세 유럽과 아시아에서 가장 중요한 의학 서적 중 하나였다. 이 책에서 그는 질병의 원인이 네 가지라는 아리스토텔레스의 견해가 인체를 구성하는 네 가지 체액이 있다는 이론과 어떻게 일치할 수 있는지를 보여주었다.

979년

장사훈의 기계식 시계

중국 천문학자 장사훈은 유체 동력 장치로 구동되는 기계식 시계를 만들었는데 이것은 24시간마다 한 바퀴를 돌았다. 2시간마다 기계 장치 내부에서 나무 인형이 시간을 표시하는 탁자를 들고 튀어나왔다.

982년

성혜방

송나라 초기 의사들은 약 처방에 대한 매뉴얼을 편찬했다. 『성혜방』은 그중 중요한 서적으로, 국가의 지시에 따라 만들어졌고 16,834개의 처방을 담고 있다.

945 • • • 965 • • 985 •

십진수는 976년 스페인 수도사들이 쓴 『코덱스 비질라누스』를 통해 유럽에 처음 등장했다. 이로써 십진법에 대한 지식이 아랍 세계로부터 퍼져 나갔다.

984년

이븐 살의 굴절에 관한 연구

페르시아 수학자 이븐 살은 빛의 굴절 현상에 관심이 있었다. 그는 984년에 쓴 저서 『화경과 렌즈』에서 물질에 따라 빛이 굴절되는 정도가 다르다는 결론을 도출하였다.

주판의 유럽 도입

990년경 프랑스 수도사 오리악의 제르베르가 주판을 유럽에 처음 소개했다. 계산을 빠르게 할 수 있는 방법으로 천문학자, 수학자, 상인에게 유용했다.

이 현대식 주판은 1,000년 전에 사용된 주판과 디자인, 기능 면에서 매우 유사하다.

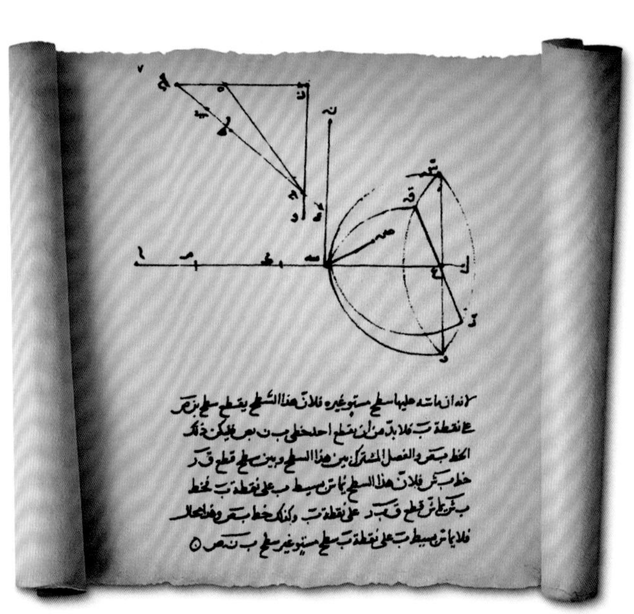

빛의 굴절을 설명하는 이븐 살의 원고

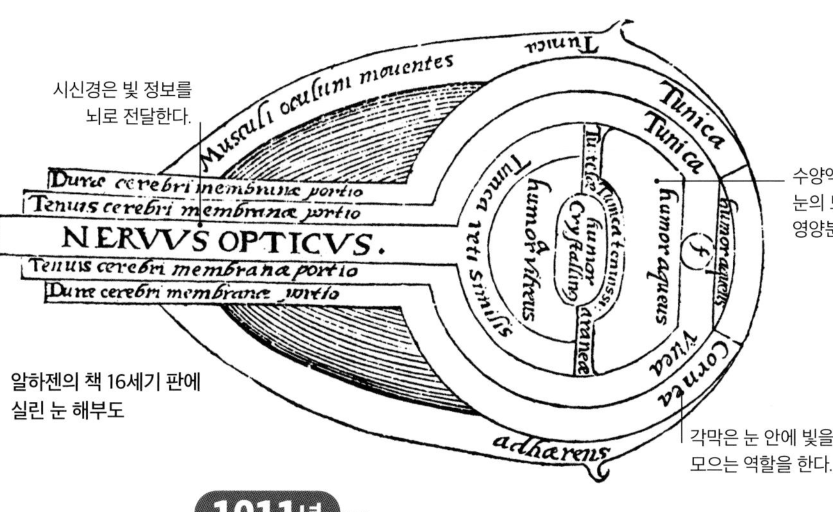

시신경은 빛 정보를 뇌로 전달한다.

수양액이라고 불리는 액체는 눈의 모양을 유지하고 각막에 영양분을 공급한다.

각막은 눈 안에 빛을 모으는 역할을 한다.

알하젠의 책 16세기 판에 실린 눈 해부도

1011년

알하젠의 광학

아랍 학자 알하젠은 광학에 관한 중요한 저서인『광학의 서』라는 7권의 책을 저술했다. 이 책에서 그는 시각이 이전에 믿었던 것처럼 눈에서 나오는 빛이 아니라 물체에서 눈으로 빛이 들어올 때 발생한다고 제안했다.

위에서 본 모습

그릇의 가장자리

자화된 "물고기" 바늘

S N

옆에서 본 모습

물 위에 떠 있는 바늘

1044년

초기 중국의 나침반

중국인들은 자철석이 물체를 자화시킬 수 있다는 것을 오래전부터 알고 있었지만 자화된 바늘이 남쪽을 가리키는 나침반을 사용한 것은 1044년이었다. 초기 나침반은 여기에 보이는 "남쪽을 가리키는 물고기"처럼 물에 떠 있는 얇은 금속 조각으로 만들었다.

1005 · 1025 · 1045

1040년경 활자 인쇄

1040년경 무명의 중국 연금술사 필승은 글자가 새겨진 점토 블록을 움직일 수 있는 인쇄 방식을 발명했다. 이전에는 책을 인쇄할 때 한 페이지 전체를 나무판에 조각했기 때문에 일부만 변경할 수 없었다. 그러나 필승의 새로운 방법은 블록을 재구성하여 새로운 페이지를 만들 수 있게 하여 훨씬 더 빠르게 인쇄할 수 있었다.

활자 블록

필승의 점토 블록은 한 글자씩 블록에 적혀 있었다. 점토나 나무보다 훨씬 오래 지속되는 금속 활자는 1224년경 한국에서 등장했다. 위 사진은 인쇄틀에 넣기 전의 활자 블록을 보관한 모습이다.

조판

글자가 단단해질 때까지 점토 블록을 구운 다음 철제 띠로 칸을 나누어 놓은 철제 틀에 올려놓았다. 활자를 송진과 밀랍으로 만든 풀로 고정시키고 전체 틀을 잉크에 담근 후 종이에 찍었다.

> **"수백, 수천 부를 인쇄할 때 놀라울 정도로 빨랐다."**
>
> 필승의 활자에 대한 심괄의 논평,『몽계필담』, 1088년

“꿀로 약 만들기”, 그리스 의사 디오스코라데스(약 40~90년)가 수백 가지의 약물 치료법을 설명한 『약물지』의 아랍어 번역서 삽화, 13세기

중세 의학

5세기에 로마 제국이 멸망하면서 많은 의학 지식이 사라졌다. 그 잔재는 7세기 이후 이슬람 제국의 일부가 된 지역에서 대부분 살아남았다. 이슬람 학자들은 고전 의학 텍스트를 아랍어로 번역하고 새로운 아이디어를 도입했다. 1050년 경부터 이탈리아의 살레르노와 스페인의 톨레도를 비롯한 여러 학문 중심지를 통해 아랍어 의학 문헌에 대한 소문이 유럽으로 퍼져 나가 상처를 씻고 초기의 마취제를 사용하는 등의 기술이 확산되었다. 1316년 이탈리아의 의사 몬디노 데 루치는 로마 시대 이후 유럽 최초의 해부학 교과서를 저술했다.

"사제는 손상된 조직을 태워 치료하는 것과 절개하는 것을 포함한 외과 수술을 수행할 수 없다."

기독교 성직자의 수술을 금지하는 제4차 라테란 공의회 결정, 1215년
[많은 중세 성직자들이 의술을 행했지만 피를 흘리는 것은 금지되어 있었다. 이 규칙은 원래 성직자들이 전쟁에서 싸우는 것을 막기 위한 것이었다.]

1045 ▸ 1145

이탈리아 살레르노에서 강의하는 콘스탄티누스

1121년 바그다드 철학자 아부 알 바라카트는 물체에 가해지는 힘이 클수록 가속도가 증가한다는 이론을 제안했다.

1066년
핼리 혜성

헤이스팅스 전투에서 영국이 노르만군에 패배하기 직전에 핼리 혜성이 나타난 것이 나중에 재앙의 원인으로 여겨졌다. 혜성에 대한 명확한 지식이 없던 당시 사람들은 일반적으로 혜성을 불길한 징조라고 믿었다.

사람들이 혜성을 가리키고 있는 바이외 태피스트리, 1080년경

1085년
의학 서적 전파

이 무렵 무슬림에서 기독교로 개종한 북아프리카 출신의 콘스탄티누스는 할리 압바스의 『의료기술전서』와 같은 아랍 의학 서적을 수집했다. 그는 이탈리아 살레르노의 의학 학교에서 이를 번역하여 아랍의 의학 지식이 유럽으로 전파되는 데 도움을 주었다.

1045 · 1070 · 1095

파스칼의 삼각형의 가헌 버전

1050년
파스칼의 삼각형

중국의 수학자 가헌은 오늘날 우리가 파스칼의 삼각형으로 알고 있는 숫자 패턴을 만들었는데 각 숫자는 그 위에 있는 두 숫자의 합이 된다. 이 패턴은 나중에 확률과 관련된 계산에 사용되었다.

1054년
게성운 발견

7월 4일, 중국 천문학자들은 낮에도 볼 수 있을 만큼 밝은 별을 발견하고 "손님별"이라고 명명했다. 실제로 이것은 초신성, 즉 폭발하는 별이었다. 이 별은 강한 중력에 의해 붕괴되어 우리가 지금 게성운이라고 부르는 잔해 구름을 우주에 형성하였다.

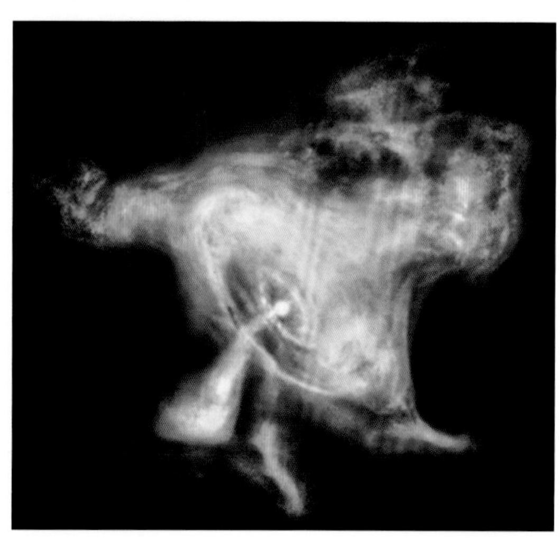

NASA의 찬드라 X-선 망원경으로 촬영된 빠르게 회전하는 게성운의 이미지

1085년
프톨레마이오스의 『알마게스트』 번역

기독교 스페인의 왕 알폰소 6세가 이슬람 지배하에 있던 톨레도를 정복하였다. 그 이후 이 도시는 아랍 과학 문헌을 라틴어로 번역하는 핵심 지역으로 발전하였다. 그중 가장 중요한 작품 중 하나는 고대 천문학에 관한 프톨레마이오스의 위대한 업적인 『알마게스트』였다.

1088년
자기 나침반 발명

기원전 200년경 중국에서는 숟가락 모양의 자석 나침반이 사용되기 시작하였다. 그 후 1088년에 중국의 학자 심괄이 자석화된 바늘을 이용한 나침반에 대한 설명을 처음으로 그의 저서 『몽계필담』에 제시하였다. 12세기 초, 중국의 선박들은 나침반을 이용하여 항해하였다.

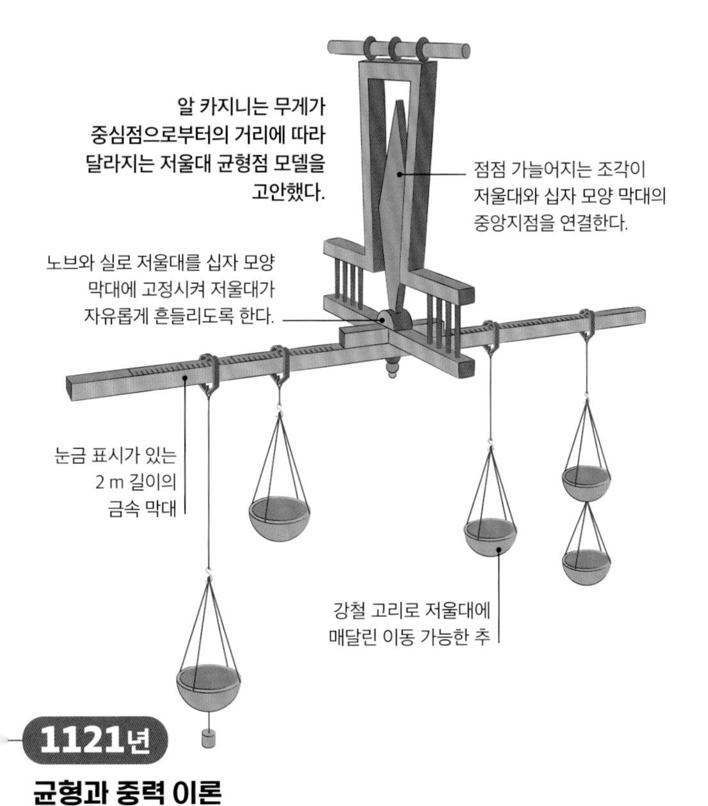
알 카지니는 무게가
중심점으로부터의 거리에 따라
달라지는 저울대 균형점 모델을
고안했다.
점점 가늘어지는 조각이
저울대와 십자 모양 막대의
중앙지점을 연결한다.
노브와 실로 저울대를 십자 모양
막대에 고정시켜 저울대가
자유롭게 흔들리도록 한다.
눈금 표시가 있는
2 m 길이의
금속 막대
강철 고리로 저울대에
매달린 이동 가능한 추

1121년

균형과 중력 이론

아랍 학자 알 카지니는 균형과 평형에 대한 연구를 발표하였다. 그는 천체의 무게는 우주 중심으로부터의 거리에 따라 달라진다는 중력 이론을 제시했다.

1120 **1145**

1126년

주요 번역

영국 철학자 애덜라드는 이탈리아, 시칠리아, 중동 지역을 폭넓게 여행하며 아랍 학자들의 작품을 접하게 되었다. 특히 그는 유명한 수학자 알 콰리즈미의 『신드힌드의 천문 도표』를 번역하여 서유럽에 전파하였다.

1121년

중국의 격자 지도

지도인 구역수령도(九域守令圖)에는 약 1,400개의 지명이 표시되어 있으며 격자 사각형으로 축척을 표시했다. 이는 중국의 지도 제작 기술이 얼마나 정교해졌는지 알 수 있는 증거이다.

세계 여행
92~93쪽

“그는 아랍어로 된 책이 많은 것을 보고… 그것들을 번역하기 위해… 아랍어를 배웠다.”

『크레모나의 제라드의 생애』, 12세기경

약 1048~1131년 오마르 하이얌

페르시아의 시인이자 철학자인 오마르 하이얌은 수학자와 천문학자로서도 뛰어난 재능을 가지고 있었다. 그는 25세 무렵에 이미 음악과 대수학에 대한 중요한 연구를 진행했다. 그의 시가 서양에서 번역되어 널리 알려졌지만 당대 이슬람 세계에서는 과학자로서의 명성이 더 컸다. 1073년에 페르시아의 통치자 말리크샤의 초대로 이스파한에 천문대를 설립하였다. 그곳에서 그는 중요한 천문학적 관찰을 많이 했고 일련의 천문표를 작성했다.

1년의 길이

이스파한에 있을 때 오마르 하이얌은 1년의 길이를 365.24219858156일로 계산하였다. 이 값은 소수점 아래 다섯 번째 자리까지 정확하며 그가 사용할 수 있었던 천문학적 도구를 감안할 때 놀라울 정도로 정확한 측정 결과를 보여준다.

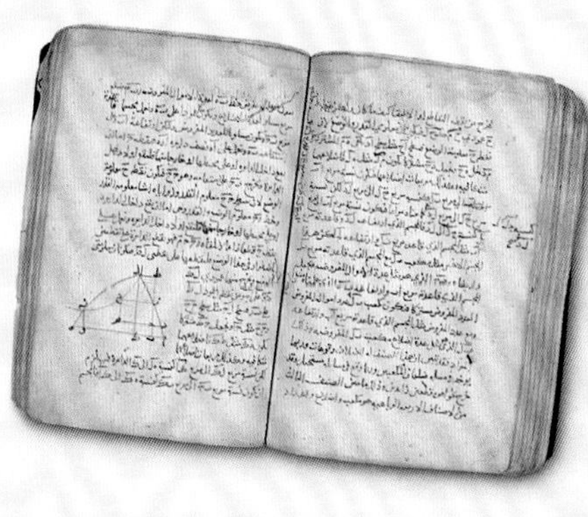

대수학에 관한 책

대수학에 관한 그의 저서에서 오마르 하이얌은 기하학적 방법을 사용하여 3차 방정식과 2차 방정식을 풀었다. 방정식 내의 숫자들을 곡선으로 바꾸어 그 곡선들이 만나는 지점을 통해 해를 찾았다.

천문학

마야인, 중국인, 인도인, 바빌로니아인 등 많은 고대 문명들은 별과 행성의 움직임을 이해하려고 노력하였다. 그리스인들은 기원전 4세기부터 행성이 하늘에서 위치를 바꾸는 이유를 설명하기 위한 모형을 개발하였다. 16세기가 될 때까지 천문학자들은 태양계의 중심이 지구가 아닌 태양이라는 사실을 깨닫지 못했다.

고대 엘 카라콜 천문대 유적, 멕시코

『존 맨더빌 경의 여행기』 속 아스트롤라베를 사용하는 천문학자들, 1356년

고대 천문대

250~900년에 전성기를 맞이했던 마야 문명은 멕시코 치첸이트사에 엘 카라콜과 같은 천문대를 건설했다. 엘 카라콜은 달팽이라는 뜻으로 그것의 모양 때문에 붙여진 이름이다. 마야인들은 이 천문대에서 1년의 길이를 정확하게 계산하고 금성의 움직임을 기록했다.

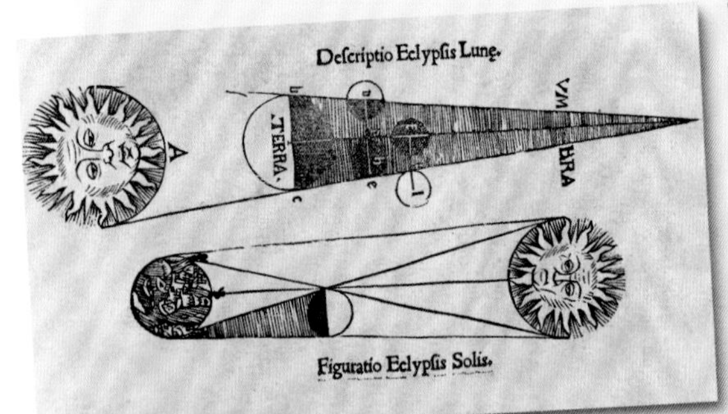

일식

13세기 영국 수도사 요하네스 데 사크로보스코는 2세기 알렉산드리아의 프톨레마이오스의 계산을 재현했다. 이것은 달이 태양 앞을 지나며 일식을 발생시키는 원리를 설명한다.

사크로보스코의 『천구론』에 제시된 일식과 월식

주요 사건

기원전 500년경

바빌로니아 천문학자들은 황도대를 만들었다. 하늘을 12개의 동일한 구역으로 나누고 이를 통해 태양과 행성들이 이동하는 것처럼 보였다.

기원전 350년경

그리스 수학자 크니도스의 에우독소스는 동심 구체를 기반으로 한 최초의 태양계 모델을 고안했다. 그는 총 27개의 동심 구체를 사용해 각 행성의 불규칙한 운동을 설명하였다.

기원전 280년경

그리스 사모스의 아리스타르코스는 지구가 태양 주위를 공전한다고 제안했다. 그러나 당시 사람들은 그의 생각을 비판하며 받아들이지 않았다.

기원전 240년경

키레네 출신의 에라토스테네스는 두 개의 다른 위치에서 태양이 만드는 그림자를 비교함으로써 지구의 둘레를 정확하게 측정했다.

동방에서 온 아이디어들

중세 인도의 천문학자들은 천문학적 계산을 위한 정교한 수학적 도구들을 개발하였다. 525년경 인도의 수학자 아리아바타는 지구가 자전축을 중심으로 회전한다는 생각을 제시하여 별들의 겉보기 운동을 정확하게 설명했다. 이 지식의 대부분은 이슬람 천문학자들에게 전달되어 기존 이론을 개선하고 행성이 구체 내에서 어떻게 움직이는지에 대한 계산을 정교하게 했다. 그들은 태양과 별의 위치를 측정할 수 있는 아스트롤라베라는 장치를 완벽하게 사용했다.

이탈리아에서 제작된 황동 천구, 1554년

프톨레마이오스의 체계

초기 그리스 천문학자들은 행성이 지구 주위 동심원 궤도를 공전한다고 설명했다. 프톨레마이오스는 이 이론을 자세히 정립했다. 행성 운동의 이상한 점을 설명하기 위해 그는 주전원 시스템을 사용했다. 프톨레마이오스의 체계를 설명하기 위해 천구라고 하는 복잡한 모델이 만들어졌다.

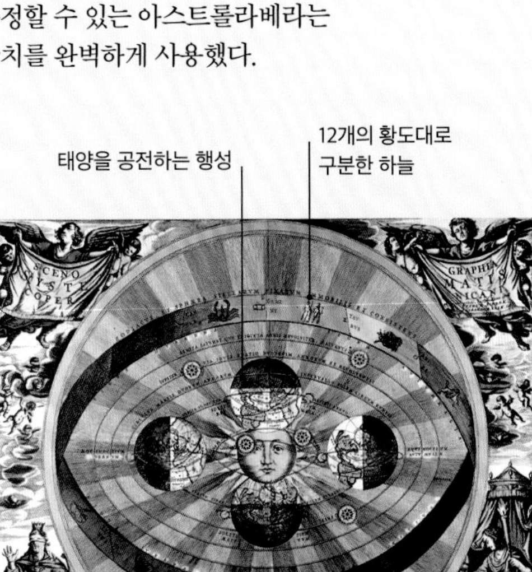

코페르니쿠스의 우주, 네덜란드 판화, 17세기

코페르니쿠스 우주관

폴란드의 천문학자 니콜라우스 코페르니쿠스는 프톨레마이오스의 우주관에 동의하지 않았다. 그는 지구와 행성이 지구가 아닌 태양을 태양계의 중심에 두고 궤도를 따라 움직이는 태양 중심 시스템이라는 모델을 고안했다.

굴절 망원경

갈릴레이는 망원경 발명자는 아니었지만 1609년 망원경을 제작해 천문학적 목적으로 최초로 사용했다. 크게 높아진 배율 덕분에 갈릴레이는 목성의 새로운 위성 4개를 발견하고 처음으로 태양의 흑점을 연구할 수 있었다.

그의 망원경을 보고 있는 갈릴레이, 1620년경

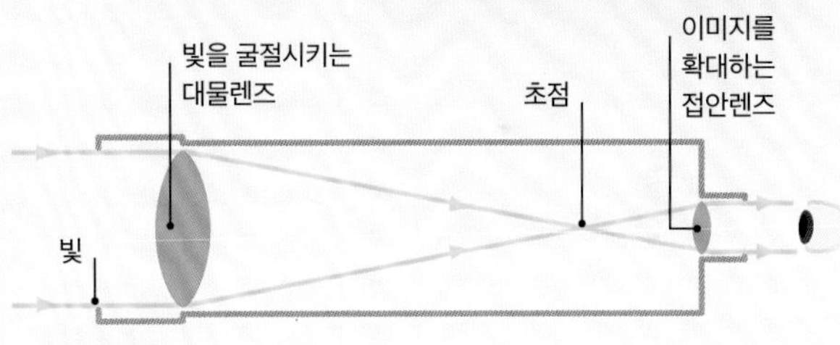

작동 원리

갈릴레이는 빛을 모아 확대된 이미지를 생성하기 위해 렌즈가 달린 굴절 망원경을 사용했다. 대부분 현대 굴절 망원경은 위와 같이 설계된다. 한쪽 끝에 대물렌즈가 있어 멀리 있는 물체로부터 빛을 모아 이미지를 생성하고 이 빛은 이미지를 확대하는 접안렌즈를 통과한다.

기원전 130년경

니케아 출신의 그리스인 히파르쿠스는 최초로 정확한 별 지도를 고안했다. 그는 월식과 일식을 예측하기 위해 프톨레마이오스의 모델을 사용했다.

달

975년경

바르셀로나 출신인 루피투스는 아스트롤라베를 유럽에 처음으로 소개하는 작품을 썼다. 이슬람 세계에서 이미 널리 알려진 이 장치는 태양과 별들의 위치를 계산했다.

1259년

이란의 마라가에 천문대가 건설되었다. 이를 통해 이슬람 천문학자들은 행성과 별들에 대해 매우 정확한 측정을 수행하고 이를 바탕으로 차트와 표를 작성하였다.

1543년

코페르니쿠스는 지구가 태양을 공전하는 태양계 모델을 제시하면서 『천체의 회전에 관하여』라는 책을 출판했다.

1154년

괘종시계

아랍 기술자 무함마드 알사아티는 시리아 다마스쿠스에서 최초의 괘종시계를 제작했다. 이 시계는 초기 시계들과 마찬가지로 물을 이용하여 작동되었다. 1203년에 그의 아들 리드완은 이 시계의 구동 메커니즘에 대한 자세한 설명을 기록했다.

1154년

알 이드리시의 세계 지도

아랍 학자 무함마드 알 이드리시는 시칠리아 로저 2세의 의뢰로 세계 지도를 만들었다. 이 작업은 완성까지 15년이 소요되었고 2 m 너비의 은판에 새겨졌다. 당시 가장 정확했던 이 지도에는 모든 땅을 자세히 설명한 책이 첨부되어 있었다.

알 이드리시의 고대 세계 지도인 타부라 로제리아나의 현대 복제본

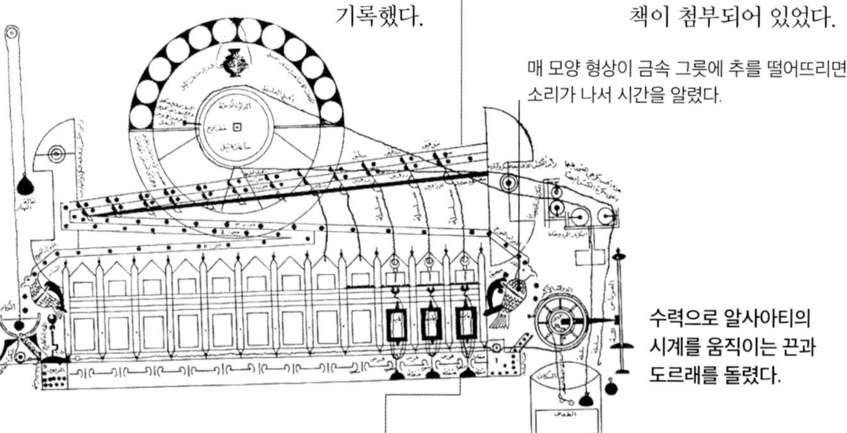

매 모양 형상이 금속 그릇에 추를 떨어뜨리면 소리가 나서 시간을 알렸다.
수력으로 알사아티의 시계를 움직이는 끈과 도르래를 돌렸다.

1180년

수직축 풍차

유럽에 처음으로 날개가 수직 탑에 장착된 풍차가 도입되었다. 이 풍차는 날개가 회전하면 축을 돌려 곡물을 갈아내는 데 사용되는 망치를 작동시켰다. 이전의 풍차들은 페르시아에서 개발되었으며 수평 구조였고 사각형 날개가 수직축을 중심으로 회전했다.

1145 ● ● ● 1165 ● ● ● 1185 ●

1160년

세계 최초의 인쇄 지도

15개 나라의 지리를 담은 십오국풍지리지도는 세계에서 가장 오래된 인쇄 지도 중 하나로, 목판으로 인쇄되었으며 중국의 서부 지역을 상세히 보여준다. 『육경도』라는 중국의 백과사전에 수록되어 있으며 지도에는 강과 15개의 성을 비롯한 여러 장소 이름들이 나열되어 있다.

약 1170~1250년 피보나치

레오나르도 보나치는 피보나치라는 별명으로 알려진 상인으로 북아프리카에서 무역을 하며 아랍 수학을 배웠다. 그의 저서인 『산반서』는 아라비아 숫자와 소수점 표기법을 유럽에 처음으로 소개했다. 또한 그는 특정 대수 방정식과 수열을 해결하는 데 중요한 기여를 했다.

피보나치 수열

피보나치는 0, 1, 1, 2, 3, 5, 8, 13 등 각 숫자가 이전 두 숫자의 합계인 수열을 소개했고 과학자들은 이 수열의 각 숫자에 해당하는 넓이의 정사각형을 연결하면 자연계에서 종종 볼 수 있는 나선 모양이 된다는 것을 발견했다. 이는 달팽이의 껍질과 유사한 형태이다.

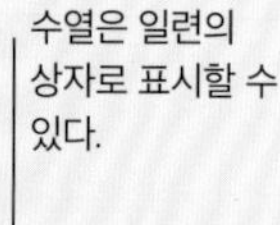

수열은 일련의 상자로 표시할 수 있다.

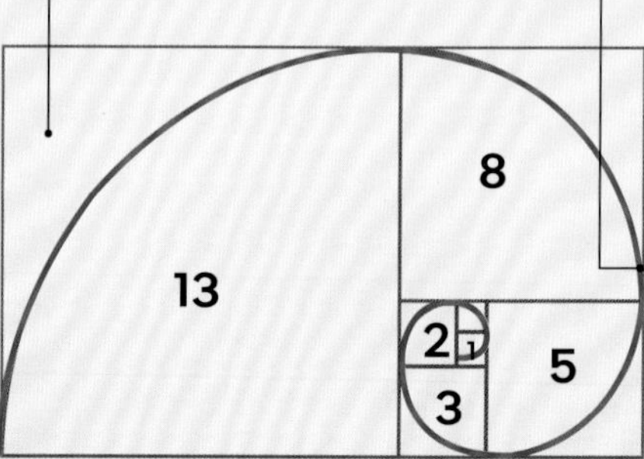

상자의 대각선 모서리를 연결하면 나선형 모양이 그려진다.
8
13
2
1
5
3

1150년에 인도의 수학자 바스카라 2세는 숫자가 양의 제곱근과 음의 제곱근을 하나씩 가진다는 사실을 입증했다.

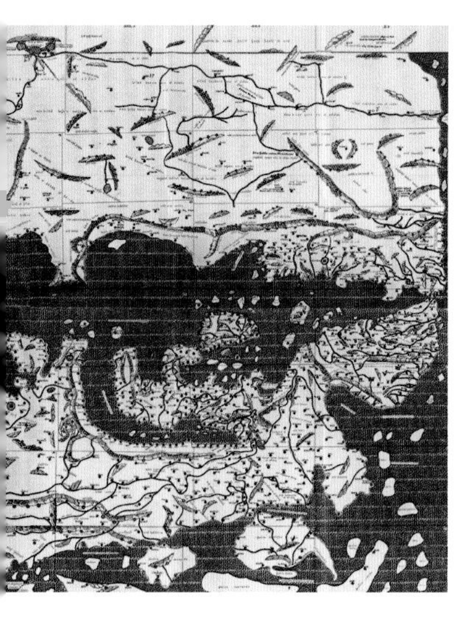

“그는 해당 지역의 날씨, 토지 그리고 지역 지도를 포함한 7개 지역의 정보를 새겼다.”

무함마드 알 이드리시, 『먼 땅으로의 즐거운 여행』, 1154년

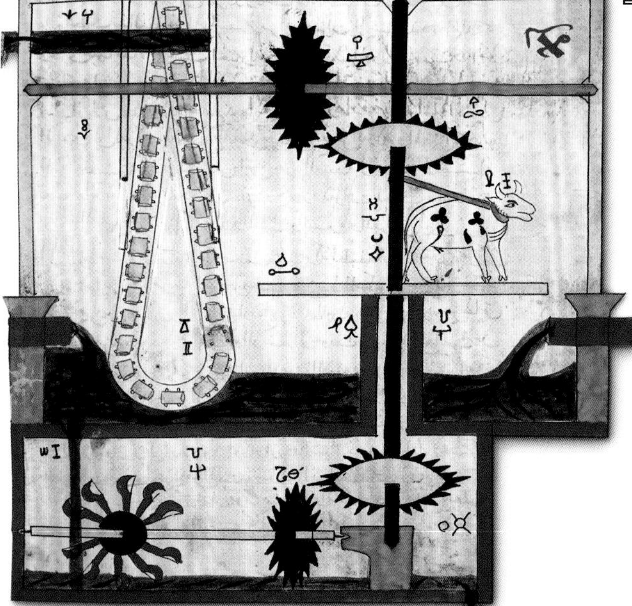

알 자자리가 설계한 물 펌프 그림

1206년

기계 장치

아랍 기술자 알 자자리는『기발하고 기계적인 장치의 지식』에서 50개 이상의 기계를 설명하고 그 제작 방법을 소개했다. 그중에는 최초의 크랭크축과 코끼리 모양의 2 m 높이 물시계가 포함되어 있다.

1237년

여성을 위한 주요 의학서

중국의 의사 진자명은 여성 치료에 관한 중국 최초의 주요 의학서인『부인대전양방』을 저술했다. 이 책은 360가지 여성 의학적인 상태를 설명하며 임신과 출산과 관련된 문제도 다루었다.

1205 1225 1245

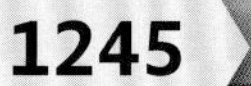

치료 76~77쪽

1214년

이탈리아 의사의 소독제 사용

이탈리아의 외과 의사 루카의 휴는 상처를 깨끗이 하고 감염을 예방하기 위해 포도주를 소독제로 사용하는 방법을 소개했다. 과거에는 의사들이 상처에 고름이 생기도록 하는 것이 치유에 도움이 된다고 잘못 알려져 있었다.

로버트 그로스테스트는 1214년에 영국 옥스퍼드 대학의 첫 번째 총장으로 임명되었다.

1225년

주교의 이론

영국 링컨의 로버트 그로스테스트 주교는 아리스토텔레스의 고대 그리스 철학과 과학이 기독교 사상과 일치한다는 것을 증명하고자 노력했다. 그로스테스트는 빛이 우주를 채우고 형태를 형성한다고 믿었으며 그는 과학적 이론이 실험을 통해 검증되어야 하며 관찰에 의해 뒷받침되지 않는 개념은 거부되어야 한다고 판단했다.

그로스테스트 주교의 초상화(13세기)

1232년

화약 로켓

중국 북동부의 개봉이 포위되자 중국인들은 몽골군을 상대로 화염방사기를 사용했다. 일부 사람들은 이것이 화약으로 추진되는 로켓을 군사적으로 사용한 최초의 사례라고 추정한다. 이 “날아다니는 화살”은 대나무 통에 화약을 채워 창에 부착한 것이다. 손으로 던져 매우 부정확했지만 몽골군은 공격을 포기하고 도망쳤다.

위대한 과학자

로저 베이컨

13세기 영국의 프란치스코 수도사 로저 베이컨(약 1214~1292년)은 광범위한 과학적 흥미로 "기적의 박사"라는 별명을 얻었다. 당시 대학은 변하지 않는 커리큘럼으로 몇 가지의 과목만 가르쳤지만 그는 새로운 유형의 교육을 도입하고자 했다.

수도사

베이컨은 수도사가 되기 전 1230년대에 옥스퍼드 대학교에서 공부하였으며 이후에 파리에서 강의를 했다. 1247년에는 옥스퍼드로 돌아와 과학 연구를 시작했고 1257년에 프란치스코 수도사가 되었다. 엄격한 종교 공동체에서 생활하게 되면서 실험 연구를 계속하는 것은 어려워졌다.

대학 개혁

중세 대학의 학생들은 주로 신학에 중점을 두었고 이외에 문법, 논리, 수사학 등을 공부했다. 이들은 주로 아리스토텔레스를 모범으로 삼았다. 베이컨은 자신의 중요한 저서인『대작』에서 광학, 지리학, 기계공학, 연금술과 같은 다양한 분야를 강조했다.

광학

기존의 그리스 과학자들은 시각이 눈에서 나오는 빛에 의해 발생한다고 믿었지만 베이컨은 모든 물체가 주변으로 파동을 방출한다고 주장했다. 이러한 파동이 눈에 도달하면 물체가 시각적으로 인식된다고 설명했다.

말년

1268년 베이컨은 교황 클레멘트 4세의 사망으로 후원자를 잃었다. 이후 프란치스코 수도회의 많은 수도사들은 그의 이론이 가톨릭 교리와 충돌한다고 여겨 그가 이탈리아에서 한동안 수감되었을 것으로 추측한다. 결국 그는 영국으로 돌아와 다양한 주제로 저술 활동을 시작했으나 1292년에 사망했다.

대작
베이컨의『대작』에 제시된 눈 그림이다.
베이컨은 프란시스코 수도회의 허가 없이 출판할 수 없었지만 1266년에 교황 클레멘트 4세가 베이컨에게 대학에서 가르쳐야 할 모든 내용을 요약하는 작업을 의뢰했다. 그러나 1268년 베이컨이 작업을 완료했을 때 클레멘트는 이미 세상을 떠나 있었다.

연금술사
베이컨은 당시 많은 학자들과 마찬가지로 연금술을 실행했다. 연금술사들은 모든 것이 네 가지 원소인 흙, 공기, 불, 물로 이루어져 있다고 믿었으며 납과 같은 금속을 금으로 변환할 수 있다고 생각했다.

파리에서의 강의
베이컨이 파리 대학 총장에게 책을 제출하는 모습이다.
그는 1240년경부터 약 10년 동안 그곳에서 강의하며 피터 페레그리누스와 같은 다른 학자들과 만나 실험을 하면서 영감을 받았다.

천문학적 관측가
열정적인 천문학자인 베이컨은 우주가 구형이라고 확신했다. 그는 지구에서 별까지의 거리를 2억 900만 km로 계산했다. 현재 우리는 그 거리가 수백만 배 더 크다는 사실을 알고 있다.

"이 세상의 모든 것은 수학 지식 없이는 만들어질 수 없다"

로저 베이컨, 『대작』, 1267~1268년

1245 ▸ 1345

1267년 영국 수도사 로저 베이컨은 눈의 구조, 돋보기 사용, 초기 망원경에 대해 설명했다.

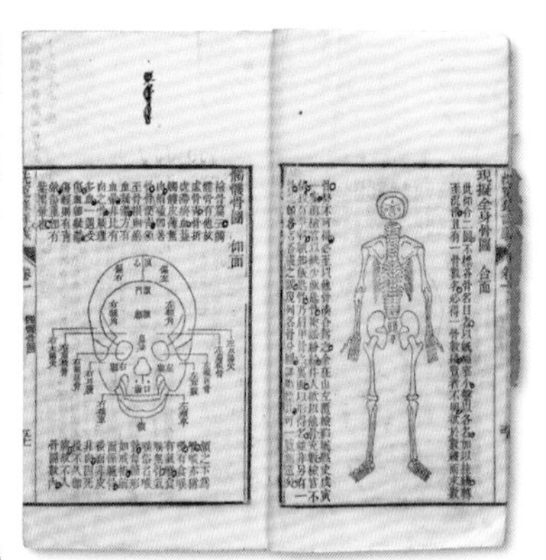

송자의 『세원집록』의 가장 오래된 필사본은 1408년에 쓰여졌다. 이 사진은 19세기의 것이다.

1247년

법의학 연구

중국 법학자 송자는 세계 최초로 법의학에 관한 연구서인 『세원집록』을 저술했다. 그의 목표는 법적 사건, 특히 살인 사건에서 제시된 증거를 개선하는 것이었다. 그는 과거 사건에 대한 정보를 수집했으며 법관들이 전통적으로 수행한 신뢰할 수 없는 검사에 대해 비판적이었다.

1286년

안경

13세기 과학자들은 유리 렌즈를 사용하여 물체를 확대하는 실험을 시작했다. 1286년 이탈리아의 수도사 조르다노 다 피사는 안경에 사용되는 렌즈를 최초로 설명했다. 초기 안경은 어두운 곳에서 원고를 읽고 써야 하는 수도사나 수사들에게 특히 문제가 되었던 원시를 교정해 주었다.

프랑스 성직자는 근거리 작업을 위해 안경을 착용했다.

1245 1275

양귀비에서 채취한 씨앗

맨드레이크 뿌리

양귀비 씨앗이나 맨드레이크 뿌리 등의 재료로 만든 용액을 스펀지에 적셔 환자에게 투여하여 잠들게 했다.

1260년

마취제 사용

이탈리아의 외과 의사 테오도리코 보르고노니는 획기적인 의학 저술에서 수술과 상처 치료에 관한 여러 측면을 논의했다. 그는 수술 전에 아편이나 다른 수면 유도 효과가 있는 약초를 적신 스펀지로 환자를 진정시키는 초기 형태의 마취법을 사용했다.

치료 76~77쪽

1269년

자기력

프랑스 학자 피에르 드 마랭쿠르는 자석의 자기력선을 설명했다. 그는 나침반에는 두 개의 극이 서로 다른 극성을 띠며 자석의 다른 극은 서로 당기고 같은 극은 서로 밀어내는 성질이 있음을 보여주었다.

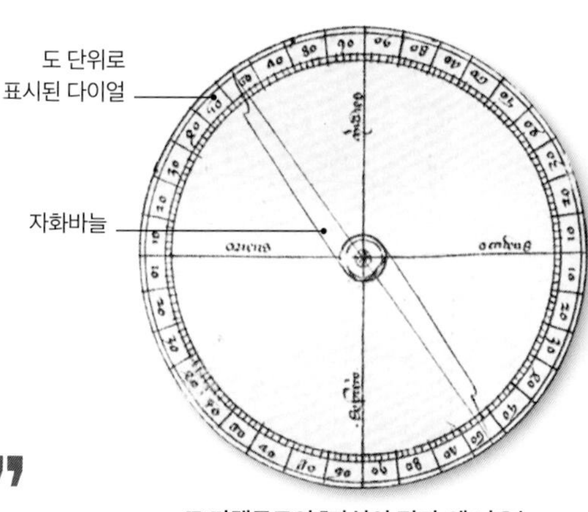

드 마랭쿠르의 『자석의 편지』에 나오는 바늘 나침반 도표

"그러면 손에 들고 있는 돌이 떠다니는 돌을 피해 달아나는 것처럼 보일 것이다."

자기 반발에 대해서, 피에르 드 마랭쿠르, 『자석의 편지』, 1269년

수정체와 눈

고대 그리스인들은 시력을 눈에서 나오는 파동이 시선 방향의 물체에 부딪혀 다시 돌아옴으로써 생긴다고 믿었다. 13세기에 이르러 로저 베이컨과 같은 학자들은 물체에서 방출된 빛이 눈의 수정체에 닿아 상을 만든다는 사실을 깨달았다.

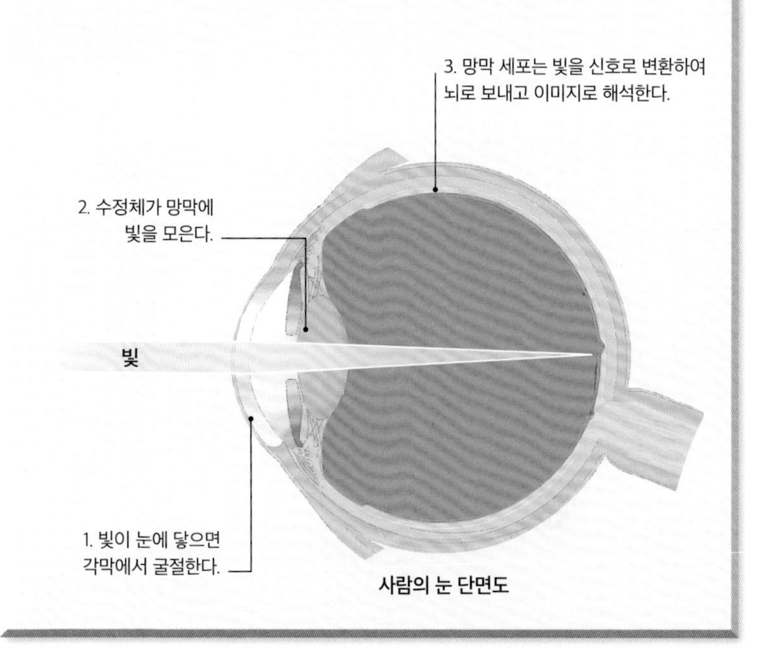

3. 망막 세포는 빛을 신호로 변환하여 뇌로 보내고 이미지로 해석한다.
2. 수정체가 망막에 빛을 모은다.
빛
1. 빛이 눈에 닿으면 각막에서 굴절한다.

사람의 눈 단면도

1305 · 1345

1300년 무지개 이론

독일의 수도사 프라이부르크의 테오도릭은 빛이 물이 채워진 작은 유리병을 통과할 때 반사, 굴절된다는 것을 보여주었다. 그는 구름 속의 물방울에 부딪히는 햇빛이 같은 방식으로 굴절되어 무지개를 만든다는 결론을 내렸다.

1315년 최초의 공개 해부

이탈리아의 의사 몬디노 데 루치는 이탈리아 볼로냐에서 최초로 인체를 공개 해부했으며 의대생과 의사들은 인체 해부학에 대한 지식이 크게 향상되었다.

1323년 오컴의 면도날

영국의 신학자 윌리엄 오컴은 그의 저서 『논리학 대전』에서 어떤 것을 설명할 때 불필요한 정보나 논증을 제거하여 단순화해야 한다고 주장했다. 이러한 원리는 "오컴의 면도날"이라는 이름으로 알려지게 되었다.

약 1200~1280년 알베르투스 마그누스

독일의 도미니카 수사 알베르투스 마그누스는 고대 그리스 철학자 아리스토텔레스의 저작에서 영감을 받아 철학과 과학 지식 백과사전을 편찬했다. 알베르투스는 과학을 통해 사물의 원인을 발견할 수 있다고 믿었으며, 학문 분야로서 자연과학의 창시자로 여겨진다. 그의 연구는 신학, 논리학, 동물학, 연금술 등 다양한 분야에 걸쳐 이루어졌다. 그는 훌륭한 스승이었으며 그의 제자 중에는 유명한 기독교 신학자 토마스 아퀴나스도 있었다.

마그누스의 자연사 논문의 한 페이지

1390년 프랑스 십자군이 북아프리카 도시 마디아의 성벽을 뚫기 위해 대포를 사용하고 있다.

화약의 역사

중국인들은 9세기 초에 이미 질산염, 유황, 숯의 혼합물인 화약의 폭발적인 특성을 이해했다. 그들은 화약을 군사적 목적에 맞게 변형하여 불화살, 로켓, 화염방사기를 만들었다. 1250년경에는 최초의 대포를 만들었다. 화약 무기에 대한 지식은 서쪽으로 퍼져 1300년경 유럽에 도달했으며 대포는 곧 전투에 등장했다. 100년 이내에 휴대용 대포가 개발되었지만, 불멸의 요새를 파괴할 수 있는 포위 공격에서 가장 효과적인 것으로 입증된 것은 초기 대포였다. 그림에 묘사된 마디아 십자군 전투에서 프랑스군은 성벽을 돌파하기에 화력이 충분하지 않았기 때문에 큰 성공을 거두지 못했다.

“마치 지옥의 모든 악마가 오는 것처럼 시끄러웠다.”

플랑드르의 우데나르드 포위 공격에서 사용한 대포에 대해 설명한 장 프루아사르, 『연대기』, 1382년

1357년 프랑스 철학자 장 뷔리당은 물체를 움직이게 하는 힘에 대한 임페투스 이론을 정립했다.

1368년

외과 의사 길드

1368년 영국에서 외과 의사들의 길드가 설립된 것은 외과 의사라는 직업에 대한 규칙과 규정을 마련하기 위한 최초의 시도였다. 그 전에는 누구나(주로 이발사) 수술을 할 수 있었다.

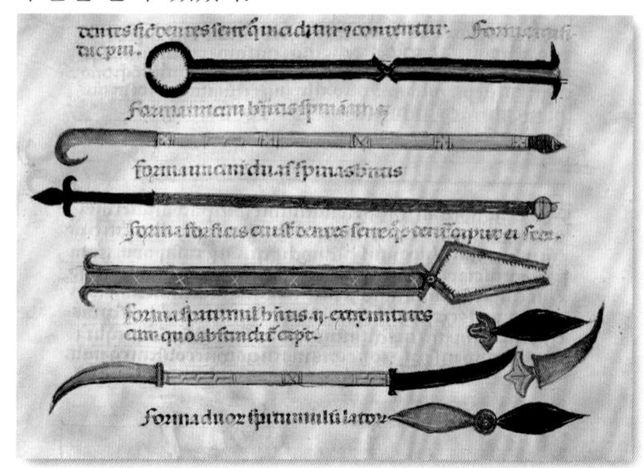

아랍의 위대한 의사인 알부카시스의 저서 『수술에 관하여』에 등장하는 다양한 수술 도구들

1349년

운동과 힘

프랑스의 수학자 니콜 오렘은 움직이는 물체의 운동을 표현하기 위해 그래프를 그리는 방법을 고안해 냈다. 이 그래프는 속도, 시간, 이동 거리 사이의 관계를 설명하는 데 도움이 되었다.

1380년

로켓 전쟁의 유럽 진출

유럽에서 로켓이 전쟁에 최초로 사용된 것은 이탈리아의 베네치아와 제노바 사이의 해전인 키오지아 전투로 기록되어 있다. 로켓은 제작이 어려웠기 때문에 로켓을 군사적으로 사용한다는 것은 화약 무기에 대한 지식이 크게 발전되었음을 보여주었다.

1345 — 1385

1364년

천문 시계

이탈리아의 시계 제작자 지오반니 드 돈디는 태양, 달, 행성의 움직임을 보여주는 다이얼이 있는 아스트라리움을 완성했는데 이는 100개가 넘는 톱니바퀴가 있는 복잡한 시계였다. 이 시계는 천체의 위치 계산이나 교회 축제일 달력으로 사용되었다.

아스트라리움에는 7개의 다이얼이 있었고 중앙의 추가 1분에 30회 정도 흔들렸다.

1377년

회전하는 지구

니콜 오렘은 그의 저서 『우주와 세상에 관한 책』에서 지구가 태양계 중심에 정지해 있다는 통념을 모두 반박했다. 그는 또한 지구가 자전축을 중심으로 자전한다고 주장했다. 그러나 그는 지구가 태양 주위를 움직인다고 믿는 데까지 나아가지 못했다.

니콜 오렘이 태양계 모형인 천구 옆에 앉아 있다.

“하늘이 아닌 땅이 그렇게 움직였다고 믿을 수 있으며, 그 반대의 증거는 없다.”

지구의 자전에 대해서,
니콜 오렘, 『우주와 세상에 관한 책』, 1377년

약 1400~1600년 르네상스 건축

14세기 중반 이탈리아에서 시작된 문화 운동인 르네상스 시대에는 예술가와 건축가들이 고전적인 과거를 재발견했다. 건축가들은 기둥, 아치, 돔을 사용하여 그리스와 로마의 양식으로 건물을 지었다. 피렌체의 건축가 필리포 브루넬레스키는 16년에 걸쳐 피렌체 대성당의 거대한 돔을 건축했다. 폭 45 m, 높이 114 m의 이 돔은 지지대 없이 지어진 돔 중 가장 큰 규모이다.

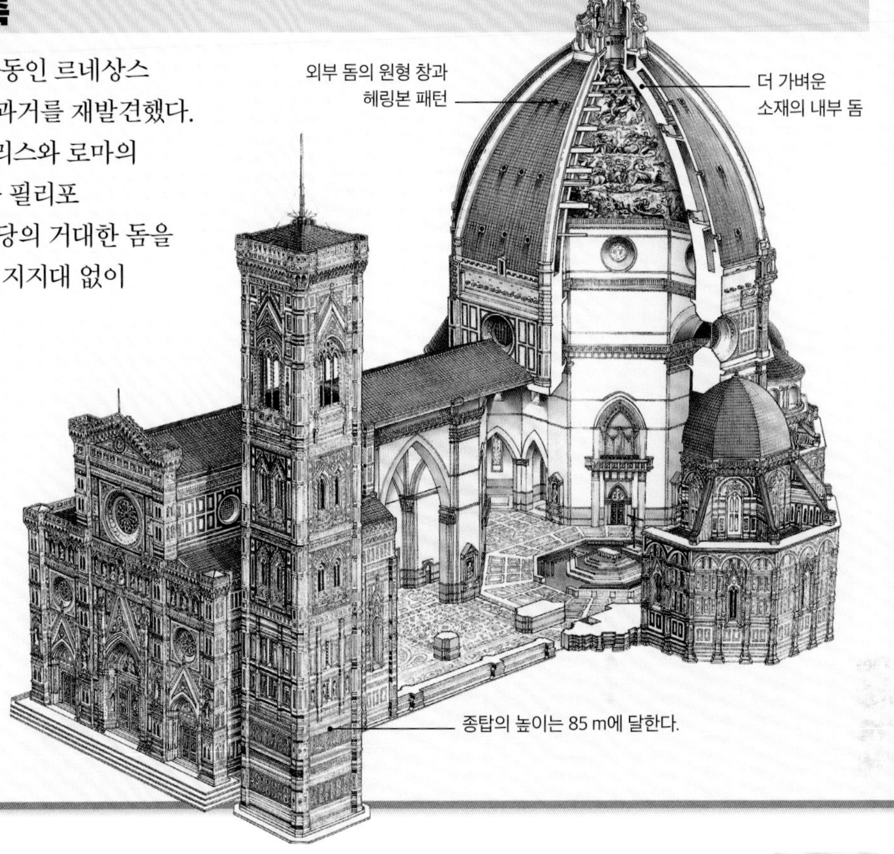

피렌체 대성당의 돔

이렇게 거대한 돔을 짓는 것은 불가능하다고 여겨졌다. 브루넬레스키는 내부 돔은 가벼운 재료, 외부 돔은 무거운 돌로 설계했다. 고리 모양으로 만든 참나무 목재가 두 돔을 연결하고 지탱했다. 건설 노동자들이 이미 완성된 내부 돔 위에서 균형을 잡을 수 있었기 때문에 외부 돔을 건설하는 것이 더 쉬웠다.

1405 — 1445

1421년

최초의 특허

발명가에게 발명에 대한 독점적 권리를 부여하는 라이선스인 특허는 피렌체시에서 이탈리아 건축가 필리포 브루넬레스키에게 최초로 부여했다. 무거운 대리석 석판을 아르노강으로 운반하는 데 사용되는 바지선과 승강 장치에 대한 특허였다. 이 특허는 3년 동안 다른 사람이 아이디어를 모방하는 것을 금지했다.

우주에 대한 이론으로 후세 과학자들에게 많은 영향을 끼친 쿠사의 니콜라스가 새겨진 목판화

쿠사의 니콜라스

독일의 신학자 쿠사의 니콜라스는 우주의 모든 만물이 움직이고 있다고 믿었다. 이를 통해 그는 지구는 고정되어 있지 않으며 태양 주위를 움직여야 한다는 결론을 내렸다.

1436년

회화의 원근법

로마의 예술가들은 원근법(평면에 거리감을 표현하는 수학적 체계)을 사용하는 방법을 알고 있었다. 이 기법에 대한 지식은 나중에 사라졌지만 이탈리아 르네상스 시대에 재발견되었다. 1436년 건축가이자 학자였던 레오 바티스타 알베르티는 그의 저서 『회화론』에서 원근법에 대해 자세히 설명했다.

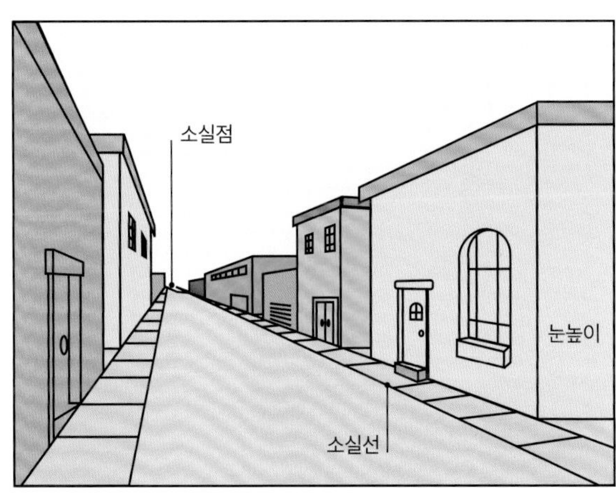

원근법은 깊이감이 느껴지는 착각을 불러일으킨다. 작가는 물체를 점점 더 작고 가깝게 그려서 결국 소실점이라고 하는 하나의 점을 형성한다.

1490년 레오나르도 다빈치는 얇은 튜브 안에서 물이 중력에 반대되는 위쪽으로 올라가는 모세관 현상을 설명했다.

종이를 고정하기 위한 나무판

레버로 판을 서로 조여 잉크가 묻은 활자를 종이에 누른다.

단단한 나무 틀은 판을 고정하여 미끄러짐을 방지한다.

구텐베르크의 인쇄기 복제본

1450년

구텐베르크의 인쇄기

요하네스 구텐베르크는 독일 마인츠에 유럽 최초의 인쇄기를 설치했다. 이 인쇄기는 재배열 및 재사용이 가능한 활자를 사용하여 여러 페이지의 텍스트를 구성했다. 책 제작이 훨씬 쉬워졌고 이 기술은 유럽 전역으로 빠르게 확산되었다.

1489년

부호의 최초 사용

독일의 수학자 요하네스 비드만은 현대식 부호인 +(더하기)와 -(빼기)를 최초로 사용했다. 이전에는 수학자들이 “p”와 “m”을 비롯한 다양한 기호를 사용했다. “같음”을 의미하는 “=” 기호는 1557년에 사용되기 시작했다.

1464년

삼각법 교과서

라틴어 이름 레기오몬타누스로도 알려진 독일의 수학자 요하네스 뮐러는 삼각형의 각과 길이의 관계를 연구하는 삼각법에 관한 최초의 교과서인『삼각형에 관하여』를 저술했다.

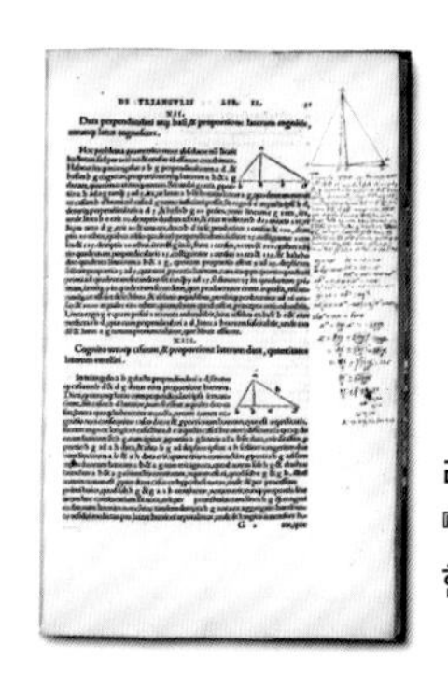

레기오몬타누스의『삼각형에 관하여』의 한 페이지

1445 1465 1485

목제 틀에 장착된 천막 천

레오나르도 다빈치가 스케치북에 디자인한 낙하산 모형

다빈치의 낙하산

다빈치의 노트에는 실제 발명품이 등장하기 수 세기 전, 그의 많은 아이디어가 스케치되어 있었다. 1481년에는 천막 천으로 만든 낙하산을 그리고 설명했다.

1472년

혜성 관측

레기오몬타누스는 천문학에 관심을 갖고 최초로 혜성을 상세하게 관측하고 설명했다. 그는 삼각법을 사용하여 혜성의 크기와 지구와의 거리를 계산하는 방법을 알아냈다.

『뉘른베르크 연대기』 속 혜성의 목판화, 1493년

1492년

크리스토퍼 콜럼버스의 아메리카 대륙 발견

제노바의 항해사 크리스토퍼 콜럼버스는 스페인에서 서쪽으로 항해할 때 중국에 도착하기를 기대했으나 바하마 어딘가에 상륙하여 아메리카 대륙을 발견했다. 그의 항해는 유럽 식민지 개척과 유럽과 아메리카 대륙 간의 식량 작물 및 질병의 교환으로 이어졌다.

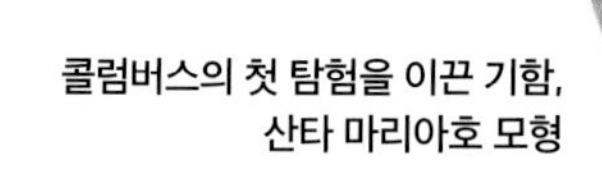

콜럼버스의 첫 탐험을 이끈 기함, 산타 마리아호 모형

1473~1543년 니콜라우스 코페르니쿠스

폴란드에서 태어난 코페르니쿠스는 이탈리아에서 천문학, 수학, 법학, 의학을 공부했다. 그는 그리스 천문학자 프톨레마이오스의 1,500년 된 천구 체계를 검토하다 문제점을 발견했다. 또한 달력 개혁에 참여하라는 요청을 받기도 했다.

현존하는 최초의 지구본

1492년 지도 제작자 마르틴 베하임이 자신의 고향인 독일 뉘른베르크에서 제작한 세계 최초의 지구본이 현존한다. 세계 지도가 표시되어 있고 장식적인 삽화가 많이 그려져 있다.

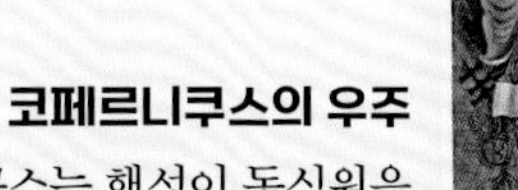

코페르니쿠스의 우주

코페르니쿠스는 행성이 동심원을 그리며 회전한다는 프톨레마이오스의 생각에는 동의하지 않았지만, 프톨레마이오스의 다른 의견은 일부 수정해서 사용했다.

코페르니쿠스의 태양 중심 우주를 묘사한 안드레아스 셀라리우스의 그림, 1660년

1505 · 1525 · 1545

1527년

화학 물질 분류

파라셀수스로 더 잘 알려진 독일의 화학자 테오프라스투스 폰 호헨하임은 화학 물질에 대한 새로운 분류를 만들었다. 이는 물질의 특성에 따라 염, 유황, 수은으로 구분하는 것을 기반으로 한다.

1543년

해부학 삽화

플랑드르의 의사 안드레아스 베살리우스는 수 세기 동안 표준 교과서로 남아 있는 『사람 몸의 구조』를 출간했다. 새로운 인쇄 기술로 지금까지 본 것 중 가장 선명하게 인체 해부학을 설명하는 풀컬러판이 만들어졌다.

『사람 몸의 구조』에 수록된 근육 도표

1500년까지 282개 도시에 인쇄기가 설치되어 약 28,000권의 책이 인쇄되었다.

예술가
레오나르도의 예술 작품 중 15점만 남은 것으로 알려져 있으며 일부는 미완성 작품으로 남아 있다. 하지만 이 중에는 "모나리자", "동방박사의 경배"와 같은 걸작이 포함되어 있으며, 이 자화상을 포함해 수천 점의 스케치도 남겼다.

위대한 과학자

레오나르도 다빈치

이탈리아의 예술가 레오나르도 다빈치(1452~1519년)는 매우 영리한 과학자이기도 했다. 역사상 가장 유명한 예술 작품 중 하나인 모나리자를 그렸을 뿐만 아니라 해부학, 지질학, 지리학, 광학 등을 공부했다. 그는 뛰어난 엔지니어였으며 잠수함, 낙하산, 비행선을 만드는 기술이 존재하기 수 세기 전에 그 설계도를 그렸다.

르네상스 시대 피렌체

14세기 이탈리아에서는 사람들이 수 세기 동안 잊혔던 그리스와 로마 학문에 새로운 관심을 갖기 시작했다. 15세기 후반 레오나르도의 출생지인 피렌체는 문화적 재탄생의 시기인 르네상스의 중심에 있었다. 예술에서 의학, 건축에서 공학에 이르기까지 학자들은 오래된 기술을 다시 배우고 새로운 기술을 발견했다.

엔지니어

레오나르도는 사물의 작동 원리를 이해하고자 하는 열망과 기술적인 드로잉 실력이 결합되어 기계와 공학에 관한 관심을 가지게 되었다. 그는 건설에 사용되는 복잡한 레버, 도르래, 스프링을 설계했다. 레오나르도는 또한 뛰어난 군사 기술자였으며 1500년에는 베네치아인들에게 튀르키예의 공격을 방어하는 방법에 대해 조언하기도 했다. 그가 제안한 방법 중 하나는 잠수함을 이용해 적의 배를 침몰시키는 것이었다. 레오나르도의 발명품은 생전에 대중의 관심을 거의 끌지 못했으나 오늘날에는 과학에서 그의 역할이 얼마나 중요한지 잘 알려져 있다.

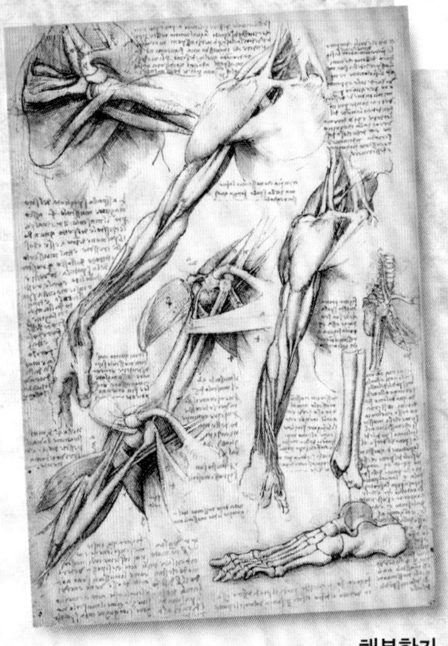

해부학자
1490년대부터 레오나르도는 해부학을 공부했다. 그는 동물을 해부하고 인간 시체의 사후 검시에 참여하여 신체 내부 구조를 관찰했다. 그 결과 그는 매우 상세한 해부학 스케치 시리즈를 제작할 수 있었다.

로프와 도르래는 비행 제어에 사용된다.
그물망 날개는 깃털을 덮기 위한 것이었다.
조종사는 손잡이를 사용하여 날개를 위로 움직인다.
조종사의 페달은 날개를 아래쪽으로 움직이게 한다.

레오나르도 다빈치와 비행
레오나르도는 비행에 흥미를 느꼈다. 그는 새의 몸과 날개에 관해 많은 연구를 했고, 새의 몸과 날개가 수학적 법칙에 따라 작동하며 비행 기계를 설계하는 데 사용할 수 있다고 믿었다. 레오나르도는 레버와 도르래로 작동하는 기계식 날개에 대한 계획을 세웠지만 실제로 그런 기계를 만들지는 못했다.

레오나르도의 발명품
요새를 습격하기 위한 이 나무 전차는 레오나르도가 고안한 수많은 기발한 기계 중 하나에 불과했다. 그 외에도 낙하산, 준설 기계, 물건을 잡고 턱을 여닫을 수 있는 로봇 기사 등이 있다.

> **“수학적으로 증명할 수 없다면 어떠한 인간의 탐구도 진정한 과학이라고 할 수 없다.”**
>
> 레오나르도 다빈치, 『회화론』

The DREBBEL

1545-1790
발견의 시대

16세기에는 새로운 과학 지식이 기존의 사고방식을 대체했다. 현미경과 망원경의 발명은 해부학과 천문학 연구에 활기를 불어넣었다. 장거리 항해는 거리와 시간을 더 정확하게 측정하는 방법으로 이어졌다. 이러한 발전은 복잡한 계산의 필요성을 불러일으켰고, 이는 수학의 발전을 가져왔다. 당시에는 자연철학자라고 불렸던 과학자들은 전통적인 가르침에 의존하는 대신 관찰, 조사, 실험을 통해 아이디어와 이론을 테스트하기 시작했다. 이들의 발견은 현대 과학의 토대를 마련했다.

1545 ▸ 1570

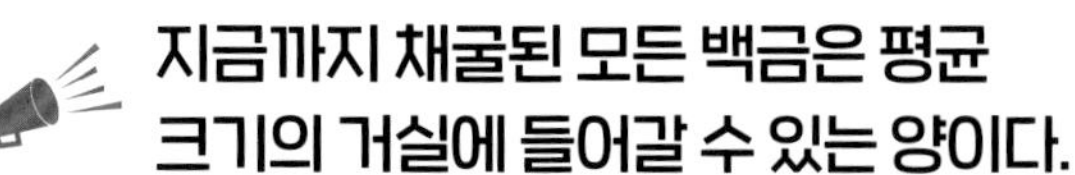

지금까지 채굴된 모든 백금은 평균
크기의 거실에 들어갈 수 있는 양이다.

1551년

거리 측정

영국의 측량사 레너드 디그스는 정확한 거리 측정을 위해 측량 도구인 경위의를 처음 발명했다. 그의 장치는 수직 및 수평 각도를 측정하여 거리를 계산할 수 있었지만, 현대의 예와 달리 망원경이 없었다.

접안렌즈

망원경

수평 위치 조절을 위한 손잡이

경위의

백금 덩어리

1551년

다작의 발명가

이슬람 과학자인 타키 알딘은 증기 터빈의 작동 원리를 설명하는 책을 썼다. 또한 그는 최초로 무게에 의해 작동하는 천문 시계, 분과 초를 측정하는 시계, 초기 망원경을 발명하였다.

1557년

희귀 금속

이탈리아 학자 율리우스 카이사르 스칼리제르는 스페인 탐험가들이 멕시코에서 녹슬지 않고 고온에서 녹지 않는 물질을 발견했다고 기록했다. 이는 지구의 희귀한 금속 중 하나인 백금이 처음으로 언급된 유럽 문헌이다.

1545 · 1550 · 1555

1551년

동물의 마술

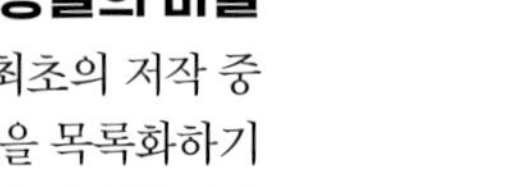

스위스의 박물학자 콘라트 폰 게스너는 동물학 최초의 저작 중 하나인 5권의 『동물지』에서 전 세계의 모든 동물을 목록화하기 시작했다. 그의 다채로운 그림은 정확하기로 유명하지만 유니콘과 같은 가상의 동물도 포함시켰다.

1557년

수학 기호

웨일스의 수학자 로버트 레코드는 영어로 된 최초의 대수학 책인 『기지의 숫돌』을 저술했다. 그는 더하기(+)와 빼기(-) 기호 사용을 대중화했으며, 같음(=) 기호를 발명한 것으로 알려져 있다.

게스너가 그린 쌍봉낙타와 낙타를 부리는 기수

세계 여행
92~93쪽

1560년

최초의 과학 학회

지암바티스타 델라 포르타는 이탈리아의 극작가이자 여러 주제에 대해 많은 것을 알고 있는 폴리매스였다. 그는 이탈리아 나폴리에서 세계 최초의 과학 학회로 추정되는 학회를 설립했다. 아카데미아 세크레토룸 나투레(자연 신비의 아카데미)라고 불리는 이 학회는 새로운 과학적 발견을 한 사람이라면 누구에게나 열려 있었다.

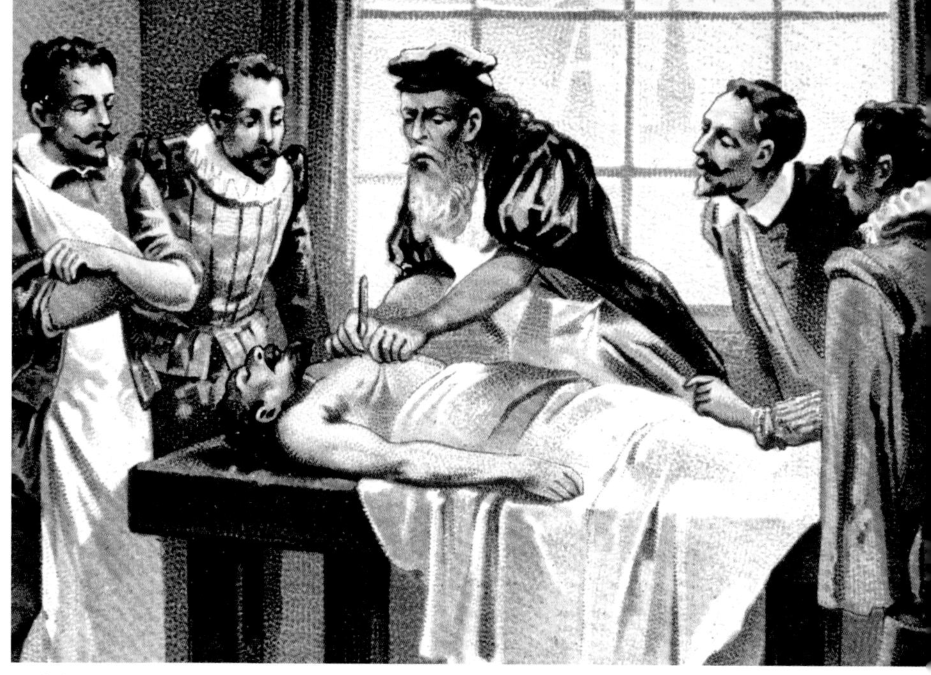

19세기 판화 속 환자를 수술하는 앙브로와즈 파레의 모습

1561년

해부학적 발견

이탈리아의 해부학자이자 파도바 대학교의 외과 교수인 가브리엘로 팔로피오는 인간의 생식 기관에 대한 책을 출판했다. 그는 포유류의 난자가 난소에서 자궁으로 이동하는 통로에 자신의 이름을 붙여 팔로피오관(나팔관)이라고 불렀다.

1564년

시대를 앞선 수술

프랑스의 외과 의사 앙브로와즈 파레는 전쟁터에서 절단 수술을 수행한 경험을 바탕으로 현대 수술 매뉴얼을 저술했다. 시대를 앞서간 파레는 성공적인 수술을 위해서는 통증 완화, 치유, 좋은 환자 관리가 필수적이라고 주장했다.

1560 1565 1570

1550~1570년 지도 제작술

1500년대의 항해와 탐험의 발전은 지도 제작 기술의 개선으로 이어졌다. 지도 제작의 중심은 당시 국제무역이 번성한 중심지였던 벨기에의 앤트베르펜이었다. 인쇄된 지도 모음집은 유럽인들에게 아메리카와 아시아에서 발견된 새로운 땅들을 친숙하게 만들었다.

제라르 메르카토르

1569년 플랑드르의 지도 제작자 제라르 메르카토르는 새로운 세계 지도를 발표했다. 평면에 지구를 표현하거나 투영한 그의 지도는 방향을 표시하기 위해 직선의 격자를 사용했다. 이는 선원들에게 큰 도움이 되었다.

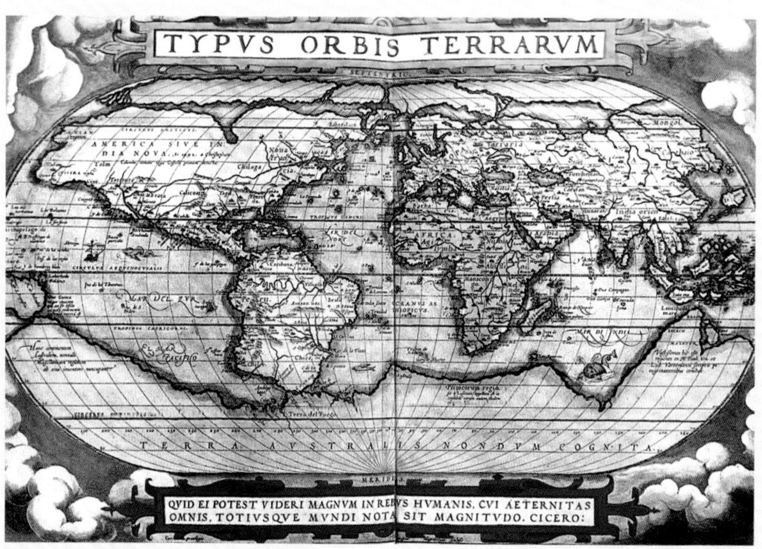

최초의 지도책

플랑드르의 지도 제작자 아브라함 오르텔리우스는 1570년에 근대적인 세계 지도책을 최초로 출판했다. 이 지도에는 당시 알려진 모든 국가와 대륙을 보여주는 지도 70장이 53쪽의 책에 수록되어 있었다.

측정

고대에는 인체의 일부를 사용하여 길이를 측정했다. 오늘날에도 일부 시스템에서는 여전히 "피트"를 사용한다. 최초의 무게는 종종 곡물의 고정된 양을 기준으로 했다. 이러한 전통적인 단위는 과학 실험의 발달로 훨씬 더 정확한 측정 방법이 필요해지기 전까지 수천 년 동안 잘 사용되었다.

짧은 거리 측정

짧은 거리를 측정해야 하는 엔지니어와 사람들은 캘리퍼라는 두 팔이 달린 도구를 사용한다. 가장 간단한 형태의 캘리퍼는 컴퍼스나 디바이더이다. 이보다 훨씬 정교한 포병용 캘리퍼는 대포의 내부 직경과 포탄의 외부 너비를 측정하는 데 사용되었다.

눈금이 표시된 호는 지름을 나타낸다.

항해용 나침반에는 해시계도 있다.

눈금이 있는 곡선 자

포인트는 내부 및 외부 거리를 측정하는 데 사용된다.

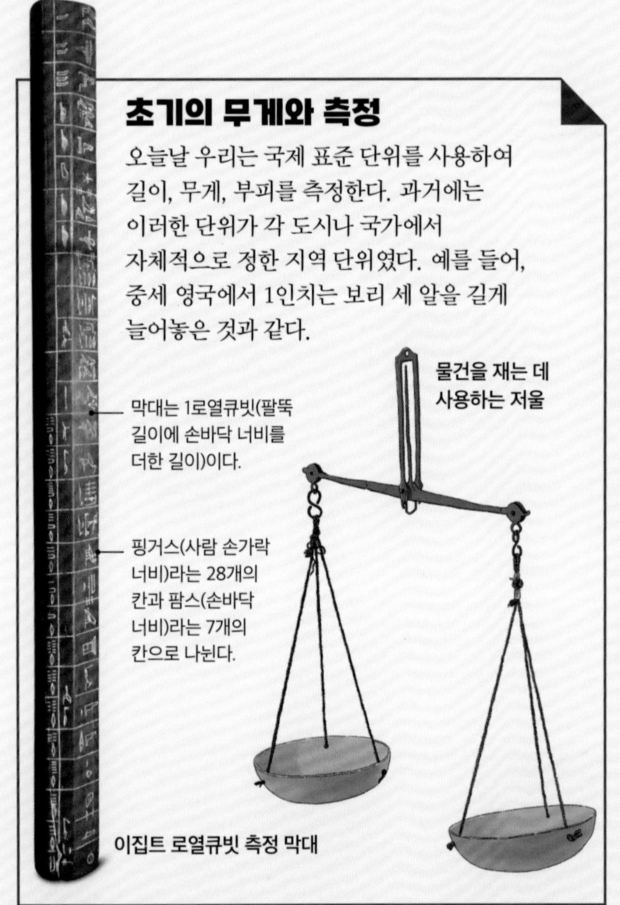

초기의 무게와 측정

오늘날 우리는 국제 표준 단위를 사용하여 길이, 무게, 부피를 측정한다. 과거에는 이러한 단위가 각 도시나 국가에서 자체적으로 정한 지역 단위였다. 예를 들어, 중세 영국에서 1인치는 보리 세 알을 길게 늘어놓은 것과 같다.

막대는 1로열큐빗(팔뚝 길이에 손바닥 너비를 더한 길이)이다.

핑거스(사람 손가락 너비)라는 28개의 칸과 팜스(손바닥 너비)라는 7개의 칸으로 나뉜다.

이집트 로열큐빗 측정 막대

물건을 재는 데 사용하는 저울

화씨 눈금 온도계, 1720년대

온도 눈금

온도를 정확하게 측정하기 위한 두 가지 눈금은 1700년대에 발명되었는데, 1724년에는 화씨 눈금, 1742년에는 섭씨 눈금이 발명되었다. 오늘날에는 전 세계 거의 모든 국가에서 섭씨 눈금이 사용되고 있다. 미국은 여전히 화씨 눈금을 사용한다.

주요 사건

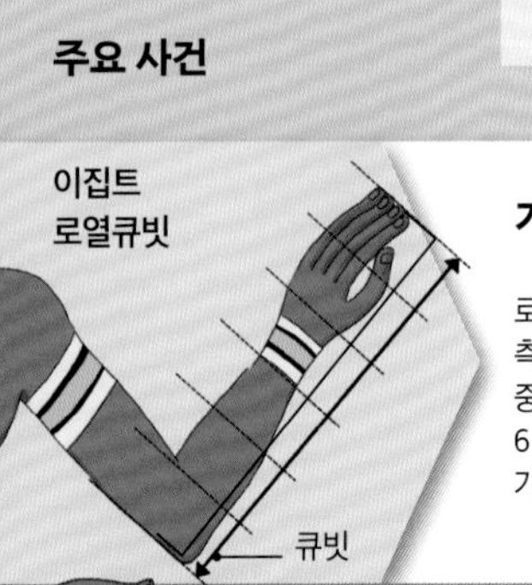

기원전 3000년경

로열큐빗은 고대 이집트에서 길이를 측정하는 표준 단위였다. 이는 중지에서부터 팔꿈치까지의 길이(또는 6 팜스)에 손바닥 너비를 더한 길이를 기준으로 했다.

1631년

프랑스의 수학자 피에르 베르니에는 계측기의 주 눈금에서 가장 작은 눈금보다 작은 부분을 정확하게 측정하기 위해 슬라이딩 눈금을 발명했다. 버니어 눈금은 오늘날에도 여전히 사용되고 있다.

버니어 눈금을 사용하는 캘리퍼

1724년

네덜란드의 물리학자 가브리엘 파렌하이트는 자신의 이름을 딴 온도 눈금인 화씨를 고안했다. 물의 어는점은 32°F, 끓는 점은 212°F이다.

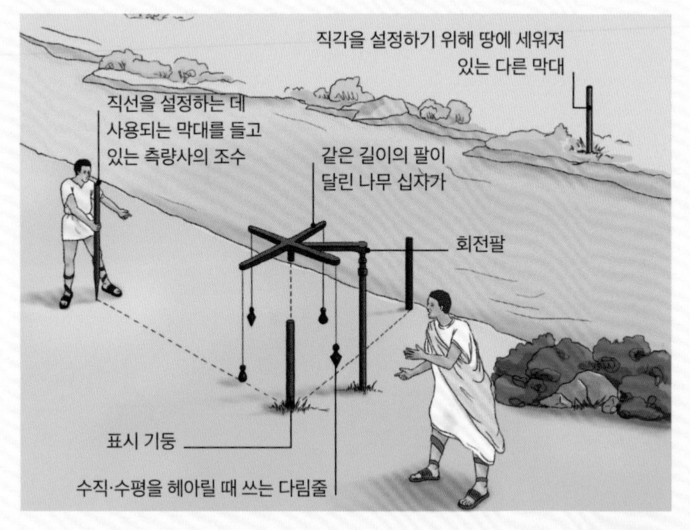

측량 도구

숙련된 건축가이자 측량사였던 로마인들은 직각을 측정하기 위해 그로마라는 장치를 사용했다. 그로마는 수평의 나무 십자가와 네 개의 팔에 각각 매달린 무게추(수직선)로 구성되었다. 측량사는 각 한 쌍의 수직선을 차례로 내려다보며 직각을 확인했다.

미터법과 영국식 단위계

프랑스에서 처음 도입된 미터법은 오늘날 대부분 국가의 공식 측정 체계로 사용되고 있다. 영국식 체계는 한때 대영제국 전역에서 사용되었고 미국은 주요 국가 중 유일하게 이 체계를 공식적으로 사용한다. 두 시스템이 여전히 사용되고 있지만 동일한 값을 나타내지는 않는다.

미터법	영국식 단위계
센티미터(cm)	인치(in)
미터(m)	피트(ft)
킬로미터(km)	마일(mile)
시간당 킬로미터(km/h)	시간당 마일(mph)
그램(g)	온스(oz)
킬로그램(kg)	파운드(lb)
리터(L)	갤런(gal)
섭씨(℃)	화씨(℉)

각도로 표시된 눈금

이탈리아 베네치아의 포병용 캘리퍼, 16세기

선원의 담배 상자

뚜껑에 각인된 영구 달력

다용도 장치

18세기 선원의 것으로 추정되는 이 작은 담뱃갑의 뚜껑에는 영구 달력이 새겨져 있어서(수년 동안 유효하다는 의미) 항상 오늘이 무슨 요일인지 알 수 있었다. 또 바닥면의 수표를 배에 있는 목재 부표와 함께 사용하면 배의 속도도 계산할 수 있었다.

1875년

17개국 대표들이 파리에서 서명한 미터법 조약은 m와 kg을 기준으로 한 국제 표준 측정 단위를 합의한 것이다.

1960년

미터법의 현대적 형태인 국제단위계(SI)가 공식적으로 채택되었으며 이는 가장 널리 사용되는 측정 체계이다.

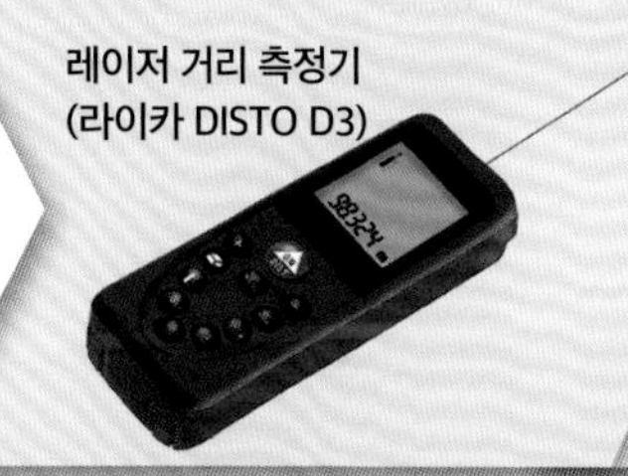

레이저 거리 측정기 (라이카 DISTO D3)

1993년

휴대용 레이저 거리 측정기(LDM)가 사용되기 시작했다. 멀리 떨어진 물체에 레이저 펄스를 쏘고 펄스가 반사되는 데 걸리는 시간을 측정한다.

1570 ▸ 1590

시간 측정
80~81쪽

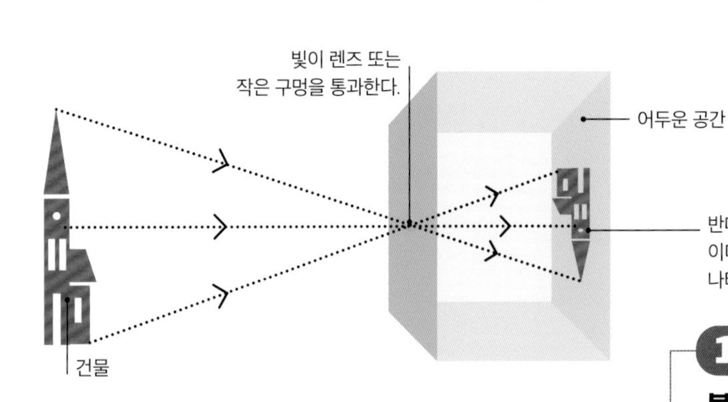
빛이 렌즈 또는
작은 구멍을 통과한다.
어두운 공간
반대쪽 벽에 건물
이미지가 거꾸로
나타난다.
건물

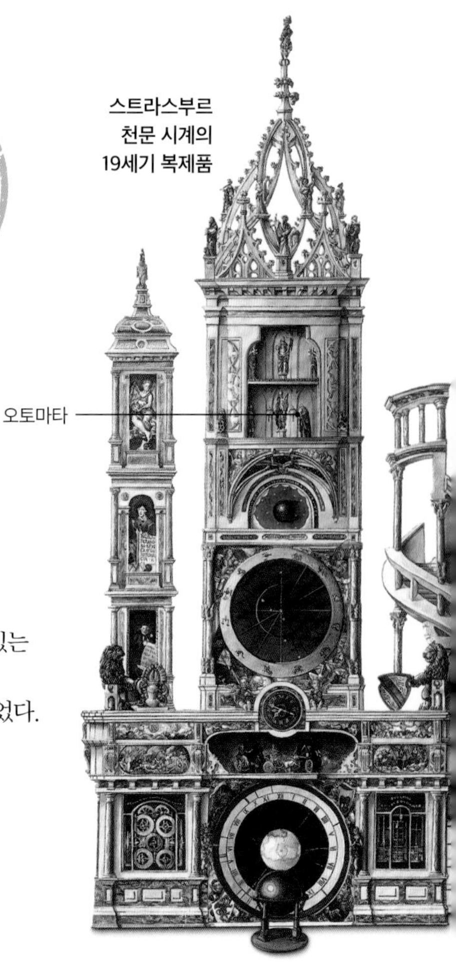
오토마타
스트라스부르
천문 시계의
19세기 복제품

1570년

카메라 옵스큐라

이탈리아의 학자 지암바티스타 델라 포르타는 광학 장치인 카메라 옵스큐라를 개선했다. 핀홀을 통해 물체의 이미지를 평평한 표면에 투사하는 이 장치에서 그는 이미지의 초점을 조절하기 위해 핀홀 대신 볼록렌즈를 사용했다. 이 방법은 사람의 눈에 있는 수정체 모양을 모방한 것이다.

1574년

복합 시계

프랑스의 스트라스부르에 있는 노트르담 대성당에 약 18 m 높이의 천문 시계가 설치되었다. 이 시계에는 천체 지구본, 아스트롤라베, 날짜 다이얼, 오토마타(움직이는 인형)가 포함되어 수학, 천문학, 시계 제작 분야의 최신 아이디어를 구현했다.

1570 · 1575

이스탄불의 타키 알 딘 천문대에서 연구하는 천문학자들

1577년

타키 알 딘 천문대

이슬람 과학자 타키 알 딘은 튀르키예 이스탄불에 행성과 다른 천체의 위치를 측정할 수 있는 최신 천문 관측 장비를 갖춘 천문대를 세웠다. 그러나 그는 술탄이 페르시아와의 전쟁에서 승리할 것이라고 잘못 예측했고 전쟁에서 패배하자 술탄은 천문대를 철거하라고 명령했다.

장티푸스

1576년 이탈리아의 의사 지롤라모 카르다노가 장티푸스의 증상을 임상적으로 처음 보고했다. 전염성이 강한 이 질병으로 많은 사람들이 죽었다.

민들레의 식물도

1546~1601년 튀코 브라헤

덴마크의 귀족이었던 튀코 브라헤는 당대 최고의 천문학자 중 한 명이었다. 프레데릭 2세의 후원으로 스웨덴의 벤 섬에 거대한 천문대를 세우고 별과 행성을 연구했다. 튀코 브라헤는 망원경이 발명되기 전에는 모든 관측을 육안으로 수행했으며 학생 시절 그는 결투에서 코 일부를 잃고 평생 인조 금속 코를 착용하고 살았다.

브라헤의 신성

1572년 튀코 브라헤는 카시오페이아 별자리에서 밝은 새로운 별을 관측했다(지도 상단에 "I"로 표시됨). 현대 망원경을 통해 이 별이 폭발하는 별 즉 초신성이라는 사실이 확인되었다.

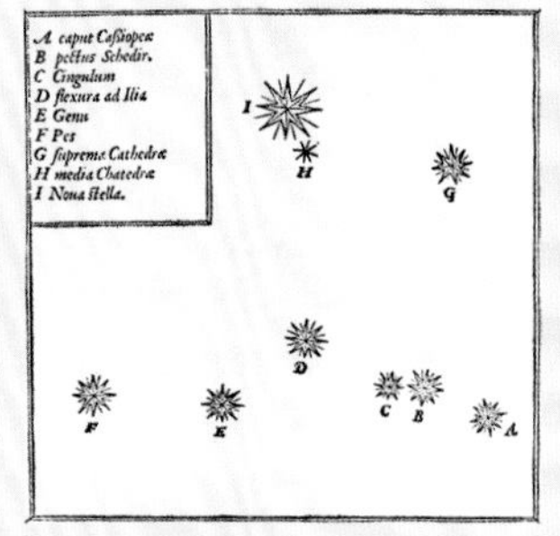

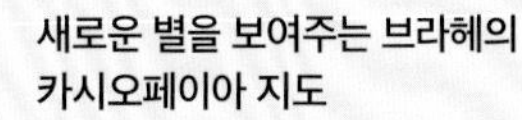
새로운 별을 보여주는 브라헤의 카시오페이아 지도

브라헤의 초신성으로 추정되는 SN 1572의 현대 이미지

1583년 식물 연구

이탈리아 식물학자 안드레아 체살피노는 『식물학』에서 꽃 피는 식물을 열매, 씨앗, 뿌리로 분류하는 방법을 제시했다.

1585 · 1590

1582년 새로운 달력

교황 그레고리 13세는 로마 시대부터 유럽에서 사용되던 율리우스력을 개정하여 그레고리력이라는 새로운 달력을 도입했다. 이 달력은 성스러운 축제인 부활절 날짜를 정확하게 계산했다. 처음에는 가톨릭 국가에서만 인정되었지만 현재는 전 세계 많은 국가에서 사용되고 있다.

로마에서 달력 개혁을 위한 토론을 주재하는 교황 그레고리 13세

1589년 최초의 뜨개질 기계

윌리엄 리는 양모와 실크로 양말을 짜는 기계인 스타킹 프레임을 개발한 영국의 발명가였다. 그는 이 기계를 엘리자베스 1세 여왕 앞에서 시연했지만 여왕은 이 기계로 인해 손으로 양말을 짜는 사람들이 일자리를 잃을까 봐 허용하지 않았다. 이에 그는 영국에서 특허를 받을 수 없어 프랑스로 이주하게 되었다.

윌리엄 리의 뜨개질 기계 복제품

영국은 1752년까지 그레고리력으로 전환하지 않았다.

위대한 과학자

갈릴레오 갈릴레이

갈릴레오 갈릴레이는 1564년 이탈리아 피사 근처에서 태어났다. 원래 의사가 되기 위해 공부했지만 수학에 훨씬 더 관심이 많았다. 의대생이던 그는 피사 대성당의 램프가 흔들리는 것을 발견했다. 그는 자신의 맥박을 이용해 그 간격을 측정한 결과 램프가 흔들릴 때마다 호의 길이에 관계없이 동일한 시간이 걸린다는 사실을 알아냈다.

수학 교수

갈릴레이는 의사가 되지 못했지만 25세에 피사 대학에서 수학 교수로 임용되었다. 이후에는 역학과 공학에 집중하여 연구했다. 그는 파도바 대학으로 이직한 후 천문학 연구에 몰두하며 1609년 망원경을 개발했다.

코페르니쿠스 지지

1614년 갈릴레이는 지구를 포함한 행성들이 태양 주위를 공전한다는 코페르니쿠스 이론을 지지한다고 공개적으로 밝혔다. 이것은 지구가 우주의 중심에 있다는 교회의 가르침에 어긋난 것으로 갈릴레이는 그러한 생각을 퍼뜨리는 것을 중단하라는 지시를 받았다. 그는 독실한 가톨릭 신자였기에 코페르니쿠스가 옳다고 확신하면서도 침묵을 지키기로 동의했다.

말년

갈릴레이는 과학 실험을 지속했으나 1633년에 교회의 가르침을 부인했다는 이유로 체포되어 재판을 받았다. 그는 이후 여생을 피렌체 근처의 아르체트리 마을에서 가택 연금 상태로 보냈다. 그곳에서 그는 자신의 마지막 중요한 물리학 저서인 『새로운 두 과학』을 저술했는데 이 책에는 낙하하는 물체에 대한 그의 법칙이 담겨 있다. 갈릴레이는 1642년에 사망했다.

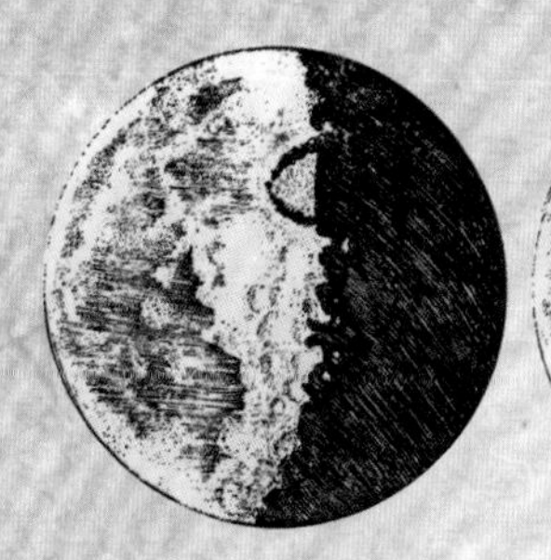
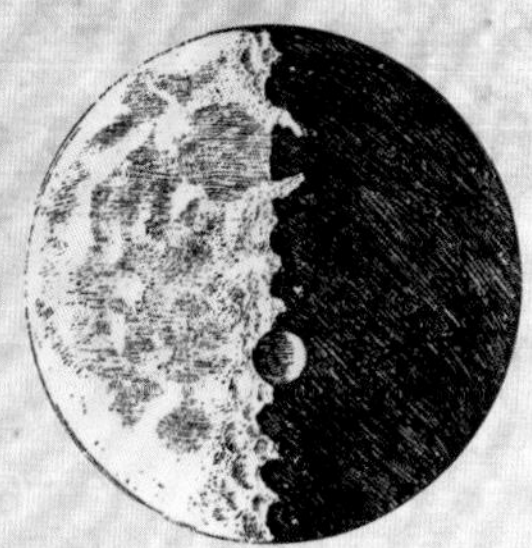

달 표면
갈릴레이는 망원경을 이용해 하늘을 관측한 최초의 인물 중 한 명으로 여겨지며 여러 중요한 발견을 해냈다. 그는 자신의 관측 결과를 『별의 전령』에 기록했다. 이전까지 사람들은 달을 평평한 은빛 원반으로 생각했지만 갈릴레이의 관찰에 기반한 그림은 달이 산과 분화구로 가득한 불균일한 표면을 가진 구체임을 보여주었다. 이 책은 그에게 순식간에 명성을 안겨주었다.

"달의 모습을 바라보는 것은 아름답고 즐거운 광경이다."

갈릴레오 갈릴레이, 『별의 전령』, 1610년

진자에 부착된 레버는 앞뒤로 흔들릴 때마다 회전 톱니를 멈췄다가 움직이게 한다.

진자시계
갈릴레이는 일생 동안 진자에 대한 연구를 진행했다. 그는 생전에 진자의 규칙적인 운동을 활용하여 시간을 측정할 수 있는 시계를 개발했다. 눈이 먼 후에도 그는 아들 빈센치오에게 진자시계의 메커니즘을 설명했다. 빈센치오는 이를 그림으로 남겼고 이후 시계를 제작하려 했지만 최종적으로는 완성되지 않았다. 이 모형은 빈센치오의 그림을 기반으로 제작된 것이다.

진자가 양 끝단을 왕복한다.

갈릴레이 재판
갈릴레이의 재판은 로마의 한 교회 법정에서 진행되었다. 이단 혐의로 기소되어 고문 또는 사형의 위기에 처한 갈릴레이는 지구가 태양 주위를 돈다는 사실을 공개적으로는 부인했지만 "그래도 지구는 돈다"고 중얼거렸다고 한다.

갈릴레이 노년기
이 초상화는 갈릴레이가 1636년에 아르체트리에 살 때 그려진 것이다. 그는 오른손에 망원경을 들고 있지만 그 시기에 이미 점점 시력을 잃고 있었다.

“수학은 신이 우주를 쓴 언어이다.”

갈릴레오 갈릴레이

자세히 보기
84~85쪽

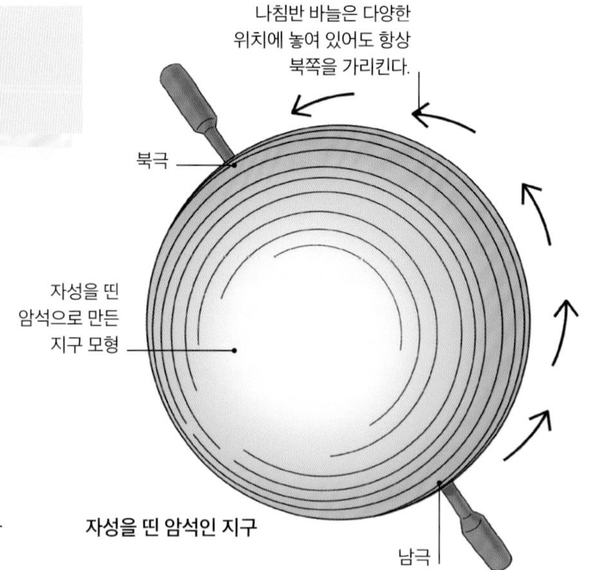

자성을 띤 암석인 지구

1600년

거대한 자석

영국 과학자 윌리엄 길버트는 항해자들의 나침반이 항상 북쪽을 향하는 것을 보고 지구 내부에 거대한 자석이 있을 것이라고 믿었다. 그는 자성을 띤 암석으로 지구 모형을 만든 후 나침반 바늘을 가까이에 대면 실제 나침반 바늘처럼 작동해 모형의 북극을 가리킨다는 것을 발견했다.

1590년

현미경 발명

네덜란드 안경사 자카리아스 얀센은 현미경을 발명한 것으로 알려져 있다. 그는 하나의 관에 두 개의 렌즈를 넣고 한쪽 끝으로 들여다보았다. 반대쪽 끝에 있는 작은 물체가 9배 크게 보였다.

1600년

화형에 처해지다

이탈리아의 수사이자 수학자였던 조르다노 브루노는 가톨릭 교회에서 이단으로 몰려 화형에 처해졌다. 지구가 태양 주위를 돈다는 코페르니쿠스의 생각에 영향을 받은 브루노는 우주는 무한하기 때문에 태양이 우주의 중심이 아니며 지구가 사람이 사는 유일한 세계일 가능성은 낮다고 주장했다.

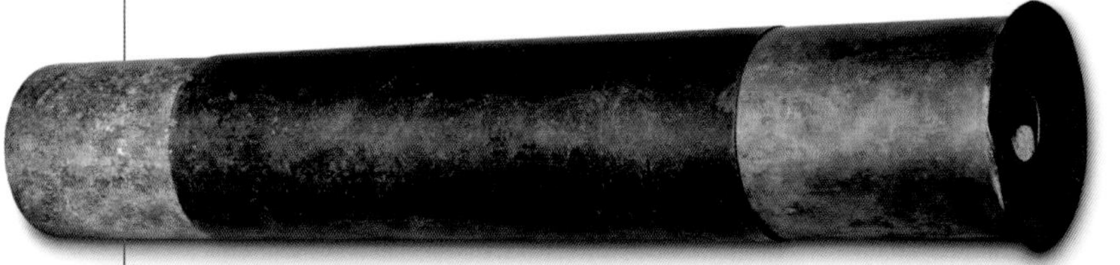
얀센의 오리지널 현미경 복제품

1590 · 1595

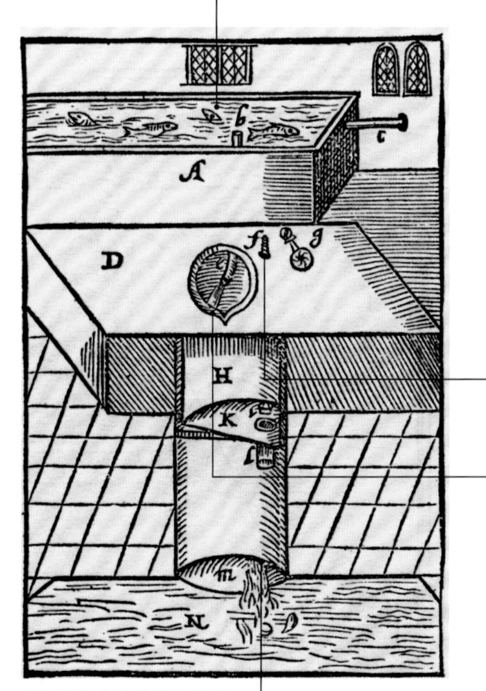

헤링턴의 수세식 변기 도해, 1596년

1596년

수세식 화장실

엘리자베스 여왕의 궁정 소속이었던 존 해링턴은 수세식 변기인 아약스를 발명했다. 물이 변기의 오물을 바로 아래 구덩이로 쓸어내린다는 점을 제외하면 현대식 변기와 매우 유사하게 작동했지만 안타깝게도 그의 발명품은 인기를 끌지 못했다. 위생적인 수세식 화장실은 3세기가 지나도록 사용되지 않았다.

> **“불쾌한 장소를 달콤하게, 더러운 장소를 깨끗하게 만들어 준다.”**
>
> 수세식 변기를 설명하는 존 해링턴

1596년

대륙의 퍼즐

플랑드르의 지도 제작자 아브라함 오르텔리우스는 아프리카와 아메리카 대륙의 해안선이 직소 퍼즐 조각처럼 서로 맞물려 있는 것을 보고 한때 아프리카와 아메리카 대륙이 합쳐져 있었을 것이라고 제안했다. 이 아이디어는 1915년 독일의 지구 물리학자 알프레드 베게너가 주장한 대륙이동설에 의해 확인되었다.

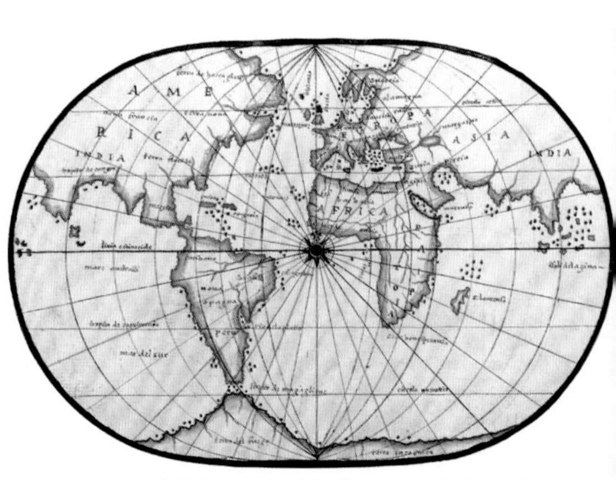
1590년에 제작된 이 세계 지도는 오르텔리우스의 이론에 영감을 준 것으로 추측된다.

1608년 망원경

한스 리퍼세이는 당시 광학 산업의 중심지였던 네덜란드에서 일하던 독일인 렌즈 제작자였다. 그는 1608년에 굴절 망원경을 발명한 것으로 알려져 있지만 자카리아스 얀센도 개발에 참여했을 가능성이 있다. 굴절 망원경은 두 개의 렌즈를 사용하여 빛을 모으고 초점을 맞춰 멀리 있는 물체를 실제보다 가깝게 보이게 한다. 리퍼세이의 망원경은 물체를 세 배 더 크게 보이게 할 수 있었고 바다나 전장에서 사용하기 위해 고안했을 가능성이 높다.

금 장식

가죽으로 덮인 나무 조각으로 만든 관

갈릴레이 망원경

갈릴레이는 1609년 리퍼세이가 망원경을 만들었다는 소문을 듣고 자신만의 망원경을 만들었다. 그의 망원경은 먼 거리의 물체를 8배 확대할 수 있었으며 이후 그는 물체를 30배까지 확대하는 망원경도 만들었다.

리퍼세이의 렌즈 실험

1605

1610

1604년

떨어지는 물체

갈릴레이는 어떻게 물체가 중력의 영향을 받아 떨어지는지 설명하는 법칙을 발견했다. 당시 과학자들은 물체가 무거울수록 더 빨리 떨어진다는 아리스토텔레스의 생각을 믿었다. 갈릴레이는 모든 물체가 같은 속도로 낙하해 동시에 착지해야 하지만 일부 물체는 낙하할 때 공기 저항에 더 큰 영향을 받는다는 것을 깨달았다. 그가 이탈리아 피사의 사탑에서 다양한 무게의 대포알을 떨어뜨려 자신의 생각을 증명했다고 알려져 있지만 역사가들은 이 이야기의 진위를 의심한다.

서로 다른 무게의 금속 공

피사의 사탑에서 공을 떨어뜨리는 갈릴레이

1609년

행성 운동

독일 천문학자 요하네스 케플러는 코페르니쿠스의 태양중심설을 확인하는 연구를 발표했다. 그는 행성들이 태양 주위를 타원 궤도로 돌고 있으며 속도가 일정하지 않고 태양에 가장 가까워질 때 속도가 빨라진다는 것을 수학적으로 증명했다.

타원형 궤도

태양은 궤도의 중심에 있지 않다.

행성은 태양에서 멀어질수록 더 느리게 이동한다.

빠른 발사 속도

수석총은 1608년 프랑스에서 처음 사용되었다. 스프링으로 작동하는 이 방식은 휴대용 머스킷과 권총의 발사 속도와 안전성을 높였다. 이후 200년 이상 사용되었다.

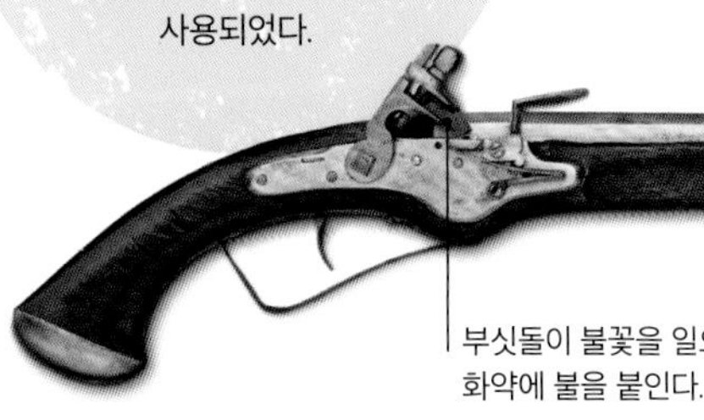

부싯돌이 불꽃을 일으켜 화약에 불을 붙인다.

영국 수석총, 1650년경

천체의 움직임

천문학자들은 영국 과학자 아이작 뉴턴이 중력을 발견하기 전까지 행성의 궤도가 유지되는 힘이 무엇인지 전혀 알지 못했다. 물체를 지구로 떨어지게 하는 이 힘은 행성들이 일직선으로 날아가지 못하게 하는 것과 같은 힘이다. 행성들은 실제로 태양을 향해 떨어지고 있지만 궤도를 따라 옆으로 움직이고 있다. 만약 행성들이 움직임을 멈춘다면 태양과 충돌할 것이다.

코페르니쿠스가 그린 태양(가운데)과 행성

원형 궤도

니콜라우스 코페르니쿠스는 태양이 우주의 중심에 있다고 주장한 최초의 유럽 천문학자였다. 그는 태양이 우주의 중심에 있다고 주장했고 지구와 다른 행성들이 태양 주위를 원형 궤도로 돌고 있다고 믿었다. 그는 1543년 사망하기 직전에 그의 혁명적인 아이디어를 발표했다.

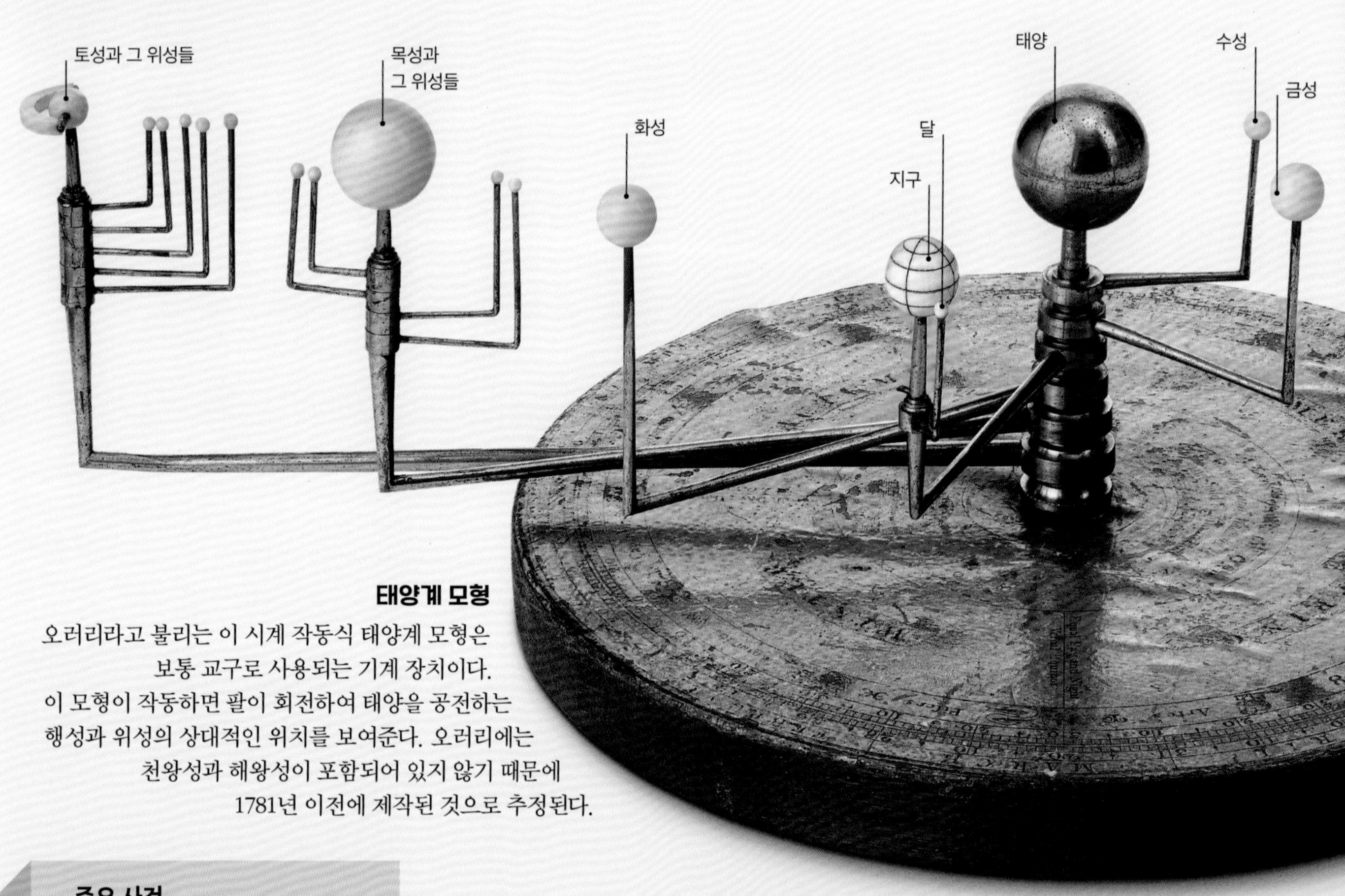

태양계 모형

오러리라고 불리는 이 시계 작동식 태양계 모형은 보통 교구로 사용되는 기계 장치이다. 이 모형이 작동하면 팔이 회전하여 태양을 공전하는 행성과 위성의 상대적인 위치를 보여준다. 오러리에는 천왕성과 해왕성이 포함되어 있지 않기 때문에 1781년 이전에 제작된 것으로 추정된다.

주요 사건

140년경

그리스 수학자 프톨레마이오스는 지구가 우주의 고정된 중심이라고 말했다. 이후 1,400년 동안 그의 견해에 이의를 제기하는 사람은 없었다.

1543년

니콜라우스 코페르니쿠스는 책을 출판하여 지구와 다른 행성들이 태양 주위를 원형 궤도로 돌고 있다는 지동설을 주장했다.

1609년

요하네스 케플러는 행성 운동의 세 가지 법칙을 통해 행성들이 타원형 궤도를 따라 이동한다는 것을 수학적으로 증명했다.

1610년

이탈리아 과학자 갈릴레이는 망원경으로 목성 궤도를 도는 4개의 위성을 관찰하여 우주의 모든 것이 지구 궤도를 도는 것은 아니라는 사실을 증명했다.

목성의 위성, 유로파

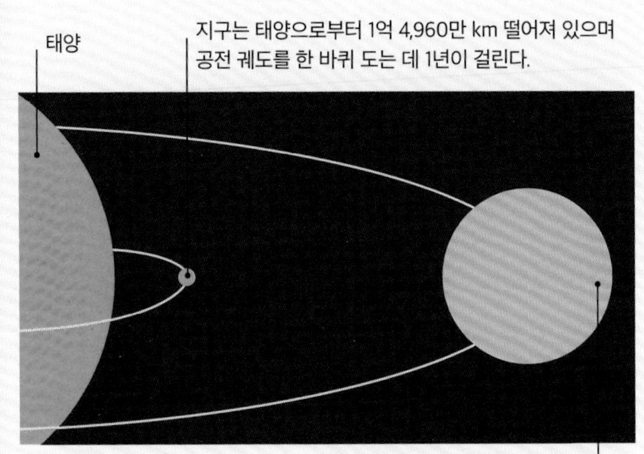

태양
지구는 태양으로부터 1억 4,960만 km 떨어져 있으며 공전 궤도를 한 바퀴 도는 데 1년이 걸린다.
목성은 지구보다 태양에서 5.2배 더 멀리 떨어져 있으며 공전 궤도를 한 바퀴 도는 데는 11.9년이 걸린다.

공전 주기

케플러의 발견

독일 천문학자 요하네스 케플러는 코페르니쿠스의 태양중심설이 옳다는 것을 증명하기 위해 노력했다. 케플러는 행성들이 태양 주위를 원을 그리며 공전하는 것이 아니라 타원을 그리며 이동한다는 사실을 발견했다. 그는 또한 행성이 태양에서 멀어질수록 공전 궤도를 완전히 도는 데 더 오랜 시간이 걸린다는 사실도 발견했다.

케플러-444 항성계에 대한 상상도

태양계 너머의 행성

현재 태양계 밖에는 모항성 궤도를 도는 수천 개의 행성이 있고 이를 외계 행성이라고 한다. 2009년에 발사된 NASA의 케플러 우주 망원경은 행성이 별 앞을 지날 때 그 빛이 어두워지는 정도를 측정하여 외계 행성의 궤도를 감지한다. 이 망원경이 발견한 케플러-444 항성계에는 10일 이내에 항성 궤도를 도는 행성 5개가 있다.

뉴턴의 만유인력의 법칙

뉴턴 이전의 천문학자들은 행성들이 타원 궤도를 도는 이유를 설명할 수 없었다. 만유인력은 행성들이 태양 주위를 도는 궤도를 유지하게 한다. 모든 물체에는 만유인력이 작용하여 다른 물체를 자기 쪽으로 끌어당긴다. 만유인력의 세기는 물체의 질량에 따라 달라지고 거리가 멀어지면 약해진다.

타원 궤도

두 물체 사이의 힘은 질량과 물체 사이의 거리에 따라 달라진다. 뉴턴은 행성에 작용하는 힘을 계산했고 이 방정식을 통해 케플러가 관찰한 것처럼 행성의 궤도가 타원형일 것이라고 예측했다.

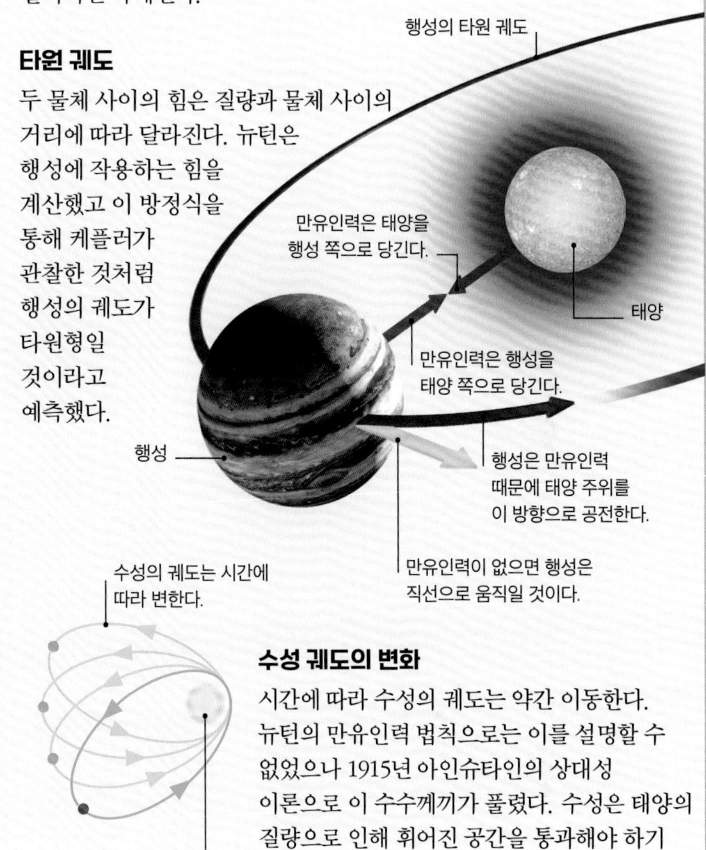

행성의 타원 궤도
만유인력은 태양을 행성 쪽으로 당긴다.
태양
만유인력은 행성을 태양 쪽으로 당긴다.
행성
행성은 만유인력 때문에 태양 주위를 이 방향으로 공전한다.
만유인력이 없으면 행성은 직선으로 움직일 것이다.
수성의 궤도는 시간에 따라 변한다.
태양

수성 궤도의 변화

시간에 따라 수성의 궤도는 약간 이동한다. 뉴턴의 만유인력 법칙으로는 이를 설명할 수 없었으나 1915년 아인슈타인의 상대성 이론으로 이 수수께끼가 풀렸다. 수성은 태양의 질량으로 인해 휘어진 공간을 통과해야 하기 때문에 궤도가 변하는 것이다.

> **“지구는 다른 행성처럼 태양 주위를 공전한다.”**
>
> 니콜라우스 코페르니쿠스

1687년
아이작 뉴턴은 행성들이 타원 궤도를 그리며 태양 주위를 공전하는 것을 만유인력의 법칙으로 설명했다.

1781년
영국 천문학자 윌리엄 허셜은 토성 넘어 궤도에서 천왕성을 발견했다. 천왕성은 고대 이후 처음으로 발견된 행성이었다.

1846년
망원경으로 관찰되기 전 수학적 계산을 통해 해왕성의 존재가 정확하게 예측되었다.

2009년
NASA는 지구와 닮은 외계 행성을 찾기 위해 탐사용 케플러 우주 망원경을 발사했다. 2016년까지 케플러는 지구와 비슷한 21개의 행성을 발견했다.

계산 장치
124~125쪽

이오

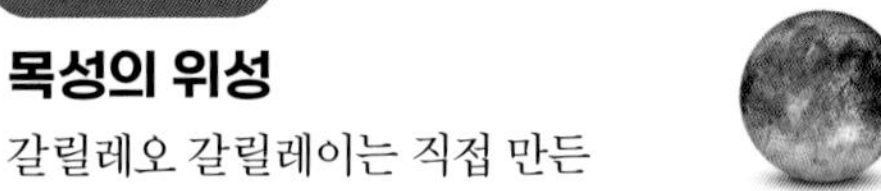
유로파

가니메데

칼리스토

1610년

목성의 위성

갈릴레오 갈릴레이는 직접 만든 망원경으로 밤하늘을 관찰하다가 목성 근처에서 시간이 지나면서 위치가 바뀌는 작은 별 세 개를 발견했다. 그는 이 별들이 행성을 돌고 있는 위성이라는 것을 알아냈고 나중에 네 번째 위성을 확인했다. 이 네 개의 위성은 목성의 위성 중 가장 밝아서 갈릴레이 위성이라고도 불렸다. 갈릴레이의 관측은 우주의 모든 것이 지구를 중심으로 회전한다는 교회의 가르침과 모순되는 것이었다.

1614년

곱하기

스코틀랜드의 수학자 존 네이피어는 매우 큰 숫자를 곱하고 나누는 데 사용되는 대수를 도입했는데 이는 특히 천문학에서 유용하게 사용되었다. 1617년에는 막대를 여러 부분으로 나누고 숫자를 적은 계산 보조 도구인 네이피어 막대를 만들었다.

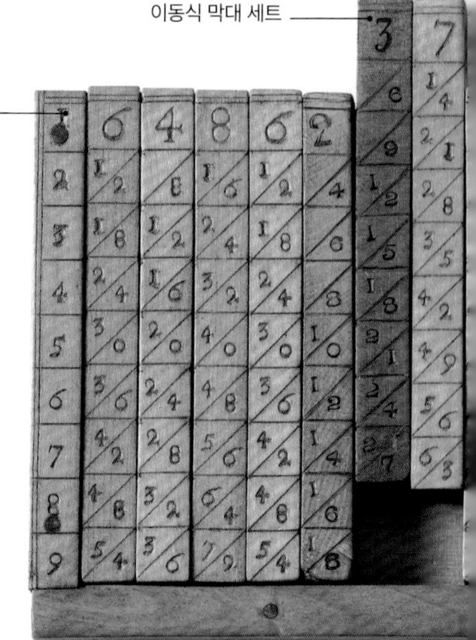

네이피어 막대

1610 · 1615 · 1620

1620년

최초의 잠수함

영국에 살던 네덜란드 발명가 코르넬리스 드레벨은 나무 틀을 가죽으로 덮은 잠수함을 만들었다. 이 잠수함은 노로 움직였다. 템스강에서 시험 운행을 했을 때 잠수함은 3시간 동안 수중에 머물렀는데 잠수함 안에서 노 젓는 사람이 어떻게 숨을 쉴 수 있었는지는 분명하지 않다.

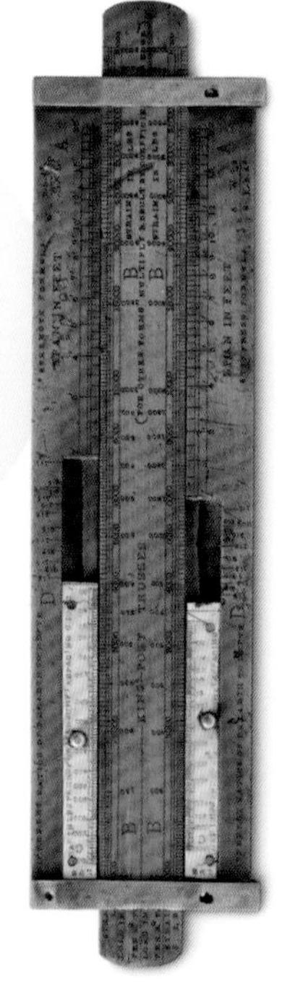

계산자

1622년 영국의 수학자 윌리엄 오트레드가 발명한 계산자는 계산을 도와주는 또 다른 편리한 도구였다. 계산자는 휴대용 계산기가 등장하는 20세기 후반까지 계속 사용되었다.

드레벨의 잠수함 복제품

산토리오의 체온계

1626년

체온

이탈리아 생리학자 산토리오 산토리오는 온도계를 사용하여 인체의 온도를 최초로 측정한 사람이다. 산토리오는 생명 유지에 필수적인 신체의 화학적 과정인 신진대사 연구의 초기 선구자였다.

1625 1630

1626년

추위로 인한 사망

영국의 프랜시스 베이컨은 닭고기에 눈을 채워 오래 보존할 수 있는지 알아내려다 폐렴으로 사망한 것으로 알려져 있다. 베이컨은 과학자라면 실험을 통해 자신의 아이디어의 진실을 증명해야 한다고 주장한 것으로 유명하다.

1629년

비현실적인 증기 기관

이탈리아 발명가 조반니 브랑카는 에올리오스로 알려진 증기 기관의 설계도를 발표했다. 그는 이 증기 기관으로 절구와 절굿공이를 움직여 약을 분쇄할 수 있다고 주장했다. 그러나 이 증기 기관은 실제로 제작되지 않았고 실용적으로 사용 가능했을지도 의문이다.

1578~1657년 윌리엄 하비

영국의 의사 윌리엄 하비는 심장이 몸 전체에 혈액을 펌프질한다는 사실을 증명했다. 그는 신체에 항상 순환하는 일정량의 혈액이 있다는 것을 발견했다. 이 사실이 알려지기 전 의사들은 혈액이 간에서 계속 만들어진다고 믿었다.

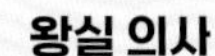

왕실 의사

하비는 영국 케임브리지 대학과 이탈리아 파도바 대학에서 공부했다. 영국으로 돌아온 후 제임스 1세의 주치의가 되어 영국 내전의 부상자를 돌보았다.

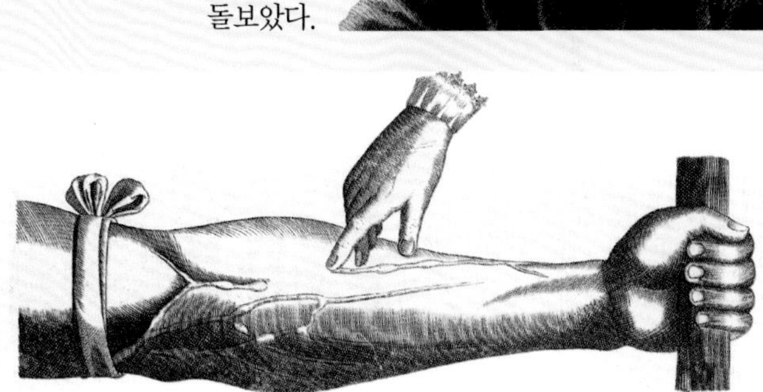

단방향 흐름

동맥은 혈액을 심장에서 온몸으로 퍼트리고 정맥은 심장으로 되돌아오게 한다. 이러한 발견은 그의 저서 『동물의 심장과 혈액의 운동에 관한 해부학적 연구』에 요약되어 있는데 팔뚝 정맥의 단방향 판막이 혈액의 역류를 어떻게 막는지 보여준다.

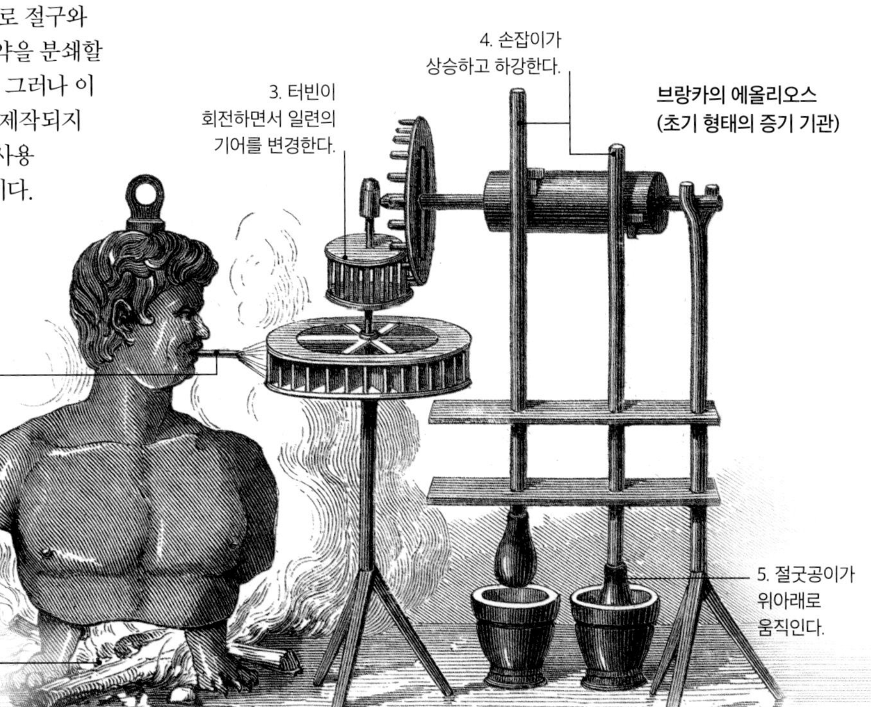

1. 사람 모양의 보일러로 물을 가열한다.
2. 증기는 파이프를 통해 수평 터빈으로 분사된다.
3. 터빈이 회전하면서 일련의 기어를 변경한다.
4. 손잡이가 상승하고 하강한다.
5. 절굿공이가 위아래로 움직인다.

브랑카의 에올리오스 (초기 형태의 증기 기관)

치료

과거에는 전통적인 약초 치료법을 이용해 환자를 치료했다. 고대 그리스인들이 질병의 원인을 최초로 연구했고 그 지식은 로마와 이슬람 의사들에게 전수되었다. 1600년대 서유럽에서 의학에 대한 과학적 연구가 다시 시작되면서 질병을 진단, 예방, 치료하는 효과적인 방법이 개발되었다.

이슬람 의학

중세에는 페르시아 학자 이븐 시나가 쓴 『의학정전』이 번역되면서 그리스와 아랍의 의학 지식이 서양에 전해졌다. 1440년 판의 이 삽화에는 당시의 다양한 의료 행위와 함께 약사가 운영하는 약국이 나와 있다.

"의사는 자연의 조력자일 뿐이다."

갈레노스, 로마의 외과 의사

대체 의학

대체 의학은 "서양의" 과학적 의학 전통에서 벗어난 모든 형태의 치유법을 말한다. 일부 형태는 매우 오래되었으며 수백만 명의 사람들이 따르고 있다.

+ 아유르베다

고대 인도에서 비롯된 것으로 몸, 마음, 정신의 균형을 추구한다. 식단 조절, 약초 요법, 마사지 치료를 사용한다.

+ 침술

중국식 치료법으로 침을 피부의 특정 부위에 찔러 질환을 치료한다.

+ 동종요법

"같은 것으로 같은 것을 치료한다."라는 생각에 기반해 소량의 천연 약물로 질병을 치료한다.

사혈

환자의 피를 뽑는 사혈은 수천 년 동안 의학에서 행해졌다. 사람들은 사혈이 체액의 균형을 맞추는 것으로 여겨 대부분의 질병을 치료할 수 있다고 믿었다. 거머리를 피부에 붙이는 것도 피를 뽑는 방법의 하나였다. 거머리는 오늘날에도 상처를 치료하는 데 사용되기도 한다.

거머리는 물속에 보관했다.

팔에 거머리를 붙이고 있는 여성, 1638년 목판화

계기판에 압력이 표시된다.

혈압 측정용 혈압계, 1883년경

주요 사건

기원전 460년

고대 그리스 의사인 히포크라테스가 태어났다. 질병의 원인을 최초로 연구한 그는 현대 의학의 아버지라고 불린다.

1543년

플랑드르의 의사 안드레아스 베살리우스가 『사람 몸의 구조』를 출간했다. 이는 인체 해부학에 대한 혁명을 일으킨 책이다.

1628년

영국 의사 윌리엄 하비는 동물의 혈액 순환을 설명하면서 심장이 혈액을 한 방향으로 순환시킨다고 설명했다.

1816년

프랑스 의사 르네 라에네크는 몸 안에서 나는 소리를 듣는 도구인 청진기를 발명했다.

라에네크의 청진기

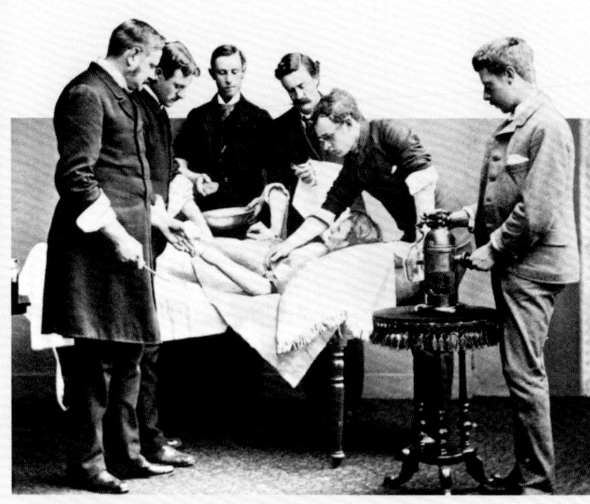
수술 중 소독 스프레이 사용, 1870년경

병원 치료

과거 병원은 더럽고 혼잡한 곳이었다. 이 모든 것을 변화시킨 두 사람은 소독제를 도입하여 수술을 더 안전하게 만든 영국 외과 의사 조지프 리스터와 깨끗한 병원이 감염을 예방하고 아픈 사람을 더 빨리 낫게 한다는 사실을 입증한 영국의 간호 선구자 플로렌스 나이팅게일이다.

치명적인 질병

전 세계 사람들은 평균 수명이 40년 정도였던 500년 전보다 훨씬 더 오래 산다. 백신과 항생제 덕분에 과거 수천 명의 목숨을 앗아갔던 여러 전염병을 예방하거나 치료할 수 있게 되었다.

+ 천연두

한때 공포의 대상이었지만 전 세계적인 예방 접종 캠페인 덕분에 현재 전멸했다.

+ 소아마비

주로 아이들이 걸리는 전염성 강한 바이러스성 질병이다. 백신으로 전 세계 소아마비를 퇴치하고 있다.

+ 페스트

1300년대 유럽에서 수백만 명의 목숨을 앗아갔고 오늘날에도 여전히 발생하지만 항생제로 치료할 수 있다.

전염병으로부터 보호하기 위해 부리 모양의 마스크를 쓴 의사의 판화, 1656년

> **“병원의 첫 번째 요건은 환자에게 해를 끼치지 않아야 한다는 것이다.”**
>
> 플로렌스 나이팅게일, 『나이팅게일의 간호론』, 1860년

의료 보조 도구

오늘날 의사들이 사용하는 것과 유사한 핀셋이나 메스와 같은 도구는 고대로 거슬러 올라간다. 수 세기에 걸쳐 의학 지식이 발전하면서 환자의 증상을 파악하고 치료하기 위해 내시경이나 혈압계와 같은 더 복잡한 도구가 필요해졌다.

나무와 백랍으로 만든 주사기, 1700년대 후반

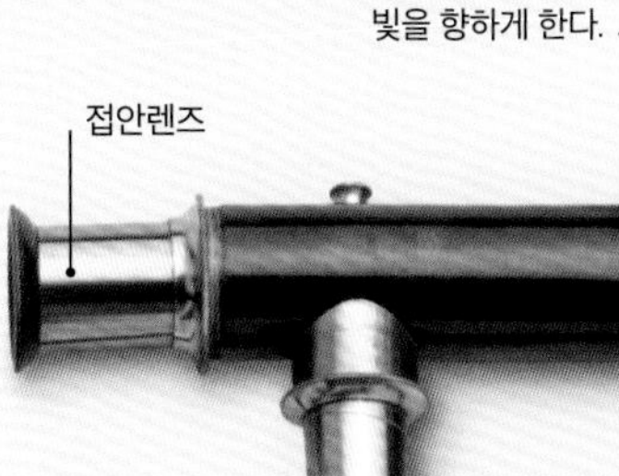

튜브 끝에는 고무 벌브가 달려 있는데 이 벌브를 피부에 대고 부풀린다.

초
깔때기는 촛불에서 나오는 빛을 향하게 한다.
접안렌즈
노즐

귀 안을 들여다볼 수 있는 이경, 1890년대

1865년

조지프 리스터가 위생 기준을 수술실에 도입했다.

1895년

독일 물리학자 빌헬름 뢴트겐은 최초의 X-선 사진을 찍었다. 피부와 조직을 투과하여 뼈를 볼 수 있는 X-선은 의학의 핵심 도구가 되었다.

1928년

스코틀랜드 알렉산더 플레밍은 페니실린을 발견하고 항생제의 시대를 열었다. 페니실린은 1940년대가 되어서야 제대로 된 약물로 처음 사용되었다.

1977년

최초의 MRI(자기공명영상) 스캔이 이루어졌다. MRI는 신체를 손상시키는 방사선에 노출시키지 않고 여러 장의 이미지를 생성한다.

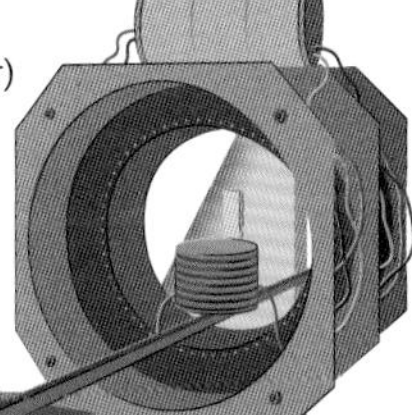
최초의 MRI 기계

1630 ▸ 1650

"좋은 마음을 갖는 것만으로는 충분하지 않다. 가장 중요한 것은 그것을 잘 사용하는 것이다."

데카르트의 『방법서설』

기나나무의 잎과 껍질

1631년

신비의 약

페루에 거주하던 이탈리아 선교사 아고스티노 살룸브리노는 케추아족이 현지 기나나무 껍질을 가루로 만들어 열병을 치료하는 것을 발견했다. 그는 이 물질의 샘플을 로마로 보냈고 당시 유럽 습지 지역에서 흔했던 말라리아 치료에 성공적으로 사용되었다. 현재는 기나나무 껍질에 퀴닌이라는 물질이 있다는 것은 잘 알려진 사실이다.

1630 · 1634 · 1638

1633년

갈릴레이 재판

이탈리아의 천문학자 갈릴레이는 이단 혐의로 로마에서 재판을 받았다. 그는 지구가 우주의 중심이라는 교회의 견해를 배척하고 폴란드 천문학자 코페르니쿠스의 태양 중심 우주론을 지지하는 책을 출판했다. 고문이나 죽음을 두려워한 갈릴레이는 법정에서 자신의 신념을 부인했다.

갈릴레오 갈릴레이
68~69쪽

IOH. KEPPLERI
MATHEMATICI
OLIM IMPERATORII
SOMNIVM,
Seu
OPVS POSTHVMVM
DE ASTRONOMIA
LVNARI.
Divulgatum
à
M. LUDOVICO KEPPLERO FILIO,
Medicinæ Candidato.
Impressum partim Sagani Silesiorum, absolutum Francofurti, sumptibus hæredum authoris.
ANNO M DC XXXIV.

『꿈』의 표지

1634년

최초의 SF소설

독일의 천문학자 요하네스 케플러는 악마에 의해 달로 끌려간 아이슬란드의 어린 소년의 이야기를 썼다. 이 소설은 1633년 케플러가 사망한 지 1년 후에 출판되었다. 라틴어로 쓰여진 이 소설의 제목은 『꿈』으로, 최초의 공상 과학 소설로 여겨지고 있다.

1637년

데카르트의 담론

프랑스 철학자 르네 데카르트는 철학과 과학의 역사에서 가장 중요한 책 중 하나인 『방법서설』을 출간했다. 이 책에서 그는 진리에 도달하기 위해서는 모든 것을 의심하는 것부터 시작해야 한다고 말했다.

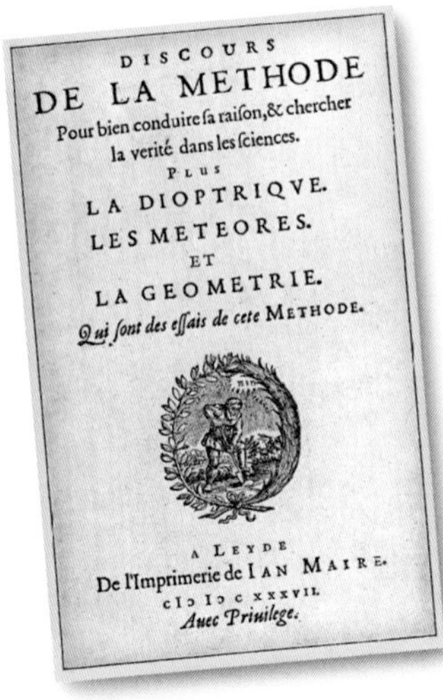
DISCOURS
DE LA METHODE
Pour bien conduire sa raison, & chercher la verité dans les sciences.
PLUS
LA DIOPTRIQVE.
LES METEORES.
ET
LA GEOMETRIE.
Qui sont des essais de cete METHODE.
A LEYDE
De l'Imprimerie de IAN MAIRE.
CIƆ IƆ C XXXVII.
Avec Privilege.

데카르트의 『방법서설』

1637년

수학 퍼즐

프랑스 수학자 페르마는 오래된 교과서 여백에 정리(수학적 진술)를 낙서했다. 그는 자신의 정리가 참이라는 증거가 있지만 정답을 적을 공간이 없었다고 주장했다. 페르마의 정리는 1995년까지 풀리지 않았다.

피에르 드 페르마

1639년

금성의 일면통과

영국의 천문학자 제레미아 호록스는 금성의 그림자가 태양 앞을 지나갈 것이라고 정확하게 예측했는데 이는 금성 일면통과로 알려진 드문 현상이다. 이 현상을 관찰하기 위해 호록스는 망원경으로 태양의 이미지를 종이에 투영했다.

금성 일면통과를 관측한 호록스를 기념하는 원형 스테인드글라스 창문

1643년

최초의 기압계

이탈리아 물리학자 에반젤리스타 토리첼리가 수은이 담긴 그릇에 수은으로 채워진 유리관을 넣자 관 안의 수은이 내려가면서 상단에 진공이 생겼다. 그는 이것이 대기압 때문이라는 사실을 깨달았다. 토리첼리의 발견은 기압을 측정하여 날씨를 예측하는 기압계의 발명으로 이어졌다.

기압계의 작동 원리

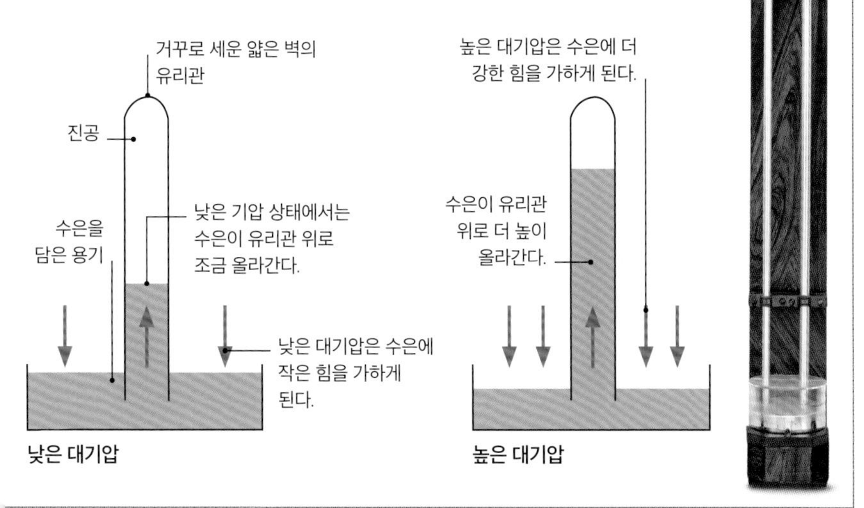

거꾸로 세운 얇은 벽의 유리관
진공
수은을 담은 용기
낮은 기압 상태에서는 수은이 유리관 위로 조금 올라간다.
낮은 대기압은 수은에 작은 힘을 가하게 된다.
낮은 대기압
높은 대기압은 수은에 더 강한 힘을 가하게 된다.
수은이 유리관 위로 더 높이 올라간다.
높은 대기압

토리첼리의 기압계 복제품

헤벨리우스의 월면도의 한 페이지

1647년

월면도

폴란드의 천문학자 요하네스 헤벨리우스는 최초의 달 표면 지도책을 출판했다. 양조업을 하던 헤벨리우스는 직접 천문대를 만들었다. 달의 산과 분화구를 자세히 보여주는 그의 지도는 4년간의 관찰을 통해 완성된 결과물이다.

1642 1646 

1642년

계산 장치

19세 때 블레즈 파스칼은 프랑스 정부의 세금 징수원이었던 아버지를 돕기 위해 기계식 계산기를 발명했다. 이 기계는 더하기, 빼기, 나누기, 곱하기를 할 수 있었다. 파스칼은 당대를 대표하는 수학자이자 철학자가 되었다.

계산 장치 124~125쪽

프랑스 과학자 블레즈 파스칼은 약 20개의 계산기를 만들었다.

파스칼의 첫 번째 계산기

시간 측정

시간을 측정하려고 했던 최초의 사람들은 해시계와 같은 간단한 장치를 사용하여 하늘을 통과하는 태양의 움직임을 추적했다. 수 세기 후인 약 700년 전, 유럽에 기계식 시계가 도입되었다. 19세기에는 통신이 더욱 빨라지면서 전 세계적으로 표준화된 시간 측정이 가능해졌다.

시침은 하루 동안의 시간을 나타낸다.
금빛 태양은 황도에서 태양의 위치를 표시한다.
달의 위상을 나타낸다.

초기 시간 측정

해시계

수직 막대의 그림자를 이용하여 시간을 측정한다.

9세기 북아일랜드의 해시계

물시계

항아리에 물을 가득 채운 후 일정한 속도로 물이 빠져나가는 시간을 측정한다.

모래시계

한 유리구에서 다른 유리구로 모래가 일정한 속도로 흘러 들어간다.

모래가 바닥으로 완전히 흘러내리면 모래시계를 뒤집을 수 있다.

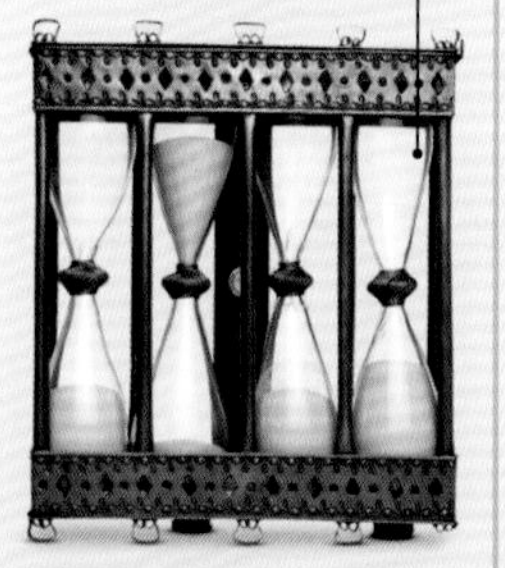

17세기 모래시계

향 시계

중국과 일본에서는 일정한 속도로 타는 향을 사용하여 시간을 측정하였다.

양초시계

시간을 나타내기 위해 천천히 타는 양초에 일정한 간격의 선을 그어 사용했다.

베네치아의 산마르코 광장에 있는 시계탑과 시계판의 세부 모습(위)

천문 시계

유럽의 초기 기계식 시계는 체인에 달린 낙하 추와 진자를 사용하여 일련의 기어를 돌렸다. 24시간 시계판에 태양, 달, 별에 대한 정보를 표시하는 경우가 많았고 하루 중 특정 시간에 춤을 추거나 종을 울리는 인형이 등장하는 정교한 디자인도 종종 있었다.

주요 사건

기원전 1500년

이집트와 메소포타미아에서 처음으로 사용된 해시계는 태양이 움직이는 동안만 시간을 측정할 수 있었다.

1088년

중국에서 소송은 별과 행성의 움직임을 추적하기 위해 수력을 이용한 기계식 시계를 제작하였다.

소송의 물시계

1656년

네덜란드 발명가 크리스티안 하위헌스는 최초의 진자시계를 만들었다. 진자의 규칙적인 움직임으로 작동하는 이 시계는 하루에 몇 초 이내의 정확도를 자랑했다.

1759년

영국 시계 제작자 존 해리슨은 해상 크로노미터를 개발하였다. 이 시계는 장시간 동안 정확하게 작동하여 선원들이 바다에서 경도를 계산하는 데 사용할 수 있었다.

내부 다이얼은 12개의 별자리를 표시한다.

진자시계의 작동 원리

진자시계는 진자가 흔들리는 속도를 정밀하게 제어할 수 있기 때문에 정확한 시간을 유지할 수 있다. 시계 내부에서 진자는 이스케이프휠의 걸쇠를 통해 드럼이 회전하는 속도를 조절한다. 추는 드럼 주위의 줄을 풀어 분침과 시침에 연결된 기어를 돌린다. 무게추가 줄을 푸는 데 8일이 걸리며 그 후에는 열쇠로 줄을 다시 감아야 한다.

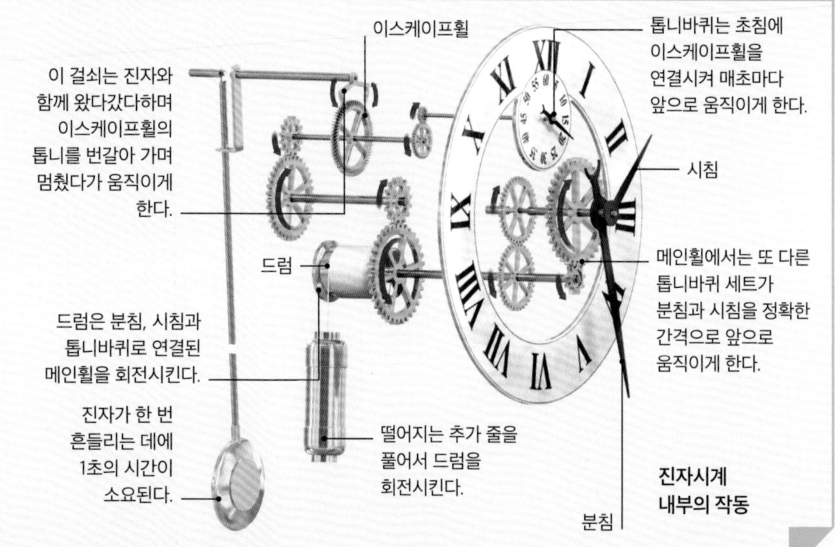
이 걸쇠는 진자와 함께 왔다갔다하며 이스케이프휠의 톱니를 번갈아 가며 멈췄다가 움직이게 한다.
이스케이프휠
톱니바퀴는 초침에 이스케이프휠을 연결시켜 매초마다 앞으로 움직이게 한다.
시침
드럼
메인휠에서는 또 다른 톱니바퀴 세트가 분침과 시침을 정확한 간격으로 앞으로 움직이게 한다.
드럼은 분침, 시침과 톱니바퀴로 연결된 메인휠을 회전시킨다.
진자가 한 번 흔들리는 데에 1초의 시간이 소요된다.
떨어지는 추가 줄을 풀어서 드럼을 회전시킨다.
분침

진자시계 내부의 작동

세계 최초의 세슘 원자시계, 1955년

외부 다이얼은 로마 숫자를 사용하여 하루 24시간을 표시한다.

원자시계

원자시계는 지금까지 알려진 가장 정확한 시간 측정 방식이다. 원자시계는 세슘과 같은 원소의 원자에서 방출되는 고주파를 측정해 시간을 잰다. 세슘 시계는 100만 년 동안 1초의 오차도 나지 않는다.

시간대

1884년부터 전 세계의 시간을 표준화하기 위해 지구는 24개의 시간대로 나뉘어져 있다. 시간은 그리니치 표준시(GMT)를 기준으로 측정되며 각 시간대는 GMT보다 몇 시간 빠르거나 늦다. 예를 들어 뉴욕은 GMT보다 5시간 늦고 도쿄는 9시간 빠르다.

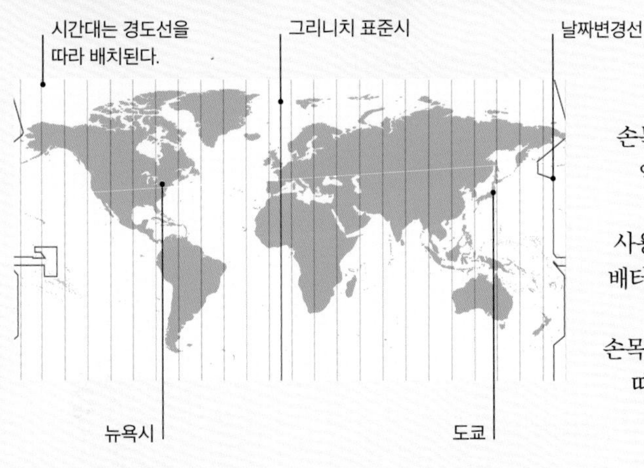
시간대는 경도선을 따라 배치된다.
그리니치 표준시
날짜변경선
뉴욕시
도쿄

현대 시계

손목시계는 1900년대 초부터 인기를 끌었다. 오늘날의 시계는 쿼츠 결정체를 사용하여 시간을 표시하고 배터리 또는 태양 에너지로 전원을 공급받는다. 손목시계는 착용자의 취향에 따라 아날로그 또는 디지털 방식으로 시간을 표시한다.

SOLAR-QUARTZ

1970년대 초반 디지털시계

1884년

그리니치 표준시는 국제 자오선 회의에서 영국 그리니치 천문대를 통과하는 경선을 본초 자오선으로 채택함에 따라 세계 표준시가 되었다.

영국 그리니치의 본초 자오선 표시

1927년

빠르게 진동하는 쿼츠 결정체에서 생성되는 자연 전기로 구동되는 최초의 쿼츠 시계는 미국 뉴욕의 벨 전화 연구소에서 제작되었다.

1949년

최초의 원자시계는 미국 워싱턴 D.C.에서 제작되었다. 1967년에는 1초를 세슘 133 원자가 91억 9,263만 1,770번 진동할 때 걸리는 시간으로 재정의했다.

1970년대

시계와 손목시계는 아날로그시계를 대신하여 발광 다이오드나 액정 표시 장치를 사용하여 디지털 형식으로 시간을 표시하기 시작하였다.

1650 ▸ 1670

오토 폰 게리케는 정전기를 발생시키는 초기 마찰 기계를 만들었다.

1654년

힘의 표현

독일의 발명가 오토 폰 게리케는 진공에 대한 자신의 생각을 증명하기 위해 두 개의 구리 반구를 만들어 서로 밀봉한 다음 자신이 이전에 발명했던 진공 펌프를 사용하여 공기를 비워냈다. 그런 다음 두 팀으로 구성된 8마리의 말을 동원해 반구를 분리하는 시도를 했다. 그러나 반구를 단단히 밀착시킨 외부 공기압이 너무 강해서 분리하는 데 실패했다.

폰 게리케는 독일 마그데부르크에서 실험을 수행하였다.

1650 • • • • 1655 • • • •

1629~1695년 크리스티안 하위헌스

크리스티안 하위헌스는 네덜란드의 물리학자, 천문학자, 수학자, 기기 제작자였다. 그는 빛이 파동으로 이루어져 있다는 제안으로 가장 잘 알려져 있으며 과학의 많은 분야에서 중요한 발견을 했다. 또한 유럽 전역을 여행하며 당시의 주요 과학자들과 만났다.

주요 업적

1654
자신의 형 콘스탄테인과 망원경을 개선하기 시작했다.

1656
진자시계의 설계를 완성했다.

1678
빛이 파동으로 이루어져 있다는 가설을 제시했다.

1689
영국에서 뉴턴을 만났다.

천문학적 발견

하위헌스는 자신이 만든 망원경의 렌즈를 직접 연마하는 법을 배웠다. 물체를 50배 확대할 수 있는 3.7 m 길이의 망원경으로 토성 주변의 고리를 처음 관측했고 나중에 타이탄으로 명명된 가장 큰 위성을 발견했다.

흔들리는 진자가 규칙적인 주기를 형성한다.

진자시계

하위헌스는 기존 시계를 크게 개선하여 하루에 몇 초 이내로 정확하게 시간을 측정하는 무게추가 달린 시계를 설계했다.

1662년

보일의 법칙

영국계 아일랜드 과학자 로버트 보일은 압력이 증가하면 기체의 부피가 감소하고 그 반대의 경우도 성립한다는 법칙을 발표했다. 보일은 자신이 만든 공기 펌프를 사용하여 많은 실험을 수행했다. 현대 화학의 아버지라고 불리는 그는 원소를 분해할 수 없는 물질이라는 개념을 도입했다.

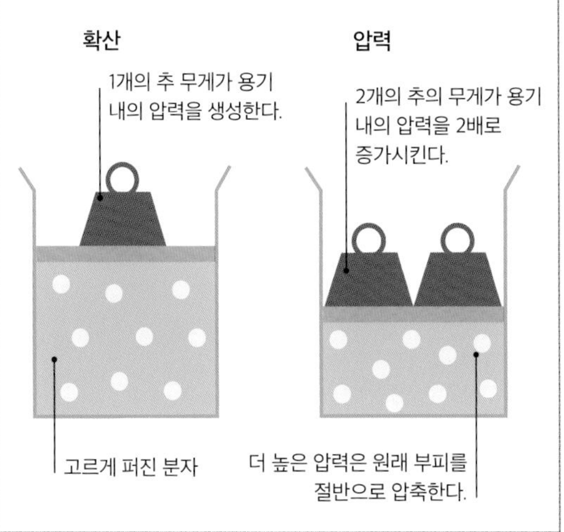

확산
압력
1개의 추 무게가 용기 내의 압력을 생성한다.
2개의 추의 무게가 용기 내의 압력을 2배로 증가시킨다.
고르게 퍼진 분자
더 높은 압력은 원래 부피를 절반으로 압축한다.

도도새에 대한 상상도

도도새의 멸종

날지 못하는 대형 조류인 도도새는 1662년에 멸종했다. 인도양의 모리셔스 섬에서만 살았는데 그곳을 방문한 유럽 선원에 의해 사냥당했다.

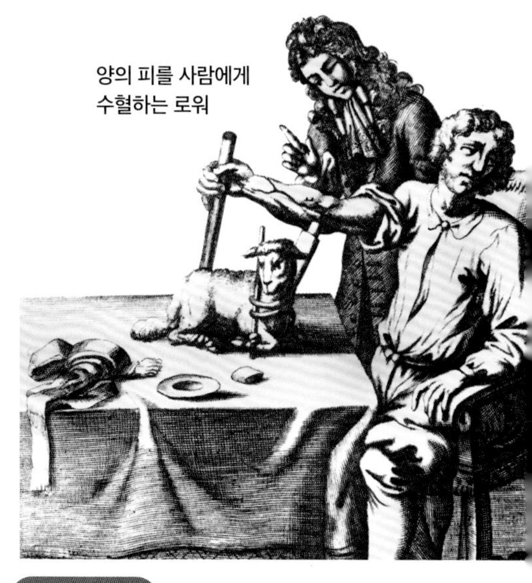
양의 피를 사람에게 수혈하는 로워

1666년

수혈

영국 의사 리처드 로워는 두 마리의 개 사이에 수혈을 실시해서 성공했다. 1년 후, 그는 소량의 양 피를 환자의 정맥에 주입했고 이 환자는 엄청난 알레르기 반응의 위험에도 불구하고 살아남았다.

1665

1670

폐의 외부를 덮고 있는 모세혈관 네트워크

말피기가 그린 개구리 폐 그림

폐포라고 불리는 작은 주머니를 보여주고 있는 단면

1661년

현미경을 통한 발견들

이탈리아 생물학자 마르첼로 말피기는 현미경을 사용하여 폐의 구조를 연구했다. 그는 정맥과 동맥을 연결하는 미세한 혈관인 모세혈관을 발견했다. 윌리엄 하비는 30년 전에 이러한 혈관들이 존재한다고 제안한 바 있다.

1669년

암석 속의 화석

덴마크의 지질학자 니콜라우스 스테노는 퇴적물이 시간이 지남에 따라 암석의 수평층(지층)을 형성한다고 설명했다. 지층 위에 새로운 지층이 형성되면서 각 층에 있던 동물의 유해는 점차 화석으로 변했다. 따라서 가장 오래된 화석은 항상 맨 아래에 있고 그 위에 새로운 화석이 위치하게 된다.

헤니히 브란트는 인간의 소변 5,670 L를 실험에 사용했다고 한다.

새로운 원소

독일의 연금술사 헤니히 브란트는 비금속을 금으로 바꾸는 "현자의 돌"을 찾던 중 농축된 사람의 소변을 끓이다가 우연히 초록빛을 내는 인 원소를 발견했다.

헤니히 브란트의 실험실

자세히 보기

현미경의 발명으로 완전히 새로운 세상이 열렸다. 과학자들은 육안으로 볼 수 없을 정도로 작은 물체를 처음으로 관찰할 수 있게 되었다. 연구자들은 세포의 구조를 연구하고 미생물의 존재를 발견하면서 생명의 구성 요소를 이해하기 시작했다. 오늘날 현미경은 개별 원자까지 식별할 수 있다.

과학 베스트셀러

1665년 로버트 훅이 출간한 『마이크로그래피아』는 대중에게 현미경의 세계를 소개한 책이다. 벼룩, 머리카락, 심지어 파리의 눈까지 현미경으로 관찰한 물체를 놀랍도록 세밀하게 묘사한 그림이 수록되어 있었다. 이 책은 즉시 베스트셀러가 되었다.

로버트 훅의 진드기 그림

얀센과 그의 현미경 발명을 기념하는 19세기 포스터

세포 발견

영국의 저명한 과학자 로버트 훅은 영국 런던의 왕립학회에서 실험 큐레이터로 일했다. 그는 물이 채워진 구를 사용하여 오일 램프의 빛을 표본에 집중시키는 복합 현미경을 설계했다. 코르크 조각을 조사하던 훅은 길고 빈 세포벽 사이의 공간을 발견하고 이를 설명하기 위해 "세포"라는 단어를 처음 만들었다.

훅의 복합 현미경

최초의 현미경

1590년대에 네덜란드의 안경 제작자들은 두 개의 렌즈를 통에 고정하여 현미경을 만들었다. 그들은 렌즈 두 개에 의해 굴절된 빛이 단일 렌즈보다 물체를 더 크게 보이게 만든다는 것을 발견했다. 이 안경 제작자 중 한 명인 자카리아스 얀센이 최초의 현미경을 만든 것으로 여겨진다.

주요 사건

1590년
자카리아스 얀센은 일반적으로 최초의 복합 현미경을 발명한 것으로 인정받는다.

1661년
이탈리아 생물학자 마르첼로 말피기는 현미경으로 그가 입자라고 부른 적혈구를 관찰하였다.

1665년
로버트 훅이 집필한 『마이크로그래피아』에는 현미경으로 관찰한 아주 작은 물체들의 삽화가 담겨 있다.

1674년
안토니 판 레이우엔훅은 물체를 최대 270배까지 확대할 수 있는 단일 렌즈 현미경을 개발했다.

1860년
프랑스 화학자 루이 파스퇴르는 현미경을 사용하여 질병을 옮기는 미생물에 대한 연구를 수행하였다.

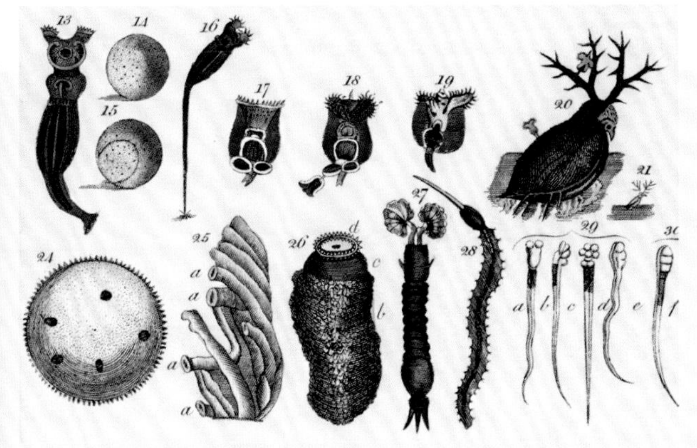
레이우엔훅의 미생물 그림

단일 렌즈 현미경

네덜란드 과학자 안토니 판 레이우엔훅은 단일 렌즈 현미경을 개발해 로버트 훅의 복합 현미경보다 더 큰 확대 배율을 달성하였다. 그는 모든 렌즈를 직접 연마했고 그중 일부는 핀 머리만 했다.

오일 램프

복합 현미경의 작동 원리

복합 현미경은 최소 두 개의 렌즈를 사용한다. 아래에서 들어온 빛이 관찰 대상인 표본을 통해 대물렌즈로 반사되어 1차 배율을 생성한다. 그런 다음 접안렌즈가 이미지를 다시 확대한다.

접안렌즈를 보는 눈

접안렌즈

빛의 경로

표본을 확대시키는 대물렌즈

표본

빛은 거울에 의해 반사되어 표본을 통과한다.

확대된 세계

오늘날 현미경에는 세 가지 종류가 있다. 연구자들은 광학 현미경을 사용하여 세포나 조직과 같은 생물학적 표본을 관찰한다. 전자 빔을 사용하여 이미지를 표시하는 주사 터널링 현미경을 포함하는 전자 현미경은 훨씬 작은 사물을 매우 세밀하게 관찰할 수 있다.

2,000배

19세기에 제작된 이 광학 현미경은 물체를 최대 2,000배까지 확대할 수 있다. 이 현미경의 색지움 렌즈는 서로 다른 색 파장을 같은 지점에 초점을 맞춰 더 선명한 이미지를 만들어낸다.

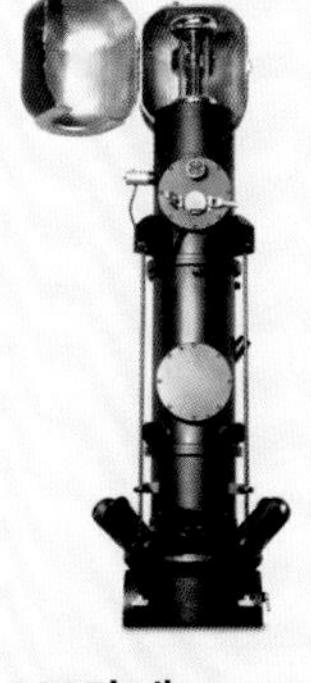

1,000만 배

전자 현미경은 진공 상태의 표본에 전자빔을 발사한다. 1946년경에 만들어진 이 현미경은 최초로 대량 생산된 현미경 중 하나이다. 최신 전자 현미경은 최대 1,000만 배까지 확대할 수 있다.

10억 배

주사 터널링 현미경(STM)은 날카로운 금속 탐침을 사용하여 물체의 표면을 원자 수준에서 스캔하여 과학자들이 개별 원자를 "볼 수 있게" 해 준다. 원자력 현미경도 비슷한 방식으로 작동한다.

1880년대

독일 광학 과학자 에른스트 아베는 독일의 정밀기기 제조회사인 칼 자이스에 근무하면서 현미경 설계를 근본적으로 개선했다.

1882년

독일의 미생물학자 로버트 코흐는 부라색 염료로 박테리아를 염색하여 현미경에서 더 잘 볼 수 있는 방법을 개발했다.

1903년

독일의 화학자 리처드 지그몬디는 광학 현미경으로 볼 수 없는 물체를 볼 수 있는 한외 현미경을 만들었다.

1931년

독일의 물리학자 에른스트 루스카는 전자빔을 사용하여 이미지를 만드는 최초의 주사 전자 현미경(SEM)을 발명하였다.

1981년

주사 터널링 현미경은 과학자들이 극히 작은 단위인 나노미터 수준까지 볼 수 있게 한 최초의 현미경이다.

지그몬디의 한외 현미경

1670 ▸ 1690

1672년

무지개 색

뉴턴은 빛에 관한 논문 발표를 통해 두 개의 프리즘을 사용하여 백색광이 일곱 가지 색으로 나뉘는 실험을 설명했다.

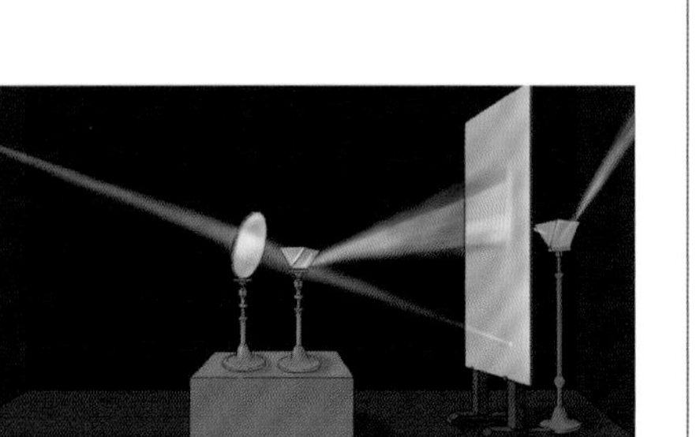

뉴턴의 프리즘 실험 스케치

1672년

계산 문제

독일 수학자 라이프니츠는 스텝 계산기라는 계산 기계를 제작했다. 그는 1674년에 미적분학이라는 수학 분야를 창안했는데 이는 매우 작은 변화인 무한소를 다루는 개념을 포함하고 있다. 뉴턴 또한 미적분학을 개발했는데 두 사람은 이에 대한 우선권을 두고 논쟁했다.

1678년

훅의 법칙

영국 과학자 로버트 훅은 용수철을 늘리는 데 필요한 힘은 용수철이 늘어나는 길이에 비례한다는 사실을 관찰했다. 힘이 두 배가 되면 늘어난 길이도 두 배가 된다는 규칙을 확인하였고 용수철이 늘어나지 않고 끊어지는 지점이 있다는 것을 알아냈다.

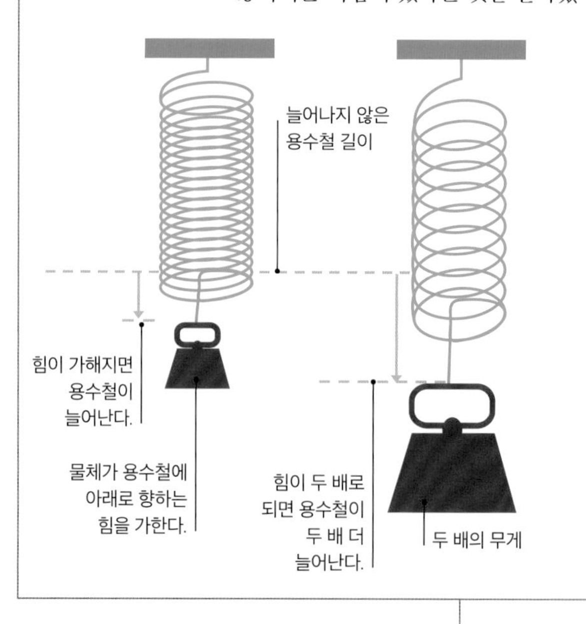

늘어나지 않은 용수철 길이
힘이 가해지면 용수철이 늘어난다.
물체가 용수철에 아래로 향하는 힘을 가한다.
힘이 두 배로 되면 용수철이 두 배 더 늘어난다.
두 배의 무게

1670 · 1675

1675년

왕의 천문학자

영국의 왕 찰스 2세는 존 플램스티드를 최초의 영국 왕실 천문학자로 지명하여 런던 그리니치에 새로운 천문대를 건설하도록 했다. 이 천문대는 훗날 지구를 동서로 나누는 본초 자오선(경도 0°)을 표시하는 지점이 된다.

그리니치 천문대, 영국

1679년

증기 압력솥

프랑스의 발명가 드니 파팽은 뼈에서 지방을 추출하기 위해 고압 증기를 활용하는 조리 기구를 소개했다. 파팽의 압력솥은 현대 압력솥의 선구적인 형태로 증기 배출 밸브와 피스톤이 장착되어 있어 나중에 증기 기관의 발전을 이끌었다.

레이우엔훅의 현미경

1676년

미생물

네덜란드 상인 안토니 판 레이우엔훅은 직접 현미경을 제작하여 물방울에 떠다니는 작은 생물을 관찰했다. 이 작은 생물들을 그는 "극미동물"이라 명명했는데 사실 이는 아메바라고 불리는 단세포 원생동물이었다.

1625~1712년 조반니 카시니

이탈리아 출신의 천문학자 조반니 카시니는 1669년에 이탈리아에서 프랑스로 이주하여 파리 천문대의 책임자가 되었다. 그는 지구에서 화성까지의 거리와 화성에서 태양까지의 거리를 계산하는 등 천문학 분야에 기여했다. 카시니의 추정치는 현재의 값과 매우 근접했다. 또한 그는 토성의 위성인 이아페투스, 레아, 테티스, 디오네를 발견했으며 영국의 과학자 로버트 훅과 함께 대적점이라고 알려진 목성 폭풍을 발견하는 데 공헌했다.

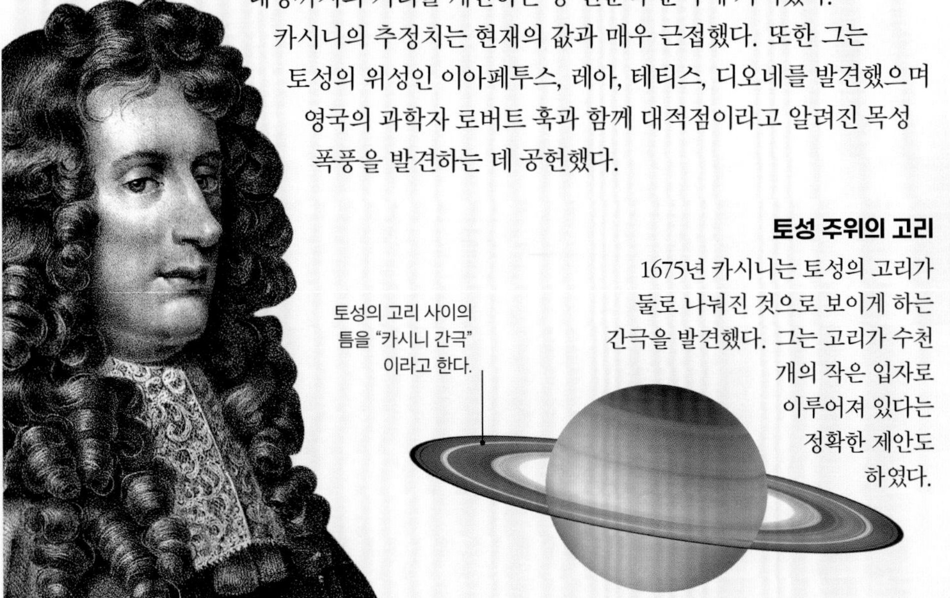

토성 주위의 고리

1675년 카시니는 토성의 고리가 둘로 나눠진 것으로 보이게 하는 간극을 발견했다. 그는 고리가 수천 개의 작은 입자로 이루어져 있다는 정확한 제안도 하였다.

토성의 고리 사이의 틈을 "카시니 간극"이라고 한다.

아이작 뉴턴은 21세에서 27세 사이에 대부분의 발견을 이루어 냈다.

치과 위생

치의학에 관한 최초의 책 중 하나는 1685년에 출판되었다. 이 책에서는 일주일에 한 번만 양치질을 할 것을 권장했다. 당연히 대부분 사람들의 치아가 썩게 되었고 강제로 뽑아야 했다.

1685 · 1690

1686년 새로운 용어

영국의 자연학자 존 레이는 『식물지』라는 3권의 책에서 동일한 특징을 공유하고 서로 교배할 수 있는 식물이나 동물 그룹을 설명하기 위해 "종"이라는 용어를 처음 사용했다. 이 용어는 생물체를 분류하는 분류학의 기본 단위로 채택되었고 그의 책에는 18,600개의 종이 기술되어 있다.

HISTORIA PLANTARUM
Species hactenus editas aliasque insuper multas noviter inventas & descriptas complectens.
In qua agitur primò
De Plantis in genere,
Earùmque
Partibus, Accidentibus & Differentiis;
Deinde
Genera omnia tum summa tum subalterna ad Species usque infimas,
Notis suis certis & Characteristicis
Definita,
METHODO
Naturæ vestigiis insistente disponuntur;
Species singulæ accurate describuntur, obscura illustrantur, omissa supplentur, superflua resecantur, Synonyma necessaria adjiciuntur;
VIRES denique & USUS
recepti compendiò traduntur.
AUCTORE
JOANNE RAIO,
E Societate Regiâ, & SS. Individuæ Trinitatis Collegii apud Cantabrigienses quondam Socio.
TOMUS PRIMUS.
LONDINI:
Typis MARIÆ CLARK:

존 레이의 『식물지』 표지

"하나의 씨앗에서 결코 다른 종의 싹이 나지 않는다."

존 레이, 『식물지』, 1686년

뉴턴 88~89쪽

뉴턴의 만유인력의 법칙

중력은 두 물체에 동일한 힘을 가하여 서로 잡아 당긴다.

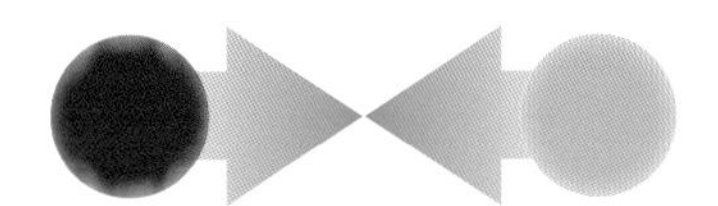

두 물체의 질량을 두 배로 늘리면 힘이 원래의 4배로 증가한다.

두 물체 사이의 거리를 두 배로 늘리면 힘이 1/4로 감소한다.

1687년 혁신적인 과학

아이작 뉴턴은 『자연철학의 수학적 원리』에서 자신의 세 가지 운동 법칙과 만유인력의 법칙을 소개했다. 만유인력의 법칙에 따르면 두 물체 사이의 인력은 질량이 증가할수록 커지고 두 물체 사이의 거리가 멀어질수록 작아진다. 이러한 네 가지 법칙은 힘과 물체의 움직임에 대한 역학적 기초를 제공했고 과학의 발전에 큰 역할을 하였다.

3. 관찰자는 작은 거울에서 반사된 이미지를 접안렌즈를 통해서 본다.
2. 오목 거울은 빛을 반사하여 통을 따라 위쪽으로 보내고 경사진 작은 거울에 비춘다.
1. 빛이 망원경의 통으로 들어온다.

뉴턴의 반사 망원경 복제품, 1672년경

반사 망원경
뉴턴은 광학 연구 중에 두 개의 거울을 활용하여 이미지를 반사하고 초점을 맞추는 최초의 반사 망원경을 개발했다. 이 방법은 기존의 굴절 망원경에 비해 더 우수한 성능을 보여 주었다.

> **"만약 내가 더 멀리 볼 수 있었다면 그것은 바로 거인들의 어깨 위에 올라섰기 때문이다."**
>
> 아이작 뉴턴, 1675년 로버트 훅에게 보낸 편지에서, 다른 과학자들의 이전 연구를 인정하면서

『프린키피아』

뉴턴의 가장 유명한 책은 과학자 에드몬드 핼리의 도움으로 출판되었다. 이 책에서 뉴턴은 만유인력의 법칙과 운동의 세 가지 법칙을 설명했다.

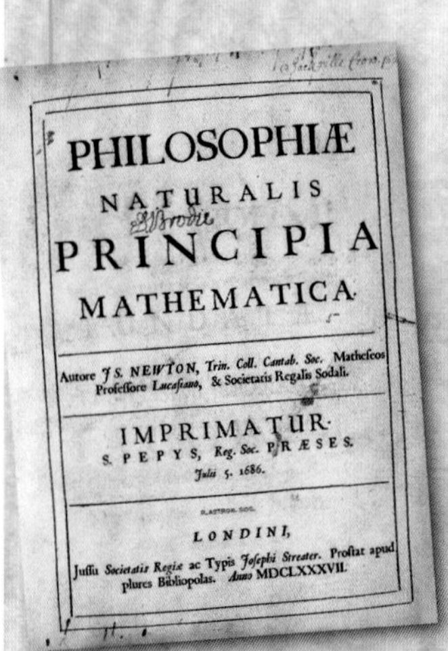
PHILOSOPHIÆ
NATURALIS
PRINCIPIA
MATHEMATICA.

Autore J S. NEWTON, Trin. Coll. Cantab. Soc. Matheseos Professore Lucasiano, & Societatis Regalis Sodali.

IMPRIMATUR.
S. PEPYS, Reg. Soc. PRÆSES.
Julii 5. 1686.

LONDINI,
Jussu Societatis Regiæ ac Typis Josephi Streater. Prostat apud plures Bibliopolas. Anno MDCLXXXVII.

『프린키피아』 표지

운동 법칙

1. 물체는 외부의 힘이 작용하지 않으면 정지 상태를 유지하거나 일정한 속도로 직선 운동을 계속한다.
2. 동일한 크기의 힘을 받아도 물체의 질량이 클수록 가속도는 작아진다.
3. 모든 작용에는 크기가 같고 방향이 반대인 반작용이 항상 존재한다.

위대한 과학자

아이작 뉴턴

영국 과학자 뉴턴은 1643년에 영국 울스토프 마을에서 태어났다. 17세기 과학 혁명에서 중요한 역할을 한 그는 만유인력의 법칙을 통해 우주를 하나로 통합하는 원리를 설명한 것으로 널리 알려져 있다.

학창 시절

뉴턴은 어린 시절부터 과학과 역학에 관심을 보였다. 그의 삼촌은 뉴턴의 능력을 인정하고 대학에서 더 깊이 연구하도록 권유했다. 1661년 그는 영국 케임브리지 트리니티 칼리지에 입학했다.

전염병으로부터 탈출

1665년에 케임브리지에서 전염병이 발생했을 때 뉴턴은 안전을 위해 울스토프로 피신했다. 그곳에서 그는 과수원의 나무에서 사과가 떨어지는 것을 관찰하며 중력에 대한 이론을 발전시켰다고 한다. 비록 이 이야기가 사실이 아닐 수 있지만 그는 울스토프에서 머무는 동안 중력에 대한 아이디어를 형성하고 빛에 대한 첫 번째 실험을 했다.

케임브리지 교수

케임브리지로 돌아온 뉴턴은 26세의 나이에 루카시안 수학 석좌교수로 임명되었다. 1687년에는 그가 쓴 과학 역사상 가장 중요한 책 중 하나인 『자연철학의 수학적 원리』를 출간했다. 이 책에는 그의 세 가지 운동 법칙이 설명되어 있다.

말년

1689년 뉴턴은 국회의원이 되어 런던으로 이주했다. 1699년에는 왕립 조폐국의 국장으로 임명되어 주화 개혁과 위조범에 대한 엄중한 조치를 시행했다. 1703년에는 왕립학회 회장으로 선출되었고 1705년에는 기사 작위를 받았다. 그는 1727년에 사망하여 웨스트민스터 사원에 묻혔다.

2. 속력이 더해지면 공은 중력에 의해 지구로 돌아오기 전까지 일정 거리 동안 곡선을 따라 움직인다.
4. 속력이 더 빨라지면 공은 지구의 중력을 벗어나 우주로 날아갈 정도로 빠르게 이동한다.
1. 앞으로 나아갈 속력이 없으면 중력이 공을 아래로 끌어 내린다.
3. 속력이 빨라지면 공이 지구를 향해 떨어지는 속력만큼 지구가 공에서 멀어지기 때문에 공이 지구 주위를 공전하게 된다.

뉴턴의 포탄
뉴턴은 물체가 다른 물체를 공전하는 현상을 이해하기 위해 지구의 높은 산 꼭대기에서 수평으로 포탄을 발사하는 실험을 상상했다. 각 실험에서 그는 포탄의 속력을 증가시켰다.

빛 연구
뉴턴은 빛에 대해 많은 연구를 했다. 1704년에 출간된 『광학』에서 그는 빛을 빠른 속도로 이동하는 작은 입자의 흐름으로 설명했으며 백색광에는 무지개의 모든 색이 포함되어 있음을 보여주었다.

“나는 해변에서 노는 소년과 같다… 진실의 거대한 바다가 아직 발견되지 않은 채로 내 앞에 놓여 있다.”

아이작 뉴턴

1690 ▸ 1710

1699년 웨일스의 박물학자이자 박물관 관리인 에드워드 루이드가 최초의 영국 화석 도록을 출판했다.

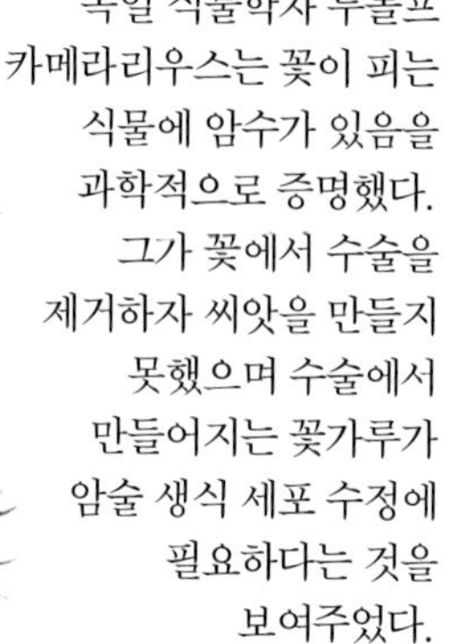

카메라리우스가 연구한 아주까리

1694년 꽃의 비밀

독일 식물학자 루돌프 카메라리우스는 꽃이 피는 식물에 암수가 있음을 과학적으로 증명했다. 그가 꽃에서 수술을 제거하자 씨앗을 만들지 못했으며 수술에서 만들어지는 꽃가루가 암술 생식 세포 수정에 필요하다는 것을 보여주었다.

두뇌 크기 비교

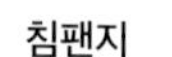

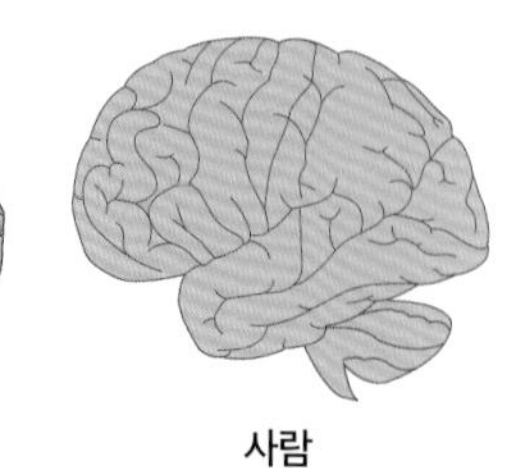

마카크 원숭이 침팬지 사람

1699년 침팬지 연구

에드워드 타이슨은 영국의 의사이자 해부학자였다. 그는 오랑우탄, 즉 "숲의 사람"이라고 불렸던 침팬지 시신을 해부했다. 타이슨은 침팬지의 해부학적 구조, 특히 뇌 구조가 원숭이보다는 사람의 뇌에 더 가깝다는 결론을 내렸다.

1690 1695

1697년 잘못 알려진 이론

독일 화학자 게오르크 슈탈은 물질을 태울 때 물질 속에 있는 플로지스톤이 방출되고 재가 남는다고 주장했다. 그의 이론은 앙투안 라부아지에에 의해 반박되기 전까지 널리 인정받았다.

1698년 증기 펌프

영국 발명가 토머스 세이버리는 광산에서 홍수가 났을 때 물을 빼내기 위한 증기 펌프를 설계했다. 이 펌프는 증기를 응축시켜 진공 상태를 만드는 방식으로 작동했다. 진공을 채우기 위해 공기가 유입되면 대기압이 광산에서 물을 끌어 올렸으며 전체 과정은 잠금 장치를 이용해 제어되었다.

3. 탱크가 용기에 물을 뿌려 증기를 응축시킨다.
2. 증기가 냉수 탱크 아랫부분으로 유입된다.
1. 보일러로 물을 가열하여 증기를 만든다.
4. 아래쪽 물이 파이프로 밀려 올라간다.

세이버리의 증기 펌프 모델

세계 여행자

영국 모험가 윌리엄 댐피어는 세 차례 세계 일주를 했고 뉴홀랜드(현 호주) 해안으로 최초의 과학 탐사를 떠났다. 이후 자신의 항해에 대해 쓴 책은 베스트셀러가 되었다.

1699년 댐피어가 뉴홀랜드를 여행할 때 이 새를 그렸다.

1835년 많은 사람이 핼리 혜성을 보고 감탄했다.

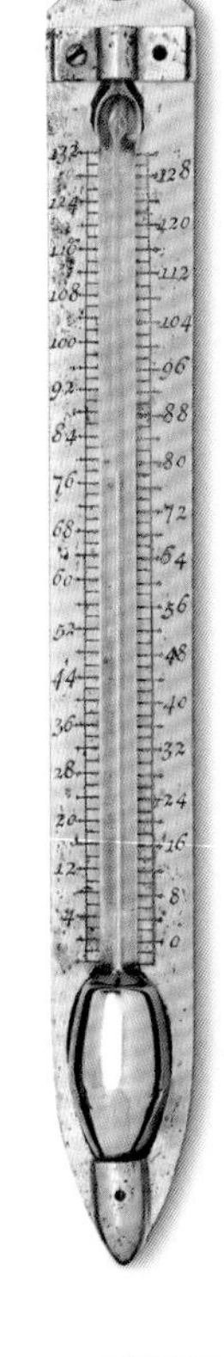
수은 온도계
화씨 기준, 1718년경

“나는 감히, 혜성이 1758년에 다시 돌아올 것이라고 예언한다.”

에드먼드 핼리, 『혜성 천문학 총론』, 1705년

1705년

핼리의 예측

영국 천문학자 에드먼드 핼리는 1682년에 관측된 혜성이 1758년에 지구에서 다시 보일 것으로 예측했으며 이는 적중했다. 핼리 혜성이라고 알려진 이 혜성은 약 75년마다 관측할 수 있다.

1709년

편리한 온도계

네덜란드에서 연구하던 폴란드 물리학자 가브리엘 파렌하이트가 현대식 소형 온도계를 최초로 만들었다. 이 온도계는 눈금이 표시되어 있고 온도가 올라가면서 팽창하는 유색 알코올로 채워져 있었으며 이후 알코올 대신 수은을 사용했다. 그는 1724년에 자신의 이름을 딴 화씨 온도를 고안했다.

1705 1710

1701년

농업의 선구자

영국 농부 제스로 툴은 파종기를 발명했다. 파종기는 씨앗을 일정한 간격으로 심을 수 있었고 손으로 씨를 흩뿌리는 전통적인 방식보다 씨앗의 낭비를 줄였다. 툴의 발명품은 처음에는 큰 인기를 얻지 못했지만 농업 현대화에 중요한 역할을 하게 되었다.

양과 소는 고기 생산량을 늘리기 위해 선택적 교배로 품종이 개량되었다.

1708년

포세린 발견

중국에서 수입된 청백색 도자기인 포세린은 유럽에서 매우 인기가 있었지만 아무도 그 제조법을 알지 못했다. 독일 과학자 에렌프리트 발터 폰 치른하우스는 20년간의 실험 끝에 고령토와 석고를 섞어 만든 반죽으로 그 비밀을 밝혀냈다.

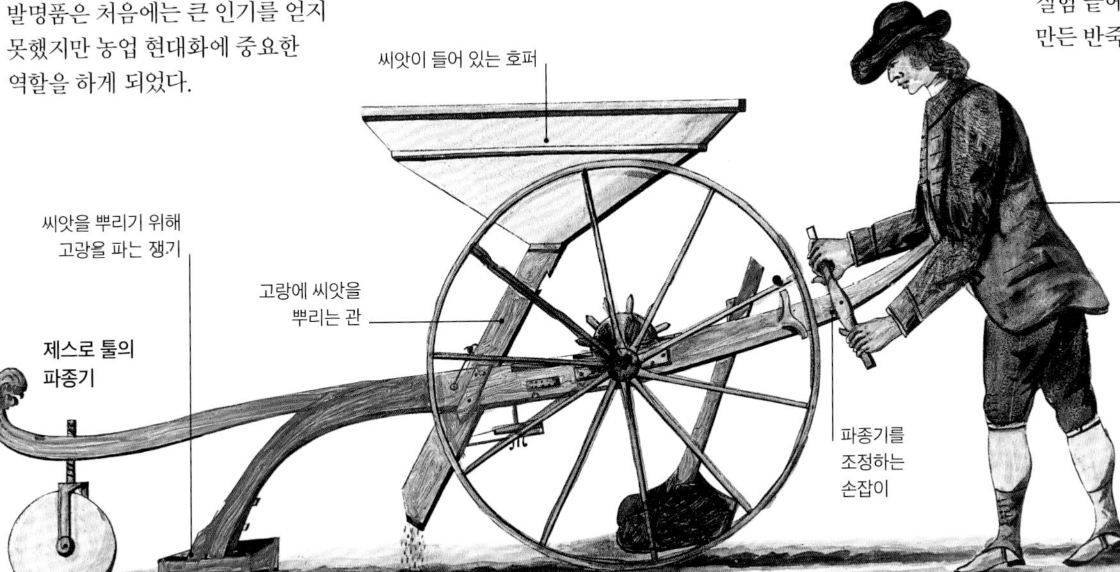

제스로 툴의 파종기

세계 여행

"내비게이션"은 원래 바다에서 길을 찾는다는 뜻이다. 수 세기 동안 선원들은 랜드마크와 해류 및 기상 조건에 대한 지역적인 지식을 활용하여 항해했다. 나중에는 나침반을 사용하여 항해 방향을 정하고 항해 보조 장치를 개발하여 바다에서 자신의 위치를 계산했다. 이제 우리는 내비게이션을 길을 찾는다는 의미로 사용한다.

천체 내비게이션

육분의는 낮에는 지평선과 태양 사이의 각도를 측정하고 밤에는 달, 행성 및 별들 사이의 각도를 측정하여 위도를 결정하는 데 사용되는 매우 정확한 도구였다. 육분의는 18세기에 발명되어 위성 항법이 도입되기 전까지 최고의 항법 도구로 사용되었다.

상단 거울
2. 하단 거울은 망원경에 빛을 반사하고 수평선에 고정된다.
호는 원의 1/6을 측정
1. 움직일 수 있는 팔로 상단 거울을 조정하여 햇빛을 하단 거울에 반사한다.

초기 선원들의 나침반, 1500~1700년대 무렵

멕시코만 포르톨라노 해도, 1547년

초기 해도

이 포르톨라노는 남쪽을 맨 위에 두고 "거꾸로" 그려져 있다. 해안을 따라 위치한 장소가 정확히 명명되고 표시되었으며 내륙 지역에는 상상의 장면들이 그려져 있다. 나침반 "장미"는 방향을 알려주며 선장은 나침반에서 해도를 가로지르는 선들을 따라 항로를 계획했다.

주요 사건

1000년

바이킹들은 태양을 따라 항해하는 데 도움을 받기 위해 태양 나침반이라고 불리는 장치를 사용했다.

바이킹 태양 나침반

1300년

나침반에 대한 지식은 중국에서 유럽으로 전해졌으며 최소 1,000년 동안 사용되었다.

1400년

유럽 선원들은 항구에서 항구로 항해할 때 나침반과 함께 포르톨라노 해도를 사용하기 시작했다.

1569년

위도와 경도의 선이 직각으로 교차하는 메르카토르 도법을 사용하면 바다에서 더 쉽게 항해할 수 있다.

측정기가 있는 목재 부표, 1861년경

속력 측정

해상에서의 속력은 매듭(knots)을 지은 밧줄을 배 뒤에 던져 측정했기 때문에 노트(kn)라는 단위를 사용한다. 특정 시간 동안 줄이 풀리도록 한 다음 매듭의 수를 세어 배가 얼마나 빨리 움직이는지 계산했다. 나중에는 기계식 측정기가 있는 목재 부표를 배에서 던졌다.

해상용 크로노미터

1700년대에는 선장들이 경도를 측정할 방법이 없어 바다에서 자주 길을 잃었다. 경도를 측정하기 위해서 항상 본항의 정확한 시간을 알려주는 시계가 필요했다. 선원들은 현지 시각과 비교하여 경도를 계산했으나 이동하는 배 안에서는 어려운 일이었다. 존 해리슨은 수년간 이 문제를 연구한 끝에 1759년 정확한 해상 크로노미터(시계)를 최초로 제작했다.

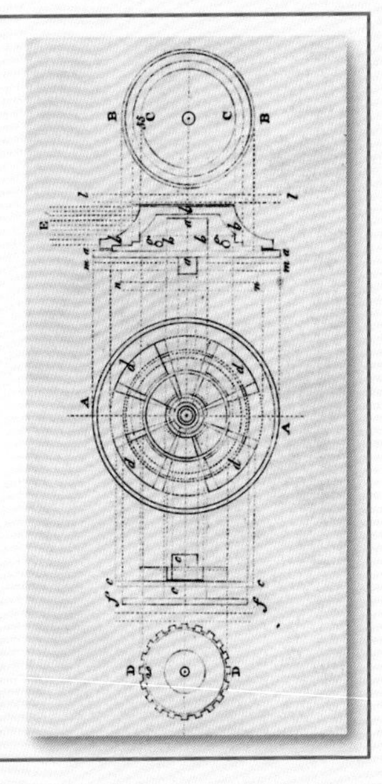

해리슨의 크로노미터 초기 디자인. 큰 회중시계 정도의 크기였다.

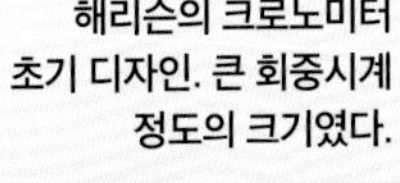

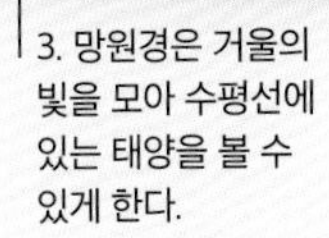

3. 망원경은 거울의 빛을 모아 수평선에 있는 태양을 볼 수 있게 한다.

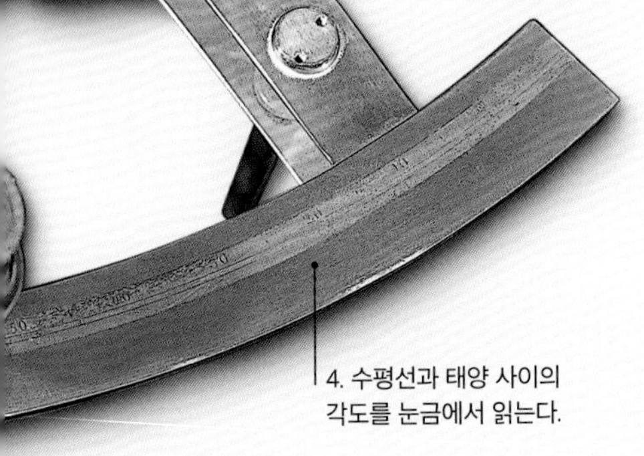

4. 수평선과 태양 사이의 각도를 눈금에서 읽는다.

육분의, 18세기

초기 등대는 바위가 많은 노두에 세워졌다.

등대

로마인들은 항구 입구에 등대를 최초로 건설했다. 현대식 등대는 1800년대 초에 만들어졌으며 암초와 같이 위험한 장애물에 접근하는 배에 강력한 빛을 비추어 난파를 방지하도록 설계되었다.

위성 위치 확인 시스템

위성 위치 확인 시스템(GPS)은 수많은 글로벌 위성을 활용하여 수신기의 위치를 파악한다. 수신기는 스마트폰이 될 수 있으며 최소 네 개의 위성으로부터 신호를 수신하여 위치와 속도를 즉시 계산한다.

1750년

행성과 별의 고도를 측정하기 위해 육분의가 사용되기 시작했다. 선원들은 이를 활용하여 낮뿐만 아니라 밤에도 위도를 알아냈다.

1759년

존 해리슨은 바다에서 경도를 정확하게 측정하기 위해 항해용 크로노미터를 제작했다.

1935년

보이지 않는 물체에 전파를 반사해 위치를 파악하는 레이더는 배에서 해안선이나 다른 선박을 확인하기 위해 사용된다.

레이더 화면

1990년

위성 위치 확인 시스템인 GPS가 사용되기 시작했다. GPS는 대부분의 항해 보조 장치들을 빠르게 대체했다.

1710 ▸ 1730

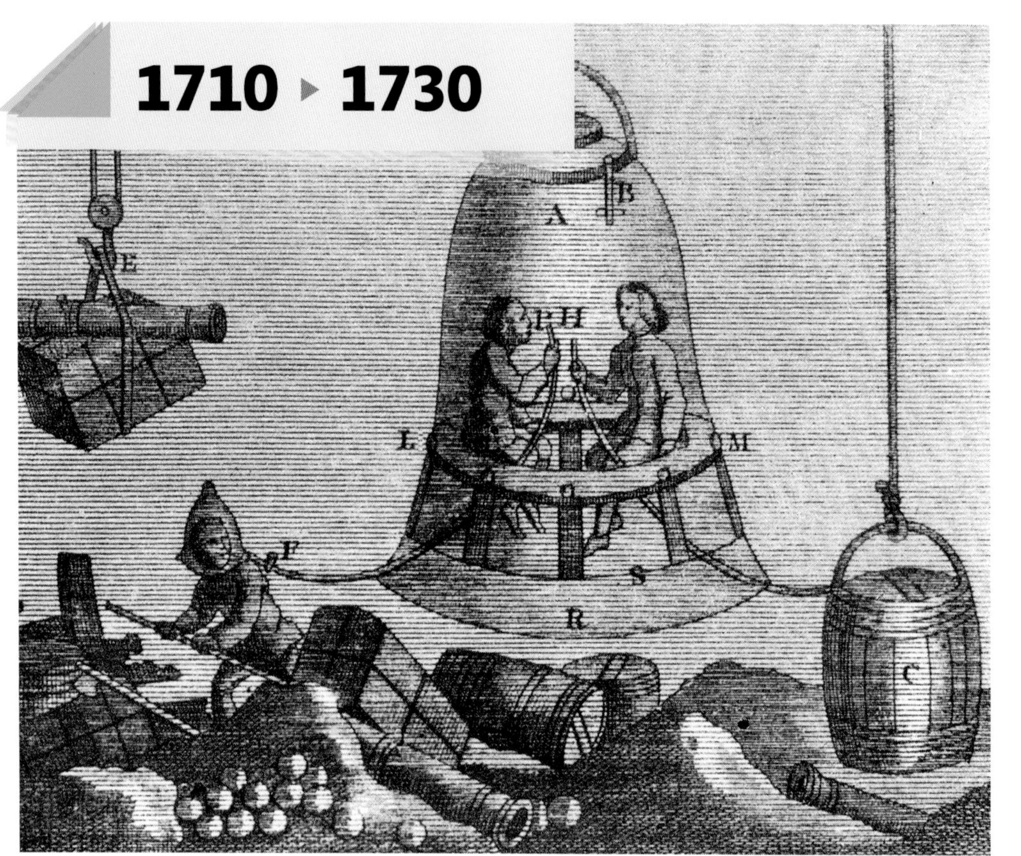

19세기 백과사전에 나오는 할리의 다이빙 벨 그림

"다이빙 벨 내부에는 물이 전혀 들어오지 않아서 나는 옷을 다 입은 채 벤치에 앉아있었다."

다이빙 벨을 타고 물 속으로 들어간
에드몬드 할리, 1715년

1715년

할리의 다이빙 벨

영국의 과학자 에드몬드 할리가 실용적인 다이빙 벨을 설계했다. 다이빙 벨 옆에는 공기가 채워진 통이 있었고 호스로 다이빙 벨에 공기를 공급했다. 할리는 다이빙 벨로 수심 18 m까지 잠수해 90분 동안 머물렀다. 다이빙 벨은 침몰한 선박에서 물품을 회수하는 데 사용되었다.

1710 · 1715

1712년

실용적인 증기 기관

영국의 엔지니어 토머스 뉴커먼은 광산에서 물을 퍼 올리도록 설계한 세계 최초의 실용적인 증기 기관을 만들었다. 당시 석탄에 대한 수요가 증가하면서 광산을 더 깊게 파고 있었고 그로 인한 침수는 심각한 문제였다.

4. 펌프가 위아래로 움직이면서 광산에서 물을 빼낸다.
2. 균형추가 밑으로 떨어지면 펌프를 아래로 밀어 내린다.
3. 차가운 물이 실린더로 분사되어 증기가 응축된다. 이에 따라 진공 상태가 되어 피스톤이 아래로 내려가고 펌프가 위로 올라간다.
1. 보일러에서 나오는 증기가 실린더로 들어가 피스톤을 밀어 올린다.
불

뉴커먼의 증기 기관 도해

1716년 말라리아

이탈리아의 의사 조반니 란치시는 습지에서 번식하는 모기가 말라리아를 퍼뜨린다고 주장했다. 당시에는 그의 주장을 믿는 사람이 거의 없었지만 1894년 그의 주장이 옳다는 것이 증명되었다.

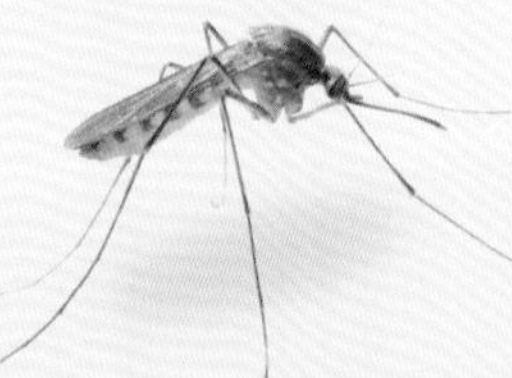
암컷 말라리아 모기

말라리아의 생명 주기

말라리아는 감염된 암컷 말라리아 모기에 물려서 전염된다. 모기의 타액에 있는 작은 기생충이 모기에 물린 사람의 혈류로 들어가 간에서 증식하여 발열을 일으킨다.

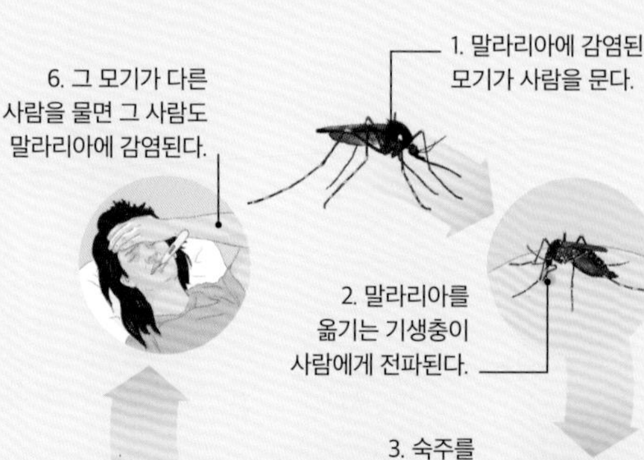

1. 말라리아에 감염된 모기가 사람을 문다.
2. 말라리아를 옮기는 기생충이 사람에게 전파된다.
3. 숙주를 감염시킨다.
4. 더 많은 적혈구가 감염된다.
5. 두 번째 모기가 감염된 사람의 피를 빨아먹고 감염된다.
6. 그 모기가 다른 사람을 물면 그 사람도 말라리아에 감염된다.

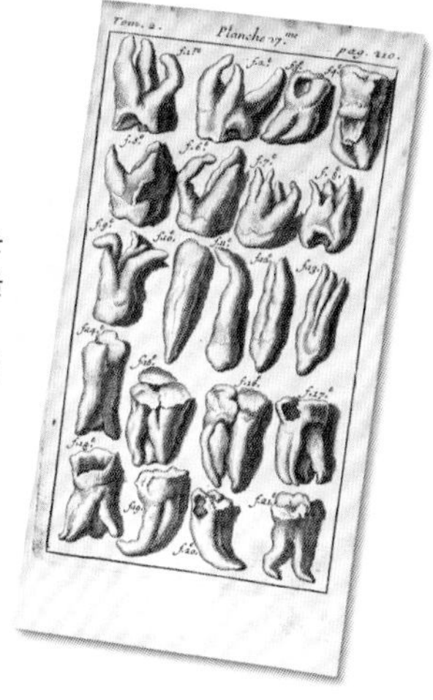

1728년에 출판된 책 『치과 의사』의 삽화

충치

프랑스 의사 피에르 포샤르는 설탕 섭취와 충치의 연관성을 최초로 밝힌 사람이다. 그는 자신의 저서 『치과 의사』에서 설탕 섭취를 중단할 것을 촉구했다.

1729년

전기 실험

영국 과학자 스티븐 그레이는 마찰을 통해 전기를 생산한 초기 전기학의 선구자였다. 그는 집 안을 지나 정원으로 이어지는 실을 통해 수백 미터에 걸쳐 전기를 전달할 수 있었다. 나중에 그는 플라잉 보이(Flying Boy)라는 이름의 전기 공연을 포함해 전기에 관한 실험을 공개적으로 진행했다.

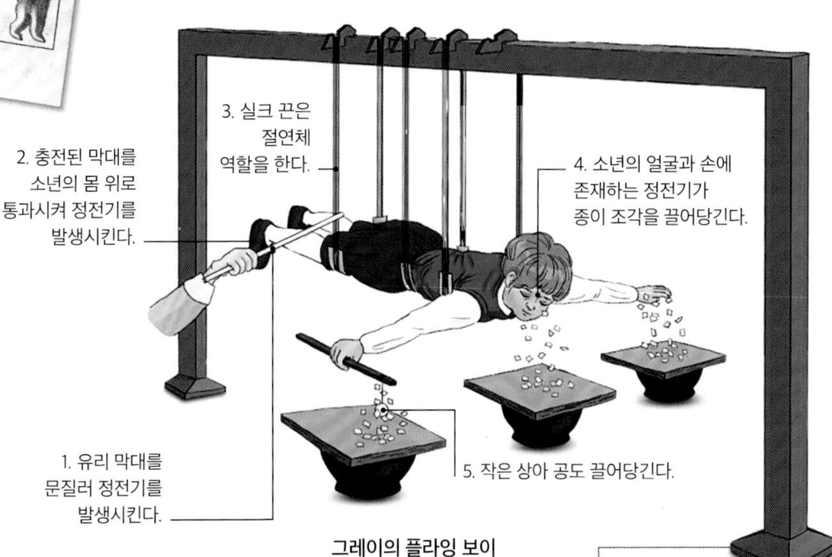

1. 유리 막대를 문질러 정전기를 발생시킨다.
2. 충전된 막대를 소년의 몸 위로 통과시켜 정전기를 발생시킨다.
3. 실크 끈은 절연체 역할을 한다.
4. 소년의 얼굴과 손에 존재하는 정전기가 종이 조각을 끌어당긴다.
5. 작은 상아 공도 끌어당긴다.

그레이의 플라잉 보이

1721년

천연두 예방

인두법은 천연두 딱지에서 얻은 감염 물질로 건강한 사람의 피부를 긁어 천연두에 대한 면역을 형성시키는 방법이다. 이 방법은 영국 왕실이 시술받은 후 유행했다.

인두법에서 피부를 찌르는 데 사용되는 기구

1725 · 1730

1725년

빠른 직조

프랑스 실크 제조업자 바실 부숑은 최초로 반자동 직조기를 발명했다. 그는 구멍이 뚫린 종이테이프를 사용하여 베틀에서 날실이 올라가는 것을 제어함으로써 직조 속도를 높이는 방법을 고안해 냈다. 그의 발명은 컴퓨터와 같이 프로그래밍 가능한 기계의 시발점이었다.

시간 측정 80~81쪽

1727년

인도 천문대

인도 자이푸르 왕국의 자이 싱 2세는 자이푸르에 잔타르 만타르 천문대를 건설하기 시작했다. 이 천문대에는 세계에서 가장 큰 해시계인 삼라트 얀트라를 포함하여 벽돌과 돌로 만든 거대한 천문 기구들이 있었다.

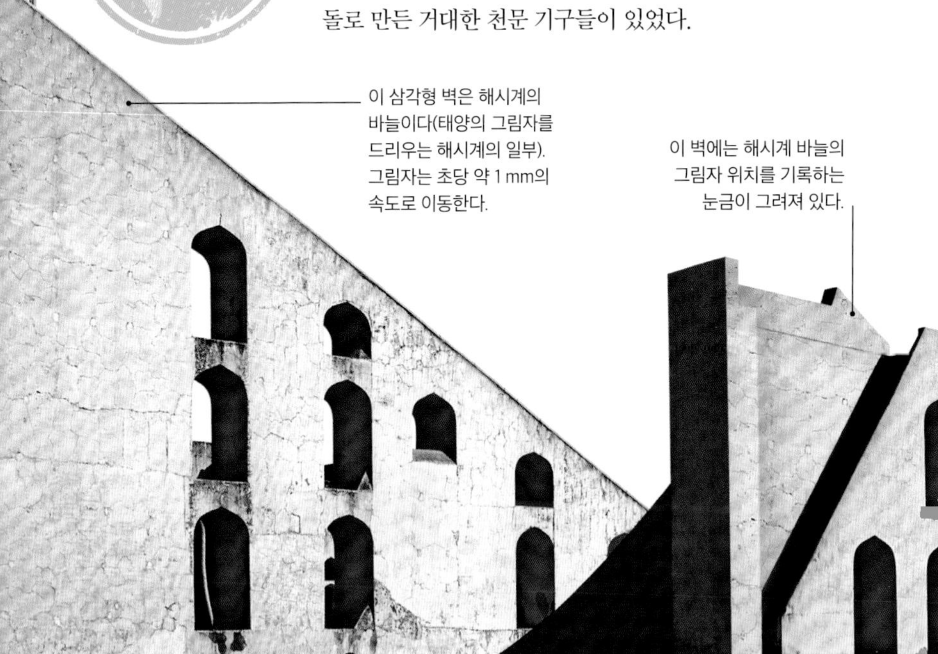

이 삼각형 벽은 해시계의 바늘이다(태양의 그림자를 드리우는 해시계의 일부). 그림자는 초당 약 1 mm의 속도로 이동한다.
이 벽에는 해시계 바늘의 그림자 위치를 기록하는 눈금이 그려져 있다.

삼라트 얀트라 해시계

잔타르 만타르에 있는 삼라트 얀트라 해시계 (높이 27 m)

천체 지도책

이 천체 지도책은 저자 영국 왕실 천문학자 존 플램스티드가 사망한 지 10년이 지난 1729년에 출판되었다.
이 책은 그리니치 왕립 천문대의 망원경으로 관측한 2,935개의 별에 대한 내용을 바탕으로 만들어졌다. 천체 지도책은 망원경으로 관측한 내용을 담은 최초의 지도책 중 하나로 이전의 별 지도책보다 훨씬 더 정확하다고 평가받았다.

천체 지도책에 있는 북반구와 남반구의 별자리

“고정된 별의 위치를 바로잡으려면 정밀하게 살피고 성실하게 노력해야 한다.”

존 플램스티드를 왕실 천문학자로 임명한 찰스 2세, 1675년

1730 ▸ 1750

지진파
164쪽

1731년
지진의 발견
발명가 니콜라스 시릴로는 이탈리아 나폴리에서 진자를 사용하여 지진을 측정했다. 진자의 진폭은 땅이 가장 심하게 흔들리는 위치를 나타냈다. 그의 장치가 최초의 지진계였다.

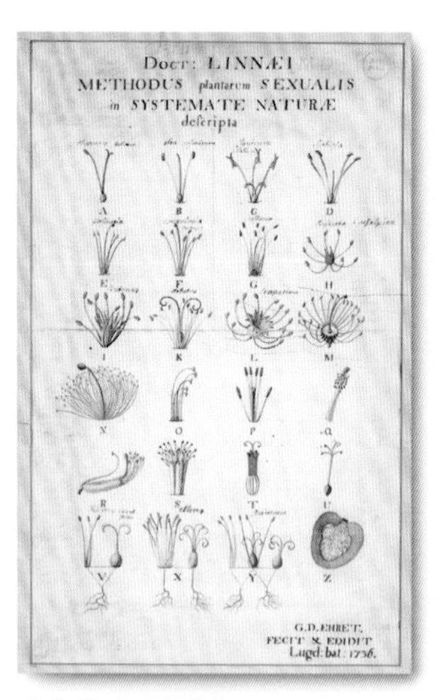

린네의 『자연의 체계』

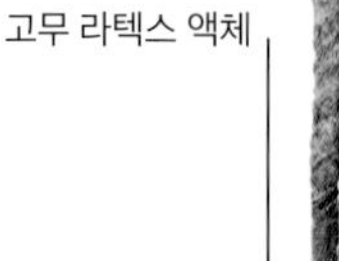

신축성 있는 물질
프랑스 탐험가 샤를 드 라 콩다민은 아마존 열대 우림의 파라고무나무에서 고무를 발견한 후 샘플을 유럽으로 보냈다.

라우라 바시

1731년
여성 선구자
이탈리아의 학자 라우라 바시는 이탈리아 볼로냐 대학교 해부학 교수로 임명되면서 과학 분야에서 대학 교수직을 맡은 최초의 여성이었다. 1년 후에는 철학 교수로도 임명되었다.

1735년
생명 분류
스웨덴 식물학자 칼 린네는 자연계를 동물계, 식물계, 광물계로 분류하였다. 그는 『자연의 체계』에서 식물과 동물을 종과 속으로 분류하는 이명법 체계를 도입했다. 이 체계는 오늘날에도 여전히 사용되고 있다.

1730 · 1734 · 1738

1733년
플라잉 셔틀
영국인 존 케이가 발명한 플라잉 셔틀은 섬유 산업에 혁명을 일으킨 간단한 장치였다. 직조기에서 셔틀은 씨실을 날실(세로 방향의 실) 사이로 끌어당긴다. 그러면 직공은 줄이 연결된 상자 안에 있는 플라잉 셔틀을 빠른 속도로 날실 사이로 통과하게 한다.

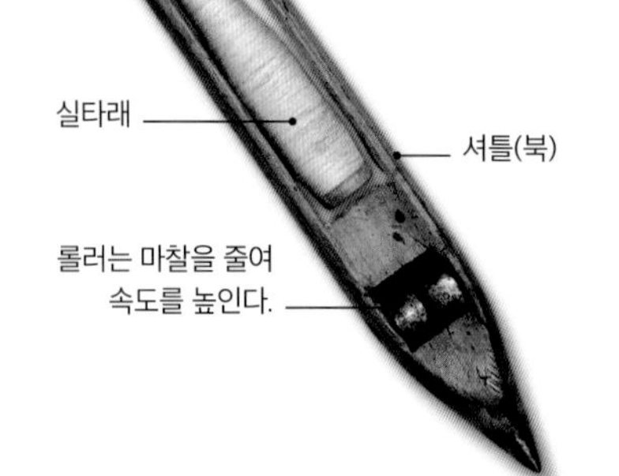

실타래
셔틀(북)
롤러는 마찰을 줄여 속도를 높인다.

코발트를 함유한 반동석

1735년
도깨비 광석
스웨덴 광물학자 게오르그 브란트는 지구의 지각에 다른 광물과 결합된 상태로 존재하는 코발트 원소를 발견하였다. 코발트라는 이름은 "도깨비 광석"이라는 뜻의 독일어 코볼트에서 유래했다.

1738년
베르누이의 원리
스위스의 수학자 베르누이는 유체의 속도가 빨라질수록 내부의 압력은 감소한다고 말했다. 이 원리는 비행기의 날개 위로 공기가 빠르게 흐르고 날개 아래로는 천천히 흐르기 때문에 양력이 생긴다는 것을 설명한다.

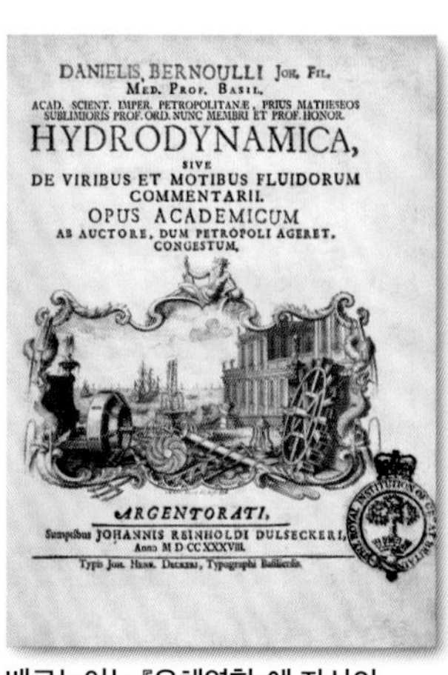
DANIELIS BERNOULLI Joh. Fil.
Med. Prof. Basil.
ACAD. SCIENT. IMPER. PETROPOLITANÆ, PRIUS MATHESEOS SUBLIMIORIS PROF. ORD. NUNC MEMBRI ET PROF. HONOR.
HYDRODYNAMICA,
SIVE
DE VIRIBUS ET MOTIBUS FLUIDORUM COMMENTARII.
OPUS ACADEMICUM
AB AUCTORE, DUM PETROPOLI AGERET, CONGESTUM.
ARGENTORATI,
Sumptibus JOHANNIS REINHOLDI DULSECKERI, Anno M DCC XXXVIII.
Typis Joh. Henr. Deckeri, Typographi Basiliensis.

베르누이는 『유체역학』에 자신의 원리를 발표했다.

1732년 강의 흐름을 측정하기 위해 발명된 피토관은 지금도 항공기의 풍속을 측정하는 데 사용되고 있다.

1745년 전기 저장

라이덴 병은 마찰로 발생시킨 정전기를 저장하는 동시에 나중에 방출할 수 있는 최초의 장치였다. 자체적으로 전하를 생성하지 않아 배터리는 아니었지만 전기를 저장하는 유용한 방법이었다. 벤자민 프랭클린은 전기 실험에 라이덴 병을 사용했다.

라이덴 병의 발명

과학자 에발트 게오르그 폰 클라이스트가 독일에서 최초의 라이덴 병을 만든 후 네덜란드의 라이덴 출신인 피터르 판 뮈스헨브루크와 안드레아스 퀴네우스가 이를 더욱 발전시켰다.

작업 중인 퀴네우스(왼쪽)와 판 뮈스헨브루크(오른쪽)

라이덴 병

유리병은 안쪽과 바깥쪽에 호일로 덮여 있고 두 개의 전극 사이에 정전기를 저장한다. 하나의 전극은 병의 마개를 통과하는 황동 막대의 외부 끝에 다른 하나는 병의 안쪽에 있다.

전극
금속 막대
나무 마개
유리는 절연체로 작용한다.
정전기를 공급한다.
외부와 내부 표면의 금속 호일은 도체 역할을 한다.

1742 · 1746 · 1750

스텔러바다소(위), 강치(가운데와 왼쪽 아래), 해달(오른쪽 아래)

1741년
북극 항해

덴마크 탐험가 비투스 베링은 알래스카 해안에서 배가 난파되어 사망했다. 이 탐험에서 살아남은 박물학자 게오르그 스텔러는 6종의 새로운 동물을 발견했다. 그중에는 1767년에 멸종된 대형 바다 포유류인 스텔러바다소가 포함되어 있었다.

1742년
섭씨 온도

스웨덴 천문학자이자 수학자인 안데르스 셀시우스는 물의 끓는점과 어는점의 간격을 100등분으로 설정한 온도 눈금을 고안했다. 이것이 현대의 섭씨 온도로 발전했다. 셀시우스의 원래 눈금에서는 오늘날과는 다르게 100℃가 어는점을 나타내고 0℃가 끓는점을 나타냈다.

뷔퐁의 『박물지』 속 딱따구리

1749년
동물 연구

프랑스 박물학자 조르주 뷔퐁은 44권의 『박물지』를 출판하기 시작했다. 뷔퐁은 지구가 매우 오래되었고 지구가 형성된 이후 많은 종이 사라졌다는 사실을 최초로 깨달은 사람 중 한 명이었다.

1750 ▸ 1770

“물이 수증기로 변환되는 과정에서 사라지는 열은 손실되지 않는다.”

조지프 블랙, 잠열에 대해

1753년

감귤 치료제

괴혈병은 긴 항해에서 수천 명의 선원을 죽음으로 이끈 무서운 질병이었다. 영국 해군의 외과 의사인 제임스 린드는 레몬이나 라임 주스를 마시면 괴혈병을 예방할 수 있다는 사실을 밝혀냈다. 오늘날 괴혈병은 모든 감귤류에 함유된 비타민 C 부족으로 발생한다는 것이 알려져 있다.

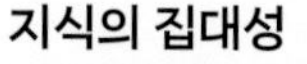

지식의 집대성

1751년 프랑스 철학자 드니 디드로와 장 달랑베르는 전 세계의 모든 지식을 담고자 『백과사전』을 출판하는 방대한 작업을 시작했다. 그 작업은 20년 넘게 계속되었다.

28권으로 구성된 이 백과사전에는 71,808개의 항목과 3,129개의 삽화가 수록되어 있다.

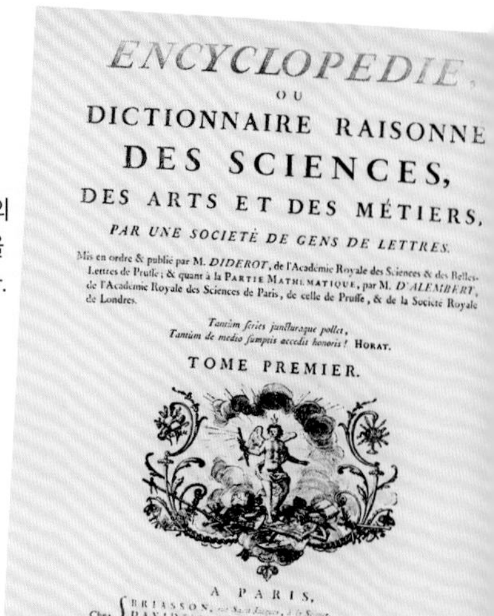

ENCYCLOPEDIE,
OU
DICTIONNAIRE RAISONNÉ
DES SCIENCES,
DES ARTS ET DES MÉTIERS,
PAR UNE SOCIETÉ DE GENS DE LETTRES.
Mis en ordre & publié par M. DIDEROT, de l'Académie Royale des Sciences & des Belles-Lettres de Prusse; & quant à la PARTIE MATHÉMATIQUE, par M. D'ALEMBERT, de l'Académie Royale des Sciences de Paris, de celle de Prusse, & de la Société Royale de Londres.
Tantùm series juncturaque pollet,
Tantùm de medio sumptis accedit honoris! HORAT.
TOME PREMIER.
A PARIS,
Chez BRIASSON, DAVID, LE BRETON, DURAND
M. DCC. LI.
AVEC APPROBATION ET PRIVILEGE DU ROY.

『백과사전』 1권 표지

1750 · 1754 · 1758

1752년

스파크

벤자민 프랭클린은 번개가 전기적인 현상임을 증명하기 위해 죽음을 무릅썼다. 그는 아들과 함께 번개가 치는 폭풍우 가운데 연줄에 금속 열쇠를 매단 연을 날렸다. 번개가 연에 내려치자 열쇠에서 스파크가 일어났다.

1754년

고밀도 기체

스코틀랜드 화학자 조지프 블랙은 공기보다 밀도가 높은 기체를 발견하고 이를 “고정된 공기”라고 불렀다. 현재 우리는 이 기체를 이산화 탄소로 알고 있다. 그는 이후 잠열(물질이 고체에서 액체 상태로 또는 그 반대로 변할 때 흡수되거나 방출되는 에너지)을 발견했다.

해상용 크로노미터

영국 시계 제작자 존 해리슨은 해상에서 경도를 정확하게 측정하기 위해 크로노미터를 만들었다. 이 시계는 항해에 큰 도움이 되었다.

해리슨의 4호 크로노미터, 1759년

1760~1870년 산업 혁명

피스톤로드가 움직인다.
빔이 상하로 움직인다.
플라이휠이 회전한다.
실린더가 증기로 찬다.
물은 보일러에서 가열된다.

새로운 기술의 발달은 산업 혁명으로 불리는 사회적, 경제적 변화의 시기를 이끌었고, 공장, 광산, 운하, 이후 철도의 성장은 지형을 완전히 바꿔놓았다. 점점 더 많은 사람들이 새로운 산업 도시에서 일을 하기 위해 시골에서 도시로 이주했다.

증기 기관의 등장

1776년 스코틀랜드 엔지니어 제임스 와트는 이전 엔진보다 부드럽고 효율적인 증기 기관을 위해 설계에 착수했다. 그의 연구 덕분에 증기 기관은 더 이상 광산에서 물을 퍼내는 데에만 제한되지 않고 공장과 방앗간에서 기계를 구동하고, 증기선과 철도 기관차에 동력을 공급하는 데도 사용할 수 있게 되었다.

방직 공장

실을 방적하고 천을 직조하는 새로운 기술이 발명되면서 천을 대량으로 생산할 수 있게 되었다. 방직 공장에서 장시간 일하던 수천 명의 여성과 어린이들은 열악한 환경에서 일해야 했다.

방직 공장에서 일하는 여성과 소녀

1762 · 1766 · 1770

조지프 뱅크스가 항해 중 수집한 식물 중 하나인 메트로시데로스 콜리나

1769년 과학 탐사 여행

선장 제임스 쿡은 타히티 섬에서 금성의 일면통과(금성이 태양 앞을 지나는 현상)를 관찰하기 위해 인데버호를 타고 태평양으로 향했다. 그리고 1770년 호주 동부 해안을 발견했다. 이 배에는 호주 시드니의 보터니만에서 수천 종의 식물을 수집한 식물학자 조지프 뱅크스도 타고 있었다. 귀환 후 뱅크스의 항해 기록은 유럽 전역에 관심을 불러일으켰다.

1769년 증기 자동차

프랑스의 엔지니어 니콜라 조제프 퀴뇨는 무거운 무기를 운반하기 위해 증기 구동 자동차를 설계했다. 세 개의 바퀴와 커다란 구리 보일러가 앞바퀴 위에 달려 있었다. 이 차량은 너무 무거워서 조종이 불가능했다.

보일러
드라이브 기어
목재 몸체
무거운 무기를 싣는 프레임

1765년 영국의 물리학자 헨리 캐번디시는 자신이 "가연성 공기"라고 부른 수소가 별개의 원소라는 사실을 발견했다.

기후 연구

날씨와 기후를 연구하는 과학을 기상학(meteorology)이라고 하는데, 원래 그리스어로 하늘의 사물을 연구하는 학문이라는 뜻이다. 사람들은 항상 날씨를 이해하고 예측하기 위해 노력해 왔다. 기압, 온도, 습도를 측정하는 기기의 발명으로 날씨를 더 정확하게 예측할 수 있게 되었다.

회전하는 컵은 수직 막대를 회전시킨다.
속이 빈 컵이 바람을 잡아준다.

풍속 측정

풍속을 모니터링하는 것은 일기 예보에서 중요한 부분이다. 기상학자들은 풍속계(anemometer)라는 도구를 사용하는데, 그 이름은 바람을 뜻하는 그리스어(anemos)에서 유래되었다. 1846년에 발명된 가장 일반적인 유형의 풍속계는 바람이 불면 회전하는 수평 팔에 서너 개의 컵이 부착되어 있다.

막대는 풍속에 비례하는 속도로 회전한다.

다이얼은 풍속을 보여준다.

컵풍속계, 1846년경

최초의 기상 관측자

약 2,400년 전 고대 그리스의 철학자 아리스토텔레스는 『기상학』이라는 책을 썼다. 그는 이 책에서 회오리바람, 장마와 같은 다양한 날씨 현상에 대해 논의했다. 그의 이론 중 일부는 맞고 일부는 틀렸다.

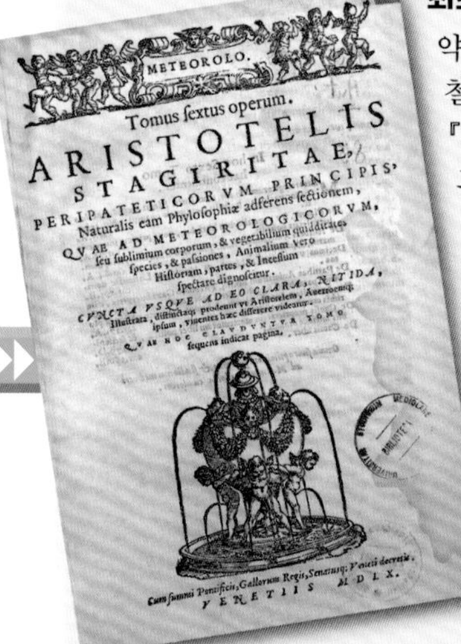
METEOROLO.

Tomus sextus operum.

ARISTOTELIS STAGIRITAE, PERIPATETICORVM PRINCIPIS,

Naturalis eam Philosophiæ adferens sectionem,

QVAE AD METEOROLOGICORVM,

seu sublimium corporum, & vegetabilium quidditates, species, & passiones, Animalium vero Historiam, partes, & Incessum spectare dignoscitur.

Cum summi Pontificis, Gallorum Regis, Senatusq; Veneti decretis.

VENETIIS MDLX.

아리스토텔레스의 『기상학』 라틴어 버전, 1560년

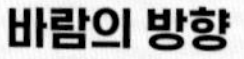

바람의 방향

교회 첨탑이나 기타 높은 건물 꼭대기에 고정되어 있는 풍향계는 수백 년 동안 농부, 어부, 선원에게 중요한 정보인 바람의 방향을 표시하는 데 사용되었다.

바람이 불어오는 방향을 나타내는 화살표

주요 사건

1450년

이탈리아 건축가 레오 바티스타 알베르티는 풍속을 측정하는 데 사용되는 기계식 풍속계에 대해 최초로 기록을 남겼다.

1643년

이탈리아 물리학자 에반젤리스타 토리첼리는 진공과 대기압에 대한 실험을 통해 대기압의 변화를 측정하는 기압계를 개발했다.

1686년

영국 과학자 에드먼드 핼리는 해풍과 계절풍의 방향을 표시한 지도를 출판했다. 이 지도는 일반적으로 최초의 기상 지도로 간주된다.

1806년

영국 왕실 해군 장교 프랜시스 보퍼트는 오늘날에도 여전히 사용되는 풍속 측정 척도를 고안했다.

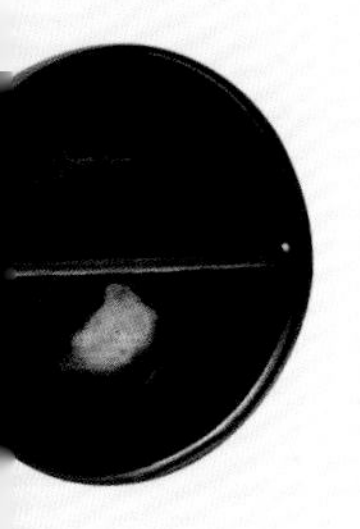

최초의 수은 기압계를 만든 토리첼리

기압계

기압계는 대기압을 측정하는 도구이다. 최근까지는 1643년 에반젤리스타 토리첼리가 발명한 수은 기압계와 1844년에 발명된 아네로이드 기압계 두 종류만 있었다. 오늘날에는 대부분 전자식 기압계를 사용한다.

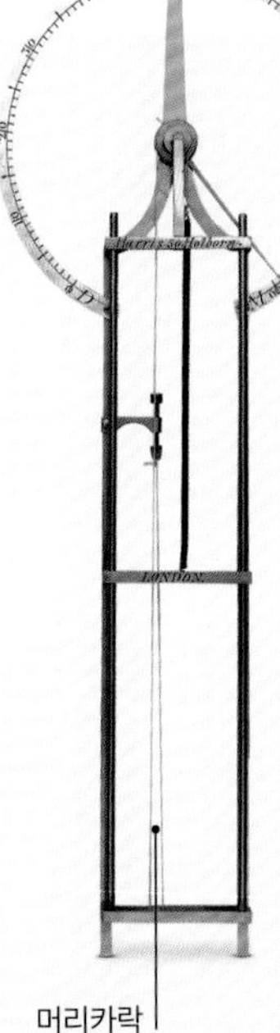

눈금은 머리카락의 수축 또는 확장을 기록한다.
머리카락 한 가닥

모발 습도계

놀랍게도 사람의 머리카락으로 공기 습도의 변화를 측정할 수 있다. 1783년 스위스의 물리학자 오라스 베네딕트 드 소쉬르는 습한 날에는 머리카락이 길어지고 건조하면 줄어드는 것을 관찰했다. 그는 이 사실을 활용하여 모발 습도계를 만들었다.

클러스터 온도계

이 18세기 이탈리아의 온도계는 갈릴레이의 발명을 기반으로 한다. 알코올로 채워진 6개의 튜브에는 속이 빈 작은 유리구가 여러 개 들어 있다. 온도가 상승하면 알코올이 팽창하여 밀도가 낮아지면서 유리구가 가라앉는다.

구름 이름

오늘날 다양한 종류의 구름에 사용되는 이름은 런던의 약사였던 루크 하워드가 처음으로 지었다. 기상학에 관심이 많았던 그는 1802년에 구름의 종류에 따라 라틴어 이름을 붙인 목록을 발표했다.

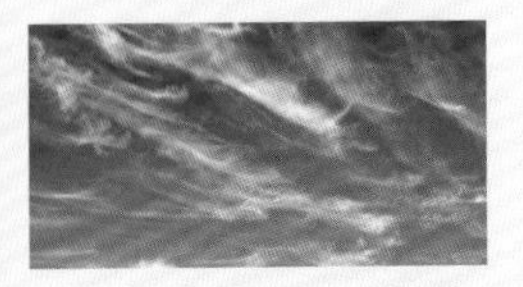

권운

얼음 결정으로 이루어진 높고 얇고 성긴 구름으로 날씨 변화의 징조이기도 하다.

층운

흐린 날씨나 약한 비를 생성하는 낮은 고도의 평평한 구름이다.

적운

뭉게뭉게 피어오른 구름이 수직으로 발달하며 뇌우를 일으킬 수 있다.

허리케인 앤드루의 위성 이미지, 1992년

허리케인 접근

오늘날 위성은 기상 데이터를 수집하고 모니터링한다. NASA 기상 위성의 데이터로 플로리다 해안을 향해 이동 중인 허리케인의 이미지를 만들었다. 기상학자들은 위성과 컴퓨터 모델링을 사용해 허리케인을 조기에 예보한다.

티로스 1호

1849년

스미스소니언 연구소는 미국 전역에 기상 관측 네트워크를 구축했다. 수백 명의 자원봉사자가 매월 전보를 통해 보고서를 제출했다.

1929년

최초의 라디오존데(고공에서 기상 정보를 수집하기 위해 풍선에 부착된 기기 상자)가 띄워졌다.

1953년

미국 국립 허리케인 센터는 대서양에서 발생하는 열대성 폭풍에 개인 이름을 부여하는 시스템을 시작했다.

1960년

NASA는 우주에서 관측한 자료를 바탕으로 정확한 일기 예보를 제공하는 최초의 기상 위성인 티로스 1호를 성공적으로 발사했다.

“ 소빙하기는… 복잡하고 아직 거의 이해되지 않은 대기와 해양 사이의 상호 작용으로 인한 급격한 기후 변화의 불규칙한 시소였다. ”

브라이언 페이건, 『기후는 역사를 어떻게 만들었는가』, 2001년

1683~1684년 겨울에 얼어붙은 템스강에서 열린 서리 축제를 묘사한 그림이다.

소빙하기

1300년에서 1850년 사이에 전 세계 여러 곳에서 빙하가 형성되고 광범위하게 온도가 낮아지는 시기를 겪었다. 오늘날 기후학자들은 이를 소빙하기라고 부르지만, 19세기까지만 해도 빙하기라는 개념을 깨닫지 못했다. 그 전까지는 세계 각 지역의 기후가 고정되어 있다고 생각했다. 이제 우리는 기후 변화가 주기적으로 발생하며 화산 활동 증가, 해양 순환의 변화, 지구에 도달하는 태양 에너지의 감소와 같은 요인에 의해 영향을 받을 수 있다는 것을 알고 있다. 1683~1684년 겨울은 북유럽에서 특히 혹독했고, 런던의 템스강은 두 달 동안 얼어붙었다. 얼음이 가장 두꺼워졌을 때 강에서 서리 축제가 열렸다.

1770 ▸ 1790

1771년

방적기

영국 발명가 리처드 아크라이트는 세계 최초의 수력 방적 공장에 수력 방적기를 설치했다. 목화솜에서 실을 뽑아내기 위해 만든 그의 기계는 당시 128개의 실을 뽑을 수 있었는데 이것이 대량 생산의 시작이었다.

실패에서 나온 솜이 꼬여 실이 된다.
실이 실패에 감긴다.

네 개 중 두 개의 실패

아크라이트의 오리지널 수력 방적기는 한 번에 네 개의 실을 회전시켰다.

몽골피에의 열기구가 이륙 준비를 마쳤다.

1770 1775

1772년

산소 발견

스웨덴 화학자 카를 셸레는 다양한 화합물을 함께 가열하여 "불의 공기"라고 부르는 기체를 만들었다. 우리는 이 기체를 산소로 알고 있다. 영국 과학자 조지프 프리스틀리도 1774년에 같은 기체를 독자적으로 발견했다. 그는 양초가 산소 없이는 타지 않는다는 것을 보여주었다.

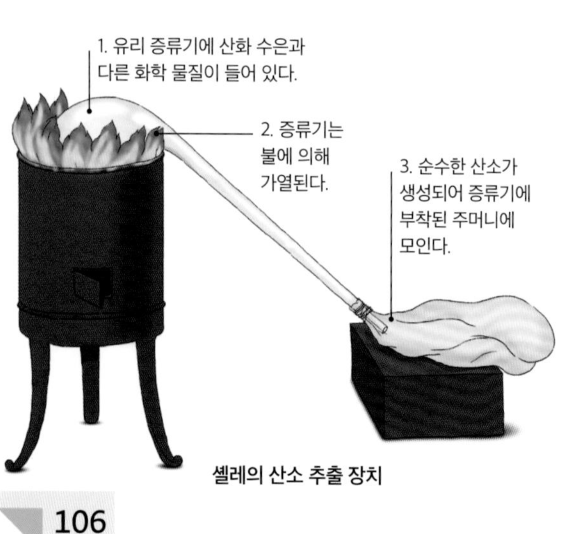

1. 유리 증류기에 산화 수은과 다른 화학 물질이 들어 있다.
2. 증류기는 불에 의해 가열된다.
3. 순수한 산소가 생성되어 증류기에 부착된 주머니에 모인다.

셸레의 산소 추출 장치

1775년

잠수함 공격!

북미의 발명가 데이비드 부시넬은 터틀이라는 잠수함을 설계했다. 그는 미국 독립 전쟁 당시 영국 함선의 선체에 폭탄을 부착하는 데 사용할 계획이었지만 큰 성공을 거두지는 못했다.

프로펠러
감시구
조작자용 작업대
물 펌프
평형 추

잠수함 터틀 모형

1778년

식물이 양분을 만드는 법

네덜란드의 생물학자 얀 잉겐호우스 식물이 양분을 만들기 위해 햇빛이 필요하며 그 부산물로 산소를 배출한다는 사실을 발견했다. 이 과정은 현재 광합성으로 알려져 있다.

1783년

열기구 상승

몽골피에 형제는 종이로 열기구를 제작했다. 파리의 관중들은 열기구가 900 m 상공으로 올라가자 크게 놀랐다. 형제는 뜨거운 공기가 차가운 공기보다 밀도가 낮기 때문에 뜨거운 공기로 주머니 안을 채우면 위로 떠오른다는 사실을 깨달았다.

1743~1794년 앙투안 라부아지에

라부아지에는 현대 화학의 아버지로 여겨지는 인물이다. 프랑스 파리의 부유한 가정에서 태어난 그는 실험을 수행하기 위해 아내와 여러 조수의 도움을 받아 자신의 실험실을 만들었다. 정밀한 실험과 세심한 측정으로 유명했던 라부아지에는 녹, 연소, 호흡에서 산소가 어떤 역할을 하는지 발견했다.

실험 과학자

라부아지에는 산소 연구뿐만 아니라 화학 변화에서 물질이 생성되거나 파괴되지 않는다는 사실도 밝혀냈으나 프랑스 혁명 시기에 세무 징세원으로 일한 적이 있다는 이유로 처형당했다.

화학원론

라부아지에는 과학으로서 화학의 기초를 마련한 『화학원론』을 출판했다. 이 책에는 33가지 원소 목록과 산소, 수소 등 현대 화학 물질명이 소개되어 있다.

TRAITE ÉLÉMENTAIRE DE CHIMIE, PRÉSENTÉ DANS UN ORDRE NOUVEAU ET D'APRÈS LES DÉCOUVERTES MODERNES; Avec Figures: Par M. LAVOISIER, de l'Académie des Sciences, de la Société Royale de Médecine, des Sociétés d'Agriculture de Paris & d'Orléans, de la Société Royale de Londres, de l'Institut de Bologne, de la Société Helvétique de Basle, de celles de Philadelphie, Harlem, Manchester, Padoue, &c.

TOME PREMIER.

A PARIS, Chez CUCHET, Libraire, rue & hôtel Serpente.

M. DCC. LXXXIX.

Sous le Privilège de l'Académie des Sciences & de la Société Royale de Médecine.

『화학원론』은 프랑스 혁명이 일어난 1789년에 출판되었다.

1785 1790

1781년

7번째 행성

영국에 살던 독일 태생의 천문학자 윌리엄 허셜은 집 뒤뜰에 설치한 망원경으로 새로운 행성을 관측하여 이를 하늘의 신을 뜻하는 천왕성(Uranus)이라고 명명했다. 8년 후, 새로 발견된 원소는 이 행성의 이름을 따서 우라늄이라고 이름 지어졌다.

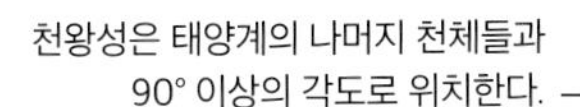

천왕성은 태양계의 나머지 천체들과 90° 이상의 각도로 위치한다.

1785년

변화하는 지형

스코틀랜드 지질학자 제임스 허튼은 침식과 같은 느리게 움직이는 자연적 과정에 의해 지형이 지속적으로 형성되고 있다고 주장했다. 이 견해에 따르면 지구는 수백만 년이 지났을 것이다. 당시 지구의 나이가 6,000년에 불과하다고 믿었던 기독교인들의 반대에 부딪혔지만 그의 생각은 옳은 것으로 판명되었다.

> **"작은 사건은… 지구에 엄청난 변화를 가지고 온다."**
>
> 제임스 허튼, 1795년

1781년

개구리 실험

이탈리아 과학자 루이지 갈바니가 죽은 개구리의 노출된 신경을 금속 와이어에 연결하자 번개가 칠 때마다 개구리의 다리에 경련이 일어났다. 그의 섬뜩한 실험은 전기를 이해하는 데 중요한 단초가 되었고 소설 『프랑켄슈타인』에 영감을 주었다.

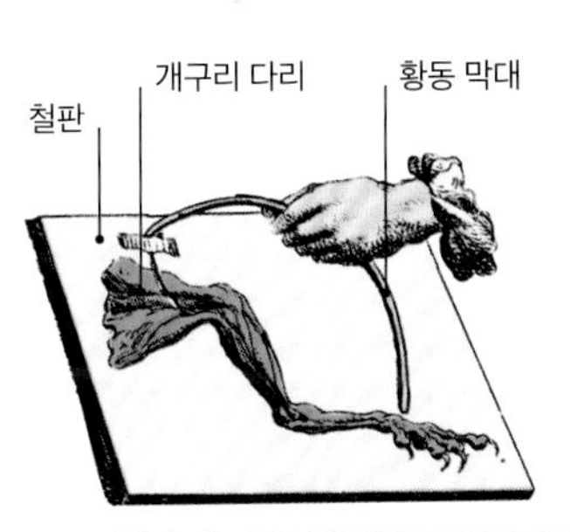

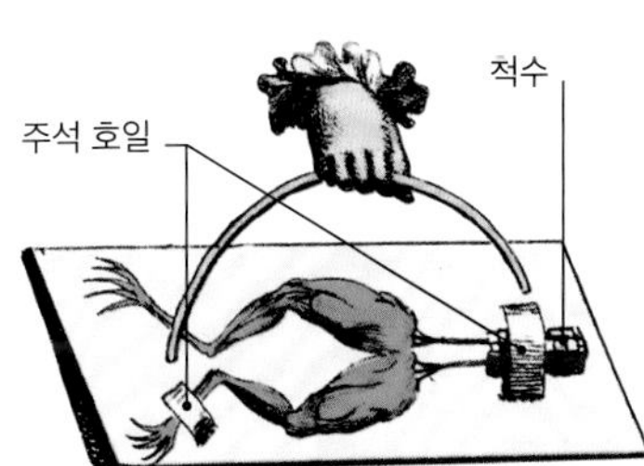

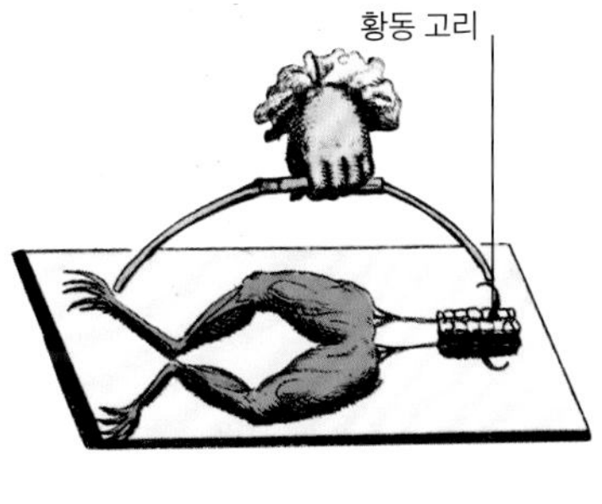

갈바니는 금속판 위에 개구리 다리를 올려놓고 다양한 금속으로 접촉해 가며 실험을 했다.

1790-1895
혁명

19세기에 증기 기관이 개발되면서 세상은 급격한 산업화로 인해 변화하기 시작했디. 전신, 전화, 라디오의 발명으로 통신이 빨라지고 철도의 도입으로 이동 시간이 줄어들면서 세상은 더 작게 느껴지기 시작했고 전기가 가정과 도시를 밝혔다. 질병에 대한 이해가 높아지면서 서구에서는 사람들의 건강이 개선되었고 과학자들은 삶을 변화시킬 기술 혁신을 추구했다. 무엇보다도 가장 혁명적인 것은 지구상의 생명체가 매우 오랜 진화의 과정을 거쳐 출현했다는 사실을 깨달은 것이었다.

1790 ▸ 1805

"나는 자연의 힘이 서로 어떻게 작용하는지 알아내기 위해 노력할 것이다."

알렉산더 폰 훔볼트, 1799년

1792년

가스등의 등장

스코틀랜드 발명가 윌리엄 머독이 가스등을 발명했다. 그는 석탄을 가열하여 가연성 가스를 만들었고 영국 콘월에 있는 자신의 집을 밝히는 데 사용했다. 가스등은 석유등보다 훨씬 밝았으며 공장과 거리를 밝히는 데 사용되었다.

1809년 런던 거리에 가스등이 보급되었다.

자연 탐사 112~113쪽

자연 탐사

유기체가 환경과 서로 상호작용하는 방식을 연구하는 생태학의 창시자로 여겨지는 독일의 박물학자 알렉산더 폰 훔볼트는 1799년부터 1804년까지 5년 동안 남미를 탐험했다.

양털원숭이는 훔볼트가 발견한 생물 중 하나이다.

1790 · 1795

1793년

조면기

미국 발명가 일라이 휘트니는 면섬유를 방적하기 전에 면화에서 씨를 제거하는 기계 장치인 조면기를 발명했다. 이전에는 수작업을 했으나 조면기 덕분에 원면 생산량이 크게 증가했다.

깨끗한 면

씨앗이 분리되지 않은 면화

1796년 최초의 백신 접종

영국 의사 에드워드 제너는 최초의 백신 접종으로 의학의 획기적인 발전을 이루었다. 그는 건강한 소년에게 천연두와 유사하지만 그보다 가벼운 질병인 우두를 감염시켰고 이후 소년에게 천연두 균을 주사했지만 소년은 병에 걸리지 않았다. 우두 접종으로 면역력이 강화되었기 때문이다. 그러나 많은 사람들은 이 과정을 불안해했다.

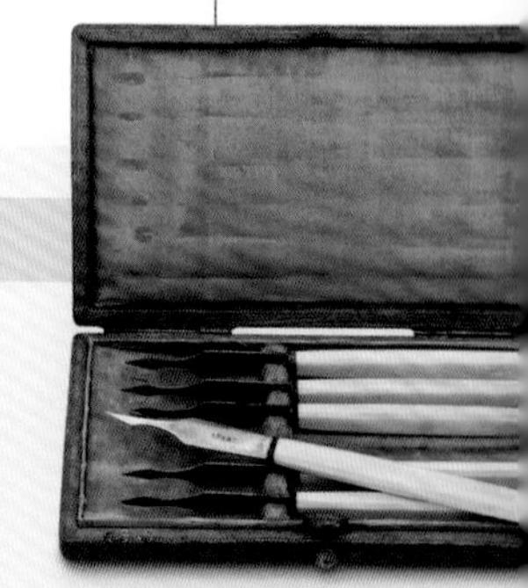

백신 접종에 사용한 칼날

당시 만화는 백신 접종 후 소의 머리가 자란 사람들의 모습을 보여준다.

1801년 장 바티스트 라마르크는 척추가 없는 동물을 설명하기 위해 "무척추동물"이라는 용어를 고안했다.

상공에 오른 게이뤼삭과 비오

1804년

최초의 기차 여행

콘월의 엔지니어인 리처드 트레비식은 고압 증기 기관을 제작하여 바퀴에 장착했다. 그의 기관차는 70명의 승객과 10톤의 철을 실은 5대의 화물 기차를 끌고 14 km의 거리를 8 km/h의 속력으로 달렸다.

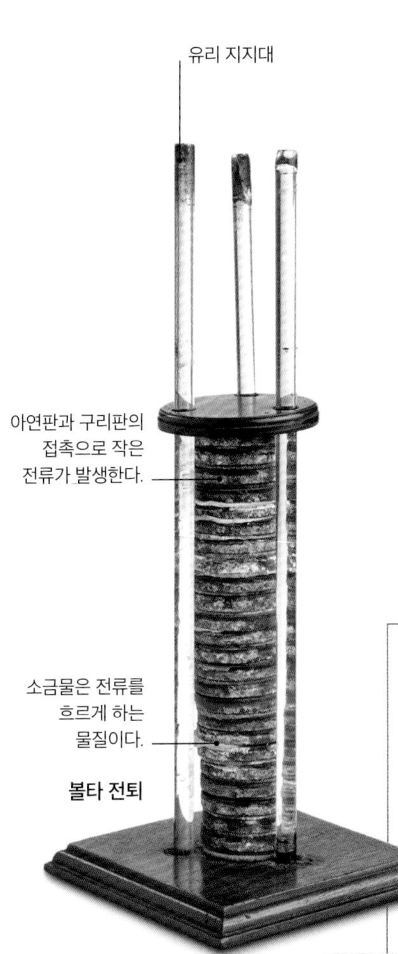

유리 지지대
아연판과 구리판의 접촉으로 작은 전류가 발생한다.
소금물은 전류를 흐르게 하는 물질이다.

볼타 전퇴

1800년

최초의 전지

이탈리아 발명가 알레산드로 볼타는 아연, 구리, 소금물에 적신 판지를 번갈아 가며 쌓으면 전류를 만들 수 있다는 사실을 발견했다. "볼타 전퇴"로 알려진 그의 장치는 최초의 "습식 전지"였다. 판을 더 추가하면 생성되는 전기량이 증가했다.

1804년

대기 속 상승

프랑스 과학자 조제프 루이 게이뤼삭과 장 바티스트 비오는 열기구를 타고 상공 7,016 m까지 올라가 지구의 대기 조성을 연구했다.

1800 1805

1801년

자카드 직조기

프랑스 발명가 조제프 마리 자카드는 일련의 펀칭 카드를 사용하여 패턴을 제어함으로써 브로케이드와 같은 정교한 직물을 제조할 수 있는 동력 직기를 설계했다. 자카드 직조기는 찰스 배비지가 시제품 컴퓨터인 해석 기관을 설계할 때 펀치 카드를 사용하도록 영감을 주었다.

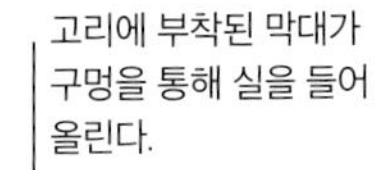

고리에 부착된 막대가 구멍을 통해 실을 들어 올린다.

구멍은 실이 위치할 곳을 나타낸다.

구멍이 뚫린 카드 체인이 회전하는 드럼에서 순환한다.

동력원의 구동축이 기계를 작동한다.

1803년

원자론

영국 화학자 존 돌턴은 영국 맨체스터의 강연에서 모든 물질은 원자로 구성되어 있으며 같은 원소의 원자는 동일하다고 주장했다. 그는 원자량을 기준으로 원소표를 작성했다.

ELEMENTS

Element	W	Element	W
Hydrogen	1	Strontian	46
Azote	5	Barytes	68
Carbon	5	Iron	50
Oxygen	7	Zinc	56
Phosphorus	9	Copper	56
Sulphur	13	Lead	90
Magnesia	20	Silver	190
Lime	24	Gold	190
Soda	28	Platina	190
Potash	42	Mercury	167

돌턴의 원소표

"자연은 우리에게 새롭고 흥미로운 학습 소재를 끊임없이 제공한다."

알렉산더 폰 훔볼트

훔볼트의 저서 중 한 권에 실린 이 그림은 에콰도르 과야킬에 있는 강에서 뗏목을 타고 있는 모습을 보여준다. 그는 20년에 걸쳐 자신의 여행을 기록했다.

자연 탐사

1799년 독일 박물학자 알렉산더 폰 훔볼트는 베네수엘라에서 에콰도르와 페루까지 남아메리카의 강과 산을 탐험하기 시작했다. 그는 9,600 km 이상을 여행하며 수천 개의 자연 표본을 수집하고 화산에 올랐으며 전기 뱀장어와 싸웠다고 기록하기도 했다. 그는 지질, 기후, 동식물 분포 간의 상호 작용을 연구하였고 생물과 환경 간의 관계를 연구하는 생태학의 창시자로 평가받고 있다.

클러먼트 증기선

1807년

증기선

미국의 엔지니어 로버트 풀턴은 증기선 클러먼트호를 만들어 뉴욕시에서 허드슨강을 따라 뉴욕주 앨버니까지 승객을 실어 날랐다. 이 배에는 두 개의 외륜이 있었으며 240 km를 약 30시간 만에 완주했다.

메리웨더 루이스와 윌리엄 클라크는 1806년에 미국 태평양 연안에 도착했다. 북미 대륙을 횡단하는 여정에서 그들은 새로운 식물과 동물을 발견했다.

1810년

최초의 통조림

영국의 상인 피터 듀란드는 녹슬지 않도록 주석으로 코팅한 철제 용기에 고기를 밀봉하여 보존하는 방법으로 특허를 받았다. 1818년까지 영국 해군은 연간 24,000개의 대형 고기 캔을 소비했다. 오늘날 식품 통조림은 100% 강철로 만들어지지만 다른 방식은 거의 변하지 않았다.

1805 · 1810

1809년

최초의 전기 조명

영국의 화학자 험프리 데이비는 두 개의 숯 막대기를 대형 배터리에 연결했다. 두 막대기 사이에 전기가 지속적으로 흐르면서 놀랍도록 밝은 빛이 만들어졌다. 데이비의 아크 램프는 세계 최초의 전등으로 불렸다. 데이비는 염소와 요오드 원소를 발견하는 등 과학에 여러 업적을 남겼다.

1809년

기린은 어떻게 긴 목을 갖게 되었나

프랑스 생물학자 장 바티스트 라마르크는 생명의 진화에 관한 최초의 이론 중 하나를 내놓았다. 그는 어떤 개체가 살면서 획득한 특성을 후대에 물려줌으로써 진화한다고 믿었다. 예를 들어 기린은 여러 세대에 걸쳐 높이 달린 나뭇잎을 먹기 위해 목을 뻗었기 때문에 긴 목을 갖게 되었다는 것이다.

진화의 이해
120~121쪽

광물의 굳기를 나타내는 모스굳기계

1812년

모스굳기계

독일 지질학자 프리드리히 모스는 굳기를 기준으로 광물을 분류하는 척도를 만들었다. 10가지 표준 광물로 구성된 이 척도에서 다이아몬드는 가장 단단한 광물이고 활석은 가장 무른 광물이다. 지질학자들은 오늘날에도 여전히 모스굳기계를 사용한다.

1815

1813년

증기 기관차의 등장

증기 기관차는 광산과 채석장에서 무거운 짐을 끌기 위해 사용되었다. 현존하는 세계 가장 오래된 증기 기관차인 퍼핑 빌리는 1813년 영국 북부의 광산에서 석탄 트럭을 끌기 위해 제작되었다. 1865년까지 운행되었으며 현재 런던 과학 박물관에 보존되어 있다.

퍼핑 빌리

엔진의 역사
130~131쪽

1799~1847년 메리 애닝

목수의 딸인 메리 애닝은 화석이 풍부한 영국 남부의 "쥐라기 해안"에 있는 라임 레지스에 살았다. 애닝은 겨우 11세 때 공룡 시대에 바다를 헤엄치던 파충류인 이치토사우루스의 완전한 골격을 발굴했다.

화석 사냥꾼

애닝은 여성 교육을 금지하는 당시 사회적 분위기 때문에 정규 교육을 받지 못했지만 자기 연구 주제에 대한 이해도가 높았고 멸종된 생물에 대한 생각은 획기적이었다. 화석 사냥꾼인 그녀는 화석을 개인 수집가와 박물관에 판매하며 생계를 유지했다. 하지만 화석을 찾는 절벽이 불안정하고 무너질 위험이 있었기 때문에 작업은 항상 위험했다.

주요 업적

1823
플레시오사우루스 화석 발견으로 국제적인 명성을 얻게 되었다.

1828
하늘을 나는 파충류인 익룡의 골격을 발견했다.

1838
영국과학진흥협회로부터 연례 보조금을 받았다.

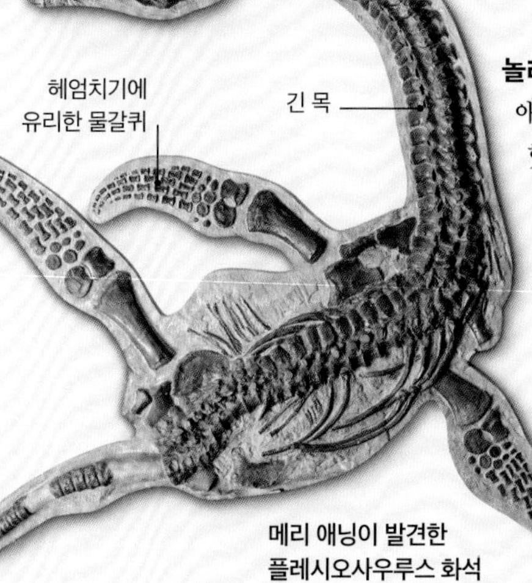

메리 애닝이 발견한 플레시오사우루스 화석

놀라운 발견

애닝은 중요한 발견을 많이 했는데 거의 완벽한 플레시오사우루스의 골격을 발굴한 것이 가장 유명하다. 이것은 당시 "바다 용"으로 여겨졌는데 사실은 넓고 평편한 몸통과 긴 목, 네 개의 지느러미를 가진 대형 해양 파충류였다.

> **"그 목수의 딸은 스스로 명성을 얻었고 그럴 만한 자격이 있었다."**
>
> 작가 찰스 디킨스가 쓴 메리 애닝에 관한 기사에서, 1865년

화석 연구

화석은 지구에 살았던 식물이나 동물의 잔해가 수백만 년 동안 암석 속에 보존되어 있던 것이다. 과학자들이 처음으로 화석이 어떻게 형성되었는지 연구하기 시작한 것은 1600년대였으나 고생물학이 과학의 한 분야로 인정받은 것은 19세기였다. 오늘날 고생물학자들은 일부 화석의 DNA를 연구하여 지구 생명의 역사를 명확하게 이해하는 데 도움을 주고 있다.

화석의 형성 과정

일반적으로 생명체가 죽으면 그 유해는 썩어 사라진다. 그 유해가 화석이 되려면 물에 둘러싸인 환경에서 살다가 죽은 후에는 진흙이나 모래에 빠르게 묻혀야 한다.

1. 죽은 물고기가 바다 밑바닥으로 내려가고 진흙이나 모래 속으로 빠르게 가라앉는다.

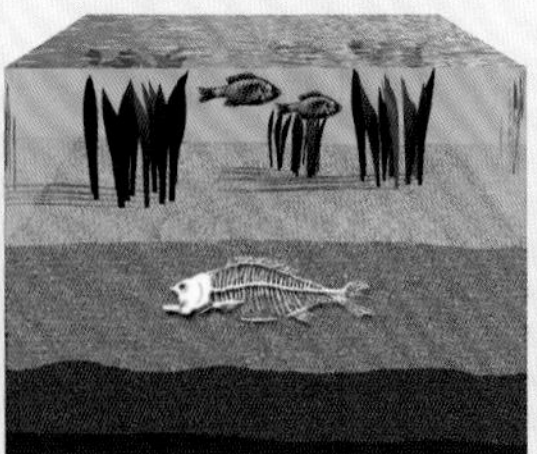

2. 몸의 부드러운 부분은 썩고 딱딱한 뼈만 남는다. 더 많은 퇴적물이 바다에 쌓여 뼈를 덮는다.

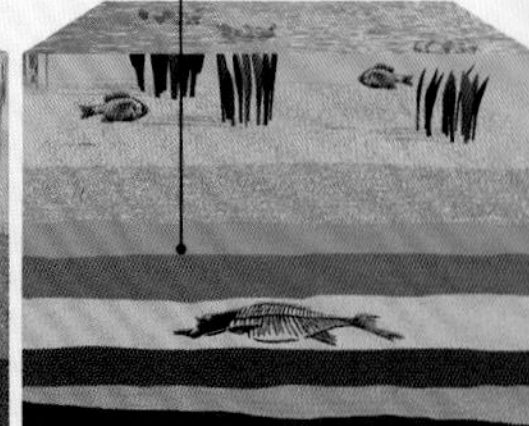

더 많은 퇴적물이 쌓인다.

3. 물고기의 골격은 녹아서 광물로 대체되어 단단해지고 그 주위의 퇴적물은 암석으로 변한다.

화석의 종류

화석에는 두 가지 유형이 있다. 체화석은 나무줄기, 껍질, 이빨, 뼈 등 식물이나 동물의 딱딱한 부분이 화석이 된 것이고 흔적화석은 알, 배설물, 동물의 발자국 등 동물이 남긴 흔적이 화석화된 것이다.

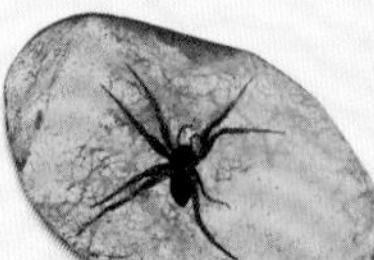

호박 속의 곤충

호박에 갇히다

수백만 년 전 이 거미는 나무에서 흘러나온 송진에 갇혔다. 이 송진이 호박으로 화석화되어 거미의 몸이 보존되었다.

암모나이트 화석

돌로 변하다

대부분 체화석은 유기체의 복사본이다. 이 암모나이트의 경우 껍질이 녹아 진흙이나 모래에 남겨진 공간을 광물이 스며들어 채우고 점차 굳어 돌이 된 것이다.

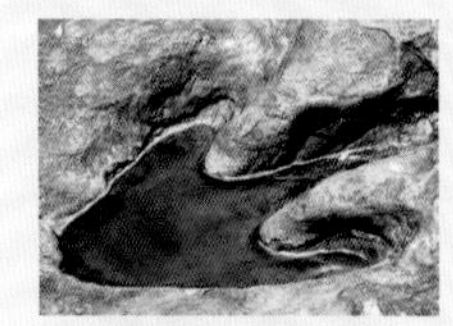

공룡 발자국

공룡 발자국

약 1억 4천만 년 전 모래에 찍힌 공룡 발자국 위에 새로운 모래가 덮여 그대로 보존되었다. 고생물학자들은 이런 흔적화석을 통해 공룡의 행동에 대한 단서를 얻는다.

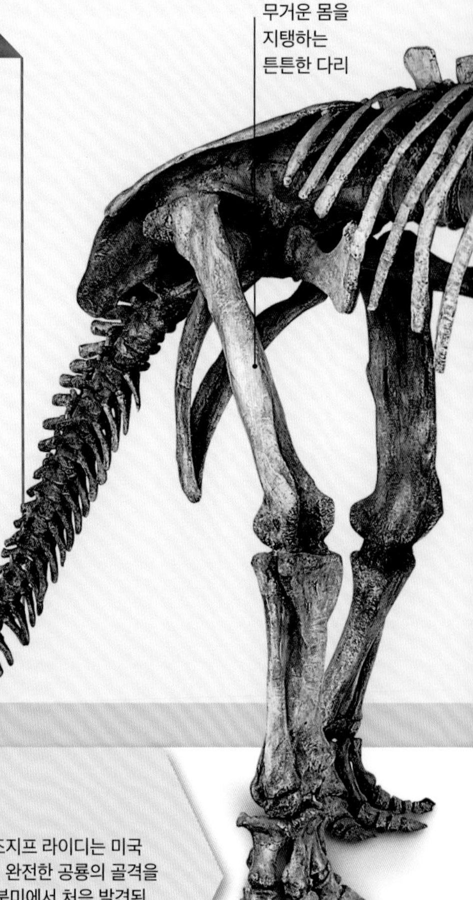

무거운 몸을 지탱하는 튼튼한 다리

주요 사건

1669년

덴마크 박물학자 니콜라우스 스테노는 화석이란 퇴적암층 속에서 서서히 형성된 과거 생물의 유해라고 주장했다.

1796년

프랑스 동물학자 조르주 퀴비에는 아르헨티나에서 발견된 거대 화석이 나무늘보와 관련 있음을 밝혔고 메가테리움(거대한 짐승이라는 뜻)이라고 명명했다.

메가테리움

1858년

미국 동물학자 조지프 라이디는 미국 뉴저지에서 거의 완전한 공룡의 골격을 발견했다. 이는 북미에서 처음 발견된 공룡의 종류로 하드로사우루스라고 이름 붙여졌다.

로이 채프먼 앤드루스(오른쪽)가 공룡알을 조사하고 있다.

공룡알

1925년 미국 박물학자 로이 채프먼 앤드루스의 화석 탐험대가 몽골에서 공룡알 무더기를 발견했다. 이는 공룡이 알을 낳는 파충류였다는 증거였다. 앤드루스는 영화 캐릭터 인디아나 존스를 구상하는 데에 영감을 준 것으로 알려져 있다.

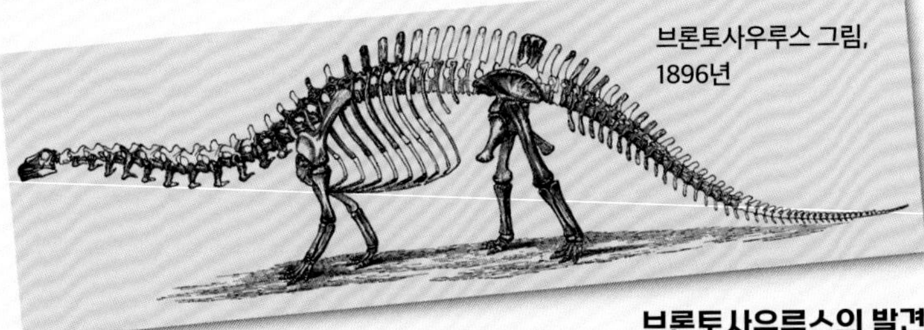
브론토사우루스 그림, 1896년

브론토사우루스의 발견

1800년대 후반 미국에서는 130여 종의 공룡이 발견되었다. 그중 브론토사우루스(위)는 1879년에 처음 발견되어 나중에 아파토사우루스 종에 속하게 되었으나 현재는 아파토사우루스와는 별개의 종으로 알려져 있다. 이름은 "천둥 도마뱀"이라는 뜻이지만 실제로는 초식 공룡이었다.

고생물학

고생물학은 공룡에 관한 것만이 아니다. 과학자들은 곰팡이, 박테리아, 기타 작은 단세포 생물 등 멸종된 생물의 화석을 연구한다. 이를 통해 수천만 년 전 지구의 생명체에 대해 알아내고 대멸종이 일어난 이유를 밝혀내고자 한다.

암석 표면에서의 작업

화석 발굴은 고생물학자가 하는 일의 일부에 불과하다. 그들은 화석의 구성을 연구하고 실험실과 박물관에서 데이터를 분석하기도 한다.

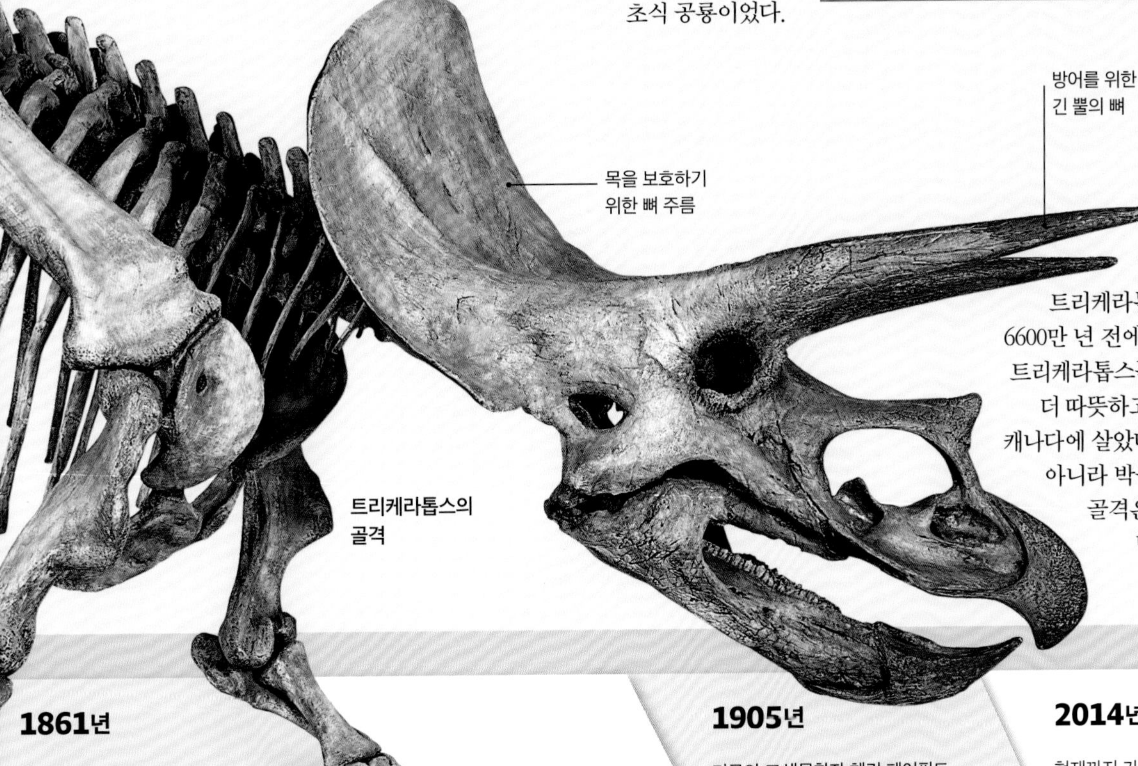

트리케라톱스 골격

트리케라톱스는 7500만 년에서 6600만 년 전에 살았다. 초식 동물인 트리케라톱스는 오늘날보다 기후가 더 따뜻하고 습했던 미국 서부와 캐나다에 살았다. 트리케라톱스뿐만 아니라 박물관에 전시된 공룡의 골격은 보통 여러 표본에서 발견된 화석을 조합해 만든다.

1861년

깃털 공룡인 시조새의 골격이 독일에서 발견되었다. 이 생물은 파충류와 조류 사이의 잃어버린 연결 고리로 밝혀졌다.

시조새

1905년

미국의 고생물학자 헨리 페어필드 오즈번이 티라노사우루스 렉스의 첫 번째 표본을 연구하고 이름을 붙였다.

2014년

현재까지 가장 큰 공룡은 아르헨티나에서 발견된 아르젠티노사우루스로 티타노사우루스류에 속하고 길이는 40 m로 추정된다.

댄디 호스

1817년 독일의 귀족인 카를 폰 드라이스는 두 개의 바퀴가 달린 댄디 호스를 발명했는데 페달이 없어 사람이 발로 밀어야 했다.

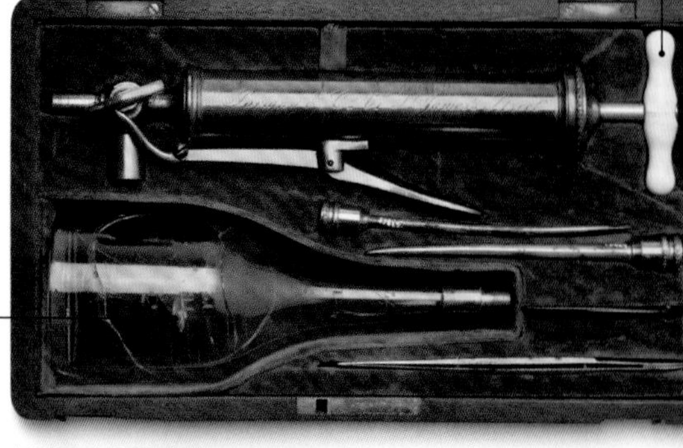

블런델의 수혈 장치

1818년

수혈

런던의 의사 제임스 블런델은 기증자의 팔에서 피를 뽑아 출혈로 죽어가던 산모의 팔에 바로 주입하여 구했다. 이는 최초의 인간 대 인간 수혈 성공 사례였다. 블런델은 몇 차례 더 수혈을 시도했지만 혈액형이 발견되기 전까지 수혈은 안전하지 못했다.

1815

1815년

광부용 안전등

지하 깊은 곳에서 일하는 탄광 노동자들은 촛불의 작은 불꽃에도 가스 폭발이 일어날 수 있기 때문에 항상 죽음의 위험에 노출되어 있었다. 험프리 데이비는 미세한 철망으로 된 원통 안에 불꽃을 넣어 이 문제를 해결했다. 그의 광부용 안전등은 수천 명의 목숨을 구했다.

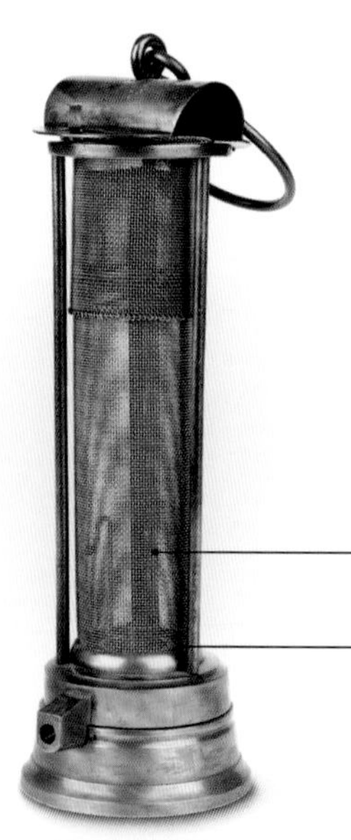

가연성 가스가 존재하는 경우 불꽃은 푸른색을 띠며 연소한다.
철망은 공기는 통과시키면서 화염은 차단한다.

광부용 안전등, 1815년경

1816년

청진기

프랑스 의사 르네 라에네크는 환자의 숨소리와 심장 박동을 듣기 위해 청진기를 발명했다. 이는 여성 환자의 가슴에 귀를 대는 것이 난처했기 때문이다. 최초의 청진기는 속이 빈 나무통이었다. 이후 의사들은 질병을 진단하기 위해 더 발전된 청진기를 사용했다.

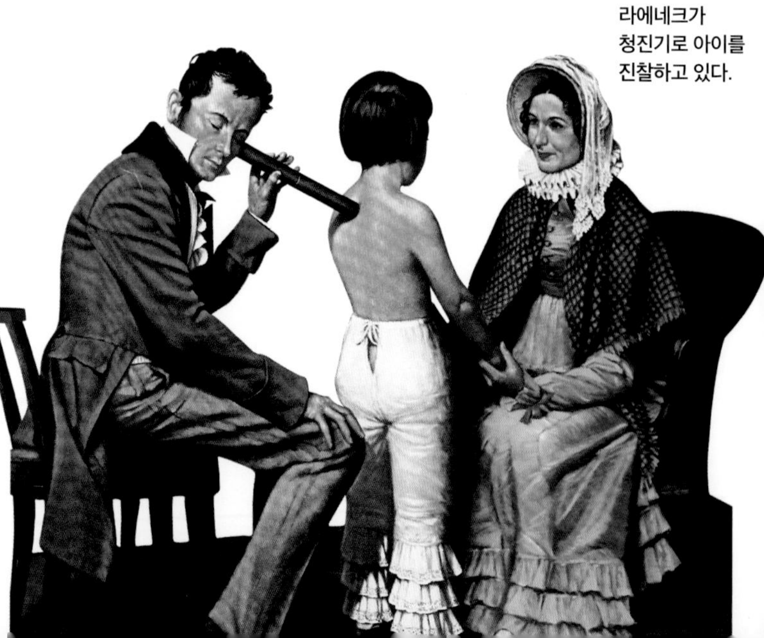

라에네크가 청진기로 아이를 진찰하고 있다.

치료 76~77쪽

1820년 전자기학

덴마크 물리학자 한스 크리스티안 외르스테드는 전류가 흐르는 전선이 자화된 나침반 바늘을 움직인다는 사실을 발견했다. 이를 계기로 프랑스의 물리학자 앙드레 마리 앙페르는 자석과 전기에 대한 추가 실험을 통해 전자기 이론을 만들게 된다.

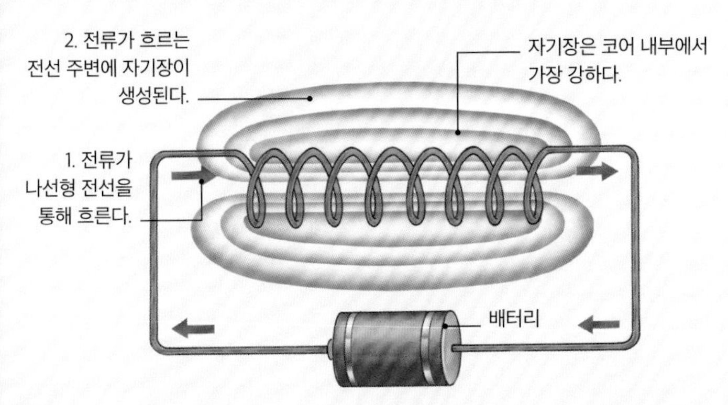

2. 전류가 흐르는 전선 주변에 자기장이 생성된다.
자기장은 코어 내부에서 가장 강하다.
1. 전류가 나선형 전선을 통해 흐른다.
배터리

전자석

1822년 앙페르는 전류가 흐르는 전선의 코일이 막대자석처럼 자기장을 생성한다는 사실을 발견했다. 코일 내부에 쇠막대를 추가하면 효과가 더 강해지고 스위치를 통해 켜고 끌 수 있다. 그리고 1829년에는 미국의 과학자 조지프 헨리가 코일을 더욱 촘촘하게 감고 여러 겹의 코일을 추가하여 매우 강력한 전자석을 만들었다.

1823년

바다의 빛

프랑스 과학자 오귀스탱 장 프레넬은 등대에 사용할 특수 렌즈를 발명했다. 계단식 동심원으로 구성된 프레넬 렌즈는 좁은 빔으로 빛을 집중시켰다. 최대 32 km 떨어진 선박도 불빛을 볼 수 있어 좌초하거나 암초에 부딪히는 것을 방지할 수 있었다.

등대 속 프레넬 렌즈

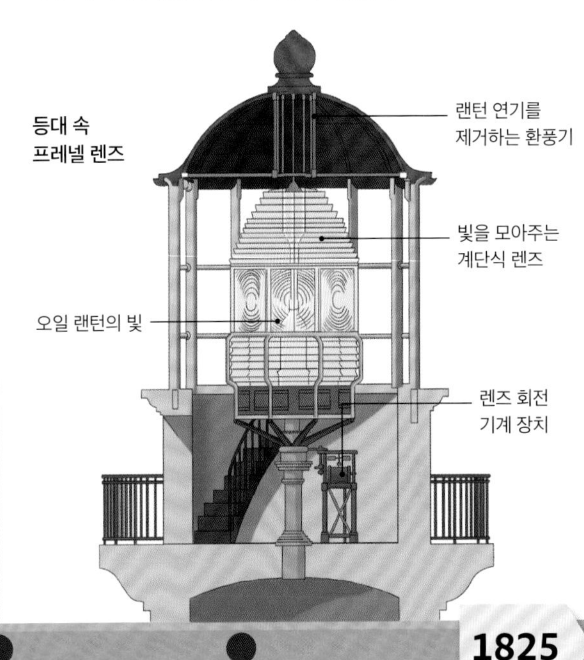

1825

키가 3 m에 이른다.

거대한 도마뱀

영국 박물학자 윌리엄 버클랜드는 일부 화석이 멸종된 파충류의 뼈라는 것을 밝혔다. 그는 이를 거대한 도마뱀이라는 뜻의 메갈로사우루스라고 명명했는데 이것은 공룡에 대한 최초의 과학적인 설명이었다.

먹이를 사냥하기 위한 날카롭고 뾰족한 이빨

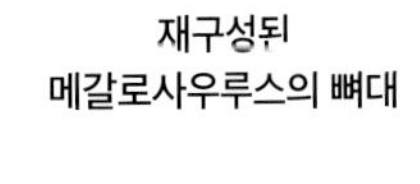
재구성된 메갈로사우루스의 뼈대

최초의 증기선

서배너호는 증기 기관을 부분적으로 사용한 최초의 선박으로 대서양을 횡단했다. 1819년 5월 22일 미국 조지아주 서배너에서 출발하여 18일 후 영국 리버풀에 도착했다.

서배너호가 그려진 우표

소화 과정 연구

미 육군 외과 의사 윌리엄 보몽은 총상으로 노출된 위에 직접 음식 조각을 넣고 꺼내는 방법으로 위액이 어떻게 작용하는지 확인하며 소화를 연구했다.

1842년 영국의 지질학자 리처드 오웬은 무서운 도마뱀이라는 의미로 "공룡(dinosaur)"이라는 단어를 창안했다.

진화의 이해

1800년대 과학자들은 화석 연구를 통해 지구상의 생명체가 하나의 단순한 조상으로부터 수십억 년에 걸쳐 천천히 진화하여 오늘날 존재하는 수백만 종으로 진화했다는 결론을 내렸다. 영국 박물학자 찰스 다윈은 이러한 변화가 자연선택을 통해 이루어졌다고 주장했다. 현대의 유전학 연구는 진화를 이끄는 생물학적 메커니즘을 설명함으로써 그의 주장이 옳았음을 증명했다.

성 선택

때로 동물은 짝에게 매력적인 형질을 선택한다. 예를 들어 공작새는 구애할 때 눈부신 꼬리를 부채질하고 상대는 더 크고 밝은 깃털을 가진 짝을 선택함으로써 화려한 깃털을 가진 공작새가 많은 자손에게 유전자를 물려준다. 시간이 지날수록 더 화려한 공작새가 탄생하게 된다.

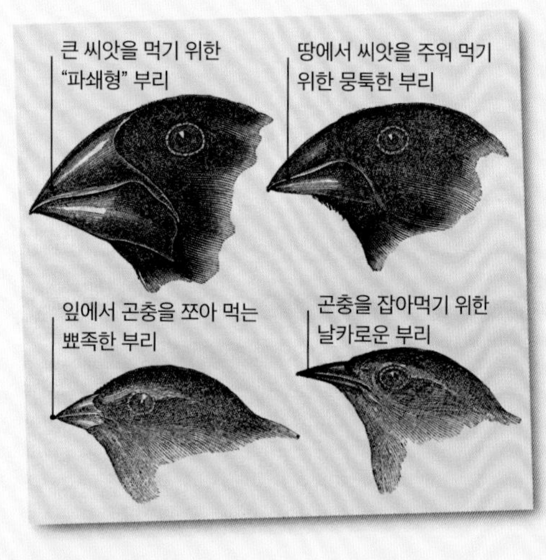

다윈의 핀치새

찰스 다윈은 갈라파고스 여러 섬에 사는 다양한 종의 핀치새를 발견했다. 핀치새의 부리는 모양과 크기가 다양했다. 그는 이들이 공통 조상을 가지고 있지만 섬마다 다른 먹이원을 섭취하기 위해 여러 세대에 걸쳐 서로 다른 종으로 진화했다는 결론을 내렸다.

인간 진화

인간은 유인원에서 진화했고 고릴라, 침팬지, 오랑우탄과 조상이 같다. 약 400만 년 전부터 인류의 직계 조상은 두 발로 걸었다. 인간은 현존하는 유일한 호모속이고 종 이름은 호모 사피엔스이다.

프로콘술 아프리카누스
약 2,300만~1,400만 년 전

인간 및 다른 영장류의 가장 유력한 공통 조상

오스트랄로피테쿠스 아파렌시스
약 385~295만 년 전

직립 보행을 하면서도 나무를 오를 수 있는 강력한 팔을 가지고 있었다.

호모 에렉투스
약 189만~14만 3,000년 전

아프리카 밖으로 이주하면서 도구와 불을 사용하였다.

주요 사건

1809년
프랑스 박물학자 장 바티스트 라마르크는 생물이 살아가면서 획득한 특성이 자손에게 물려질 수 있다고 주장했다.

1830년
스코틀랜드 지질학자 찰스 라이엘은 지구가 수백만 년 동안 여러 지질 시대를 거쳐 왔음을 보여주며 다윈의 진화 이론에 대한 토대를 마련했다.

1858년
영국 박물학자이자 탐험가인 앨프리드 러셀 월리스는 독자적으로 찰스 다윈의 자연선택 이론과 유사한 개념을 발전시켰다.

1859년
다윈은『종의 기원』을 출판하였고 이 책에서 자연선택에 의한 진화 이론을 상세히 설명하였다.

앨프리드 러셀 월리스

자연선택

특정 환경에서 생존하는 데 도움이 되는 형질을 가진 동식물은 그 형질을 다음 세대에 유전적으로 물려줄 가능성이 높다. 시간이 지남에 따라 점점 더 많은 개체가 해당 형질을 갖게 된다.

환경과의 조화

눈 덮인 환경에서 독수리는 갈색 토끼를 더 쉽게 사냥한다. 흰 토끼는 주변 환경과 잘 섞이기 때문에 발견되기 어렵다.

새로운 개체군

눈 덮인 서식지에서는 갈색 토끼보다 흰 토끼가 더 많이 생존한다. 여러 세대가 지나면 흰색 털을 결정하는 유전자가 우세해진다.

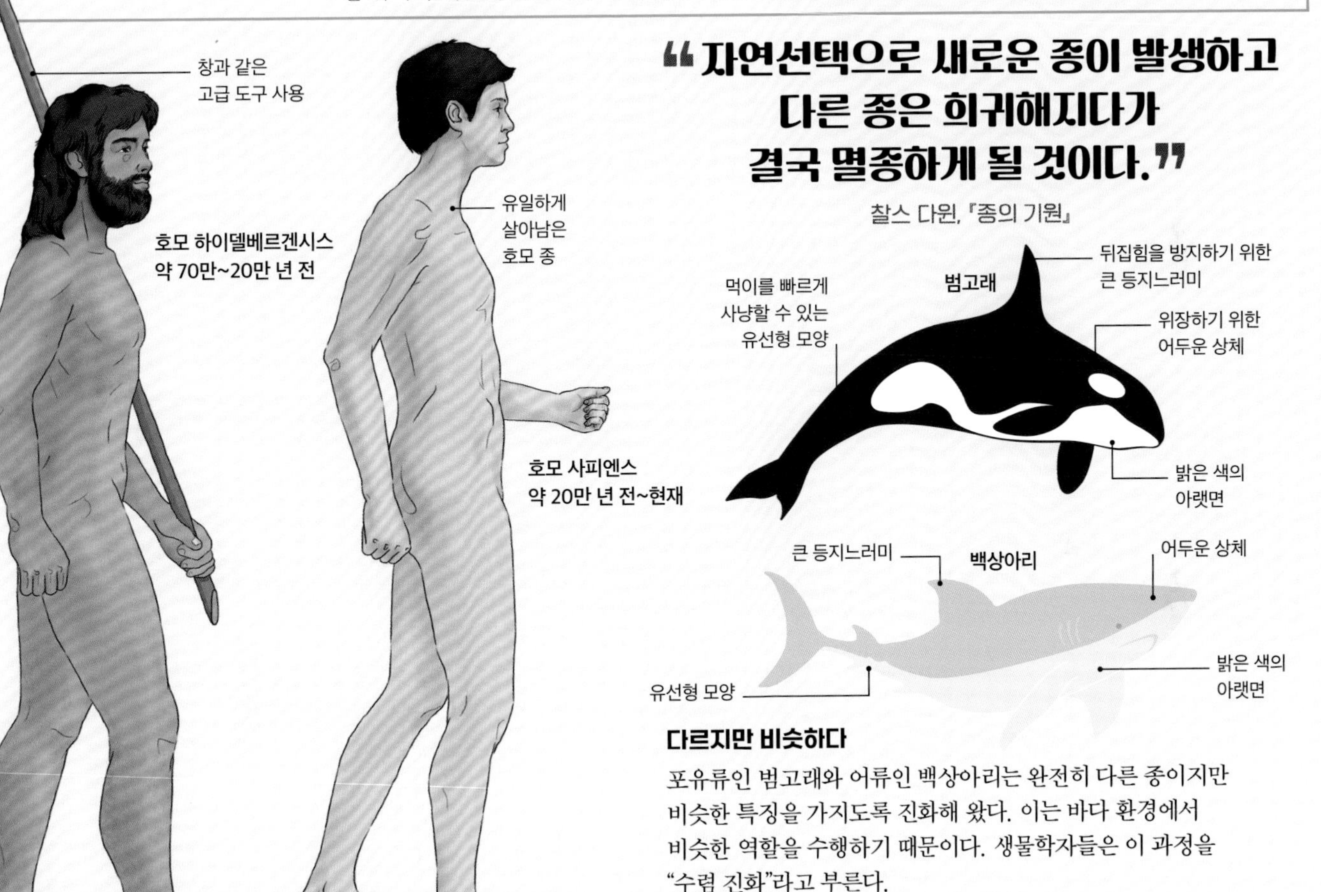

> **“자연선택으로 새로운 종이 발생하고 다른 종은 희귀해지다가 결국 멸종하게 될 것이다.”**
>
> 찰스 다윈, 『종의 기원』

다르지만 비슷하다

포유류인 범고래와 어류인 백상아리는 완전히 다른 종이지만 비슷한 특징을 가지도록 진화해 왔다. 이는 바다 환경에서 비슷한 역할을 수행하기 때문이다. 생물학자들은 이 과정을 “수렴 진화”라고 부른다.

1866년

오스트리아 식물학자 멘델은 완두콩 연구를 통해 특정 형질이 한 세대에서 다음 세대로 어떻게 전달되는지를 보여주었다.

1909년

덴마크 식물학자 빌헬름 요한센은 멘델 유전의 기본 단위를 설명하기 위해 “유전자”라는 용어를 처음으로 사용하였다.

1953년

미국 과학자 제임스 왓슨과 영국 과학자 프랜시스 크릭은 유전 정보를 담고 있는 물질인 DNA의 구조가 이중 나선형임을 밝혀냈다.

2003년

인간 게놈을 구성하는 약 30억 쌍의 모든 염기 서열이 밝혀졌다.

1825 ▸ 1835

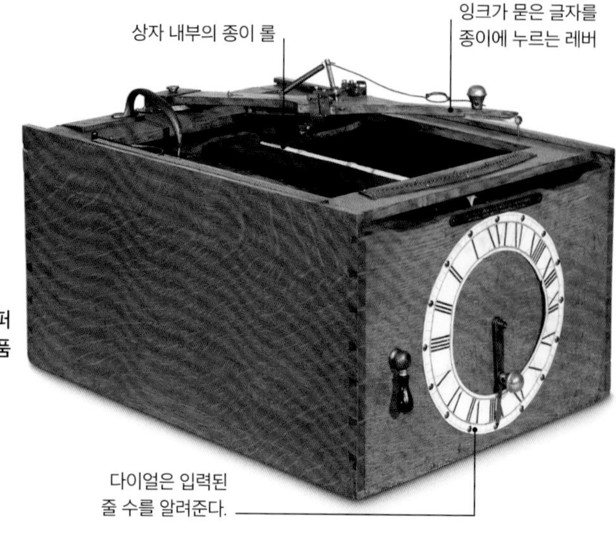

버트의 타이포그래퍼 복제품

1826년

최초의 사진

프랑스 발명가 조세프 니에프스는 세계에서 가장 오래된 사진을 찍었다. 그는 카메라 옵스큐라의 뒷벽에 금속판을 고정하고 창밖 풍경을 찍는 데 사용했다. 백랍으로 만든 이 판은 역청(빛에 민감한 타르와 같은 물질)으로 얇게 코팅되어 있었다. 노출에는 몇 시간이 걸렸다.

니에프스의 사진, 르 그라의 창밖 풍경

"놀랍도록 선명하게 보이는 물체들… 가장 작은 세부사항까지"

니에프스가 형에게 보낸 편지 속 사진에 대한 설명

1829년

최초의 타자기

미국 발명가 윌리엄 버트는 세계 최초의 타자기로 특허를 받았다. 그는 이를 타이포그래퍼라고 불렀다. 손으로 편지를 쓰는 것보다 더 오래 걸리는 등 사용하기는 까다로웠다.

1825

1825년

멸종!

프랑스 박물학자 조르주 퀴비에는 지구가 몇 번의 큰 재앙을 겪어 많은 동물이 멸종했다고 주장했다. 이것은 알려지지 않은 종에 속하는 화석의 존재를 설명하는 격변론으로 알려졌다.

1828년

동물 명소

런던동물학회는 동물에 대한 과학적 연구를 위해 런던 리젠트 파크에 동물 정원을 열었다. 원래는 학회 회원만 이용할 수 있었으나 1847년 런던 동물원으로 일반인에게 개방되면서 인기 관광 명소가 되었다.

런던 동물원에 방문한 빅토리아 시대의 사람들이 코끼리에게 먹이를 주는 모습, 1896년

1791~1867년 마이클 패러데이

런던 대장장이의 아들로 태어난 마이클 패러데이는 영국 화학자 험프리 데이비의 조수로 일하기 전에 독학으로 과학을 배웠으며 당대 최고의 과학자가 되었다. 전자기 유도를 발견한 덕분에 전기를 생성할 수 있게 되어 일상 생활의 많은 분야에서 사용되기 시작했다.

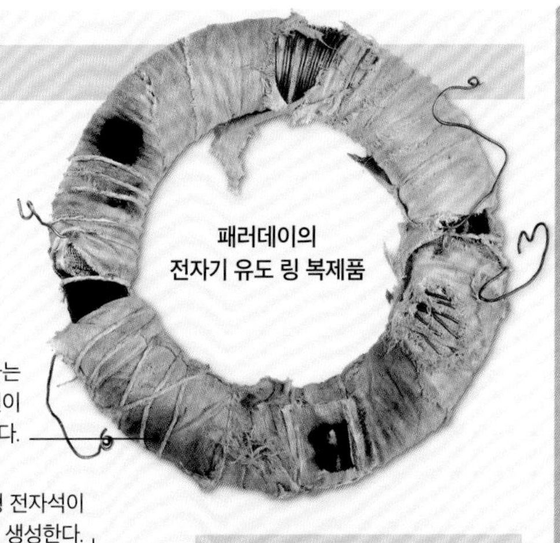
전류를 전달하는
구리선 코일이
면으로 감겨 있다.
패러데이의 전자기 유도 링 복제품

과학자

패러데이는 전자기학 연구뿐만 아니라 화합물인 벤젠을 발견하고 전기분해 법칙(전류가 액체를 통과할 때 일어나는 화학 반응)을 확립했다.

전기 발생

패러데이는 자기장 내에서 구리 디스크를 회전시켜 약한 전류를 생성할 수 있었다(전자기 유도). 그의 발견은 시간이 지나면서 대량의 전기를 생산할 수 있는 기계의 개발로 이어졌다.

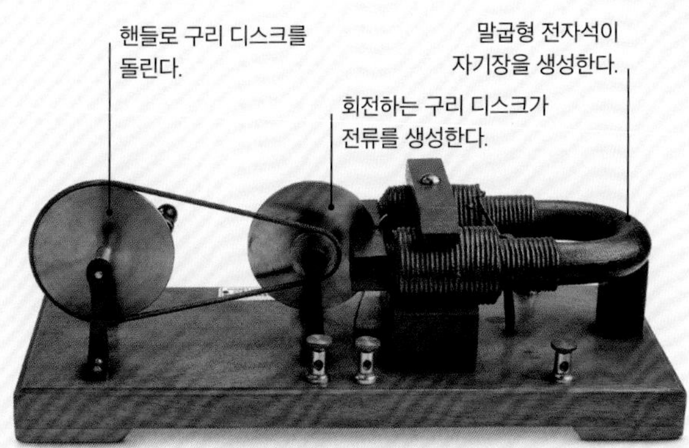
핸들로 구리 디스크를
돌린다.
말굽형 전자석이
자기장을 생성한다.
회전하는 구리 디스크가
전류를 생성한다.
패러데이 디스크 발전기 모형

주요 업적

1825
영국 왕립연구소의 연구소장으로 임명되었다.

1831
전자기 유도를 발견했다.

1833
전기 분해 법칙을 발표했다.

1835

1830년

점진적 변화

스코틀랜드의 지질학자 찰스 라이엘은 그의 저서 『지질학 원리』에서 지구의 나이가 3억 년이 넘었으며 많은 지질 시대를 거쳤다고 주장했다. 지구 역사에 대한 그의 이론은 격변에 대한 퀴비에의 생각과 상반된 것이었다.

찰스 라이엘

1831년

비글호 항해

비글호는 남아메리카 해안을 조사하기 위해 5년간의 일정으로 영국을 떠났다. 이 배에는 영국 케임브리지 대학을 막 졸업한 박물학자 찰스 다윈이 타고 있었고 그는 라이엘의 『지질학 원리』 사본을 가지고 있었다.

찰스 다윈
134~135쪽

비글호

1833년에 영국 교수 윌리엄 휴얼이 "과학자(scientist)"라는 단어를 만들었다.

계산 장치

"계산하다(calculate)"라는 단어는 "작은 돌(calculus)"이라는 라틴어에서 유래되었는데 고대에는 조약돌이 계산 보조 도구로 사용되었기 때문이다. 그러다 누군가가 돌을 틀에 올려놓는 아이디어를 떠올리면서 주판이 탄생했다. 수학과 천문학의 발전으로 1700년대에 최초의 계산기가 개발되었고 이는 오늘날 우리가 사용하는 태블릿 컴퓨터와 스마트폰으로 발전했다.

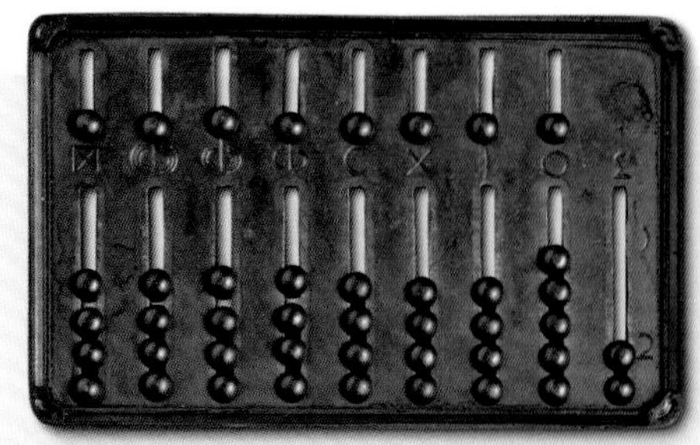

로마 주판의 복제품

최초의 휴대용 장치

로마인들은 최초의 휴대용 계산 장치인 휴대용 주판을 개발했다. 청동으로 만들어진 이 주판은 홈이 파인 구슬을 번호가 매겨진 홈에 밀어 올리고 내리는 방식으로 작동했으며 즉석에서 계산을 해야 하는 기술자, 상인, 세금 징수원이 사용했을 것으로 추정된다.

여성 계산원

계산기는 주로 사업 및 금융업계에서 사용되었지만 복잡한 수학적 작업은 여전히 사람의 몫이었다. 여성 고용이 드물었던 시절, 미국 매사추세츠주 케임브리지에 있는 하버드 대학 천문대에서 천문 데이터를 분석하기 위해 고용한 여성 수학자들로 구성된 "하버드 컴퓨터" 팀이 그 예이다.

작업 중인 "하버드 컴퓨터"팀, 1890년경

기계식 계산기

독일 수학자이자 천문학자인 빌헬름 시카르트가 1623년경 최초의 계산기를 만든 것으로 알려져 있다. 그는 동료 독일 천문학자 요하네스 케플러에게 보낸 편지에서 이를 설명했지만 안타깝게도 화재로 소실되었다. 네이피어 막대와 덧셈과 뺄셈을 위한 톱니바퀴를 결합한 것으로 보인다.

시카르트의 계산기 복제품

배비지의 차분 기관

1820년대에 영국 수학자 찰스 배비지는 사람의 실수 없이 숫자 표를 만들기 위해 자신의 계산 기계를 처음으로 개발했다. 그는 이 기계를 직접 완성하지 못했고 이 사진은 배비지의 설계를 기반으로 1832년에 제작한 시연용 모델이다. 배비지는 나중에 초기 컴퓨터인 해석 기관을 설계하면서 차분 기관도 개선했다.

주요 사건

기원전 2700년경

최초의 주판은 수메르에서 발명되었을 것으로 추측된다. 이것은 곧바로 곳곳에 사용되기 시작했으며 오늘날에도 세계 일부 지역에서 사용되고 있다.

1622년

영국 수학자 윌리엄 오트레드가 계산자를 발명했다. 계산자는 곱셈, 나눗셈, 제곱근 계산 및 로그 계산에 사용되었으나 덧셈과 뺄셈은 할 수 없었다.

1642년

프랑스 철학자이자 수학자인 블레즈 파스칼은 실용적으로 사용되었던 첫 번째 기계식 계산기를 만들었다. 이것은 파스칼린이라고 알려져 있다.

1820년

프랑스 콜마르의 샤를 자비에르 토마는 사무실에서 사용할 수 있는 기계식 계산기를 제작하였고 이는 상업적으로 성공을 거두었다.

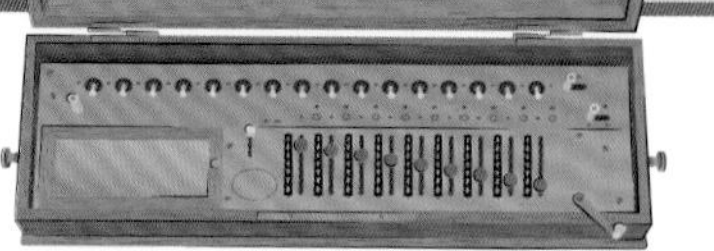

기계식 계산기, 1890년경

연속된 원반이 톱니바퀴의 상호연결망을 이룬다.
각 원반은 덧셈을 이루는 숫자를 하나씩 보여준다.
마지막 열은 계산 결과를 표시한다.
지지대는 황동과 강철 축으로 만들어져 있다.

컴프토미터

컴프토미터는 1880년대에 처음 만들어졌으며 전자계산기가 등장한 1970년대 후반까지 사무실에서 주로 사용되는 계산 도구였다. 주로 덧셈을 위해 사용되었지만 뺄셈, 곱셈, 나눗셈도 가능했다. 숙련된 작업자는 한 번에 두 개 이상의 키를 눌러 빠른 계산을 수행했다.

아홉 개의 키가 여덟 개의 열에 배열되어 있다.

컴프토미터, 1920년경

모두를 위한 계산기

1970년대 휴대용 전자계산기의 개발로 계산자와 같은 기계식 장치의 필요성이 사라지고 누구나 버튼을 누르는 것만으로 계산을 할 수 있게 되었다. 1980년대에는 전자 장치가 통합된 컴퓨터가 등장했고 오늘날에는 스마트폰과 스마트 워치를 이용하여 복잡한 계산을 수행한다.

데스크톱 컴퓨터, 1980년대

1822년

영국 수학자 찰스 배비지는 복잡한 계산을 할 수 있는 최초의 차분 기관 설계 작업을 시작하였다.

1940년대

제2차 세계대전 중에 적의 암호화된 메시지를 해독하기 위해 최초로 프로그래밍이 가능한 계산기가 개발되었다.

1970년대

휴대용 전자계산기가 사무실, 학교, 가정에서 다른 종류의 계산기를 대체하기 시작했다.

휴대용 전자계산기

1980년대

전자계산기가 내장된 작고 강력한 데스크톱 컴퓨터가 널리 사용되기 시작하였다.

초기 사진

1835년 이후 사진의 부흥에 기여한 두 사람이 있었다. 프랑스 예술가 루이 다게르는 빛에 민감한 은도금 구리판으로 사진을 찍기 시작했다. 발명가의 이름을 딴 이 사진은 다게레오타입이라고 불렸다. 영국 과학자 헨리 폭스 탤벗은 하나의 네거티브에서 여러 장의 사진을 찍는 방법인 캘러타입을 발명했다.

다게레오타입의 카메라

다게레오타입 카메라

알퐁스 지로는 1839년 최초의 상업용 카메라를 설계했다. 사진작가는 카메라 뒷면에 있는 초점 스크린을 통해 피사체를 본 후 스크린을 감광판으로 교체했다.

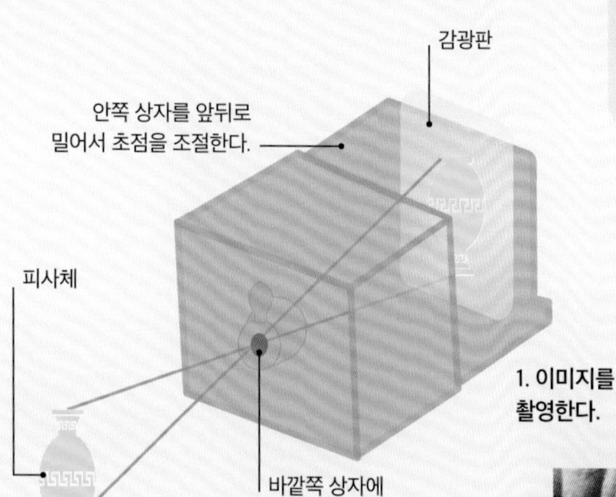

1. 이미지를 촬영한다.

2. 수은 증기로 은판을 가열하여 이미지를 현상한다.

3. 다게레오타입은 보호를 위해 유리로 밀봉한다.

경쟁 과정

다게레오타입 프로세스는 선명한 이미지를 제공했지만 복제가 어려웠다. 그에 반해 폭스 탤벗이 1841년에 특허를 받은 캘러타입 프로세스로 만든 네거티브(감광지)는 포지티브(흑백 사진)로 쉽게 복제할 수 있었다. 이로써 처음에는 다게레오타입이 더 인기 있었지만 시간이 지남에 따라 네거티브 사진이 주류로 자리 잡게 되었다.

헨리 폭스 탤벗의 종이 네거티브 (흑백 반전 이미지)

공기의 초기 이동 방향

적도

지구 자전으로 공기가 서쪽으로 휘어진다.

지구 자전 방향

코리올리 효과

1835년

코리올리 효과

귀스타브 가스파르 코리올리는 북반구에서는 지구의 자전으로 인해 원래 적도를 향하던 바람이 서쪽으로 향하게 되고 적도에서 멀어지던 바람이 동쪽으로 향하게 된다는 현상을 발견했다. 남반구에서는 이와 반대의 현상이 나타난다. 이러한 현상을 코리올리 효과라고 부른다.

1835

1836년

자동 발사

미국의 총기 제작자 새뮤얼 콜트는 재장전 없이 6발을 발사할 수 있는 권총인 리볼버에 대한 특허를 받았다. 이 권총은 회전하는 실린더에 6발의 총알이 들어 있으며 발사할 때마다 자동으로 다음 총알이 발사 위치로 이동한다.

1837년

과거의 빙하기

지질학자이자 고생물학자인 루이스 아가시는 지구가 여러 차례 빙하기를 겪었다고 주장한 최초의 학자이다. 아가시는 빙하를 연구하면서 고대 빙하의 움직임이 계곡을 깎아내고 빙퇴석을 쌓아 오늘날의 지형을 형성했다는 사실을 밝혀냈다.

1839년

가황 고무

미국 발명가 찰스 굿이어는 고무를 유황으로 가열하면 더 강화될 수 있다는 사실을 발견했다. 그는 이를 바탕으로 로마의 불의 신 불칸의 이름을 따서 가황(vulcanization)이라는 공정을 개발했다. 이를 통해 고무의 끈적임이 감소하고 실용성이 향상되었다. 이 가황 고무는 자동차 타이어 등에 사용되고 있다.

굿이어의 고무 실험

1815~1852년 에이다 러블리스

영국 시인 바이런의 딸인 에이다 러블리스는 영국 발명가 찰스 배비지와 함께 범용 컴퓨팅 기계인 해석 기관을 개발한 수학자였다. 러블리스는 1843년 세계 최초의 "컴퓨터 프로그램"을 작성했으며 현대 프로그래밍 언어인 Ada는 그녀의 이름을 따서 명명되었다.

러블리스는 컴퓨터가 숫자 계산을 넘어 작곡까지 할 수 있을 것이라고 예측했다.

1840

1845

세포 이론

개구리 유생 세포

식물 세포

물고기 세포

테오도르 슈반의 세포 그림

독일 생리학자 테오도르 슈반은 『미세조직학적 연구』에서 동물과 식물이 모두 세포로 이루어져 있으며 이 세포가 생명의 기본 단위라고 주장했다. 슈반은 독일 식물학자 마티아스 슐라이덴과 협력하여 이 아이디어를 발전시켰다.

통신
150~151쪽

1844년

전신

미국의 발명가 사무엘 모스는 워싱턴 D.C.에서 볼티모어까지 전선을 통해 장거리 전신 메시지를 보냈다. 그는 알파벳을 점과 선으로 표현한 모스 부호를 사용하여 메시지를 타전했다.

상하 접점이 닿으면
점과 선이 전송된다.
손가락 키를 누르면
상부와 하부 접점이 만나
회로가 닫힌다.

모스 전건, 1844년

"신께서 행하신 일이 어찌 그리 큰가?"

첫 번째 전신 메시지, 1844년 5월 24일

스티븐슨의 기관차

"철도의 아버지"로 알려진 영국 엔지니어 조지 스티븐슨은 1814년 영국 북동부의 탄광에서 수레를 끌기 위해 최초의 기관차를 만들었다. 그는 1815년 워털루 전투에서 영국군과 싸웠던 프로이센 장군의 이름을 따서 기관차의 이름을 "블뤼허"라고 지었다. 블뤼허의 최고 속력은 6.4 km/h였고 30톤의 석탄 화물 기차 8량을 연결해 경사로를 오를 수 있었다.
1825년, 스티븐슨은 스톡턴과 달링턴을 잇는 세계 최초의 공공 철도 건설을 감독했고 4년 후에는 가장 유명한 기관차 "로켓"을 제작하여 58 km/h의 기록적인 속력을 달성했다.

“그것은 태양 빛을 담은 병으로 움직였다.”

기관차의 동력원을 이야기하는 조지 스티븐슨

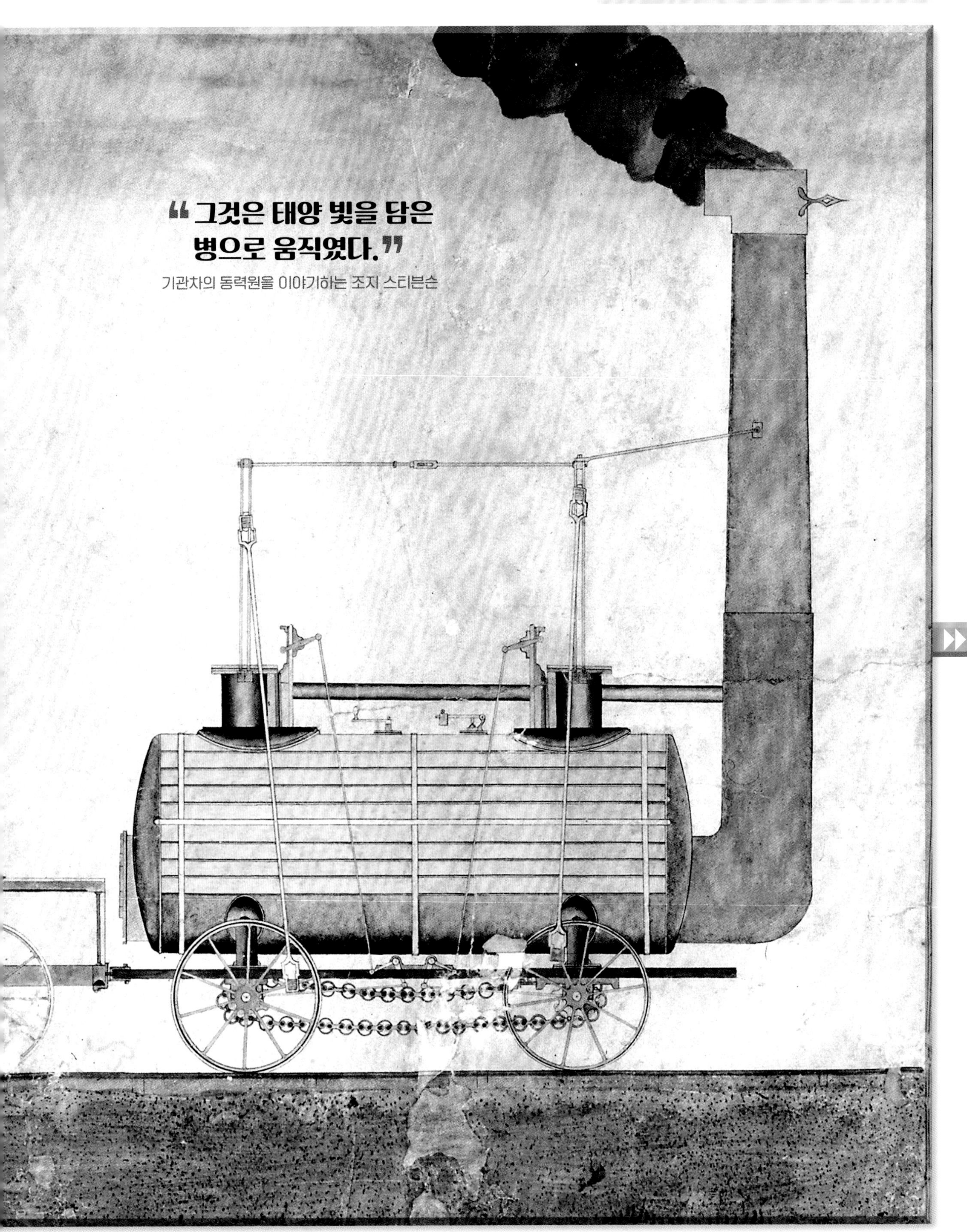

조지 스티븐슨의 첫 기관차, 블뤼허의 컬러 그림

엔진의 역사

엔진은 부품이 움직이는 기계로 일반적으로 연료를 태워 화학 에너지를 생성하고 이를 운동 에너지로 변환한다. 특히 증기 기관의 발명은 산업 분야에서 공장과 기계를 가동시켜 산업 혁명을 촉발했다. 1800년대 초에는 증기 기관이 선박과 증기 기관차를 구동하는 데에도 사용되었다. 이후에는 가솔린으로 작동하는 내연 기관과 제트기 엔진의 등장으로 운송 분야가 더욱 혁신되었다.

가스 엔진

1860년에 벨기에 엔지니어인 에티엔 르누아르가 개발한 엔진은 실린더 내부에서 연료와 공기를 연소시켜 동력을 생성하는 형태로 이는 최초의 성공적인 내연 기관으로 알려져 있다.

전기 불꽃 점화 시스템

실린더 안에서 공기와 가스가 혼합된다.

배기가스는 굴뚝을 통해 빠져 나간다.

플라이휠은 피스톤의 힘에 의해 회전하며 크랭크를 구동한다.

크랭크는 크로스헤드에 연결봉으로 연결된다.

크랭크에 의해 톱니바퀴가 돌아가고 이로 인해 기관차가 앞으로 나간다.

보일러는 물을 가열하여 증기로 피스톤을 움직이게 한다.

크로스헤드는 연결봉으로 플라이휠에 연결된다.

피스톤로드는 피스톤과 크로스헤드를 연결한다.

최초의 증기 기관차

1804년 2월 21일 영국 엔지니어 리처드 트레비식이 설계한 페니다렌 기관차가 사우스 웨일즈의 한 제철소에서 14 km의 운행에 성공했다. 그러나 돌아오는 길에 보일러에서 누수가 발생해 엔진을 제거해야 했다. 이후 이 엔진은 동일한 제철소에서 무거운 망치를 구동하는 고정식 엔진으로 사용되었다. 이 모형은 트레비식의 도면으로 제작되었다.

트레비식의 페니다렌 기관차 모형

주요 사건

50년경

그리스 발명가 헤론은 증기를 활용하여 구를 회전시키는 장치를 고안했지만 실용적인 용도는 없었다.

헤론의 장치

1712년

영국 발명가 토머스 뉴커먼은 상업적인 용도로 활용되는 최초의 실용적인 증기 기관을 개발했다. 이 엔진은 대형 실린더 내부의 저압 증기를 활용했다.

1765년

제임스 와트는 이전보다 더 효율적인 증기 기관을 고안했는데 이는 피스톤의 선형(상하) 운동을 회전 운동으로 전환하는 것이었다.

1804년

리처드 트레비식은 작은 고압 증기 기관을 바퀴에 부착하여 세계 최초의 증기 기관차를 개발했다.

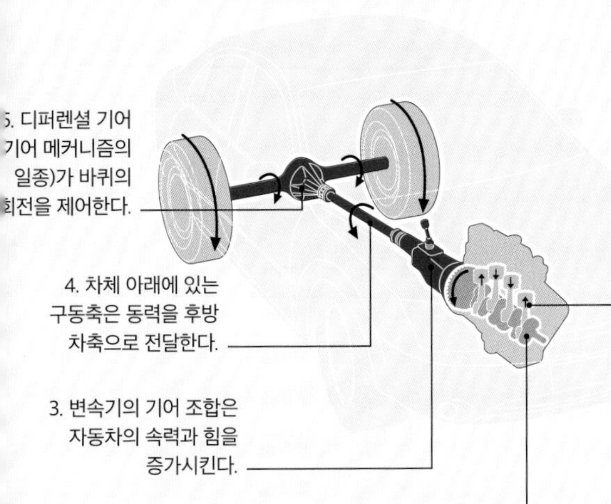
5. 디퍼렌셜 기어
기어 메커니즘의
일종)가 바퀴의
회전을 제어한다.
4. 차체 아래에 있는
구동축은 동력을 후방
차축으로 전달한다.
3. 변속기의 기어 조합은
자동차의 속력과 힘을
증가시킨다.
2. 회전하는 크랭크축은
변속기에 동력을 전달한다.
1. 움직이는 피스톤이 크랭크축을
돌려 피스톤의 상하 운동을 회전
운동으로 변환한다.

동력 전달

오늘날의 자동차에는 변속기 시스템이 장착되어 있다. 이 시스템은 내연 기관에서 발생한 동력을 변속기를 통해 바퀴로 전달한다. 변속기는 엔진과 바퀴 간의 속력 비율을 조절하여 자동차의 속력을 제어한다.

마력

엔진의 힘은 주로 마력(hp)으로 측정했다. 이 단위는 스코틀랜드의 엔지니어 제임스 와트가 자신의 증기 기관을 판매하기 위해 도입했다. 그는 자신의 엔진이 말 200마리의 힘을 발휘할 수 있다고 자랑했다. 1마력은 그의 이름을 딴 일률 단위인 와트(W)로 746 W에 해당한다.

1897년에 제작된 이 자동차에는 10마력 엔진이 장착되어 있다.

“나는 여기서 세상 모든 사람이 갖고 싶어하는 것을 판매한다. 바로 힘이다.”

제임스 와트의 동업자인 메튜 볼턴, 1776년

미시시피강의 증기선, 1859년경

증기선

증기 기관은 기관차뿐만 아니라 선박에도 동력을 제공했다. 특히 미시시피강처럼 큰 강에서 화물과 승객을 운송하는 외륜 증기선은 19세기의 미국 농업과 무역을 개척하는 데 기여했다. 이러한 증기선은 보일러에서 나오는 증기를 활용해 외륜을 돌려 앞으로 나아간다.

전기 충전소는 차량을 안전하게
국가 전력망에 연결한다.
38-SFF-8

전기 자동차를 충전하는 운전자

친환경 엔진

가솔린과 디젤 엔진은 대량의 연료 소비와 오염 물질 배출로 환경 문제를 야기한다. 최근에는 가솔린 엔진과 전기 모터를 결합한 하이브리드 자동차와 전기 자동차가 더 많은 관심을 받고 있다.

1876년

독일 엔지니어 니콜라우스 오토는 가스를 사용하는 4행정 내연 기관을 개발하여 자동차 기술의 발전을 이끌었다.

1897년

독일 발명가 루돌프 디젤은 최초의 디젤 엔진을 개발했다. 이는 가솔린 엔진에 비해 더 강력하며 더 무거운 물체를 운반할 수 있다.

1926년

미국 엔지니어 로버트 고더드가 액체 연료 로켓 엔진을 개발했다. 그는 당시 주목받지 못했지만 현대 로켓의 아버지로 인정받고 있다.

로버트 고더드의 로켓 모형

1937년

영국 엔지니어 프랭크 휘틀과 독일 엔지니어 한스 폰 오하인은 각자 독자적으로 터보제트 엔진을 개발하여 항공기의 속도를 향상시켰다.

1845 ▸ 1855

“말로 표현할 수 없을 정도로 안정감을 주고, 평온하게 하며 매우 유쾌했다.”

빅토리아 여왕, 1853년 출산 중 클로로포름 마취제를 투여받은 후

1846년

무통 수술

미국 외과 의사 윌리엄 모턴은 환자 목에서 종양을 제거할 때 에테르 기체를 사용해 환자를 잠들게 했으며 수술 도중 환자는 아무것도 느끼지 못했다. 에테르 기체는 뇌로 전달되는 신경 신호를 차단하는 마취제였다. 에테르와 클로로포름과 같은 마취제의 발견은 의학의 획기적인 발전이었다.

클로로포름 흡입기, 1848년

1847년

손 위생

헝가리의 의사인 이그나츠 제멜바이스는 의사들이 환자를 치료할 때 손을 씻으면 산욕열로 인한 사망률이 감소한다는 것을 발견했다. 의사들은 그의 조언을 따르는 데 소극적이었다.

환자와 함께 있는 이그나츠 제멜바이스

1847년

열 연구

독일의 물리학자 헤르만 폰 헬름홀츠는 에너지는 생성되거나 파괴될 수 없으며 단지 그 형태만 변한다고 주장했다. 이것이 열역학 제1법칙이다.

1848년 물리학자 켈빈은 최저 온도를 −273.15°C로 계산했으며 이를 “절대 영도”라고 불렀다.

1845

1806~1859년 이점바드 킹덤 브루넬

산업화 시대의 가장 위대한 기술자인 영국 이점바드 킹덤 브루넬은 교통수단을 혁신했다. 그는 영국 브리스톨의 에이본 협곡을 가로지르는 유명한 클리프턴 현수교를 비롯한 여러 교량 설계로 잘 알려져 있다. 1833년 런던과 브리스톨을 연결하는 대서부 철도의 수석 엔지니어로 임명되었다.

위험한 견습

브루넬은 16세 때부터 런던의 템스강 터널 건설 프로젝트에서 아버지 조수로 일하기 시작했다. 폭우로 터널에서 브루넬이 익사할 뻔한 사고 이후로 이 작업은 중단되었다.

증기선

1845년 브루넬이 혁신적으로 설계한 그레이트 브리튼호가 영국 리버풀에서 뉴욕으로 항해했다. 이 배는 연철로 만들어진 최초의 증기 여객선이었으며 외륜 대신 거대한 프로펠러로 구동되었다. 당시 수면 위에서 가장 긴 선박으로 알려진 브리튼호의 첫 항해는 대서양을 단 14일 만에 건너는 놀라운 기록을 세웠으며 이전 속도 기록을 경신했다.

그의 비행선에 탄 앙리 지파르

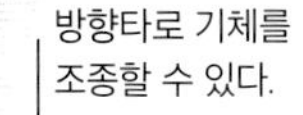

1852년

첫 번째 비행

프랑스의 엔지니어 앙리 지파르는 동력 비행선으로 27 km를 비행했다. 수소로 채워진 시가 모양 풍선은 곤돌라에 장착된 증기 기관으로 구동되었다. 이듬해에는 초기 항공 애호가였던 조지 케일리가 무동력 조종 항공기인 글라이더를 최초로 제작했다. 케일리의 마부가 조종한 것으로 추정되는 이 글라이더는 짧은 거리를 비행했다.

1855

청정 연료

캐나다의 지질학자 에이브러햄 게스너는 석탄과 셰일에서 등유를 정제하는 기술을 발명했다. 등유는 훨씬 저렴하며 비린내가 나지 않아 고래 기름을 대체하여 주택 및 공장의 조명용 램프 연료로 사용되었다.

등유 램프, 1853년

오염된 물

런던 의사 존 스노는 오염된 물이 콜레라의 발병 원인이라고 믿었다. 1854년 런던에서 콜레라가 발생했을 때 하나의 물 펌프가 콜레라의 근원임을 알아냈다. 이를 계기로 위생에 대한 인식이 개선되었다.

콜레라의 근원지였던 물 펌프에서 죽음이 유령이 출몰하는 모습을 담은 그림

1855년 독일 화학자 로베르트 분젠이 실험실에서 사용하는 가스버너인 분젠 버너를 발명했다.

위대한 과학자

찰스 다윈

영국의 박물학자 찰스 다윈(1809~1882년)은 역사상 가장 영향력 있는 과학자 중 한 명이다. 그의 자연선택설은 지구상의 생명체가 어떻게 진화했는지 설명했으며 생명 과학의 기본 개념이 되었다.

존 굴드가 그린 다윈레아, 1841년

다윈레아

다윈의 이름을 딴 이 새는 다윈이 남미에서 발견한 날지 못하는 새인 레아 두 종 중 작은 새이다. 다윈과 그의 팀은 이 레아를 더 흔한 종으로 착각하여 잡아먹었다. 나중에 다윈은 이 레아가 희귀한 종이라는 것을 깨닫고 나머지 표본을 보존했다.

어린 시절

다윈은 부유하고 지적인 가정에서 태어났다. 그는 의사였던 아버지의 뒤를 이어 스코틀랜드 에든버러 대학교에서 의학을 공부했다. 그러나 피를 보는 것이 싫어서 의학을 포기하고 대신 성직자가 되기 위해 영국의 케임브리지 대학교에 진학했다.

젊은 박물학자

다윈은 케임브리지에서 자신이 자연사를 좋아하는 것을 알게 되었고, 딱정벌레를 수집하는 데 많은 시간을 보냈다. 1831년 케임브리지를 졸업한 후 박물학자로 비글호에 승선하게 되었다. 5년간의 항해는 다윈의 인생에서 가장 중요한 시기였으며 훗날 그의 사상과 저술의 기초를 제공했다.

혁명적 아이디어

1836년에 영국으로 돌아온 다윈은 여행기를 출판하여 유명해졌다. 다윈은 결혼 후 켄트의 다운 하우스에 정착해 열 명의 자녀를 낳았다. 그는 수년에 걸쳐 환경에 적합한 특성을 가진 생물이 살아남아 비슷한 특징을 가진 자손을 낳는 과정인 자연선택설을 발전시키기 시작했다. 1859년에 혁명적인 책『종의 기원』을 출판하고, 1871년에는 인간의 진화를 설명한『인간의 유래』를 출간했다.

“우리는 희망이나 두려움보다 이성이 허락하는 한 오직 진실만을 추구한다.”

찰스 다윈,『인간의 유래』

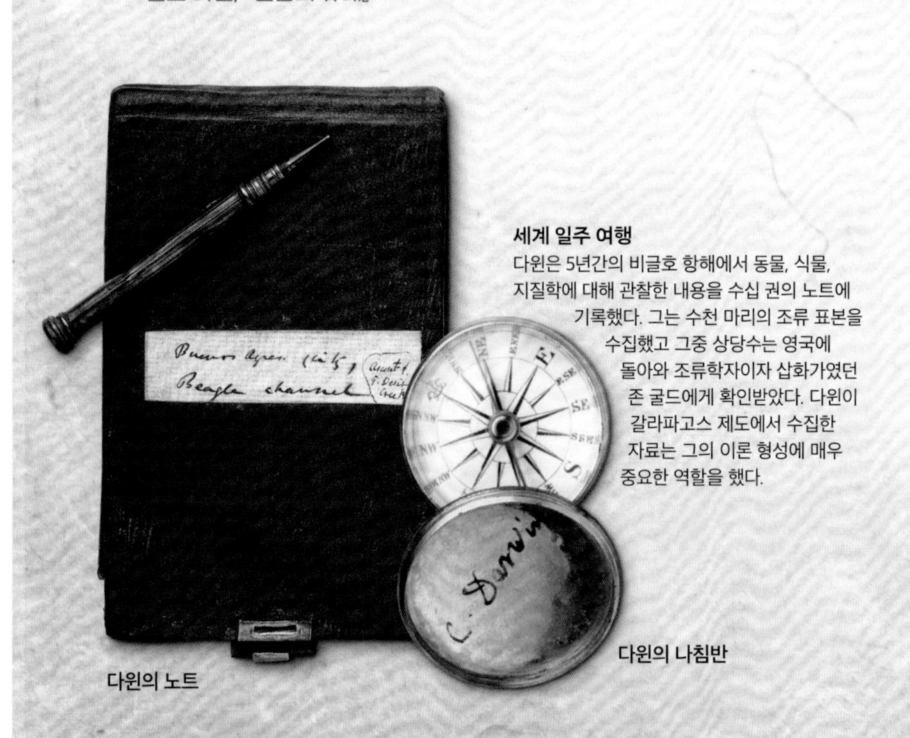

세계 일주 여행

다윈은 5년간의 비글호 항해에서 동물, 식물, 지질학에 대해 관찰한 내용을 수십 권의 노트에 기록했다. 그는 수천 마리의 조류 표본을 수집했고 그중 상당수는 영국에 돌아와 조류학자이자 삽화가였던 존 굴드에게 확인받았다. 다윈이 갈라파고스 제도에서 수집한 자료는 그의 이론 형성에 매우 중요한 역할을 했다.

다윈의 노트

다윈의 나침반

논란의 여지가 있는 이론

당시 많은 과학자가 다윈의 진화론에 동의했지만 회의적인 과학자도 많았다. 다윈의 사상은 전통적인 기독교인들의 격렬한 반대에 부딪혔고 다윈은 인간이 원숭이로부터 진화했다는 주장으로 인해 비웃음을 받기도 했다. 이 만화는 1871년『인간의 유래』가 출판된 후 한 잡지에 실렸다.

과학자
다윈은 수년간의 건강 악화에도 불구하고 자연사 연구를 멈추지 않았다. 그는 따개비, 난초, 지렁이를 포함한 다양한 분야에서 방대한 책을 저술했으며 1882년에 사망했다.

"… 모든 유기적 존재의 발전으로 이어지는 하나의 일반적인 법칙, 즉 번식하고, 변화하고, 가장 강한 것은 살고 가장 약한 것은 죽는다."

찰스 다윈, 『종의 기원』

빛 연구

빛과 시각에 대한 과학적 연구를 광학이라고 하며 수백 년 동안 많은 관심을 받았다. 고대 그리스인을 비롯한 여러 고대 문명에서 빛에 대해 실험했으며 초기 아랍 의사들은 눈의 작동 원리를 잘 이해하고 있었다. 1700년대에는 유럽 과학자들 사이에서 빛이 입자인지 파동인지에 대한 논쟁이 있었다. 이제 우리는 빛이 전자기파의 일종이라는 것을 알고 있다.

우리는 어떻게 보는가

1011년에서 1021년 사이에 아랍 학자 이븐 알하젠이 저술한『광학의 서』에는 외부에서 빛이 눈으로 들어올 때 시력이 생긴다는 사실이 정확하게 설명되어 있다. 그 전까지는 대부분의 사람들이 시각 광선이 눈 안쪽에서 바깥쪽으로 뻗어 나간다고 생각했다.

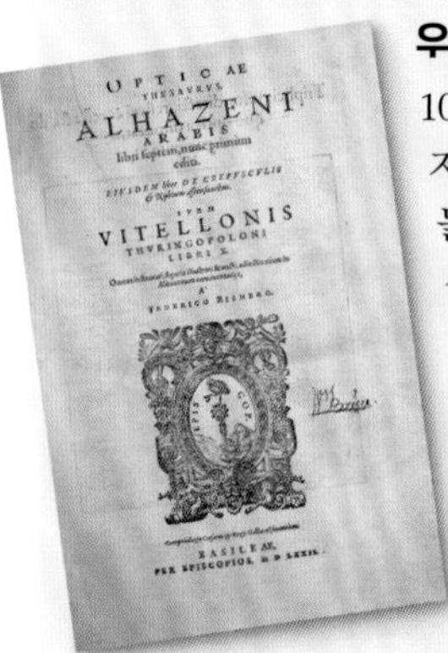

『광학의 서』 라틴어 번역본 표지

회전하는 색깔

영국의 과학자 아이작 뉴턴은 색회전판을 이용하여 백색광이 여러 색의 조합으로 이루어져 있다는 것을 보여주었다. 그가 색회전판을 돌리면 빨강, 주황, 노랑, 초록, 파랑, 보라색이 흰색으로 합쳐지는 것처럼 보였다. 이제 우리는 각 색상이 서로 다른 파장을 가지고 있다는 것을 알고 있다.

뉴턴의 색회전판 복제품

> **"… 색상을 가진 모든 빛이 다시 혼합되면 처음과 같은 백색광을 만들어 낸다."**
>
> 아이작 뉴턴, 『광학』, 1704년

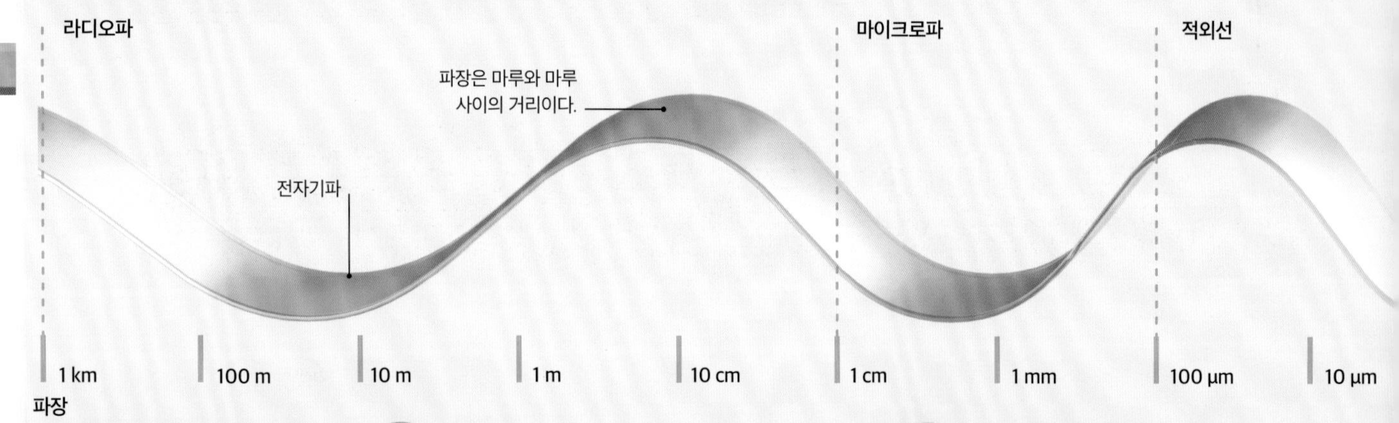

µm 마이크로미터
nm 나노미터

전파

전파는 소리와 텔레비전 신호를 보내는 데 사용된다. 전파 망원경은 우주에서 오는 전파를 포착한다.

마이크로파

마이크로파 또는 단파장 전파는 음식을 가열하고 휴대전화 신호를 전송하는 데 사용된다.

주요 사건

기원전 750년

아시리아의 님루드(현 이라크)에서 발견된 가장 오래된 렌즈는 수정으로 만들어졌으며 돋보기로 사용되었을 가능성이 있다.

1267년

옥스퍼드의 학자 로저 베이컨은 눈의 구조를 설명했다. 그는 렌즈에 대해 연구했으며 무지개는 개별 빗방울에서 햇빛이 반사되어 생긴다고 말했다.

1286년경

최초의 안경은 이탈리아에서 만들어졌다. 초기 안경은 주로 수도사나 학자들이 책 읽기를 위한 용도로 코 위에 올려놓고 사용했다.

14세기 안경

1678년

네덜란드의 물리학자 크리스티안 하위헌스는 빛이 이동하면서 퍼져 나가는 구면파라고 제안했다.

빛의 굴절

과학자들은 빛의 본질과 조작 방법을 연구한다. 렌즈의 작동 원리를 연구하는 것이 한 예이다.

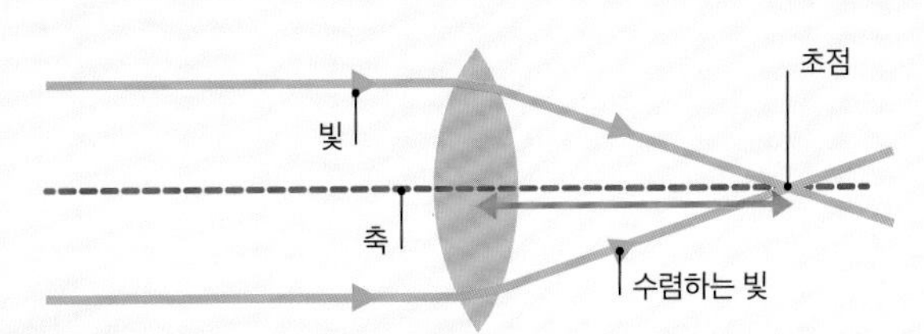

볼록렌즈

가운데가 불룩한 렌즈로 평행한 빛이 렌즈를 통과하면 안쪽으로 휘어져 렌즈 바로 뒤의 초점에서 만난다.

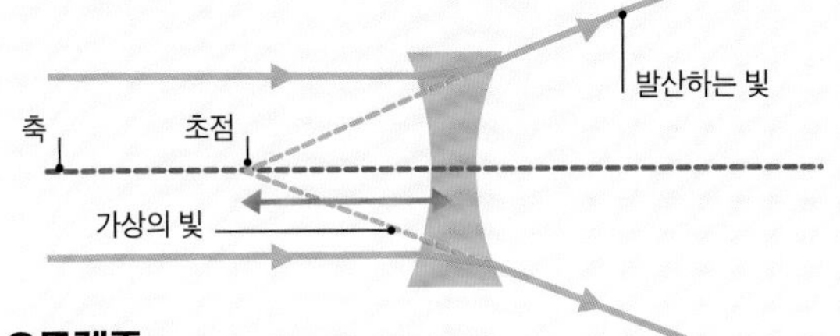

오목렌즈

가운데가 얇은 렌즈로 평행한 빛이 렌즈를 통과하면 빛이 퍼져 렌즈 바로 앞쪽에서 빛이 나오는 것처럼 보인다.

착시

우리 눈은 거울과 반사를 이용하여 실제로 존재하지 않는 것들을 보도록 속일 수 있다. 연극 장치인 페퍼의 유령(발명가 중 한 사람의 이름을 땄음)은 큰 경사진 거울을 사용해 무대 위에 유령 같은 인물의 이미지를 반사한다.

19세기 페퍼의 유령은 극장 관객을 현혹했다.

전자기파

가시광선은 매우 빠른 속도로 우주를 이동하는 전자기파의 일부이며 19세기에 처음으로 언급되었다. 다양한 유형의 파동은 일상 생활에서 각각의 용도와 기능을 가지고 있다.

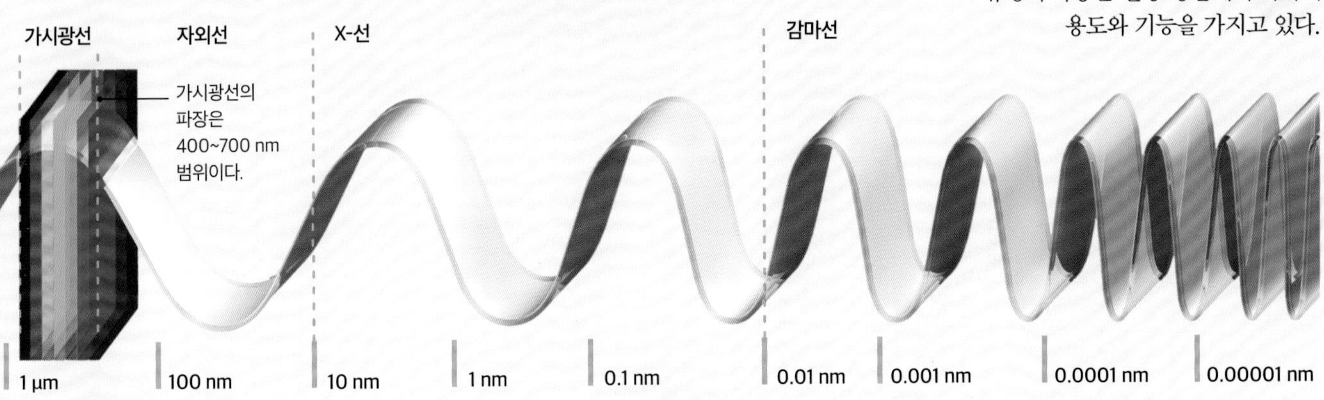

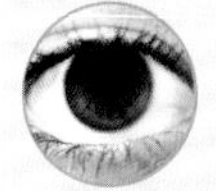

가시광선

우리의 눈은 가시광선 범위 내에서 색을 볼 수 있다. 일부 동물은 이 범위를 넘어서는 색을 볼 수 있다.

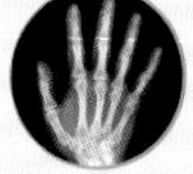

X-선

X-선은 우리 몸의 내부를 보는 데 사용할 수 있다. 연한 조직을 투과하지만 뼈와 치아에 의해 차단된다.

1704년

아이작 뉴턴이 하위헌스 이론에 반대하는 저서 『광학』을 출판했다. 그는 빛을 매우 빠른 속도로 직선 이동하는 작은 입자의 흐름으로 설명했다.

1816년

프랑스 물리학자 오귀스탱 프레넬은 빛의 파동설을 뒷받침하는 일련의 실험을 수행했다.

오귀스탱 장 프레넬

1864년

스코틀랜드 수학자 제임스 클러크 맥스웰은 빛이 전자기파라는 사실을 밝혔을 뿐만 아니라 다른 형태의 전자기파가 존재한다는 예측까지 했다.

1905년

물리학자 아인슈타인은 빛이 파동처럼 작동하는 동시에 광자라고 불리는 작은 에너지 패킷으로 구성되어 있다고 주장하며 파동 이론과 입자 이론을 통합했다.

1855 ▸ 1865

1856년
인공 염료
영국의 화학자 윌리엄 퍼킨은 학생이었을 때 우연히 최초의 합성 화학 염료를 발견했다. 강렬한 보라색을 띠는 이 염료는 모브로 알려졌고 나중에 모베인이라는 화학명이 붙여졌다. 퍼킨은 모브를 상업적으로 생산하기 위해 공장을 설립했다.

퍼킨의 모브로 염색한 실크 드레스

1857년
엘리베이터
미국의 발명가이자 사업가인 엘리샤 오티스는 뉴욕 브로드웨이 488에 최초의 승객용 엘리베이터를 설치했다. 그의 설계에는 케이블이 끊어져도 엘리베이터가 추락하지 않도록 하는 안전 브레이크가 포함되어 있었다. 고층 빌딩에 설치된 오티스 안전 엘리베이터는 뉴욕의 고층 빌딩 붐을 일으키는 데 일조했다.

오티스가 안전 엘리베이터를 공개 시연하는 모습

1855

1856년
제강 공정
영국 엔지니어 헨리 베서머는 주철에 공기를 불어 넣어 불순물을 제거해 저렴하게 강철을 만들었다. 이렇게 만든 철도용 강철 레일은 철제보다 수명이 10배 이상 길었다.

1856년
완두콩 연구
오스트리아의 수도사 그레고르 멘델은 완두콩을 육종하며 유전적 특성이 어떤 "요인"에 의해 유전됨을 발견했다. 이 요인을 유전자라고 부른다. 멘델의 연구는 현대 유전학의 기초를 형성했다.

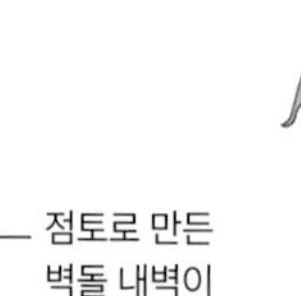

1859년
영향력 있는 책
영국의 박물학자 찰스 다윈은 자연선택을 통한 진화론을 설명한 『종의 기원』을 출간했다. 이 책은 과학 역사상 가장 중요한 책 중 하나이다.

찰스 다윈 134~135쪽

4. 이 과정에서 생성된 일산화 탄소를 연소시키고 용광로를 기울여 강철을 쏟아낸다.

3. 슬래그가 표면으로 떠오른다.

2. 공기 중의 산소는 탄소(일산화 탄소 생성), 망간 및 기타 불순물과 결합하여 슬래그를 생성한다.

점토로 만든 벽돌 내벽이 열을 보존한다.

1. 용광로 바닥의 구멍을 통해 들어온 공기가 녹은 쇳물로 들어간다.

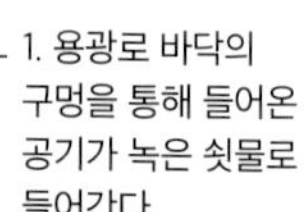

베서머 용광로의 단면

1858년
대서양 횡단 케이블
아일랜드 서부와 뉴펀들랜드(캐나다 연안) 사이에 최초의 대서양 횡단 해저 전신 케이블이 개통되었지만 3주 만에 고장이 나서 폐기했다. 1865~1866년 사이에 더 오래 지속되는 새로운 해저 케이블이 성공적으로 부설되었다.

깃털 달린 날개

시조새의 화석 골격

1861년

공룡에서 새로

날개, 깃털, 이빨 있는 부리 등 거의 완전한 화석이 독일에서 발견되어 시조새라는 이름이 붙여졌다. 이 생물은 약 1억 5천만 년 전에 살았으며 공룡과 새의 진화적 연결 고리로 추정된다.

1865년

위생적인 식품 관리

프랑스 화학자 루이 파스퇴르는 맥주가 상하는 이유가 공기 중에 있는 유해한 미생물 때문이라는 사실을 발견했다. 그러나 맥주를 잠깐이라도 가열하면 미생물이 파괴되었다. 와인과 우유도 같은 방식으로 처리할 수 있었다. 오늘날에도 여전히 사용되고 있는 이 가열 과정을 저온 살균이라고 한다.

루이 파스퇴르 142~143쪽

19세기의 우유 저온 살균 기계

1865

1860년

백열전구

영국의 과학자 조셉 스완이 백열전구를 개발했다. 그는 공기를 거의 제거한 유리 전구 내부에 탄소 필라멘트를 넣고 여기에 전류를 흘려보냈다. 이렇게 하면 전기에 의해 필라멘트가 가열되어 빛이 난다. 이러한 방식의 단점은 필라멘트가 빨리 타버린다는 것이었다. 스완은 자신이 발명한 전구를 개선한 후 미국의 발명가 토머스 에디슨이 전구 연구를 시작한 해인 1878년에 특허를 받았다.

1864년

전자기 규명

영국의 물리학자 제임스 클러크 맥스웰은 전자기장의 교란이 외부로 방사되는 파동을 만든다는 것을 보여주었다. 이 파동은 빛과 정확히 같은 속도로 방사되어 빛도 전자기파라는 것을 증명했다. 맥스웰은 자신의 연구 결과를 4개의 수학적 방정식으로 요약하여 전자기장 이론의 기초를 확립했다.

탄소 필라멘트

공기를 거의 제거한 유리 전구

전기 도체 역할을 하는 황동 지지대

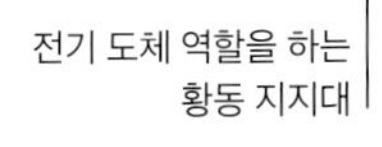

스완이 개발한 전구의 복제품

1860년 플로렌스 나이팅게일은 런던 세인트 토머스 병원에 최초의 간호 학교를 설립했다.

토머스 에디슨 149쪽

세상을 움직이는 힘

오늘날 전기는 거대한 산업 기계부터 컴퓨터와 스마트폰에 이르기까지 모든 것에 동력을 공급하고 집과 도시를 밝히고 있다. 하지만 사람들이 전기를 에너지원으로 사용한 지는 150년이 채 되지 않았다. 우리가 가정에서 사용하는 대부분의 전기는 발전소에서 석탄, 가스 또는 재생 에너지원을 연료로 사용하는 거대한 터빈을 통해 만들어진다.

초기 발전기

1832년 프랑스의 악기 제작자 이폴리트 픽시는 마이클 패러데이가 발견한 전자기 유도 법칙을 활용하여 교류를 생성하는 초기 형태의 발전기를 만들었다. 이 발전기는 극이 위를 향하도록 설치한 말굽자석이 회전하면서 코일에서 전류를 흐르게 하여 교류 전기를 발생시켰다. 당시에는 교류 전기를 개발하는 데 별 관심이 없었기 때문에 픽시는 교류를 더 인기 있는 직류로 변환하는 방법을 찾아냈다.

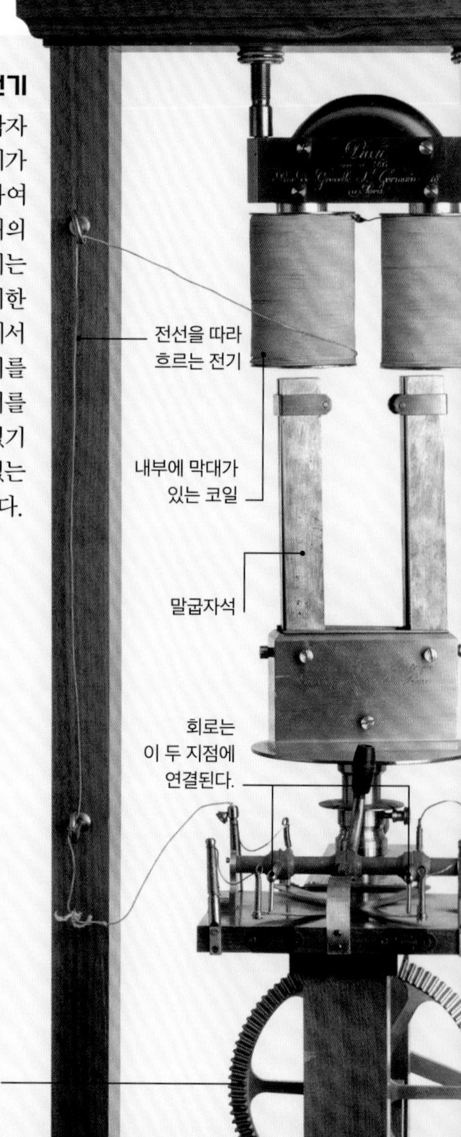

픽시의 발전기

펄 스트리트 발전소의 발전실

맨해튼을 밝히다

미국 발명가 토머스 에디슨이 뉴욕 맨해튼 펄 스트리트에 대규모로 전기 조명을 공급하는 최초의 상설 발전소를 세웠다. 이 발전소에서는 6개의 대형 발전기로 만 개 이상의 램프를 밝힐 수 있는 전력을 생산했다. 이 발전기는 증기 기관으로 구동되었고 증기는 인근 건물을 난방하는 데 사용되었다. 펄 스트리트의 발전소는 1890년에 화재로 소실되었다.

서로 다른 전류, 직류와 교류

에디슨의 발전소는 직류 전기를 공급했다. 직류는 공급 이동거리가 멀수록 전력이 감소했다. 1887년 미국의 엔지니어 조지 웨스팅하우스는 더 먼 거리까지 전기를 전송하기 위해 교류를 도입했다.

- **직류**

  한 방향으로만 흐르고 배터리 충전과 전자 시스템 전원 공급 장치로 사용된다.

- **교류**

  초당 여러 차례 방향을 바꾸며, 대부분의 가정과 기업에는 교류 전기가 배선되어 있다.

주요 사건

1752년

벤자민 프랭클린은 번개가 전기라는 것을 증명하기 위해 열쇠를 줄에 달아 번개 속으로 연을 날려 보냈다.

1800년

이탈리아 과학자 알레산드로 볼타는 회로에 지속적으로 전류를 공급할 수 있는 최초의 배터리를 만들었다. 이 배터리는 볼타 전퇴로 알려져 있다.

1831년

영국의 과학자 마이클 패러데이는 자석을 코일 안팎으로 움직여 전류를 생성할 수 있다는 사실을 발견하면서 전자기 유도를 발견했다.

1882년

토머스 에디슨은 미국 뉴욕 맨해튼의 펄 스트리트에 전기를 생산하는 최초의 중앙 발전소를 설립했다.

전기 가로등

마차와 전차가 도로를 함께 이용하는 미국 시카고 모습, 1906년

전기의 등장

20세기 초에는 에너지 생산량이 급격히 증가했다. 전선, 가로등, 네온사인은 도시 경관을 변화시켰고 트램과 전기 철도는 더 빠르고 깨끗한 교통수단을 제공했다. 냉장고와 같은 전자 제품은 가정에서의 생활을 더욱 편리하게 만들었다.

> **"철도가 물자의 유통을 위해 해 왔던 일을 전기는 에너지의 유통을 위해 하고 있다."**
>
> 미국의 전기 공학자 찰스 프로테우스 스타인메츠, 1922년

빛의 강

발전소에서 전기는 고압 송전선을 통해 가정과 기업에 에너지를 공급하는 변전소까지 먼 거리를 흐른다. 우주에서 촬영한 이 사진은 밤에 불이 켜진 미국의 도시를 보여준다.

재생 에너지

현재 전 세계 전기의 대부분은 지구 온난화를 야기하는 석탄과 천연가스 등 재생이 불가능한 연료를 태워 만들어진다. 그러나 재생 가능한 에너지원을 활용하는 기술을 개발하기 위한 노력이 계속되고 있다.

태양광 발전

태양 에너지는 일반적으로 직사광선을 받는 지역에 설치된 태양광 패널을 통해 전기로 전환된다. 태양 에너지는 저렴하고 조용한 무공해 에너지원이다.

수력 발전

수력 발전은 떨어지는 물의 힘으로 전기를 생산한다. 안정적인 에너지원이지만 발전소는 건설 비용이 많이 들고 강 흐름에 영향을 줄 수 있다.

풍력 발전

풍력 발전은 바람을 이용해 대형 터빈을 돌려 전기를 생산한다. 터빈 한 대의 에너지로 수백 가구에 전력을 공급할 수 있다.

풍속계로 풍속 및 방향 측정

3. 변속기는 축의 속력을 높인다.

2. 저속 축은 천천히 회전하는 터빈 날개에 연결되어 있다.

조정 장치가 터빈을 돌려 바람을 향하게 한다.

1. 날개가 바람을 타고 회전한다.

4. 고속 축은 발전기를 구동하여 전기를 생산한다.

현대 풍력 터빈

1884년

영국의 엔지니어 찰스 파슨스는 발전기를 구동하는 데 사용되는 증기 터빈을 발명하여 전기를 저렴하고 효율적으로 생산할 수 있도록 했다.

1887년

발명가 니콜라 테슬라는 교류 전류로 작동하는 유도 전동기를 개발했다. 이 전력 공급 시스템은 나중에 직류 시스템을 대체했다.

1913년

가정용 전기 냉장고가 최초로 출시되면서 가전제품의 혁명이 시작되었다.

최초의 전기 냉장고

1954년

러시아 오브닌스크에 상업용 전기를 생산하기 위한 세계 최초의 원자력 발전소가 건설되었다.

실험실의 파스퇴르
루이 파스퇴르는 박테리아와 같이 육안으로 볼 수 없을 정도의 작은 유기체를 연구한 미생물학의 아버지로 알려져 있다.

"… 지식은 인류의 것이며 세상을 밝히는 횃불이다."

루이 파스퇴르

위대한 과학자

루이 파스퇴르

프랑스의 화학자 루이 파스퇴르(1822~1895년)는 저온 살균(미생물을 죽이기 위해 물질을 잠시 가열하는 과정)의 도입부터 치명적인 질병에 대항할 수 있는 백신 개발에 이르기까지 과학에 중요한 공헌을 했다.

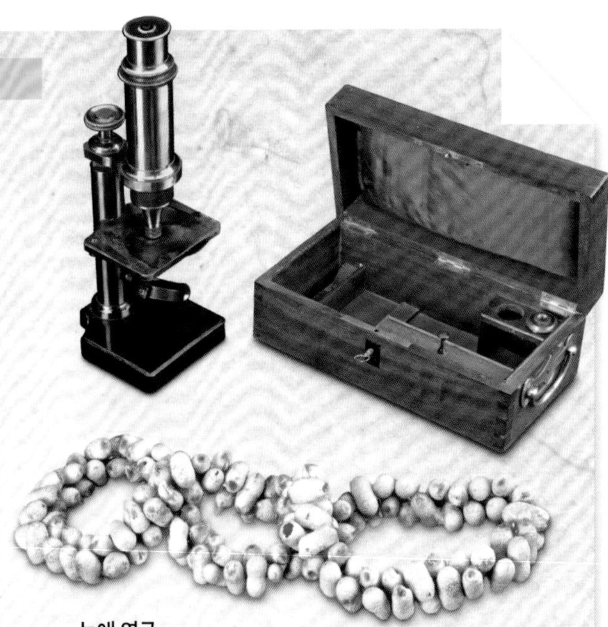

누에 연구
위 사진 속 현미경은 파스퇴르가 누에를 죽이는 미생물을 식별하는 데 사용한 것이다. 현미경 앞에는 파스퇴르가 연구한 누에고치가 놓여 있다. 그의 연구는 프랑스의 실크 산업을 구했다.

세균론

전염병이 세균 또는 미생물에 의해 전파된다는 생각을 세균론이라 한다. 오늘날에는 당연한 것으로 받아들여지고 있지만, 1860년대 화학과 교수였던 파스퇴르가 연구를 시작할 당시만 해도 이 견해는 큰 논란을 불러일으켰다. 그는 작은 유기체가 맥주와 우유를 오염시키고 누에에 질병을 일으킨다는 사실도 발견했다.

백신 연구

파스퇴르의 세균론은 새로운 위생 기준을 도입하게 만들어 의료 분야에 혁명을 일으켰다. 그는 실험실에서 질병을 옮기는 박테리아의 약화된 균주를 만들어 닭 콜레라와 탄저균이라는 두 가지 동물 질병에 대한 백신을 개발했다. 이 균주를 동물에게 주사하면 항체(면역 체계가 낯선 물질을 공격하기 위해 생성하는 단백질)가 생성되어 동물에게 질병에 대한 면역력을 부여했다.

광견병 퇴치

파스퇴르는 감염된 동물이 인간을 전염시키는 광견병에 대한 백신을 만들었다. 1886년 그는 이 백신을 사용하여 감염된 개에게 물린 9세 아이 조셉 마이스터를 성공적으로 치료했다.

과학에 대한 헌신

1868년 파스퇴르는 뇌졸중으로 몸 왼쪽이 일부 마비되었다. 그는 동료와 조수의 도움을 받아 연구를 계속했으나 1895년에 사망했다.

"나는 미스터리의 가장자리에 있고 베일은 점점 더 얇아지고 있다."

루이 파스퇴르

LE DON QUICHOTTE

L'ANGE DE L'INOCULATION (M. PASTEUR), par GILBERT-MARTIN.

자비의 천사
프랑스 신문에 실린 만화에서 파스퇴르는 광견병에 감염된 미친 개에게 주사를 놓는 자비의 천사로 등장한다.

파스퇴르 연구소
파스퇴르가 질병과 백신을 연구하기 위해 프랑스 파리에 설립한 파스퇴르 연구소에서 한 의사가 환자에게 광견병 백신을 접종하고 있다. 파스퇴르 연구소는 지금도 세계 곳곳에서 생명을 구하는 연구를 수행하고 있다.

1865 ▸ 1875

1867년
다이너마이트!
스웨덴 화학자 알프레드 노벨은 "다이너마이트"를 발명하였다. 나중에 다이너마이트가 전쟁터에서 사용되면서 노벨은 자신의 발명이 죽음과 연관되어 있다는 사실을 깨달았다. 그래서 노벨은 평화를 증진하는 사람들에게 수여하는 상을 포함해 노벨상으로 알려진 상의 기금 마련에 많은 재산을 남겼다.

1867년
두 바퀴의 힘
프랑스 대장장이 피에르 미쇼가 최초의 철제 페달 자전거를 만든 지 3년 후 루이 기욤 페로가 소형 알코올 연료 증기 기관을 자전거에 장착했다. 이 기계는 세계 최초의 모터사이클로 불리며 단 한 대의 모델만 제작되었다.

자전거가 움직이기 시작하면 가압된 증기가 실린더로 들어간다.
가죽 구동 벨트가 뒷바퀴에 동력을 전달한다.
페달을 밟아 바퀴를 움직이게 한다.

미쇼-페로 증기 모터사이클 모델

1865

1865년
더 안전한 수술
스코틀랜드의 외과 의사 조지프 리스터는 상처가 박테리아에 감염되어 환자들이 죽어가고 있다는 사실을 깨달았다. 그는 수술실에서 박테리아를 죽이기 위해 소독제로 페놀을 도입했다. 효과는 있었고 사망률은 감소했지만 페놀은 환자와 외과 의사 모두에게 해로운 것으로 판명되었고, 리스터는 나중에 이를 붕산으로 대체했다.

4. 페놀은 증기와 섞여 스프레이 노즐을 통해 공기 중으로 방출된다.

펌프

3. 증기가 튜브에 유입되면 페놀이 상승한다.

1. 파라핀 버너는 위쪽에 있는 물을 가열한다.

2. 끓인 물에서 발생한 증기가 관을 따라 내려간다.

리스터의 페놀 증기 분무기

1868년
헬륨 발견
프랑스 천문학자 쥘 장센은 태양의 개기일식을 관측하다가 태양의 스펙트럼에서 알려진 어떤 원소의 파장과도 일치하지 않는 노란색 빛의 선을 발견하였다. 이것은 우주에서 수소 다음으로 가장 가볍고 두 번째로 풍부한 원소인 헬륨이었다.

1869년
DNA 발견
스위스 물리학자 프리드리히 미셔는 세포의 핵 안에서 물질을 발견하였다. 그는 이 물질을 "뉴클레인"이라고 불렀다. 이후 이 물질은 모든 생물체의 유전 정보를 전달하는 DNA라는 것이 밝혀졌다.

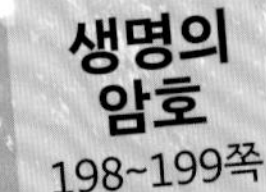
생명의 암호
198~199쪽

초기 현생 인류
프랑스 남서부에서 발견된 두개골은 서유럽에서 최초로 발견된 초기 현생 인류(크로마뇽인)의 것으로 확인되었다.

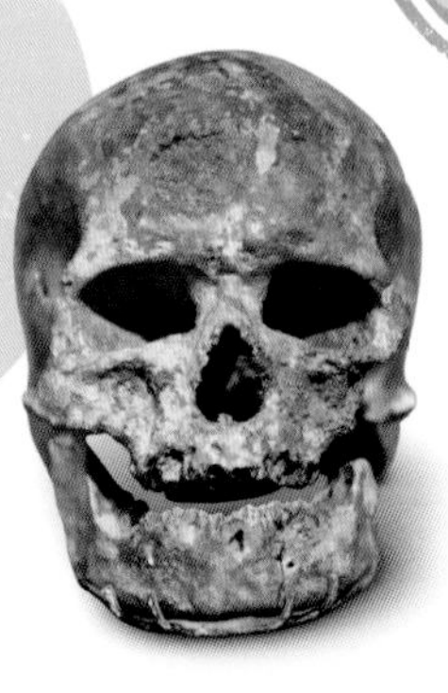

“꿈에서 모든 원소가 제자리에 들어맞는 표를 보았다.”

드미트리 멘델레예프

1871년

인간의 진화

찰스 다윈은『종의 기원』의 후속작인 『인간의 유래』를 출간했다. 이 새로운 저작에서 그는 인간이 진화해 온 방식과 성 선택 이론에 대해 논의했다. 다윈은 이 책을 출판하기 전에 망설였지만, 첫 번째 책만큼 큰 논란을 일으키지는 않았다.

1872년

과학 탐사

영국 선박인 챌린저호는 전 세계 바다를 탐험하기 위해 4년간의 항해를 시작했다. 이 배에는 많은 발견을 통해 해양학의 토대를 마련한 과학자 팀이 탑승했다.

챌린저호 선상 동물학 실험실

1875

1873년

냉장

독일 엔지니어 칼 폰 린데는 독일 뮌헨의 양조장에 액화 가스를 사용하는 최초의 현대식 냉장 시스템을 설계했다. 냉장 기술은 부패하기 쉬운 식료품의 보관 방식을 빠르게 변화시켰다.

폰 린데의 발명품에 사용된 냉각 과정은 현대 냉장고에서 볼 수 있는 냉각 과정과 크게 다르지 않다.

폰 린데의 냉장고

1834~1907년 드미트리 멘델레예프

러시아 상트페테르부르크의 화학과 교수였던 드미트리 멘델레예프는 원자량을 기준으로 한 원소 주기율표의 개념을 생각해 냈다. 그는 나중에 화학 교과서를 준비하던 중 꿈에서 이 아이디어가 떠올랐다고 말했다. 멘델레예프는 이를 주기율표라고 불렀다. 1955년에 발견된 원소 멘델레븀은 그의 발견을 기리기 위해 멘델레예프의 이름을 따서 지어졌다.

주기율표

멘델레예프는 알려진 63개의 원소를 원자량의 오름차순으로 배열하면 비슷한 특성을 가진 족이나 주기로 정렬할 수 있다는 사실을 발견했다. 이를 바탕으로 갈륨, 스칸듐, 저마늄 세 가지 원소의 존재를 예측할 수 있었고 이후 16년 동안 이 원소들이 모두 발견되었다.

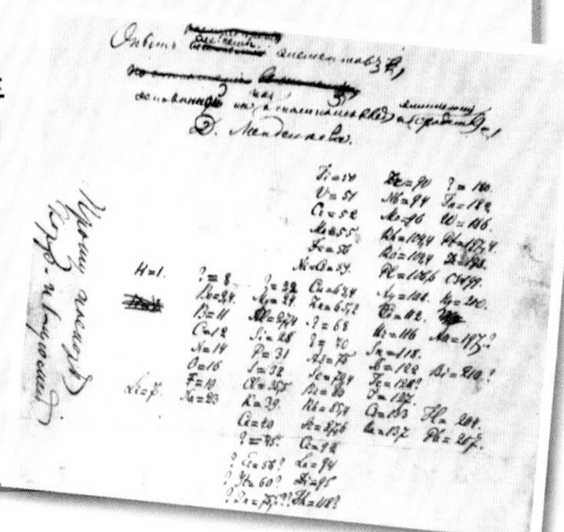

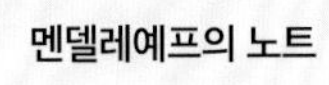

멘델레예프의 노트

화학의 시작

화학은 우주의 모든 물체가 만들어지는 물질을 다루는 학문이다. 슈퍼마켓에서 식품의 품질을 개선하는 것부터 자동차 휘발유를 얻는 것까지 현대 생활의 핵심이 되는 많은 과정의 기반이 되는 것이 바로 화학이다. 화학 연구는 1700년대 유럽에서 과학자들이 기체와 액체와 같은 물질과 그 변화 과정을 연구하기 시작하면서 대중화되었다. 그들은 원소를 분리하고 확인하는 실험을 수행하여 미래의 실험과 발견을 위한 길을 닦았다.

연금술사의 실험실

중세 연금술사들은 납을 금으로 바꾸고자 약병과 증류기에 물질을 넣어 가열하고 증류한 후 절구로 빻았다.

실험실의 연금술사

금속에 대한 지식

이 그림은 1556년에 독일에서 출판된 영향력 있는 초기 화학 서적인『데 레 메탈리카』에서 가져온 것이다. 이 책은 제련을 통한 금속 추출 방법을 설명하고 있다.

1. 기니피그는 내실에 있다.
2. 외실의 얼음은 기니피그의 호흡에서 나오는 열에 의해 녹게 된다.
3. 녹은 얼음에서 나온 물이 바닥에 모인다.

화학 실험

1780년대 초 프랑스의 화학자 앙투안 라부아지에는 호흡이 산소를 이용하고 열을 발생시키는 연소와 화학적으로 동일한 과정임을 보여주기 위한 실험을 위해 얼음 열량계를 설계했다. 이 장치는 기니피그가 숨을 쉴 때 발생하는 열의 양을 측정했다.

원유는 증류탑에 도달하기 전에 가열된다.

2

주요 사건

1661년

영국 아일랜드 철학자 로버트 보일은『회의적 화학자』에서 물질은 끊임없이 움직이는 다양한 "원자"로 구성되어 있다고 주장했다.

1754년

스코틀랜드 화학자 조지프 블랙은 이산화 탄소 기체를 분리하여 "고정된 공기"라고 불렀다. 그는 이 기체가 공기보다 무겁고, 불을 끄고, 동물을 질식시킨다는 점에 주목했다.

1766년

영국 화학자 헨리 캐번디시는 "가연성 공기"라고 부르는 무색 가스를 발견했는데 현재는 수소로 알려져 있다.

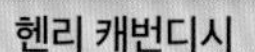

헨리 캐번디시

1789년

프랑스 화학자 앙투안 라부아지에는 최초의 현대 화학 교과서인『화학원론』을 출판했다.

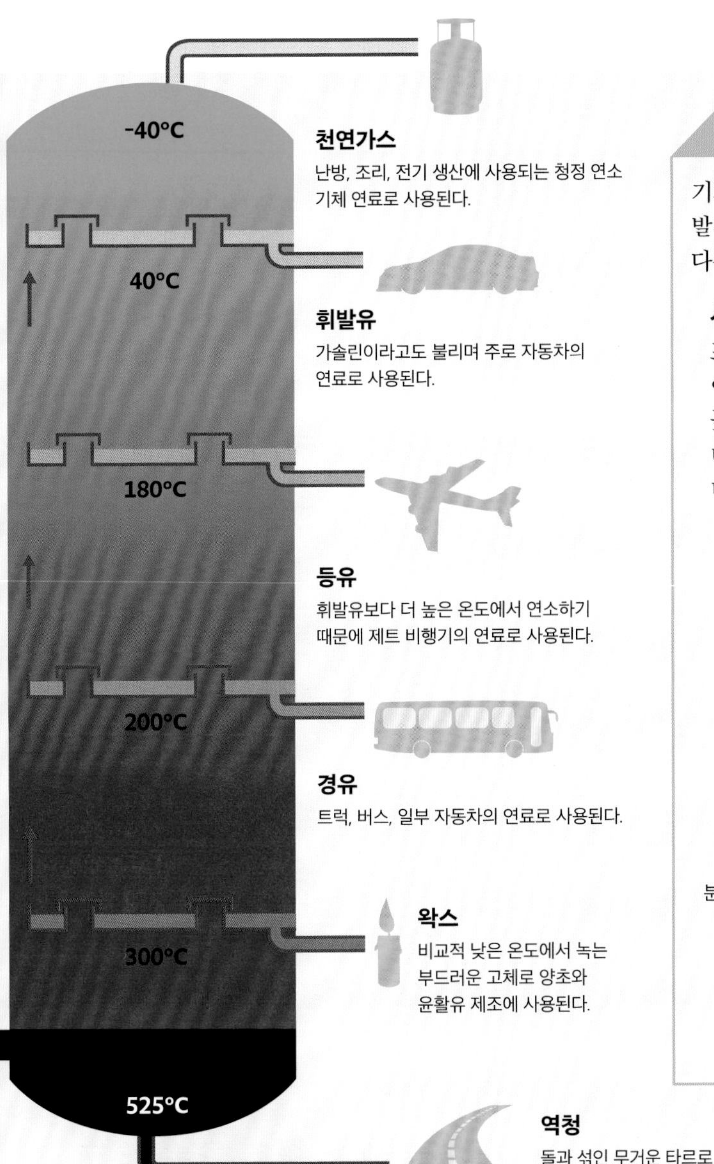

천연가스
난방, 조리, 전기 생산에 사용되는 청정 연소 기체 연료로 사용된다.

휘발유
가솔린이라고도 불리며 주로 자동차의 연료로 사용된다.

등유
휘발유보다 더 높은 온도에서 연소하기 때문에 제트 비행기의 연료로 사용된다.

경유
트럭, 버스, 일부 자동차의 연료로 사용된다.

왁스
비교적 낮은 온도에서 녹는 부드러운 고체로 양초와 윤활유 제조에 사용된다.

역청
돌과 섞인 무거운 타르로 도로 포장재로 사용된다.

기체 법칙

기체 내 분자의 운동을 설명하는 세 가지 중요한 법칙은 발견자의 이름을 따서 명명되었다. 첫 번째는 보일의 법칙이다. 다른 두 개는 샤를의 법칙과 게이뤼삭의 법칙이다.

샤를의 법칙

프랑스 과학자 자크 샤를의 이름을 딴 이 법칙은 온도를 높이면 부피가 증가하기 때문에 기체의 부피는 온도에 비례한다는 법칙이다.

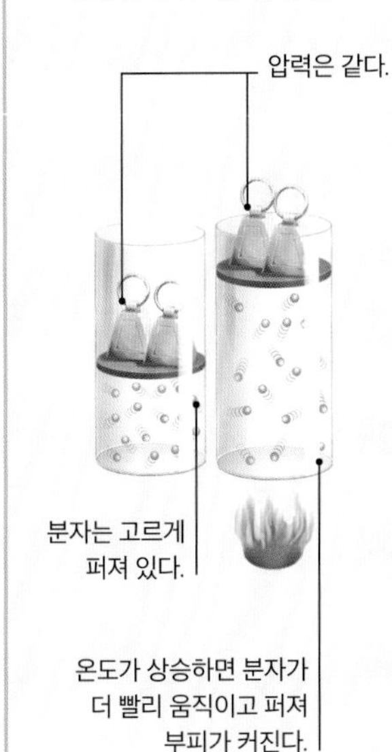

압력은 같다.
분자는 고르게 퍼져 있다.
온도가 상승하면 분자가 더 빨리 움직이고 퍼져 부피가 커진다.

게이뤼삭의 법칙

프랑스 화학자 조제프 루이 게이뤼삭이 처음 설명한 이 법칙은 일정한 부피의 기체에 대해 압력은 온도에 비례한다는 것이다.

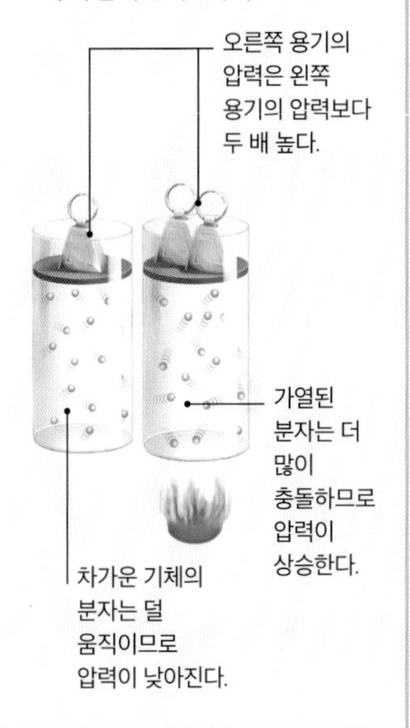

오른쪽 용기의 압력은 왼쪽 용기의 압력보다 두 배 높다.
가열된 분자는 더 많이 충돌하므로 압력이 상승한다.
차가운 기체의 분자는 덜 움직이므로 압력이 낮아진다.

산업에서의 화학

화학 공정에 대한 연구가 진행되면서 산업계는 그 결과를 활용해 오늘날 우리가 보는 공정을 개발하기 시작했다. 이러한 공정 중 하나는 탄화수소의 복잡한 혼합물인 원유의 증류이다. 이들은 증류탑 안에서 분리된다. 원유를 가열하면 탄화수소는 기체로 변하여 탑 위로 상승한 다음 각각 다른 온도에서 냉각 및 응축되고 분리되어 휘발유와 같이 유용한 제품으로 만들어진다.

합성 고분자

플라스틱은 1800년대 후반에 처음 만들어졌다. 목재, 석탄 또는 휘발유와 같은 유기 물질로 생산되는 플라스틱은 고분자로 만들어지며 가열하면 모양이 성형된다.

최초의 플라스틱 중 하나인 셀룰로이드로 만든 주사위

1803년
영국의 화학자 존 돌턴은 모든 물질을 원자와 그 성질로 설명하려는 최초의 시도인 원자론을 발표했다.

1805년
조제프 루이 게이뤼삭은 물이 수소 2개와 산소 1개로 이루어져 있다는 것을 발견했다.

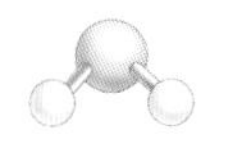

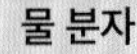
물 분자

1811년
이탈리아 물리학자 아메데오 아보가드로는 수소와 같은 단순한 기체는 두 개 이상의 원자가 결합된 분자로 이루어져 있다는 사실을 깨달았다.

1869년
드미트리 멘델레예프는 당시 알려진 63개 원소를 원자량과 성질에 따라 정리한 주기율표를 발표했다.

1875 ▸ 1885

1876년

전화기의 발명

미국 발명가 알렉산더 그레이엄 벨은 사람의 음성을 송수신하는 전화로 특허를 받았다. 소리의 진동을 전기 신호로 변환하거나 반대로 전기 신호를 소리로 바꾼다.

통신
150~151쪽

1876년

세균의 획기적인 발견

독일의 세균학자인 로버트 코흐는 양과 소에게 전염되는 치명적인 전염병인 탄저병이 탄저균이라는 세균에 의해 인간에게 전염된다는 사실을 밝혀냈다. 그의 발견은 프랑스 화학자 루이 파스퇴르의 세균론을 확인시켜 주었다.

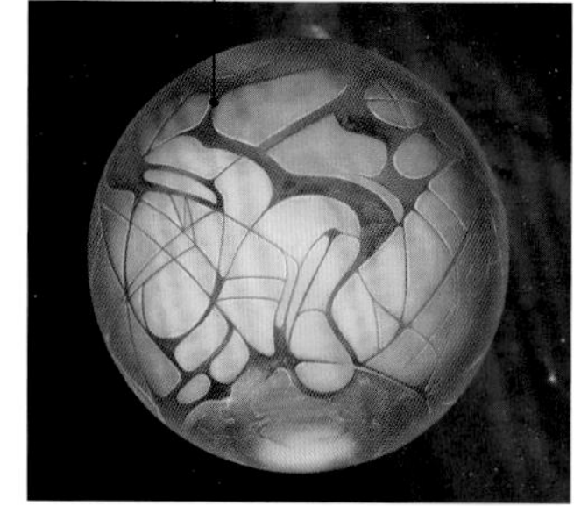
운하는 착시 현상으로
밝혀졌다.

스키아파렐리의 화성 지도를 묘사한 상상도

1877년

화성의 생명체

이탈리아 천문학자 지오바니 스키아파넬리가 화성에서 물길을 발견했다. "물길(canali)"을 뜻하는 이탈리아어가 영어 "운하(canals)"로 잘못 번역되면서 화성에 지적 생명체가 있다는 소문이 널리 퍼졌다.

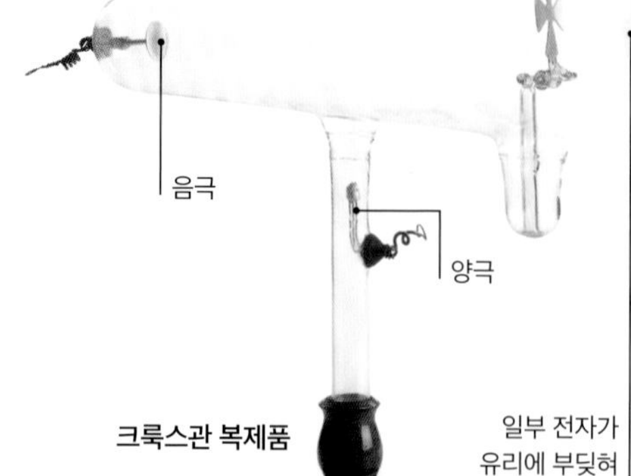
두 전극 사이의 강한 전기장이
기체 내 원자로부터 전자를
빼앗아 음극에서 밀어낸다.
음극
양극
일부 전자가
유리에 부딪혀
빛을 낸다.

크룩스관 복제품

1878년

크룩스관

영국 화학자 윌리엄 크룩스는 음극선관(크룩스관이라고도 함)을 발명했다. 극소량의 기체만 들어 있는 이 관에는 음극과 양극이 들어 있다. 이 관은 나중에 전자와 X-선을 발견하는 데 사용되었다.

1875

1876년 4행정 엔진

독일 발명가 니콜라우스 오토는 실린더 내부에서 연료를 점화시키는 4행정 내연 기관을 발명했다. 이 오토 엔진은 실린더 내에서 피스톤을 상하로 움직이는 4단계 주기로 작동한다. 이후 독일 엔지니어 카를 벤츠가 이 기술을 자동차 엔진으로 개조했다.

이 1888년식 오토 내연 기관 모델은 가스를 연료로 했고 고정형이었다.

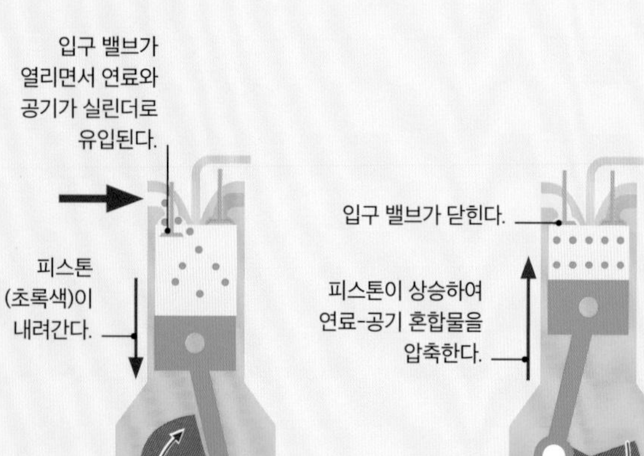
입구 밸브가
열리면서 연료와
공기가 실린더로
유입된다.
피스톤
(초록색)이
내려간다.
1. 흡입 행정

입구 밸브가 닫힌다.
피스톤이 상승하여
연료-공기 혼합물을
압축한다.
2. 압축 행정

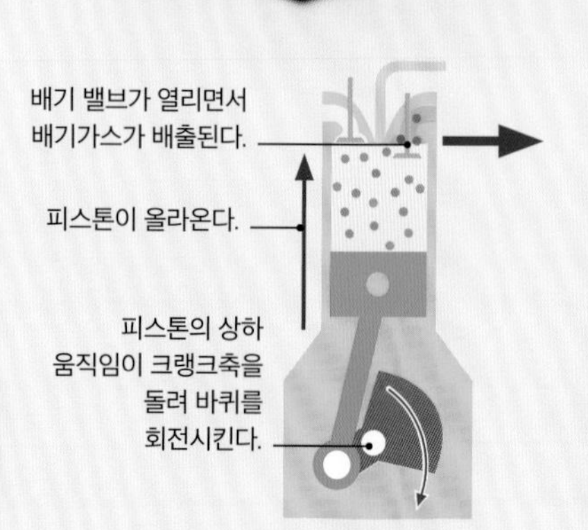
스파크 플러그에서
발생한 불꽃이 연료-공기
혼합물을 폭발시킨다.
폭발이 피스톤을
아래로 밀어낸다.
3. 폭발 행정
배기 밸브가 열리면서
배기가스가 배출된다.
피스톤이 올라온다.
피스톤의 상하
움직임이 크랭크축을
돌려 바퀴를
회전시킨다.
4. 배기 행정

1847~1931년 토머스 에디슨

미국 과학자 토머스 에디슨은 15세에 전신 교환원으로 일하기 시작했다. 그는 이후 1,000개 이상의 특허를 보유하면서 역사상 가장 유명한 발명가 중 한 명이 되었다. 그는 미국 뉴저지 멘로 파크에 최초의 산업 연구소를 설립했다.

에디슨의 가정용 축음기, 대량 생산된 가정용 플레이어, 1898년경

루프형 탄소 필라멘트

연결 전선

에디슨의 전구

에디슨의 가장 잘 알려진 발명품 중 하나는 전구이다. 그는 영국 화학자 조지프 스완의 설계를 개선하여 유리 전구 내부에 완전한 진공 상태를 만들었다. 동시에 필라멘트로 더 오래 타는 탄화된 대나무 섬유를 사용했다.

첫 번째 소리 녹음

1877년에 에디슨은 축음기를 발명했다. 이 장치의 바늘이 회전하는 은박지 원통에 사람의 목소리 진동을 새겨 넣었다.

1885

1881년

최초의 전기 트램

독일 베를린 교외의 리히터펠데에 최초의 전기 트램이 개통되었다. 각 차량에는 전기 모터가 장착되어 있었고, 전류는 달리는 레일을 통해 공급되었다. 1891년 전선을 트램 위로 올리기 전에는 건널목에서 사람과 말이 감전되는 사고가 종종 발생했다.

최초의 전기 트램

1881년

밝아진 도시들

1870년대부터 아크등이 여러 대도시를 밝혔지만, 영국의 작은 마을 고덜밍은 전구를 최초로 설치한 곳으로 전 세계의 주목을 받았다. 수력 발전기를 통해 전기 공급이 이루어졌는데 이 전기로 집에서도 전등을 켰다.

움직이는 말

영국 사진작가 에드워드 마이브리지가 찍은 사진은 말이 뛸 때 네 발이 동시에 땅에서 떨어져 있음을 보여주었다.

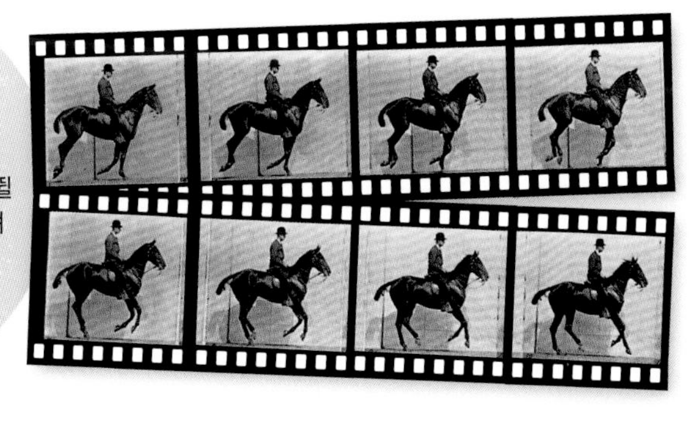

“우리는 부자들만 촛불을 태울 수 있도록 전등을 아주 싸게 만들 것이다.”

토머스 에디슨, 1879년

통신

지난 몇 세기 동안 사람들 간의 장거리 통신은 느린 과정이었다. 말을 타거나 배를 타고 편지를 보내면 목적지에 도착하는 데 며칠 또는 몇 주가 걸릴 수 있었다. 하지만 전선을 따라 즉시 메시지를 전송하는 전신이 발명되면서 속도가 빨라졌다. 곧이어 전화, 라디오, 텔레비전이 등장했다. 오늘날 우리는 컴퓨터와 휴대용 기기를 사용하여 전 세계 거의 모든 곳에서 서로 즉각적으로 연락할 수 있다.

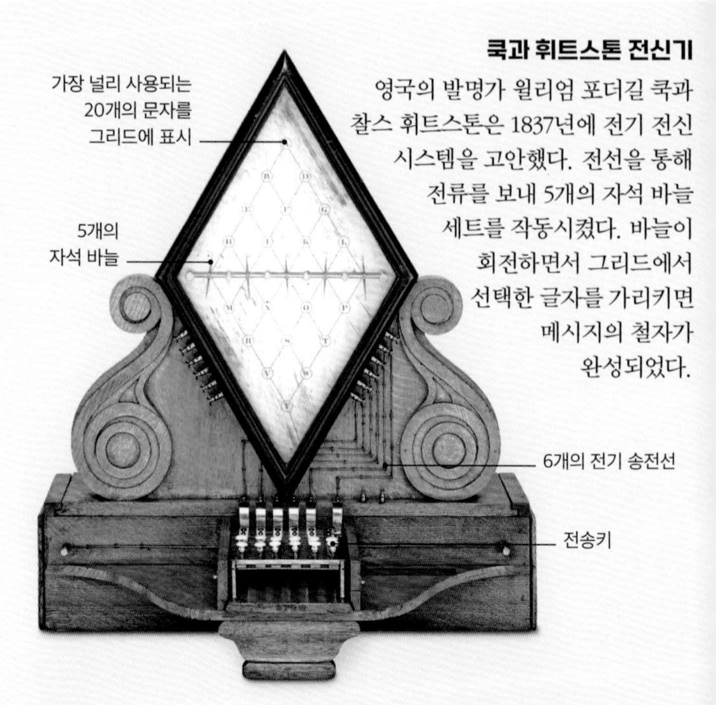

쿡과 휘트스톤 전신기

영국의 발명가 윌리엄 포더길 쿡과 찰스 휘트스톤은 1837년에 전기 전신 시스템을 고안했다. 전선을 통해 전류를 보내 5개의 자석 바늘 세트를 작동시켰다. 바늘이 회전하면서 그리드에서 선택한 글자를 가리키면 메시지의 철자가 완성되었다.

포니 익스프레스 기수들은 안장 가방의 가죽 주머니에 우편물을 넣어 운반하였다.

우편 배달

1860년 운행을 시작한 포니 익스프레스는 중서부 미주리에서 서부 캘리포니아까지 약 3,000 km의 험난한 여정을 통해 우편물을 배달했다. 말과 기수가 번개처럼 바뀌는 중계 시스템을 사용한 이 고속 서비스는 경쟁 우편 회사의 소요 시간보다 최소 10일 이상 단축했다. 전신의 등장으로 1861년 포니 익스프레스는 막을 내렸다.

"왓슨, 이리 와 주게."

1876년 3월 10일, 알렉산더 그레이엄 벨이 그의 조수에게 전화로 처음으로 한 말

1870년대 벨 전화기

주요 사건

1844년

미국의 발명가 사무엘 모스는 워싱턴 D.C.에서 메릴랜드주 볼티모어로 전보를 보내면서 자신의 전신 시스템을 공개적으로 시연했다.

1858년

유럽과 북미를 전신으로 연결하는 최초의 대서양 횡단 해저 케이블이 개통되었다. 아일랜드에서 캐나다 뉴펀들랜드까지 연결되었다.

1876년

알렉산더 그레이엄 벨은 사람의 음성을 송수신할 수 있는 최초의 전화기를 설계했다.

알렉산더 그레이엄 벨

1886년

하인리히 헤르츠는 제임스 클러크 맥스웰이 최초로 이론화한 전파의 존재를 감지했다. 이 발견은 향후 무선 라디오 통신에 대한 연구의 토대를 마련했다.

모스 전신

전기 전신은 모스 부호를 사용하여 알파벳의 여러 글자를 나타내는 일련의 전기 펄스로 메시지를 보냈다. 조작자는 키를 눌러 전선을 따라 펄스를 전송했다. 수신 측에서는 전자석이 종이테이프에 암호화된 메시지를 표시하는 펜을 움직였다.

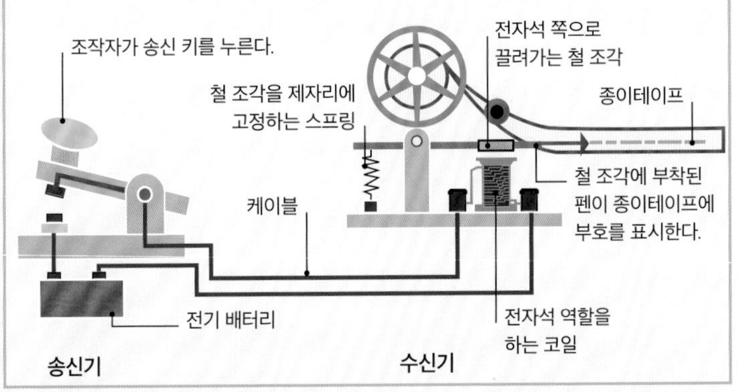

초기 마르코니 무전기

바다에서의 라디오

이탈리아 물리학자 굴리엘모 마르코니는 모스 부호로 신호를 전송하는 최초의 장거리 라디오(또는 무선) 통신 시스템을 발명했다. 해상에서 선박이 조난 신호를 보내는 데 사용되어 생명을 구했다. 1912년 침몰한 원양 여객선 타이타닉호는 마르코니 무전기로 마지막 메시지를 보내면서 이 기술에 대한 대중의 인식을 높였다.

소리의 파동이 철 격막을 진동시킨다.

마이크와 귀에 대면 수신기 역할을 하는 원뿔형체

말굽자석을 감싸는 구리선 코일

양방향 대화

미국 과학자 알렉산더 그레이엄 벨은 1876년 전화기에 대한 특허를 받았다. 전화기는 송신기이자 수신기로 목소리의 진동을 전기 신호로 변환했다. 이 신호는 유선을 통해 다른 전화기로 전송되어 다시 음성 소리로 변환되었다. 전화를 받는 사람은 이 과정을 거꾸로 반복하여 응답했다.

그의 1935년형 텔레비전과 함께 있는 판즈워스

전자식 텔레비전

1927년, 미국 발명가 필로 판즈워스는 최초의 완전 전자식 텔레비전을 만들었다. 이 텔레비전은 비디오 카메라 튜브를 사용하여 이미지를 캡처하고 전기 신호로 전송한 후 스크린에 재조합했는데, 이 방식은 베어드의 기계식 회전 디스크보다 처리 속도가 훨씬 빨랐다.

1901~1902년

아일랜드계 이탈리아인 물리학자 굴리엘모 마르코니가 설계한 시스템은 3,300 km 이상의 거리에서 최초로 대서양 횡단 라디오 신호를 송수신했다.

1925년

스코틀랜드의 발명가 존 로지 베어드는 기계식 텔레비전의 공개 시연에서 최초로 움직이는 이미지를 전송했다.

1962년

최초의 통신 위성인 텔스타 1호가 미국 플로리다의 케이프 커내버럴에서 우주로 발사되어 텔레비전 프로그램이 대서양을 건너 방송될 수 있게 되었다.

1973년

1.1 kg의 무게의 벽돌 크기만 한 휴대폰에서 첫 통화가 이루어졌다.

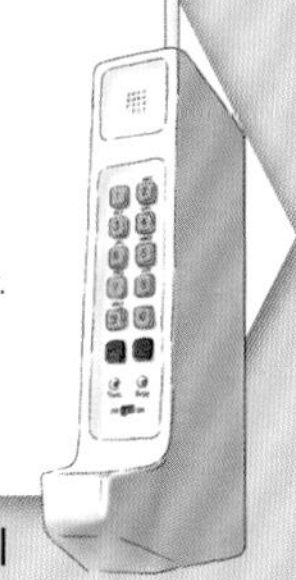

최초의 휴대용 전화기

1900년경, 미국 콜로라도주 콜로라도스프링스

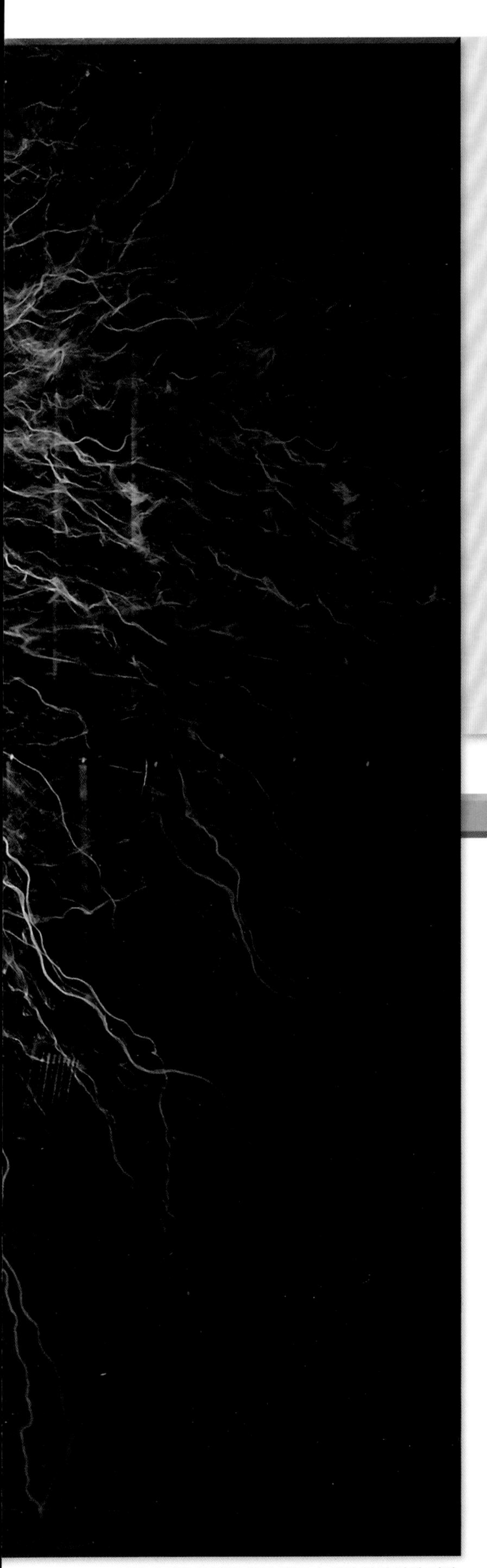

니콜라 테슬라가 자신의 증폭 송신기 옆에 앉아 있다.

증폭 송신기

니콜라 테슬라는 전기공학의 선구자이자 실용적인 발명가였다. 그는 고전압, 고주파 교류 전류를 전송하여 전 세계에 전력을 무선으로 분배할 수 있다고 믿었다. 1899년 미국 남서부 콜로라도스프링스로 이주한 그는 수백만 볼트를 생성하고 수 미터 길이의 스파크를 방전할 수 있는 증폭 송신기를 만들었다. 테슬라는 그곳에서 9개월을 보내며 실험 일기를 썼다. 그는 뉴욕으로 돌아와 무선 전송에 대한 연구를 계속했지만 재정적 후원자가 부족해졌다. 전 세계에 전류를 무선으로 전송하려는 테슬라의 꿈은 아직 실현되지 못했다.

"… 내가 만든 모든 발명품 중에서 증폭 송신기가 미래 세대에게 가장 중요하고 가치 있는 것이 될 것이라 확신한다."

니콜라 테슬라, 『나의 발명』, 1919년

1885년

광견병 백신

프랑스 화학자 루이 파스퇴르가 광견병 백신을 만들었다. 광견병에 걸린 개에게 물린 9세 조셉 마이스터는 광견병 백신을 최초로 접종받았으며 이 질병에 걸리지 않았다.

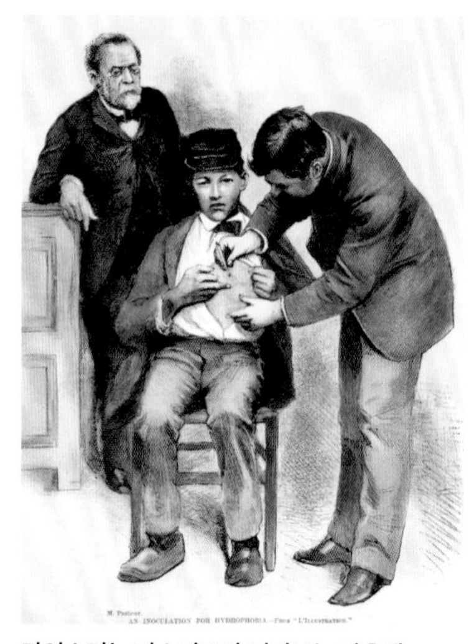

마이스터는 파스퇴르가 지켜보는 가운데 광견병 백신을 접종받았다.

루이 파스퇴르 142~143쪽

새 타이어를 장착한 자전거를 탄 던롭의 아들

1887년

공기 주입식 고무 타이어

스코틀랜드 출신의 수의사이자 발명가인 존 던롭은 최초로 자전거용 공기주입 타이어를 개발했다. 오래된 정원 호스의 일부를 잘라 아들의 세발자전거 바퀴에 부착하고 공기를 채워 주행이 훨씬 수월하도록 했다. 그 결과 자전거의 인기가 크게 증가했다.

1885

1885년

최초의 자동차

독일 엔지니어 카를 벤츠는 세계 최초의 자동차를 제작했다. 이 자동차는 2인용 좌석과 3개의 와이어 바퀴를 갖추고 있었고 4행정 엔진으로 동작했다. 최초의 시승에서 최대 속력이 16 km/h에 달했다.

1886년

전파

독일 물리학자 하인리히 헤르츠는 실험을 통해 전파의 존재를 확인했다. 이 전파는 스코틀랜드 물리학자 맥스웰이 1867년 처음으로 예측한 전자기 복사의 일종이다. 주파수 단위는 헤르츠의 이름을 따서 헤르츠(Hz)로 명명되었다.

벤츠 자동차

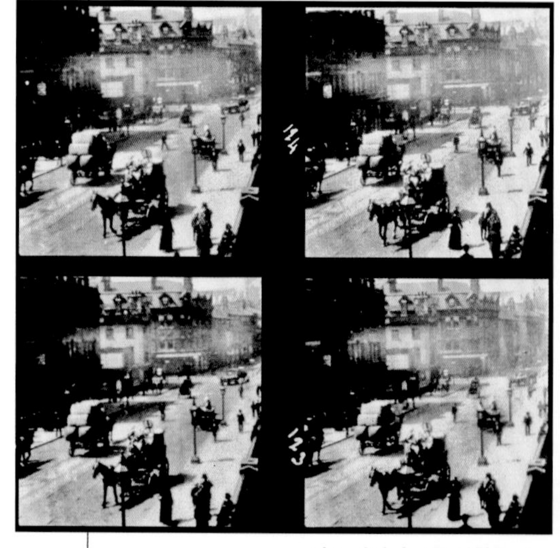

리즈 다리의 교통 상황을 담은 르 프랭스의 움직이는 사진 프레임

1888년

움직이는 사진

프랑스 사진작가 루이 르 프랭스는 영국 리즈에 머무는 동안 단렌즈 카메라를 이용하여 종이 필름에 최초의 움직이는 사진을 찍었다. 이 사진은 당시에는 공개적으로 상영되지 않았다. 그 후 1890년대에 미국의 발명가 에디슨이 초기 영화 감상 장치인 키네토스코프를 개발했다.

20마력 증기 기관

덮개가 달린 날개로
양력 제공

네 개의 날개가
달린 프로펠러

앞 바퀴

아더의 비행 기계

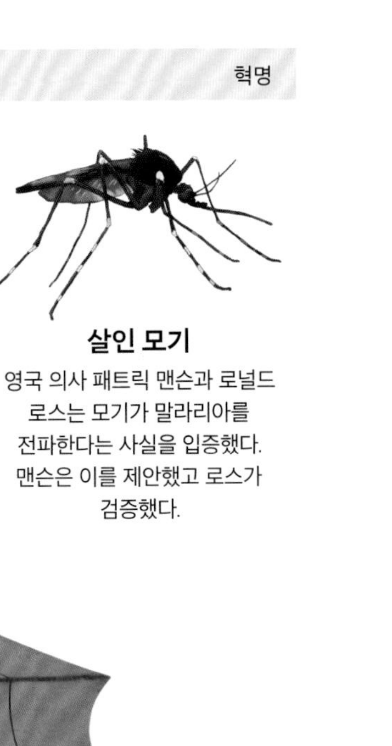

살인 모기

영국 의사 패트릭 맨슨과 로널드 로스는 모기가 말라리아를 전파한다는 사실을 입증했다. 맨슨은 이를 제안했고 로스가 검증했다.

1890년

박쥐 비행기

프랑스의 발명가 클레망 아더는 라이트 형제보다 13년 앞서 비행 기계로 최초의 유인 비행에 성공했다. 증기 기관으로 구동된 이 비행기는 높이가 20 cm에 불과하였으며 약 50 m를 비행했다. 그러나 아더의 기계는 공중에서 조종할 수 없었기 때문에 라이트 형제의 발명이 최초의 비행기로 인정받고 있다.

하늘을 날다
162~163쪽

0 ● ● ● ● 1895

1856~1943년 니콜라 테슬라

전기 분야의 선구자인 니콜라 테슬라는 세르비아에서 태어나 1884년 미국으로 이주했다. 그는 현재 널리 사용되는 교류 전기 시스템을 개발하고 회전 자기장을 발견했으며 유도 전동기를 발명했다.

유도 전동기

테슬라의 유도 전동기는 교류가 고정된 코일에 공급되면 자기장이 생성되어 회전하는 코일인 로터를 돌리게 된다. 로터는 축을 중심으로 회전하게 되며 이 원리는 대형 산업 기계뿐만 아니라 가정용 제품인 냉장고, 헤어드라이어, 세탁기 등에도 적용되고 있다.

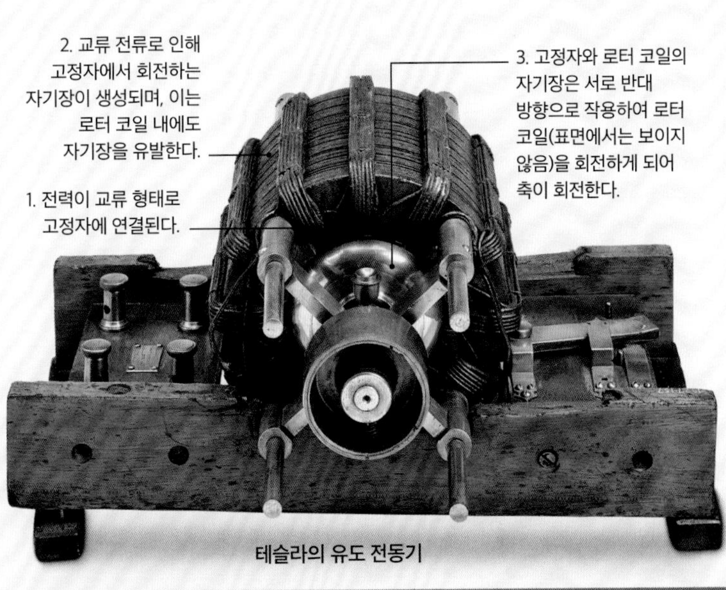

1. 전력이 교류 형태로 고정자에 연결된다.
2. 교류 전류로 인해 고정자에서 회전하는 자기장이 생성되며, 이는 로터 코일 내에도 자기장을 유발한다.
3. 고정자와 로터 코일의 자기장은 서로 반대 방향으로 작용하여 로터 코일(표면에서는 보이지 않음)을 회전하게 되어 축이 회전한다.

테슬라의 유도 전동기

아르곤은 1894년에 처음 분리된 비활성 기체이다.
아르곤은 지구 대기의 0.94%를 차지한다.

LITTLE WILLIE
1915

1895-1945
원자 시대

세계대전을 경험한 이 시기에는 항공기, 라디오, 텔레비전이 등장하고 자동차 및 다양한 전자 제품이 일상에서 흔히 사용되었다. 이 시기에는 방사능의 발견을 시작으로 원자 내부 구조와 원자의 방대한 에너지 잠재력에 대한 이해가 깊어졌다. 또한 우주에 대한 지식도 크게 확장되었으며 천문학자들은 우주에 우리 은하만 있는 것이 아니라 수십억 개의 은하가 존재한다는 것을 증명하였다.

1895 ▸ 1900

1895년

영화관 등장

프랑스 파리에서 33명의 관객이 유료 영화관에서 10편의 단편 영화를 최초로 관람했다. 프랑스 뤼미에르 형제가 발명한 이 장치는 35 mm 폭의 필름으로 촬영된 사진을 초당 16장씩 비추어 마치 움직이는 듯한 착각을 불러일으켰다.

최초의 유료 영화를 광고하는 포스터

음극선관을 사용하는 톰슨

1897년

전자의 발견

영국의 과학자 조지프 톰슨은 음극선을 연구하던 중 전자를 발견했다. 이 작은 입자는 원자의 중심을 돌며 음전하를 띠고 있다. 이는 원자의 구조를 이해하는 첫걸음이었다. 톰슨은 이 발견으로 1906년 노벨 물리학상을 수상했다.

1897년

세계 최대 규모의 망원경

미국에 있는 여키스 천문대에서 세계 최대의 굴절 망원경(거울이 아닌 렌즈를 사용하는 망원경)이 처음 사용되었다. 이 망원경에는 직경 102 cm 유리 렌즈가 있어 멀리 떨어진 별, 행성, 은하에서 오는 빛을 모을 수 있으며 1951년 우리 은하의 나선 구조를 발견하는 데 사용되었다.

1895

1895년 X-선의 발견

독일의 물리학자 빌헬름 콘라트 뢴트겐은 음극선 실험 중 피부와 종이는 통과하지만 뼈나 금속과 같은 물질은 통과하지 못하는 신비한 에너지 파동을 발견했다. 뢴트겐은 수학에서 미지의 값을 나타내는 기호 X를 따서 X-선이라고 이름을 붙였다. 뢴트겐은 최초의 X-선 이미지를 촬영했다.

뢴트겐의 최초 X-선 사진에는 그의 아내 안나의 손뼈와 결혼반지가 보인다.

X-선 촬영

초기의 X-선 기계는 간단한 구조였고 환자는 사진을 촬영하기 위해 오랜 시간 움직이지 않고 서 있어야 했다. X-선의 잠재적 위험성에 대한 이해가 부족했던 당시에는 방사선에 대한 반복적 또는 장기간의 과다 노출로 직원과 환자가 피해를 입는 경우가 많았다. 이제 방사선량을 조절하고 선별하여 골절, 폐 문제, 체내 이물질을 감지하는 데 X-선은 필수적인 장비가 되었다.

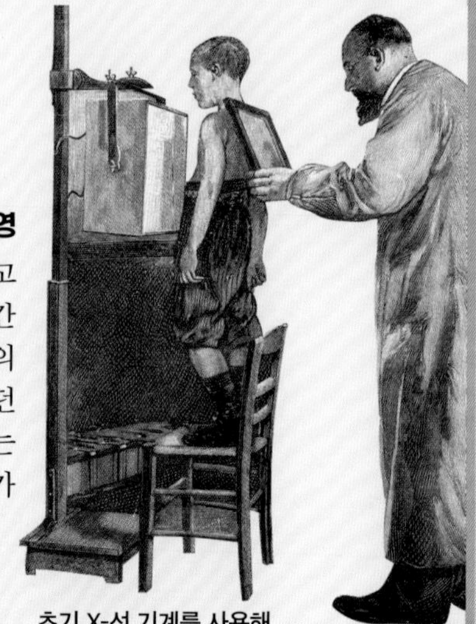

초기 X-선 기계를 사용해 소년을 촬영하는 뢴트겐

경통은 길이가 19.2 m이고 무게가 225 kg인 거대한 유리 렌즈를 고정한다.

미국 위스콘신 여키스 천문대의 굴절 망원경

마운트는 주 망원경을 지탱하고 밤하늘의 여러 방향을 향하도록 돕는다.

천체의 움직임 72~73쪽

1896년 프랑스 물리학자 앙리 베크렐은 우라늄 염을 연구하던 중 우연히 방사선을 발견했다.

1899년

아스피린 판매 시작

아세틸살리실산은 1897년 독일 바이엘사에서 개발되어 1899년부터 아스피린이라는 상표명으로 판매되었다. 이 약은 신경 말단의 통증을 줄여주며 매년 1,000억 정 이상 복용되는 세계에서 가장 흔한 진통제로 자리 잡았다.

1899년

최초의 손전등

영국의 발명가 데이비드 미셀은 섬유지로 만든 통에 세 개의 D형 건전지를 넣어 최초의 튜브형 손전등을 만들었다. 스위치를 누르면 전기 회로가 완성되고 배터리가 작은 전구를 밝혔지만 짧은 시간 동안만 작동했기 때문에 "플래시라이트"라는 별명이 붙었다.

1900

1898년

최초의 원격 제어

오스트리아-헝가리 출신 발명가 니콜라 테슬라는 수조에 있는 1.2 m 길이의 금속 배를 제어하는 데 최초로 전파를 사용했다. 테슬라는 무선 신호를 보내 배의 방향을 바꾸고 전동기를 켜고 끄도록 했다.

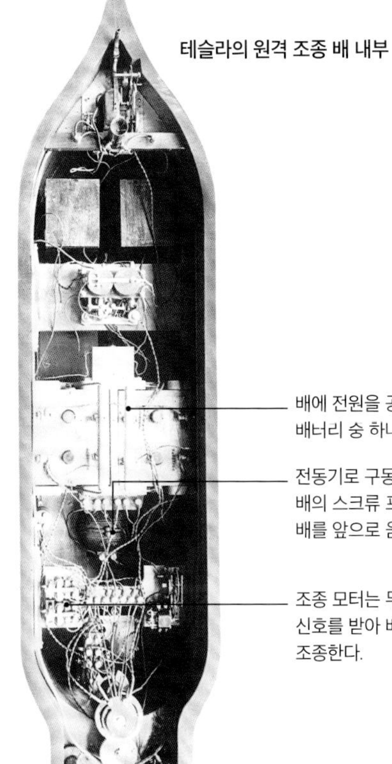

테슬라의 원격 조종 배 내부

배에 전원을 공급하는 네 개의 배터리 중 하나

전동기로 구동되는 기어가 배의 스크류 프로펠러를 돌려 배를 앞으로 움직인다.

조종 모터는 무선 수신기에서 신호를 받아 배의 방향타를 돌려 조종한다.

1898년

비활성 기체 발견

영국의 화학자 윌리엄 램지와 모리스 트래버스는 크립톤, 네온, 제논 원소를 발견했다. 세 가지 모두 무색, 무취, 비활성 기체로 다른 물질과 거의 반응하지 않는다.

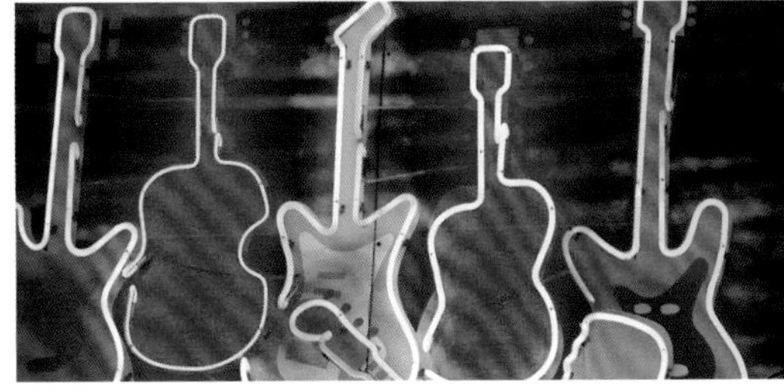

네온 기체는 전기가 통과하면 화려하게 빛이 난다.

1900 ▸ 1905

말이 끄는 부스의 진공청소기

1900년

체펠린 비행선의 이륙

체펠린 LZ1이 독일 콘스탄스 호수에서 첫 비행을 했다. 체펠린 비행선은 가볍고 튼튼한 알루미늄 프레임에 면직물을 덮은 견고한 구조로 제작된 최초의 비행선이었다. 내부에는 고무를 덧댄 면으로 만든 17개의 방에 수소 기체가 들어 있어 양력이 발생했다. 승무원과 승객은 128 m 길이의 비행선 아래에 있는 두 개의 알루미늄 곤돌라에 탔다.

LZ1의 첫 비행

1901년

최초의 전동 흡입식 진공청소기

영국 엔지니어 허버트 세실 부스가 제작한 거대한 진공청소기는 내연기관으로 작동되었다. 내부 피스톤 펌프가 파이프로 공기를 빨아들여 천 필터를 지나가게 함으로써 먼지를 모았다. 집 밖에 청소기를 세워두고 문과 창문으로 구부러지는 파이프를 넣어 사용했다.

1901년

혈액형

오스트리아의 생물학자 카를 란트슈타이너가 처음으로 A, B, O형의 혈액을 발견했다. 그는 서로 다른 두 가지 유형의 혈액을 섞으면 적혈구가 서로 뭉쳐지지만 같은 유형의 혈액을 섞으면 그렇지 않다는 사실을 발견했다. 이를 통해 의사들은 더 안전하고 효과적인 수혈을 준비할 수 있게 되었다.

1900

“그 크기는 지금까지 묘사된 육식성 육상동물을 훨씬 능가한다.”

헨리 페어필드 오즈번, 『티라노사우르스 렉스』, 1905년

미국 뉴욕 자연사 박물관의 티렉스 골격 복원본

1902년

티라노사우루스 렉스

미국의 고생물학자 바넘 브라운은 미국 몬태나의 헬 크릭 암석층에서 두 발로 걷는 육식 공룡 화석을 발견했다. 이 공룡의 원래 이름은 다이나모사우루스 임페리오수스였으나 나중에 “폭군 도마뱀 왕”이라는 뜻의 티라노사우루스 렉스로 이름이 바뀌었다.

1902년

대기층

프랑스 기상학자 레옹 테스랑 드 보르는 10년간 200개 이상의 기상 풍선으로 연구한 끝에 지구 대기의 가장 아래쪽 두 층을 정확하게 설명했다. 대류권은 지상에서 평균 고도 10 km까지 뻗어 있으며 성층권은 고도 10~50 km 사이에 있다.

대류권은 고도가 높아짐에 따라 온도가 낮아진다.

성층권

대류권

두 층 사이의 경계를 대류권계면이라고 한다.

1903년

심전계

네덜란드 의사 빌럼 에인트호번이 정확한 심전계를 최초로 발명했다. 이 기계는 심장이 박동할 때 생성되는 미세한 전류를 측정한다. 심전계는 현재도 심장 문제를 감지하는 데 널리 사용되고 있다.

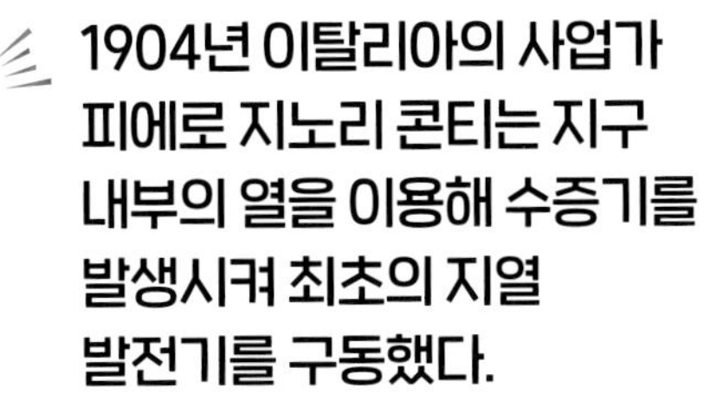

1904년 이탈리아의 사업가 피에로 지노리 콘티는 지구 내부의 열을 이용해 수증기를 발생시켜 최초의 지열 발전기를 구동했다.

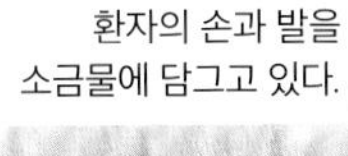

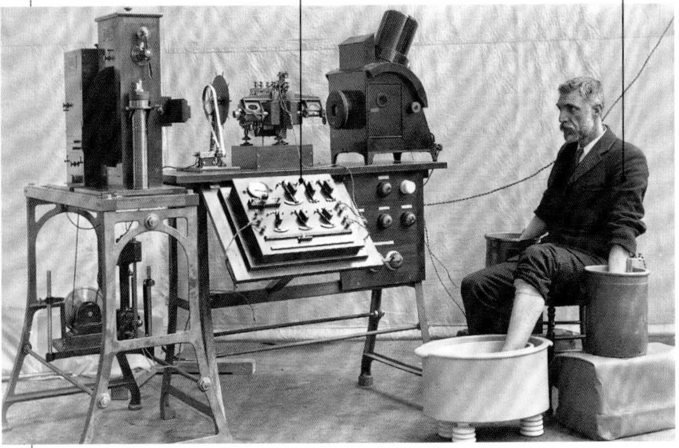

기계는 소금물을 통해 전달되는 환자의 전기 신호를 읽는다.
환자의 손과 발을 소금물에 담그고 있다.

심전도를 측정하는 환자, 1911년

1904년

진공 다이오드

영국 전기기술자 존 앰브로즈 플레밍은 1904년 진공 다이오드로 특허를 받았다. 이 장치는 전기가 한 방향으로만 흐르도록 하여 교류 전기를 직류로 변환했다. 플레밍의 다이오드는 많은 초기 전자 기기의 발명을 촉진했으며, 이것은 최초의 컴퓨터뿐만 아니라 라디오에도 사용되었다.

유리구
유리구 안은 공기를 뺀 진공 상태이다.
전자는 금속판으로 흐른다.
꼬여 있는 금속 필라멘트가 가열되면 전자를 진공으로 방출한다.

플레밍 다이오드 모형

1905

라이트 형제

미국인 오빌 라이트(1871~1948년)와 윌버 라이트(1867~1912년) 형제는 오하이오주 데이턴에서 자전거 제작 사업을 했다. 그러나 비행에 매료된 두 발명가는 연, 글라이더, 풍동을 직접 만들어 비행과 관련된 힘을 알아냈다. 그들은 최초로 공기보다 무거운 동력 비행기인 1903 라이트 플라이어로 비행했다.

오빌과 윌버 라이트

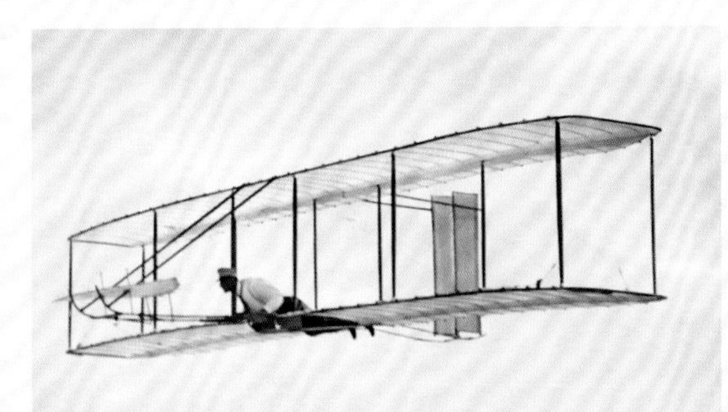

미국 노스캐롤라이나주 빅 킬 데빌 힐 상공을 비행하고 있는 윌버

라이트 글라이더

형제는 직접 제작한 비행기를 200회 이상 운행하며 비행기가 피치(상하), 요(좌우), 롤 중 하나의 축으로 움직인다는 사실을 알아냈다. 그들은 요를 조종하는 방향타, 철사로 날개 끝을 뒤틀어 롤링이 가능하도록 하는 윙워핑(wing warping)과 같은 조종면을 개발했다.

크로마토그래피

1903년 러시아의 식물학자 미하일 츠베트는 식물이나 잉크 등의 색소 혼합물을 분리할 수 있는 크로마토그래피를 개발했다. 오늘날 크로마토그래피는 법의학 등 다양한 분야에서 사용되고 있다.

서로 다른 화학 물질이 서로 다른 속도로 종이 위로 이동하면서 따로 분리된다.

잉크에 담근 종이

하늘을 날다

수 세기 동안 사람들은 새처럼 날개를 달고 하늘을 나는 꿈을 꾸었지만 비행 시도는 대부분 부상이나 사망으로 끝났다. 동력 및 제어 비행은 설계하는 데 오랜 시간이 걸렸지만 막상 실현되자 변화의 속도는 매우 빨랐다. 미국인 오빌과 윌버 라이트 형제는 이 과정에서 중요한 역할을 했다. 최초의 동력 비행기인 1903 라이트 플라이어는 1903년 첫 비행에서 36 m를 날았지만 불과 11년 후 독일의 비행사 카를 잉골드는 메르세데스 아비아틱-페일을 타고 1,699 km를 멈추지 않고 비행했다.

> **"비행기를 발명하는 것은 아무것도 아니다. 비행기를 만드는 것은 대단한 일이다. 그러나 더욱 중요한 것은 비행이다."**
>
> 오토 릴리엔탈

1890년대 중반 글라이더를 타고 있는 릴리엔탈

제1차 세계대전 중 영국 햄프셔의 한 공장에서 제조 중인 아브로 504 복엽기

활공하다

영국 엔지니어 조지 케일리와 독일 항공의 선구자 오토 릴리엔탈은 비행 원리에 대한 과학적 연구를 통해 짧은 거리를 활공할 수 있는 무동력 비행기 개발을 선도했다. 릴리엔탈은 2,000회 이상 비행했으며 그중 일부는 250 m까지 날아갔다. 그의 비행은 1891년부터 글라이더 추락 사고로 사망한 1896년까지 계속되었다.

동력 비행

라이트 형제는 오토 릴리엔탈에게 영감을 받아 최초의 동력 항공기인 라이트 플라이어를 제작했다. 12마력 가솔린 엔진이 장착된 이 비행기는 2.4 m 길이의 프로펠러 두 개를 이용해 공기를 뒤로 굴절시켜 항공기가 앞으로 나아가게 했다.

1903년형 라이트 플라이어 모형

주요 사건

1903년
라이트 플라이어는 미국 노스캐롤라이나주 킬 데빌 힐스에서 동력 항공기로는 최초로 제어 비행에 성공했다. 조종사 오빌 라이트는 항력을 줄이기 위해 엎드려서 비행했으며 12초 동안 지속되었다.

1909년
프랑스 비행사 루이 블레리오는 최고 속력이 75.6 km/h에 불과한 블레리오 11호 단엽기를 타고 영국 해협을 최초로 비행했다.

1911년
미국인 비행사 유진 엘리는 커티스 복엽기를 조종해 최초로 선박 이착륙에 성공했다. 그의 비행은 미국 캘리포니아 샌프란시스코만에 있는 펜실베니아호에서 이루어졌다.

1927년
미국 비행사 찰스 린드버그는 스피릿 오브 세인트루이스 단엽기를 타고 대서양을 직항으로 최초 단독 횡단했다. 이때 약 1,700 L의 연료가 비행에 투입되었다.

비행기 열풍

윌버 라이트는 1908~1909년 유럽 순회에서 200회 이상 비행하며 비행 열풍을 불러일으켰다. 수십 개의 비행기 제조업체가 생겨나 1910년 최초의 수상 비행기, 1913년 르 그랑이라는 최초의 4엔진 항공기가 제작되었다. 제1차 세계대전을 거치면서 리넨이나 캔버스로 덮은 나무 프레임 항공기가 대량으로 제조되었다.

비행의 원리

비행의 네 가지 힘

비행기가 출발하면 날개 위로 흐르는 공기가 양력을 만들고 이 힘이 중력보다 커지면 이륙한다. 공중에서는 엔진의 추진력이 항력보다 커야 앞으로 나갈 수 있다.

요, 피치, 롤

항공기는 조종면을 사용하여 세 가지 축 중 하나로 움직인다. 꼬리 부분의 방향타는 비행기를 좌우로 회전시키고 승강타가 비행기를 위아래로 움직이게 한다.

황금기

제1차 세계대전 이후 항공기는 농약 살포부터 측량, 우편 서비스에 이르기까지 다양한 용도로 활용되었다. 엔진이 더욱 강력하고 안정적으로 발전하면서 화물과 승객을 실을 수 있는 대형 항공기가 제작되었다. 1935년에 출시된 더글러스 슬리퍼 수송기는 14명의 야간 승객을 태울 수 있었다.

비행 과학

레이더

레이더(RADAR)는 고체 물체에서 반사되는 전파를 전송하여 항공기와 미사일을 탐지하는 장치이다.

제2차 세계대전 레이더 설치, 독일

비상 탈출 좌석

비상시 화약과 로켓의 추진력으로 조종석을 쏘아올려 조종사가 고장난 항공기에서 빠져나와 낙하산으로 안전하게 착륙할 수 있게 해 준다.

자동 조종 장치

1912년 미국 비행사 로렌스 스페리가 고안한 자동 조종 장치는 조종면과 엔진 출력을 자동 제어해 비행기가 항로를 따라 비행하게 한다.

1938년

기압 조절 객실을 갖춘 최초의 여객기는 보잉 307 스트래토라이너였다. 이 여객기는 33명의 승객을 태울 수 있었고 기상 변화가 일어나지 않는 6,000 m 고도에 도달하여 보다 원활하고 빠른 속도로 비행했다.

1939년

제트 엔진으로 구동되는 하인켈 He-178이 처음 비행했다. 이 비행기는 독일 항공기 설계자 에른스트 하인켈이 제작했다.

1952년

드 하빌랜드 코멧은 영국 해외 항공이 취항한 최초의 제트 여객기가 되었다. 4개의 제트 엔진으로 최대 2,400 km까지 비행할 수 있었다.

1957년

최초의 비즈니스 제트기인 록히드 제트스타가 승객 10명과 승무원 2명을 태우고 첫 비행을 시작했다. 이후 약 204대의 제트스타가 제작되었다.

1905년

하버-보쉬 공정

독일 화학자 프리츠 하버는 질소와 수소를 포함하는 화학 반응에서 비료의 필수 성분인 암모니아를 만드는 공정을 밝혀냈다. 독일의 화학자 카를 보쉬는 하버의 실험실 공정을 발전시켜 암모니아를 산업적으로 대량 생산할 수 있게 되었다.

화학의 시작
146~147쪽

비료 살포기를 견인하는 트랙터

베이클라이트 라디오

1906년

알레르기의 정의

오스트리아 의사 클레멘스 폰 피르케는 "알레르기"라는 용어를 정의했다. 알레르기는 먼지, 꽃가루, 특정 음식 등 환경에 대한 반응으로 면역 체계에 의해 촉발되는 신체의 과민 반응이다.

1907년

혁신적인 플라스틱

플라스틱의 선구자인 벨기에계 미국인 화학자 레오 베이클랜드는 석탄 타르와 목재 알코올에서 각각 추출한 페놀과 포름알데히드를 사용해 플라스틱인 베이클라이트을 개발했다. 이는 생산 비용이 저렴하며, 단단하고 전기와 열에 대한 저항력이 높아 전기 절연체로 널리 사용되었고 전화기에서 보석에 이르기까지 수천 가지 제품으로 만들어졌다.

1905

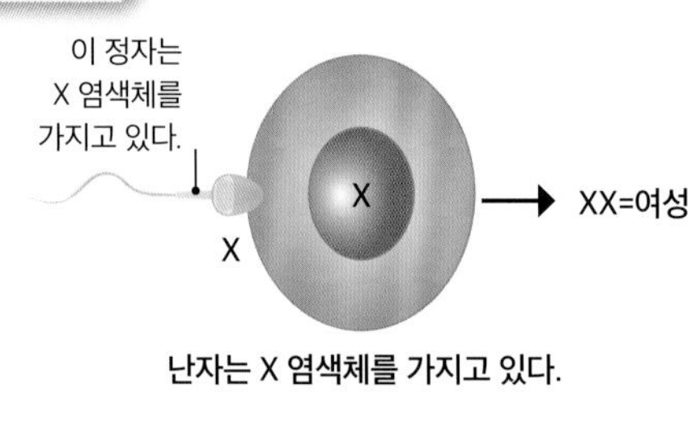

난자는 X 염색체를 가지고 있다.

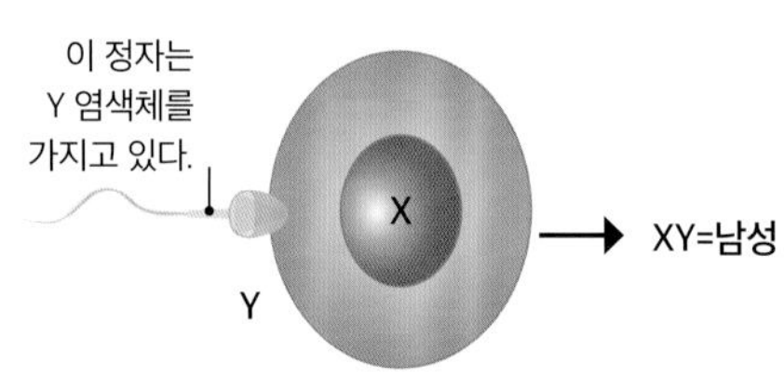

난자는 X 염색체를 가지고 있다.

1905년

성염색체

미국 유전학자 네티 스티븐스와 에드먼드 비처 윌슨은 생식에 중요한 역할을 하는 성염색체 XX와 XY 시스템을 각자 독자적으로 설명했다. 여성의 난자와 수정하는 남성의 정자는 X(여성) 또는 Y(남성) 염색체를 가지고 있다. 이것은 난자의 X 염색체와 결합하여 남성(XY) 또는 여성(XX)으로 성별을 결정한다.

1906년

지진파

영국 지질학자 리처드 딕슨 올덤은 지진 시 발생하는 다양한 유형의 지진파를 정의했다. "P파"는 1~14 km/s의 속력으로 고체, 액체, 기체를 통과하고 "S파"는 1~8 km/s의 속력으로 고체만 통과할 수 있으며 표면파는 가장 느린 파동이다.

생명의 암호
198~199쪽

지진파의 종류

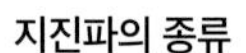

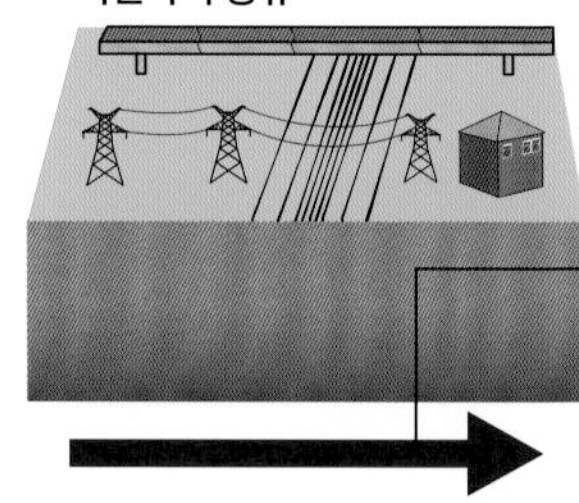

P파는 땅속 깊은 곳에서 수평으로 이동하며 종종 들리지만 느껴지지는 않는다. 암석을 늘어나게 하여 때때로 암석이 부서지기도 한다.
S파는 건물의 균열이나 붕괴를 일으킬 수 있다.
S파는 암석을 파의 진행 방향과 직각인 좌우로 움직이게 한다.

표면파는 지형을 굽고 휘게 하여 심각한 피해를 일으킬 수 있다.

1908년 방사선 측정

1907년 독일 물리학자 한스 가이거는 뉴질랜드 물리학자 어니스트 러더퍼드와 협력하여 원자핵에 대한 이론을 개선하는 연구를 진행하였다. 1908년 가이거는 방사선을 감지하는 장치를 만들었는데 나중에 이를 개선하였고 가이거 계수기로 알려지게 되었다.

실험실에 있는 가이거(왼쪽)와 러더퍼드(오른쪽)

내부에 기체가 들어 있는 구리관

초기 가이거 계수기, 1932년

가이거 계수기

가이거 계수기는 내부에 고전압 전선이 있는 기체로 채워진 관이다. 방사선이 관으로 들어가 기체와 충돌하면 기체는 전자를 방출하고 전선으로 끌려간다. 이 과정에서 전류가 발생하며 딸깍 소리가 나고 계수기의 게이지와 상호작용하게 된다. 이 장치는 알파선, 베타선, 감마선을 감지할 수 있다.

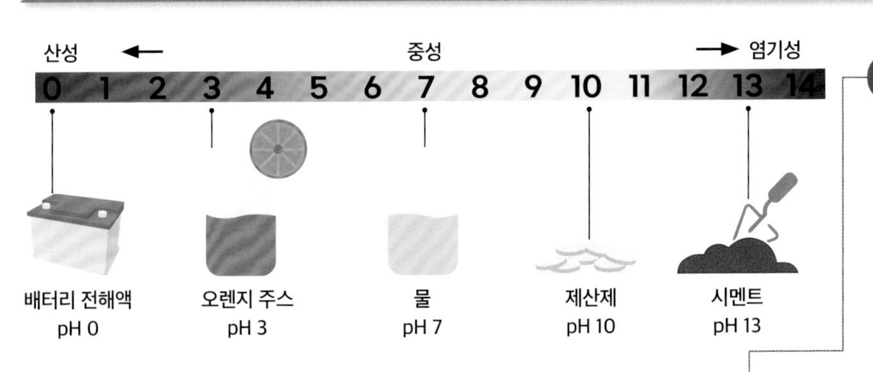

1909년

쇠렌센의 pH 척도

덴마크 화학자 쇠렌 페테르 라우리츠 쇠렌센이 고안한 pH 척도는 물질이 산성, 중성, 염기성인지를 쉽게 판단할 수 있는 방법을 제공한다. 이 척도는 0부터 14까지 범위를 가지며 pH 7은 중성을 의미한다. 척도의 각 정수는 산성 또는 염기성 수준이 10배씩 상승했음을 나타낸다.

1910

화석 유적지

1909년 미국 고생물학자 찰스 월코트는 캐나다의 로키산맥에서 버제스 혈암을 발견했다. 버제스 혈암은 전 세계에서 가장 다양한 화석이 출토되는 지역 중 하나로 65,000개 이상의 화석이 발굴되었다.

약 5억 2,600만 년 전에 살았던 해양 동물인 삼엽충 화석

1909년

영국 해협 횡단

프랑스 비행사 루이 블레리오는 영국과 프랑스 사이의 영국 해협을 비행한 최초의 사람이 되었다. 그는 7.6 m 길이의 블레리오 XI 단엽기를 조종하여 36분 30초 동안 비행했다. 이는 실용적인 교통 수단으로서 비행에 대한 관심을 높이는 데 기여했다.

1907년 미국 과학자 버트럼 볼트우드는 암석 내부에 존재하는 우라늄의 붕괴를 측정하여 암석의 나이를 추정하였다. 이는 방사성 연대 측정법의 초기 사례이다.

1909년 블레리오는 영국 해협을 건너는 역사적인 비행을 하였다.

물체가 관측자로부터 멀어진다.
물체에서 나오는 빛의 파장이 길어진다.
적색편이
물체가 붉게 보인다.

물체가 관측자 쪽으로 가까워진다.
물체에서 나오는 빛의 파장이 짧아진다.
청색편이
물체가 푸르게 보인다.

1910년

뇌지도

독일 신경과학자 코르비니안 브로드만은 대뇌 피질이라고 불리는 뇌의 외부 표면을 지도화했다. 그는 눈에서 보낸 신호를 분석하는 시각 피질과 같이 피질의 여러 부분이 서로 다른 기능을 담당하는 방법을 자세히 설명했다.

1912년

적색편이와 청색편이

미국 천문학자 베스토 슬리퍼는 은하에서 지구에 도달하는 빛의 변화를 감지하여 안드로메다 은하가 우리 쪽으로 움직이고 있음을 발견했으며 이를 청색편이라고 불렀다. 적색편이는 우주에 있는 물체가 관측자로부터 멀어질 때 발생한다.

1910년

핼리 혜성 사진

1066년 초에 관측된 핼리의 혜성은 1910년에 처음으로 사진에 찍혔다. 길이 15 km, 폭 8 km인 이 혜성은 시속 25만4천 km 이상의 속도로 지구를 지나갔다.

어두운 하늘을 가로질러 가는 핼리 혜성, 1910년

1912년

필트다운인

영국 필트다운에서 사람의 유해와 원시 도구가 발견되었다. 이 발견은 유인원과 초기 인류 사이의 연결 고리로 많은 관심을 받았지만 41년 후 허위로 판명되었다.

1920

1911년

별의 분류

덴마크 천문학자 에즈나 헤르츠스프룽과 미국의 천문학자 헨리 러셀은 나중에 헤르츠스프룽-러셀(H-R) 도표로 명명된 별 도표를 고안했다. 이 도표는 별의 온도와 색, 광도(별이 발산하는 에너지의 양) 사이의 관계를 보여준다. 이는 천문학자들이 비슷한 유형의 별을 그룹화하는 데 도움이 되었다.

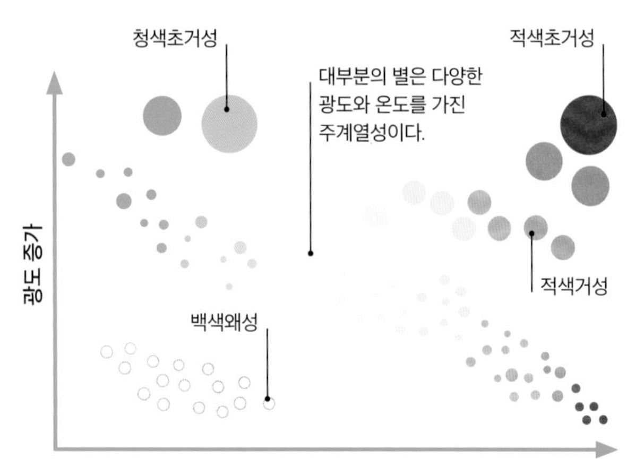

1911년

초전도체

네덜란드 물리학자 하이케 카메를링 오네스는 초저온에서 일부 금속이 전기 저항 없이 전도하는 방법을 발견했다. 초전도체로 알려진 이 금속은 에너지 손실 없이 전류를 전달할 수 있으며 매우 강력한 전자석과 빠른 전자 회로를 만드는 데 응용할 수 있다.

아문센 탐험

노르웨이 탐험가 로알 아문센은 1911년 12월 14일에 남극에 도달한 최초의 성공적인 원정을 이끌었다. 2개월간의 이 여정에서 5명의 원정대는 액슬하이버그 빙하를 발견하였다.

남극에 도착한 아문센 팀의 일원과 썰매 개

1913년 최초의 조립 라인

헨리 포드는 포드 모델 T 자동차를 생산하기 위해 최초로 움직이는 조립 라인을 설치했다. 그 전에는 자동차를 한 대씩 제작하는 데 12시간 이상이 걸렸다. 1913년에는 부분적으로 완성된 차량을 로프에 매달아 조립 라인으로 끌어내려 작업자들이 84단계에 걸쳐 3,000개의 부품을 조립했다. 이를 통해 작업 속도가 빨라지고 시간이 93분으로 단축되었다. 그 결과 자동차 가격은 절반 이상 떨어졌다.

헨리 포드의 하이랜드 파크 공장

미국 미시간주 하이랜드 파크의 포드 공장에서 작업자들이 로프로 조립 라인을 따라 모델 T 자동차를 끌어당기며 작업을 수행하고 있다. 하이랜드 파크 포드 공장은 개장 당시 세계 최대 규모의 제조 공장이었다. 전성기에는 10초마다 완성차 한 대가 조립 라인을 떠났을 정도였다.

포드 모델 T, 1914년

1915

1913년

원자 번호

영국 화학자 헨리 모즐리는 X-선을 사용하여 각 화학 원소의 원자 번호를 결정하였다. 원자 번호는 각 원자의 핵에 들어 있는 양성자의 수를 말한다. 산소는 8개의 양성자를 포함하고 있으며 구리는 29개의 양성자를 포함한다.

금의 원자 번호 — 79

Au — 화학 기호

금

파나마 운하의 가툰 수문을 통과하는 첫 번째 선박, 1914년

1914년

파나마 운하

두 번의 실패 끝에 80 km 길이의 파나마 운하가 건설되어 대서양과 태평양을 연결하였고 수천 킬로미터의 항해 거리가 단축되었다. 이 운하의 건설에는 45,000명 이상의 노동자, 강력한 굴착기, 말라리아와 황열병을 옮기는 모기를 제거하는 대규모 계획이 포함되었다. 2010년까지 1백만 척의 배가 이 운하를 통과했다.

1914년 벨기에 외과 의사 알버트 휴스틴은 혈액 응고를 막는 물질을 발견했다. 이로 인해 저장된 혈액을 수혈할 수 있게 되었다.

원자 이야기

원자는 물질의 기본 구성 요소이다. 일반적으로 10억 분의 1미터에 불과한 매우 작은 단위이다. 원자라는 단어는 쪼갤 수 없는 것을 의미하는 그리스어 "아토모스"에서 유래되었다. 19세기에는 원자가 물질의 가장 작은 단위로 여겨졌으나 원자 과학의 발전으로 더 작은 입자로 이루어진 내부 구조가 밝혀졌다. 모든 원소는 고유한 형태의 원자를 가진다. 지금까지 118개의 원소가 발견되었다.

중성자는 전하를 가지고 있지 않다.

원자 구조

원자는 양성자, 중성자, 전자로 이루어져 있다. 양성자와 중성자는 원자의 중심인 핵을 형성한다. 양전하를 띠는 양성자는 음전하를 띠는 전자를 끌어당겨 핵 주위의 궤도를 유지한다.

양성자는 일반적으로 안정적인 원자핵에 존재한다.

방사능

불안정한 원자핵이 붕괴하면서 방사선이라는 에너지와 입자를 방출하는 것을 방사성 원소라고 한다. 붕괴는 일정한 속도로 일어나며 방사성 물질 질량의 절반이 다른 원소로 붕괴하는 데 걸리는 시간을 반감기라고 한다.

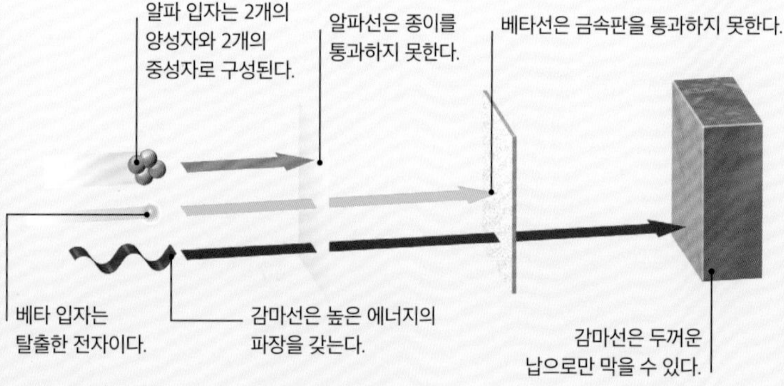

알파 입자는 2개의 양성자와 2개의 중성자로 구성된다.
알파선은 종이를 통과하지 못한다.
베타선은 금속판을 통과하지 못한다.
베타 입자는 탈출한 전자이다.
감마선은 높은 에너지의 파장을 갖는다.
감마선은 두꺼운 납으로만 막을 수 있다.

방사능의 종류

방사성 원소의 붕괴로 알파, 베타, 감마 3종류의 방사선이 방출한다. 알파선은 공기 중에서 몇 센티미터만 이동하며 종이를 투과할 수 없고 베타선은 더 멀리 이동할 수 있지만 얇은 금속판에 부딪혀 튕겨 나온다. 감마선은 많은 물질을 투과할 수 있다.

주요 사건

기원전 400년경

고대 그리스 철학자 데모크리토스는 물질이 서로 다른 형태와 배열을 가진 작고 쪼갤 수 없는 입자들로 어떻게 구성되어 있는지 설명했다. 이런 입자들을 원자라고 불렀다.

1896년

프랑스 과학자 앙투안 베크렐은 X-선이 사진 필름에 미치는 영향을 연구하던 중 방사선을 발견하였다.

앙투안 베크렐

1897년

영국 물리학자 조지프 톰슨은 음극선관 실험을 하면서 전자를 확인했으며 이는 원자 연구의 첫 번째 단계였다.

1913년

덴마크 과학자 닐스 보어는 전자가 핵 주위의 서로 다른 에너지를 가진 껍질 또는 궤도를 차지하고 있는 원자 모델을 제안했다.

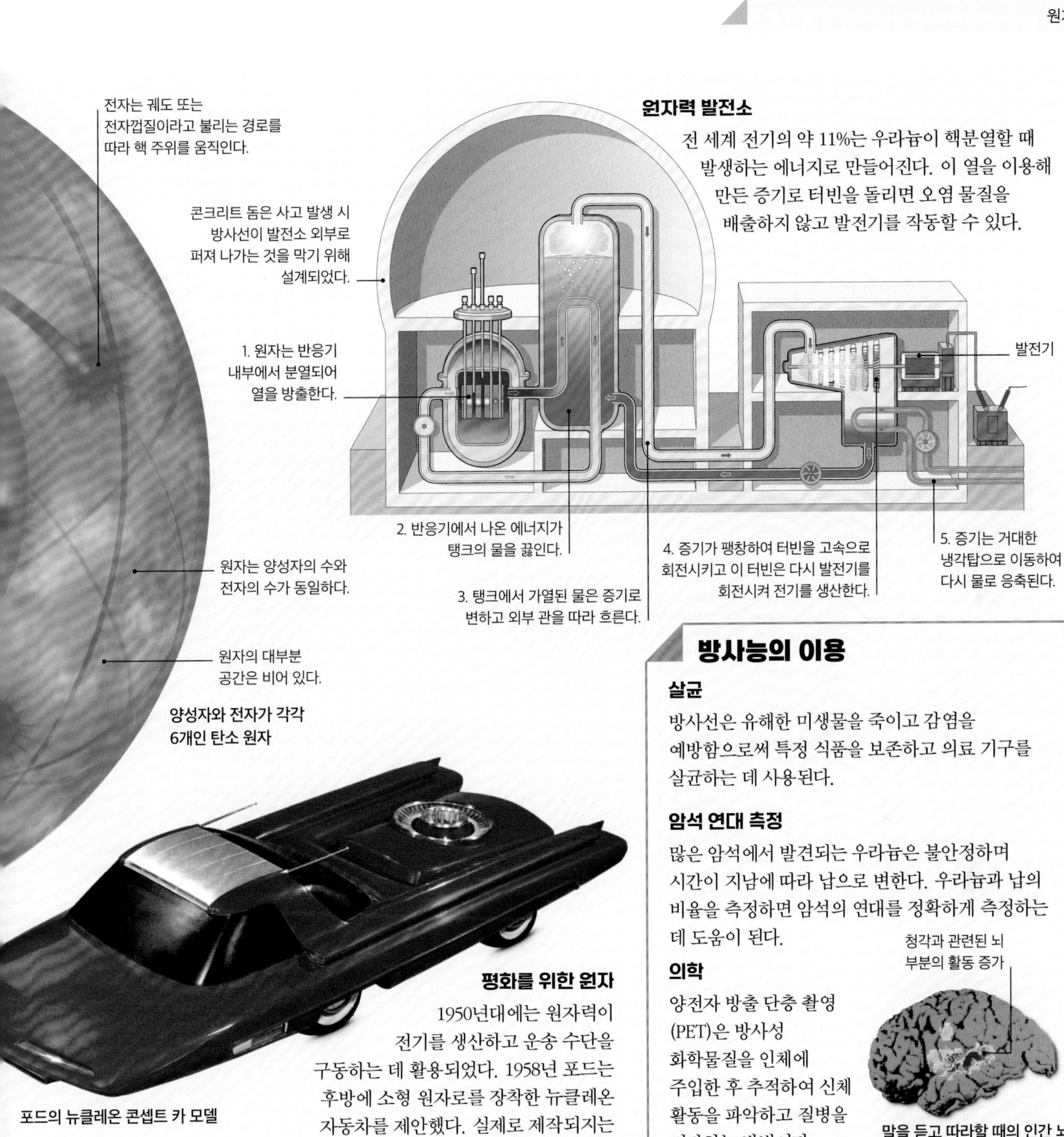

전자는 궤도 또는
전자껍질이라고 불리는 경로를
따라 핵 주위를 움직인다.
콘크리트 돔은 사고 발생 시
방사선이 발전소 외부로
퍼져 나가는 것을 막기 위해
설계되었다.
1. 원자는 반응기
내부에서 분열되어
열을 방출한다.
발전기
2. 반응기에서 나온 에너지가
탱크의 물을 끓인다.
3. 탱크에서 가열된 물은 증기로
변하고 외부 관을 따라 흐른다.
4. 증기가 팽창하여 터빈을 고속으로
회전시키고 이 터빈은 다시 발전기를
회전시켜 전기를 생산한다.
5. 증기는 거대한
냉각탑으로 이동하여
다시 물로 응축된다.
원자는 양성자의 수와
전자의 수가 동일하다.
원자의 대부분
공간은 비어 있다.

양성자와 전자가 각각
6개인 탄소 원자

포드의 뉴클레온 콘셉트 카 모델

원자력 발전소

전 세계 전기의 약 11%는 우라늄이 핵분열할 때 발생하는 에너지로 만들어진다. 이 열을 이용해 만든 증기로 터빈을 돌리면 오염 물질을 배출하지 않고 발전기를 작동할 수 있다.

평화를 위한 원자

1950년대에는 원자력이 전기를 생산하고 운송 수단을 구동하는 데 활용되었다. 1958년 포드는 후방에 소형 원자로를 장착한 뉴클레온 자동차를 제안했다. 실제로 제작되지는 않았지만 그 후 몇 년 동안 원자력 추진 선박과 잠수함이 제작되었다.

방사능의 이용

살균

방사선은 유해한 미생물을 죽이고 감염을 예방함으로써 특정 식품을 보존하고 의료 기구를 살균하는 데 사용된다.

암석 연대 측정

많은 암석에서 발견되는 우라늄은 불안정하며 시간이 지남에 따라 납으로 변한다. 우라늄과 납의 비율을 측정하면 암석의 연대를 정확하게 측정하는 데 도움이 된다.

의학

양전자 방출 단층 촬영(PET)은 방사성 화학물질을 인체에 주입한 후 추적하여 신체 활동을 파악하고 질병을 진단하는 방법이다.

청각과 관련된 뇌
부분의 활동 증가

말을 듣고 따라할 때의 인간 뇌
활동에 대한 PET 스캔 이미지

1932년

영국 물리학자 존 코크로프트와 아일랜드 물리학자 어니스트 월턴은 입자 가속기를 사용하여 리튬 원자의 핵을 처음으로 분열시켰다.

1938년

독일 화학자 오토 한, 프리츠 슈트라스만, 오스트리아 물리학자 리제 메이트너는 우라늄 원자가 핵분열에 의해 어떻게 분열되어 핵 연쇄 반응을 시작할 수 있는지를 보여주었다.

1954년

최초의 원자력 추진 잠수함인 노틸러스호가 출시되었다. 이 잠수함은 처음 12년 동안 56만 km를 이동하였다.

1956년

영국 셀라필드에 위치한 최초의 상업적 핵발전소인 콜더홀은 대량의 전기를 생산했다.

노틸러스호

1915년 대륙이동설

1915년 독일 지구 물리학자 알프레드 베게너는 과거에 대륙들이 서로 연결되어 있었지만 시간이 흐름에 따라 서서히 떨어져 나갔다는 이론을 제안했다. 베게너는 아프리카와 남미에서 동일한 화석과 유사한 암석층을 발견하여 이를 근거로 사용했다. 그러나 그의 이론은 더 많은 지질학적 연구와 지식이 축적될 때까지 완전히 받아들여지지 않았다.

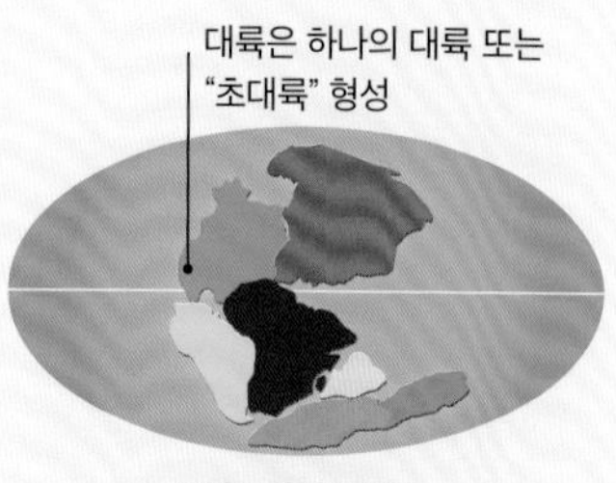

대륙은 하나의 대륙 또는 "초대륙" 형성

2억 5천만 년 전

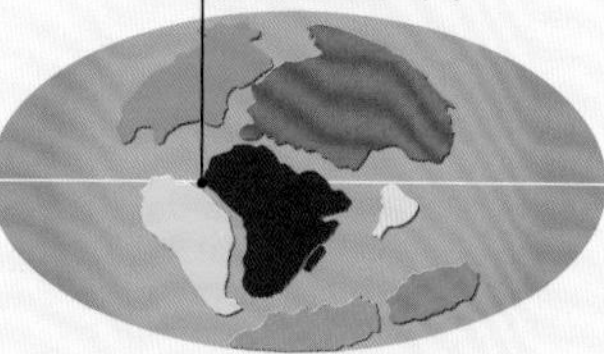

1억 3천만 년 전

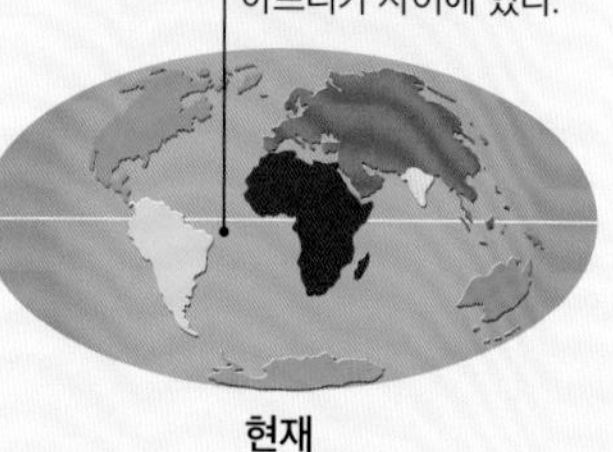

대서양은 이제 남미와 아프리카 사이에 있다.

현재

움직이는 대륙

약 3억 년 전, 지구의 모든 대륙은 하나의 초대륙인 판게아를 형성했다. 그러나 약 2억 년 전 지구판이 움직이면서 판게아는 분리되기 시작했다. 현재에도 대륙들은 계속해서 움직이고 있으며 북미와 유라시아는 연간 약 2.5 cm씩 서로 떨어져 나가고 있다.

판의 표면이 위로 밀려 올라가 산맥이 형성된다.
이웃한 판 아래로 움직이는 판

산의 생성

베게너의 이론에 따르면 많은 산들은 움직이는 대륙의 부분이 서로 충돌하여 구부러지고 접히면서 형성되었다. 이전에는 지구 표면이 수억 년 전에 냉각되면서 생긴 주름으로 인해 산이 형성되었다고 여겼었다.

아시아의 히말라야 산맥은 4천만~5천만 년 전에 형성되기 시작했다.

1915년

별의 발견

스코틀랜드 출신의 천문학자 로버트 인네스는 남아프리카 천문대에서 프록시마 켄타우리 별을 발견했다. 이 별은 지구와의 거리가 4.25광년 즉 40조 km로 태양 다음으로 가장 가까운 별이다.

허블 우주 망원경으로 본 프록시마 켄타우리

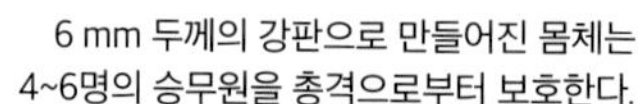

1915년

6 mm 두께의 강판으로 만들어진 몸체는 4~6명의 승무원을 충격으로부터 보호한다.
리틀 윌리
105마력 엔진으로 구동되는 궤도

첫 전차 시제품 리틀 윌리는 영국에서 만들어졌다. 이 전차의 최고 속력은 3.2 km/h로 상대적으로 느리지만 1.6 m 폭의 참호를 횡단할 수 있었다. 이 전차는 이후 전투에 투입된 최초의 전차인 마크 1의 기초가 되었다.

원자 이야기
168~169쪽

화학자 어니스트 러더퍼드는 1917년 원자핵에 입자를 발사하여 질소 원자를 산소 원자로 변환하는 데 성공했다. 이 과정은 핵변환이라고 불린다.

1916년

전자 공유

미국 화학자 길버트 루이스는 원자가 서로 결합하여 분자를 형성할 때 최외각 전자를 공유한다고 제안했다. 이러한 생각은 1919년 미국 화학자 어빙 랭뮤어에 의해 더 발전되어 루이스-랭뮤어 이론으로 알려지게 되었다.

1916년

우리 은하의 위치

미국 천문학자 할로우 샤플리는 이전의 생각과는 달리 태양계가 우리 은하의 중심에 위치한 것이 아니라 중심에서 수천 광년 떨어진 지점에 있다는 사실을 밝혀냈다. 그는 멀리 떨어진 별들의 성단을 연구하면서 우리 은하의 중심에서 후광이 형성되고 있다는 사실을 발견하고 이러한 결론에 도달했다.

제자리에 있는 모든 것

1917년 미국 동물학자 조셉 그리넬은 모든 생물은 서식지에서 고유한 장소나 역할을 가지고 있다는 개념을 도입했는데 이를 생태적 지위라고 한다.

쇠똥구리는 배설물을 먹고 묻어 토양의 영양분을 증가시키고 다른 생물들이 살기 좋은 서식지를 만들어 준다.

길이 196 m의 비행선

대서양을 횡단한 R34 비행선, 1919년

1919년

최초의 대서양 횡단 비행

1919년 최초의 비행선(R34), 최초의 비행정(NC-4), 영국의 비행사 존 알콕과 아서 브라운이 비커스 비미 비행기로 이룬 최초의 직항 비행 등 세 가지 유형의 항공기가 대서양을 횡단하는 데 성공했다.

1920

박테리오파지(주황색)가 세균을 공격한다.

초계함이 소나를 이용해 잠수함을 탐색한다.

음파는 잠수함에서 반사되어 되돌아온다.

지향성 음파가 잠수함으로 전송된다.

1918년

수중 물체 탐지

프랑스의 물리학자 폴 랑방은 잠수함을 탐지하기 위한 최초의 ASDICS(보조 소나 탐지 통합 및 분류 시스템)를 개발했다. 이 시스템은 음파를 물속에서 한 방향으로 전송하여 신호가 반사되는 데 걸리는 시간을 측정하여 거리를 계산했다. ASDICS는 오늘날 소나(SONAR) 기술의 전신이다.

1917년

세균 포식자

프랑스-캐나다 생물학자 펠릭스 데렐은 장염을 일으키는 세균을 연구하는 과정에서 세균을 공격하고 파괴하는 바이러스를 발견하여 이를 박테리오파지라 명명했다. 데렐은 이를 세균을 먹는 것이라는 의미로 세균 포식자라고도 불렀다.

강사
1908년에 아인슈타인은 스위스에서 대학 강사가 되었고 1912년에는 프라하에서 교수로 임용되었다. 그의 명성이 높아지면서 강사로서 큰 인기를 얻었다.

"나는 직관과 영감을 믿는다. 때때로 나는 이유를 알지 못하지만 내가 옳다고 확신한다."

알베르트 아인슈타인, 『새터데이 이브닝 포스트(The Saturday Evening Post)』, 1929년

알베르트 아인슈타인

독일 출신 물리학자 알베르트 아인슈타인(1879~1955년)은 스위스 특허청에서 사무원으로 일하던 1905년에 4편의 놀라운 과학 논문을 발표했다. 그 이후에도 아인슈타인은 계속해서 획기적인 연구를 수행하여 역사상 가장 위대한 사상가 중 한 명이자 우리가 우주를 이해하는 방식을 변화시킨 천재 과학자로 인정받았다.

어린 아인슈타인
아인슈타인(오른쪽)은 독일 울름에서 유대인 부모 사이에 태어났으며 여동생으로 마야가 있었다.

빛을 바라보기

아인슈타인의 첫 번째 논문에서는 광전 효과 즉 빛을 물질에 비추면 전자가 방출되는 현상을 설명했다. 그는 빛이 연속적인 흐름이 아니라 개별적인 에너지 꾸러미인 광자 또는 "양자"로 이루어져 있다고 주장하였다. 이 연구로 1921년 노벨 물리학상을 수상했다.

특수 상대성 이론

아인슈타인은 빛의 속도(299,792 km/s)가 상수이지만 시간과 공간은 서로 연결되어 있고 상대적이라는 개념을 제시했다. 다시 말해 시간과 공간은 유연하며 변할 수 있기 때문에 빠르게 이동할수록 시간이 상대적으로 더 느리게 진행된다는 것이다.

물질과 에너지

아인슈타인은 1905년에 발표한 다른 논문에서 과학의 시각을 바꿔놓았다. 그의 가장 유명한 방정식인 $E=mc^2$에서 "E"는 에너지, "m"은 물질의 질량, "c"는 빛의 속도를 나타낸다. 이는 소량의 물질이 막대한 양의 에너지를 포함할 수 있다는 것을 의미하며 이 원리는 원자력과 무기 등 다양한 분야에서 활용된다.

말년

1933년에 유럽을 떠나 미국으로 이주한 아인슈타인은 프린스턴 대학에서 연구를 이어가며 세계적인 과학자로서 즐겁게 살았다.

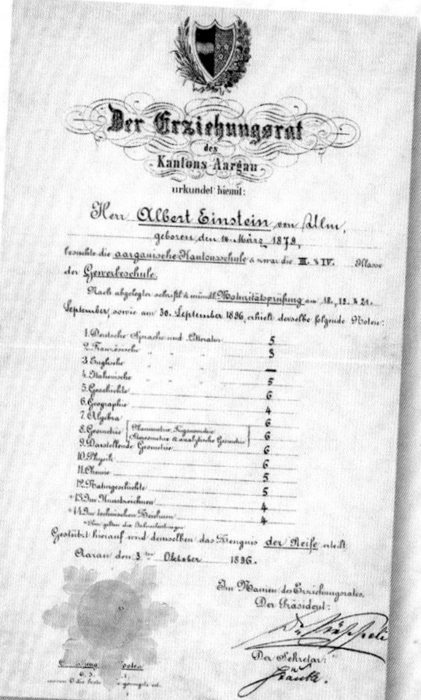

Der Erziehungsrat
des
Kantons Aargau
urkundet hiemit:

Herr Albert Einstein von Ulm,
geboren den 14. März 1879,
besuchte die aargauische Kantonsschule & zwar die III. & IV. Klasse der Gewerbeschule.

Nach abgelegter schriftl. & mündl. Maturitätsprüfung am 18., 19. & 21. September, sowie am 30. September 1896, erhielt derselbe folgende Noten:

1. Deutsche Sprache und Litteratur	5
2. Französische	3
3. Englische	—
4. Italienische	5
5. Geschichte	6
6. Geographie	4
7. Algebra	6
8. Geometrie	6
9. Darstellende Geometrie	6
10. Physik	6
11. Chemie	5
12. Naturgeschichte	5
13. Im Kunstzeichnen	4
14. Im technischen Zeichnen	4

Gestützt hierauf wird demselben das Zeugnis der Reife erteilt.

Aarau, den 3. Oktober 1896.

Im Namen des Erziehungsrates,
Der Präsident:
Der Sekretär:

성적 증명서
1896년 스위스 성적 증명서를 보면 아인슈타인은 17세에 스위스 취리히 공과대학교에서 수학과 물리학을 공부할 자격을 얻었다. 그는 역사, 물리학, 대수학, 기하학에서 최고 점수를 받았다.

> **"물리학자가 아니었다면 나는 음악가가 되었을 것이다. 종종 음악적으로 생각하고 음악 속에서 백일몽을 꾸기도 하며 음악의 관점에서 나의 삶을 바라본다."**
>
> 아인슈타인, 『새터데이 이브닝 포스트』, 1929년

여가 시간
아인슈타인은 음악을 즐겼고 특히 바이올린을 연주하는 것을 좋아했다. 수영은 배운 적 없지만 항해도 즐겼다.

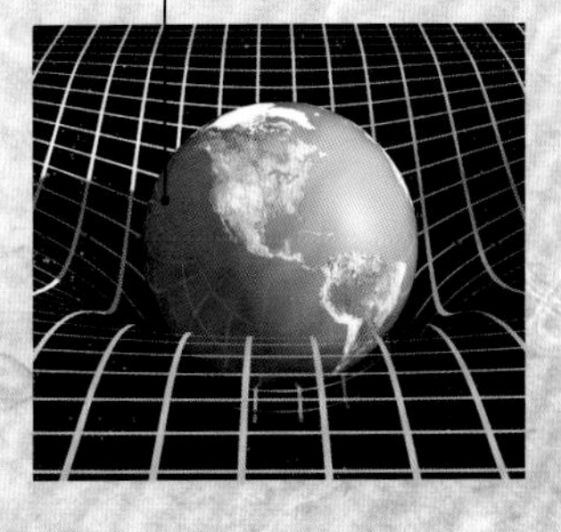

행성은 시공간을 구부려 중력을 생성한다.

일반 상대성 이론
1916년 아인슈타인은 특수 상대성 이론을 확장하여 중력을 포함시켰다. 그는 질량이 큰 물체가 주변의 시공간을 구부리는 현상을 설명하면서 무거운 공이 고무판을 휘게 하는 것처럼 작용한다고 생각했다. 이에 따라 작은 물체는 시공간의 곡률에 의해 무거운 공 쪽으로 굴러가게 된다. 이 이론은 블랙홀과 먼 별에서 오는 빛이 휘어지는 이유를 설명하는 데 도움이 되었다.

1920 ▸ 1925

브로콜리, 시금치, 견과류, 씨앗은 모두 비타민 E의 좋은 공급원이다.

치즈, 기름진 생선, 간은 비타민 D의 좋은 공급원이다.

엔진은 앞쪽 프로펠러를 회전시켜 전방 추진력을 만든다.

1920년

최초의 반창고

미국 발명가 얼 딕슨은 아내 조세핀이 집안일을 하다가 경미한 화상과 상처를 입었을 때 사용할 수 있는 작고 편리한 접착식 반창고를 최초로 개발했다. 딕슨은 점착성이 있는 수술용 테이프에 사각형 모양의 거즈를 고정하고 크리놀린 소재로 드레싱을 강화했다. 이 반창고는 밴드에이드라는 상표로 판매되기 시작했다.

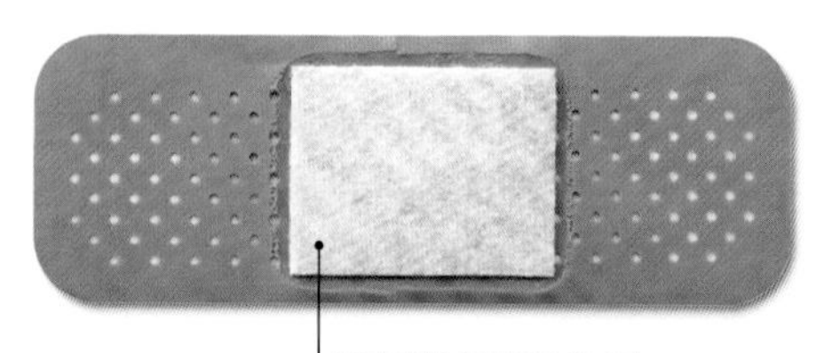

플라스틱 조각에 거즈를 고정하여 만든 현대식 반창고

1922년

비타민 D와 E

영국 과학자 에드워드 멜란비는 비타민 D를 발견했다. 비타민 D는 칼슘 흡수를 촉진하여 건강한 치아와 뼈를 유지하는 데 중요한 역할을 한다. 같은 해 의사 허버트 에반스와 그의 조수 캐서린 비숍은 비타민 E를 발견했다. 비타민 E는 우리 몸의 세포를 건강하게 유지하는 데 중요한 역할을 하는 것으로 알려져 있다.

1920

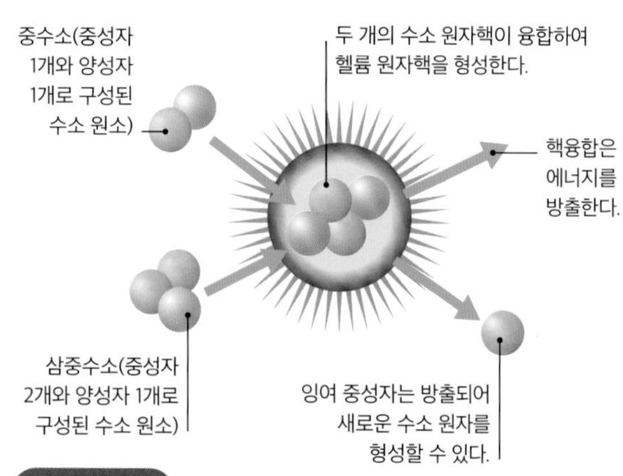

중수소(중성자 1개와 양성자 1개로 구성된 수소 원소)
두 개의 수소 원자핵이 융합하여 헬륨 원자핵을 형성한다.
핵융합은 에너지를 방출한다.
삼중수소(중성자 2개와 양성자 1개로 구성된 수소 원소)
잉여 중성자는 방출되어 새로운 수소 원자를 형성할 수 있다.

1920년

별의 작동 원리

영국 천문학자 아서 에딩턴은 별의 에너지원이 핵융합임을 제안했다. 핵융합은 별의 중심부에서 수소 원자핵이 서로 융합하여 헬륨 원자를 만들고 이 과정에서 엄청난 양의 에너지를 방출하는 과정을 말한다.

1921년

인슐린의 발견

캐나다 과학자 찰스 베스트와 프레더릭 밴팅은 일련의 실험 후 처음에는 개의 췌장에서 다음에는 소의 췌장에서 인슐린을 분리했다. 인슐린은 혈당 수치 조절 호르몬으로 당뇨병 치료에 사용된다. 이듬해 14세 당뇨병 환자 레너드 톰슨은 베스트와 밴팅에 의해 최초로 인슐린 치료를 받았다.

Insulin Insuline
1921
Canada 6

인슐린 발견 50주년 기념 캐나다 우표, 1971년경

1921년

결핵 백신

결핵을 예방하는 BCG 백신이 사람을 대상으로 처음으로 접종되었다. BCG 백신은 우리 몸의 면역 체계를 자극하여 결핵과 싸우는 물질을 생성하도록 돕는다. 프랑스 과학자들은 BCG 백신을 개발하는 데 15년이 걸렸다.

1921년 체코 작가 카렐 차페크의 희곡 R.U.R 에서 "로봇"이라는 용어를 처음 사용했다.

회전 날개는 동력은 없지만
대기를 이동하면서 회전하여
양력을 발생시킨다.
하늘을 날다
162~163쪽

시에르바 C.30, 1934년

1923년

오토자이로 첫 비행

시에르바 C.4 오토자이로는 스페인 헤타페에서 180 m의 첫 비행에 성공했다. 스페인 엔지니어 후안 데 라 시에르바가 설계한 이 기체는 길고 얇은 날개 모양의 회전 날개로 양력을 만들었고 헬리콥터를 개발하는 데 도움을 주었다.

1924년

새로운 은하

미국의 천문학자 에드윈 허블은 안드로메다가 우리 은하에 있는 나선 성운이 아니라 별도의 은하라는 결론을 내렸다. 이는 안드로메다에 있는 별들과의 거리를 측정한 결과 우리 은하의 지름보다 더 멀리 떨어져 있는 것을 발견한 후 이루어졌다. 현재 안드로메다는 약 254만 광년 떨어져 있으며 가로로 22만 광년이라는 것이 밝혀졌다.

안드로메다 은하에는 1조 개의 별이 있다.

1925

1923년

공룡 알

과학적으로 증명된 최초의 공룡 알이 몽골의 불타는 절벽 지역에서 발견되었다. 미국의 박물학자 로이 채프먼 앤드루스가 이끄는 이 탐험대는 프로토케라톱스와 벨로키랍토르 공룡 화석도 최초로 발견했다. 사진의 알은 처음에 프로토케라톱스의 알로 추정되었지만, 이후 연구 결과 약 7500만 년 전에 살았던 소형 공룡인 오비랍토르의 알로 밝혀졌다.

화석화된 오비랍토르 공룡 알

1888~1946년 존 로지 베어드

면도기를 고안했던 스코틀랜드의 발명가 존 로지 베어드는 1924년 재봉 바늘과 비스킷 철제함과 같은 가정용 물건을 사용해 최초의 기계식 텔레비전을 만들었다. 그는 1928년 대서양 횡단 TV 영상을 영국에서 미국으로 보냈으며 포노비전이라는 비디오 녹화 장치도 고안했다. BBC는 그의 기계식 시스템을 사용해 시험 방송을 시작했지만 1930년대에는 전자 텔레비전으로 인해 대체되었다.

초기 텔레비전

베어드의 기계식 텔레비전은 작은 구멍이 있는 회전 디스크를 사용해 이미지를 스캔했다. 구멍을 통과하는 빛은 전기 신호로 변환되어 수신기로 전송되었다. 수신기에서 다시 빛으로 변환된 신호는 두 번째 회전 디스크를 통해 화면에 표시되었다.

오스틴 7, 1930년

자동차의 대중화

20세기에는 자동차와 트럭이 희귀한 물건에서 매일 사용하는 중요한 교통수단으로 자리 잡으면서 자동차 생산이 폭발적 호황을 누렸다. 예를 들어 미국에서는 1895년 공식적으로 등록된 자동차가 단 4대에 불과했지만 2016년에는 무려 2억 5400만 대 이상으로 증가했다. 간소화된 차체 형태부터 전기 시동, 자동 변속기에 이르기까지의 자동차 디자인과 기능의 혁신은 자동차 사용량 증가를 촉진하는 데 도움을 주었다.

모두를 위한 자동차

1910~1920년대에는 새로운 디자인과 제조 기술로 자동차 가격이 저렴해지면서 자동차 생산량이 많이 증가했다. 예를 들어 오스틴 7은 1922년 출시 당시 가격이 약 200달러였고 1939년까지 29만 대가 생산되었다.

진화하는 디자인

엔지니어들이 차량 주변의 공기 흐름이 차량 성능에 미치는 영향을 알기 전까지는 대부분의 초기 자동차는 박스형의 높은 사각형 모양이었다. 1936년형 링컨 제퍼 쿠페는 차량 주변 공기 흐름을 원활하게 하여 속도를 높이고 연료 사용량을 줄이는 데 도움이 되는 곡선형 및 유선형의 차체가 특징이었다.

펜더 스커트(또는 스패츠라고도 함)는 뒷바퀴 상단 절반을 덮어 공기가 바퀴 주변을 부드럽게 흐르도록 도와준다.

링컨 제퍼, 1936년

차체와 프레임이 하나의 유닛으로 이루어진 곡선형 유니바디 구조 덕분에 제퍼는 당시의 다른 자동차보다 더 가벼웠다.

주요 사건

1894년

벤츠 벨로는 최초로 대량 생산된 자동차로 1,200대 이상 제작되었다. 이 차의 3마력 엔진의 최고 속도는 19 km/h에 달했다.

1896년

최초의 전기 시동 장치는 런던의 한 자동차에 처음 설치되었다. 전기 시동 장치를 사용하면 엔진 시동을 걸기 위해 차량 앞부분의 크랭크를 돌릴 필요가 없었다.

1902년

올즈모빌 커브드 대쉬는 최초의 대량 생산 자동차를 출시했다. 이 2인승 차량은 조립 공정에서 교체할 수 있는 부품을 사용하여 19,000대 이상이 제작되었다.

1908년

헨리 포드의 자동차 모델 T는 효율적인 새 공장이 문을 열어 자동차 가격이 낮아지면서 저렴한 가격의 자동차 시대를 열었다.

포드 모델 T

미니 쿠퍼, 1962년

소형차

디자인 혁신이 계속되면서 크고, 빠르며, 연료 소비가 많은 자동차는 부의 상징으로 여겨지게 되었다. 1959년 디자이너 알렉 이시고니스가 미니를 출시하면서 작고 경제적인 자동차가 주목받기 시작했다. 첫 번째 모델인 이 차는 공간 절약형 가로 장착 엔진과 연료 절약형 전륜 구동 방식을 채택했다.

플러그인 전기차의 충전 포트는 전원 공급 장치에 연결하여 배터리를 충전한다.

전기 자동차

21세기에는 휘발유 자동차로 인한 환경 오염이 심각한 문제이다. 충전식 배터리로 전기 휠 모터를 구동하는 전기 자동차는 공기를 오염시키지 않는다. 대부분의 전기차는 단거리에서 사용되지만 테슬라 로드스터와 같은 일부 차량은 1회 충전으로 300 km 이상 주행할 수 있다.

헤드라이트가 곡선형 폰튠 페어링에 매끄럽게 자리 잡고 있어서 돌출되지 않고 공기 저항을 줄이도록 설계되었다.

도로 안전

전 세계에 10억 대 이상의 자동차가 운행되고 있는 상황에서 제조사와 설계자는 안전성을 매우 중요하게 생각한다.

▶ 마네킹 충돌 테스트

인체 모형으로 충격이 사람에게 미치는 영향을 테스트하여 부상 위험을 줄이는 방법을 연구한다.

▶ 안전벨트

차량이 갑자기 멈출 때 사람이 앞으로 튕겨나가는 것을 막아 생명을 구하는 장치이다.

▶ 에어백

급정거 시 에어백이 0.05초 이내에 부풀어 올라 승객을 충격으로부터 보호한다.

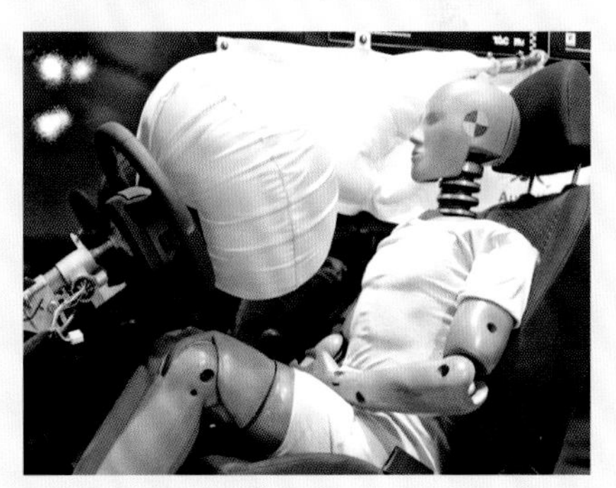

에어백 및 충돌 테스트 마네킹

하이브리드 차

1997년에 출시된 도요타 프리우스와 같은 하이브리드 자동차에는 두 가지 이상의 추진 방식이 있다. 저속에서는 전기 모터가 사용되지만 가속할 때나 고속으로 주행할 때는 휘발유 엔진도 함께 작동한다. 차량의 움직임에서 발생하는 에너지는 발전기를 구동하여 전기 모터의 배터리를 충전한다.

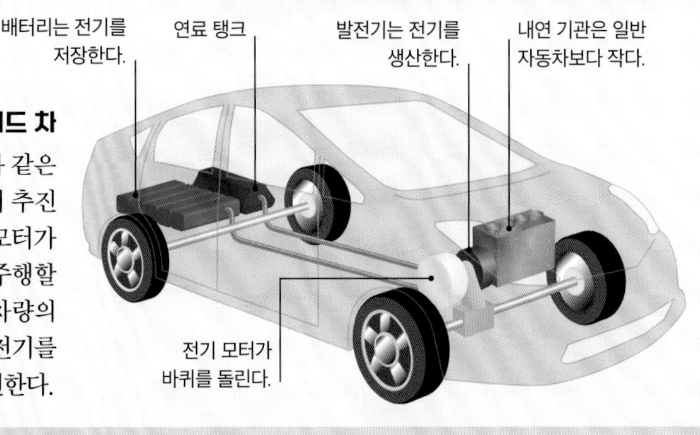

배터리는 전기를 저장한다.
연료 탱크
발전기는 전기를 생산한다.
내연 기관은 일반 자동차보다 작다.
전기 모터가 바퀴를 돌린다.

1933년

1890년대에 발명된 디젤 엔진은 시트로엥 로잘리가 디젤 엔진을 탑재한 최초의 대량 생산 자동차가 되기 전까지 트럭과 버스에 사용되었다.

1939년

제너럴 모터스는 캐딜락과 올드스모빌 제품군에 하이드라매틱(자동으로 기어를 변속하는 모터 변속기)을 도입했다. 이는 승용차 최초의 대량 생산 자동 변속기였다.

1973년

대량 생산 자동차용 촉매 변환기가 최초로 도입되었다. 촉매 변환기는 엔진에서 배출되는 유독성 가스를 덜 유해한 가스와 수증기로 변환한다.

1997년

도요타 프리우스는 배터리로 구동되는 전기 모터가 가스 엔진의 연료 소비를 줄여주는 최초의 대량 생산 하이브리드 자동차가 되었다.

도요타 프리우스

1926년

최초의 액체 연료 로켓

미국 엔지니어 로버트 고더드가 액체 연료를 연소시켜 구동하는 최초의 로켓을 발사했다. 이 로켓은 2.5초 동안 짧은 거리를 비행했지만 1937년 고도 2,700 m에 도달한 고더드의 L-13 로켓의 길을 열어줬다.

푸른곰팡이 페니실리움 균

플레밍은 페트리 접시를 관찰하면서 푸른곰팡이 주변에 박테리아가 없다는 점에 주목했다. 그는 이 곰팡이의 군집을 더 키워 디프테리아, 폐렴, 성홍열을 일으키는 박테리아에도 효과가 있다는 사실을 발견했다.

보관을 위해 왁스 처리된 상자에 포장된 냉동식품

별명이 넬인 첫 로켓 발사대 옆에 서 있는 고더드의 모습을 담은 우표

1925년

급속 냉동식품

미국의 박물학자 클래런스 버즈아이는 북극 이누이트족이 음식의 맛과 식감을 보존하기 위해 매우 낮은 온도에서 음식을 빠르게 얼리는 것을 보고 이를 응용해 이중 벨트 냉장고를 발명했다. 이것이 냉동식품 산업의 시발점이 되었다.

1925

1925년

대서양 중앙해령 지도화

독일의 한 과학 탐험대는 대서양의 북쪽 끝에서 남쪽 끝까지 뻗어 있는 대서양 중앙해령을 발견했다. 이 해령은 해저에서 2~3 km 위로 솟아 있으며 두 지각판의 경계를 이룬다. 이 조사를 위해 2년 동안 67,000회 이상 대서양에서 수심을 측정했다.

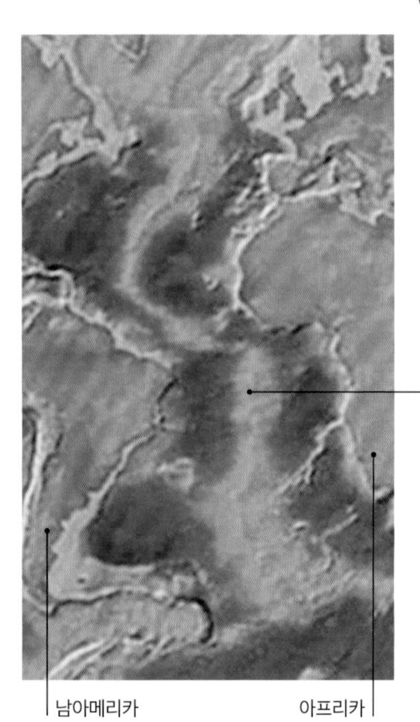

대서양 바닥을 보여주는 지도

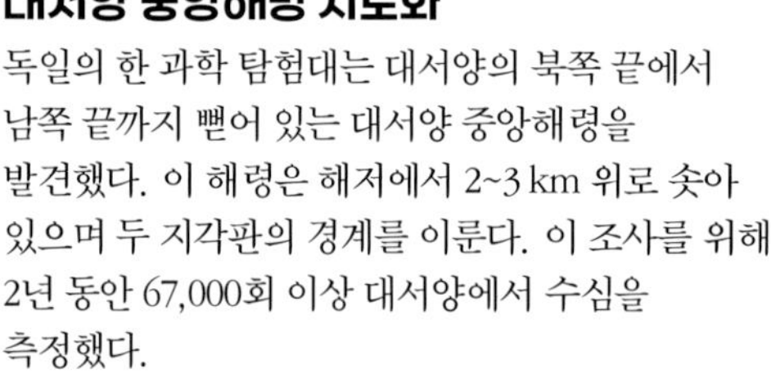

소아마비 환자를 철의 폐라 불렸던 인공호흡기에 눕히는 간호사, 1938년

은하의 분류

1926년 미국 천문학자 에드윈 허블은 은하의 모양에 따라 은하를 분류했다. 허블 체계는 은하를 타원은하, 나선은하, 막대나선은하로 분류했다.

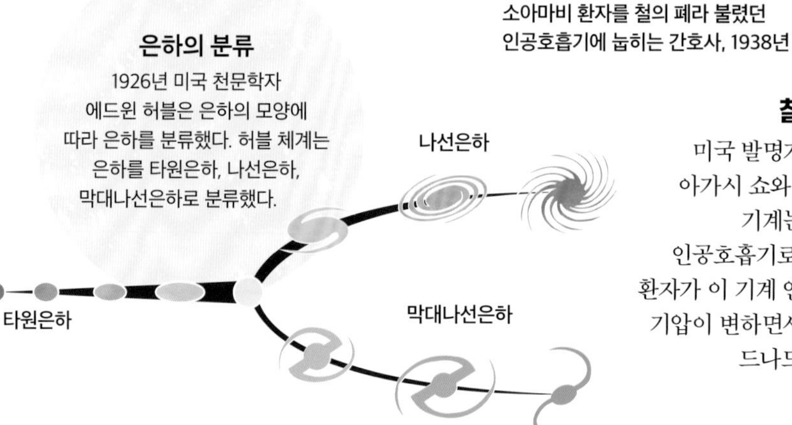

1927년

철의 폐(인공호흡기)

미국 발명가 필립 드링커는 루이스 아가시 쇼와 철의 폐를 발명했다. 이 기계는 전기 모터로 작동하는 인공호흡기로 스스로 호흡할 수 없는 환자가 이 기계 안에 있으면 기계 내부의 기압이 변하면서 환자의 폐에도 공기가 드나드는 원리로 작동되었다.

1928년 페니실린의 발견

스코틀랜드의 과학자 알렉산더 플레밍은 실험실에서 씻지 않은 페트리 접시에서 해로운 포도상구균을 파괴할 수 있는 곰팡이를 발견했다. 플레밍은 이 곰팡이가 항균 물질을 생성한다는 사실을 알아내고 페니실린이라고 명명했다. 페니실린은 박테리아로 인한 다양한 감염과 질병에 대처할 수 있는 성공적인 항생제로 입증되었다. 1944년에는 화학 공장에서 페니실린을 대량 생산하여 군대에 공급하기 시작했다. 페니실린은 오늘날에도 여전히 전 세계에서 널리 사용되는 항생제 중 하나이다.

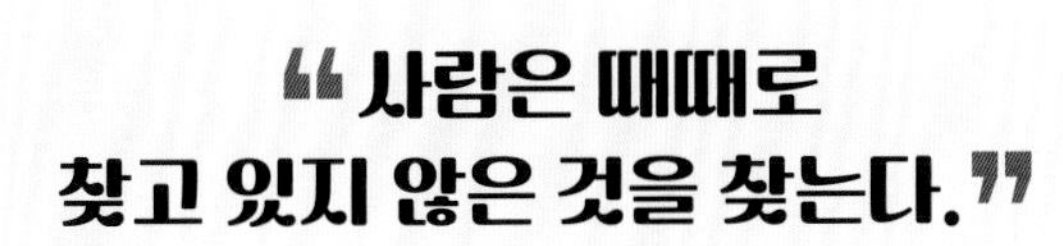

"사람은 때때로 찾고 있지 않은 것을 찾는다."

알렉산더 플레밍

실험실에 있는 알렉산더 플레밍

라디오존데가 부착된 기상 풍선

1929년

최초의 라디오존데 비행

프랑스의 과학자 로베르 뷔로는 풍선 아래에 매달려 날아다니는 소형 배터리 구동식 과학 기기 팩인 라디오존데를 발명했다. 라디오존데는 대기 중으로 상승하며 기압, 온도와 같은 유용한 데이터를 다시 전송한다. 라디오존데의 발명은 우리가 날씨를 이해하는 데 중요한 발판을 마련했다.

1930 

1928년 새로 발명된 전자 심장 박동기로 호주 시드니에서 사산된 아기를 살렸다.

1929년

밴더그래프 발전기

이 장치는 미국의 과학자 로버트 밴더그래프가 초기 입자 가속기에 전력을 공급하기 위해 고전압 전기 생성용으로 발명했다. 더 작은 발전기는 정전기를 시연하는 데 사용되며 교육용 보조 도구로 이용된다.

1928년

코리 회로

체코의 생화학자 칼 코리와 게르티 코리 부부는 근육이 열심히 운동할 때 포도당이 젖산으로 분해되는 생물학적 순환을 발견했다. 젖산은 간에서 재활용되어 글리코겐이라는 물질로 변해 근육으로 돌아가 포도당으로 전환된다. 이것을 코리 회로 또는 젖산 회로라고 한다.

정전기는 사람의 머리카락을 서게 만든다.

전하를 모으는 금속 돔을 만지면 사람의 손에 전하가 전달된다.

마리 퀴리

폴란드계 프랑스 물리학자이자 화학자인 마리 퀴리(1867~1934년)는 여성 과학자에 대한 전통적인 장벽을 극복하고 물리학, 화학, 의학에 큰 공헌을 했다. 퀴리는 새로운 화학 원소를 발견하고 방사능에 대한 과학적 이해를 한 단계 발전시켰으며 파리와 바르샤바 두 곳에 세계적으로 유명한 퀴리 연구소를 설립했다.

마리 퀴리의 어린 시절
부모님이 모두 교사였던 마리(사진의 왼쪽은 마리의 언니 헬라)는 영리한 학생이었다. 1891년 파리 대학교에서 물리학과 수학을 공부하기 위해 프랑스로 이주하기 전에는 교사나 가정교사로 일했다. 1906년 그녀는 대학 최초의 여성 교수가 되었다.

피에르 퀴리와의 협력

폴란드 바르샤바에서 태어난 마리아 살로메아 스크워도프스카는 파리 대학교에서 공부하기 위해 프랑스로 이주했다. 그곳에서 프랑스 화학자 피에르 퀴리를 만났다. 1895년 결혼한 두 사람은 새로 발견된 방사능 현상을 함께 연구하기 시작했다.

새로운 원소의 발견

퀴리 부부는 우라늄 광석의 일종인 피치블렌드가 순수한 우라늄보다 방사능 수치가 높다는 사실을 발견하고 이 광석에 방사능이 더 높은 다른 물질이 섞여 있을 것이라는 결론을 내렸다. 1898년 피치블렌드를 정제하는 데 많은 노력을 기울인 끝에 이전에는 알려지지 않았던 두 가지 화학 원소인 폴로늄과 라듐을 발견했다.

"사람에 대한 호기심보다는 아이디어에 대한 호기심이 더 컸다."
마리 퀴리

노벨상 수상

1903년 퀴리 부부는 앙리 베크렐과 함께 노벨 물리학상을 수상했다. 마리는 노벨상을 수상한 최초의 여성이었다. 피에르 퀴리는 1906년 교통사고로 사망했지만 마리는 연구를 계속하여 1910년 순수한 라듐을 분리하는 데 성공했다. 1년 후 그녀는 노벨 화학상을 수상하며 노벨상을 두 번이나 수상한 최초의 인물이 되었다.

어머니와 딸
퀴리의 장녀인 이렌은 제1차 세계대전 당시 어머니와 함께 방사선 사진사로 일했다. 독자적 과학자로서 이렌은 남편 프레데릭과 함께 인공 방사능을 발견한 공로로 1935년 노벨상을 수상했다.

전쟁에서의 봉사

마리 퀴리는 라듐을 이용해 암을 치료하는 데 선구적인 역할을 했으며 X-선을 중요한 의료 도구로 발전시키는 데 기여했다. 제1차 세계대전이 시작되자 그녀는 기금을 모금하고 조직을 구성하여 X-선 기계가 장착된 구급차를 직접 운전해 전장으로 향했다. X-선은 총알과 파편 부상을 진단하는 데 사용되어 수천 명의 생명을 구했다.

원자 번호 — 84 (209) — 원자 질량
화학 기호 — **Po**
폴로늄

88 (226)
Ra
라듐

새로운 원소
퀴리가 발견한 두 가지 화학 원소는 폴로늄과 라듐이다. 폴로늄은 마리 퀴리의 고국인 폴란드의 이름을 따서 명명했다.

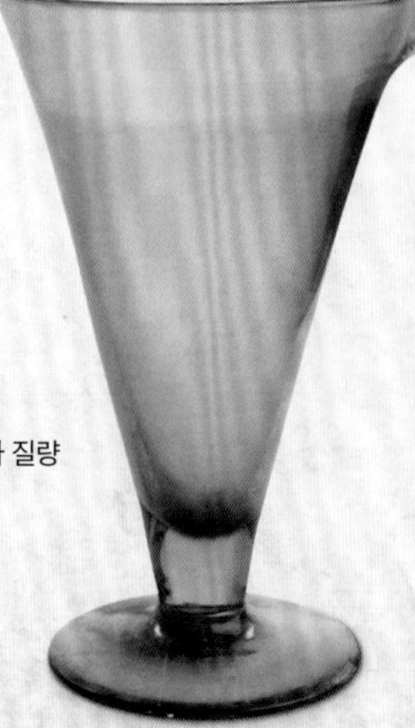

방사능 플라스크
마리가 라듐 연구에 사용했던 투명한 유리 플라스크가 방사선에 반복적으로 노출된 후 변색되어 보라색이 되었다.

"마리 퀴리는 유명 인사 중 유일하게 명예를 실추시키지 않은 인물이다."
알베르트 아인슈타인, 1934년

그녀의 실험실에서
평생에 걸친 방사선 노출은 마리에게 큰 타격을 입혔다. 방사선으로 인한 혈액 질환과 싸우면서도 그녀는 66세의 나이로 프랑스에서 사망할 때까지 계속해서 연구했다.

"실험실의 과학자는 단순한 기술자가 아니라 마치 동화처럼 감동을 주는 자연 현상을 마주하는 어린아이이기도 하다."

에브 퀴리의 『퀴리 부인』에서 인용한 마리 퀴리의 말, 1937년

명왕성은 1930년 클라이드 톰보가 발견하고
11세 소녀 베네티아 버니가 이름을 붙인 왜소행성이다.

바턴의 심해잠수정

1930년

최초의 심해잠수정

1934년 두 명의 미국인이 심해잠수정을 타고 923 m까지 잠수했다. 1930년 엔지니어 오티스 바턴이 설계하고 나중에 미국 박물학자 찰스 윌리엄 비브가 조종한 심해잠수정은 심해의 수압을 견딜 수 있도록 강철로 선체를 강화했다.

3. 0.001초 : 추가 냉각이 발생하지만 1초 후에도 우주는 여전히 55억℃를 유지한다.

2. 10^{-10}초: 우주는 급속히 냉각되기 시작하고 최초의 원시 입자가 형성된다.

1. 10^{-38}초: 우주는 갑자기 엄청나게 팽창하여 대량의 열과 방사능을 방출한다.

우주가 팽창한 지점을 특이점이라고 한다.

1931년

빅뱅 이론

벨기에 성직자이자 천문학자인 조르주 르메트르는 빅뱅 이론으로 알려진 우주의 탄생에 대한 이론을 제안했다. 르메트르는 우주가 팽창하는 과정에서 한때는 서로 훨씬 더 가까웠을 것이며 "원시 원자" 또는 "우주의 알"이라고 부르는 한 지점에서 거대한 에너지 폭발을 통해 시작되었을 것이라고 생각했다.

1930

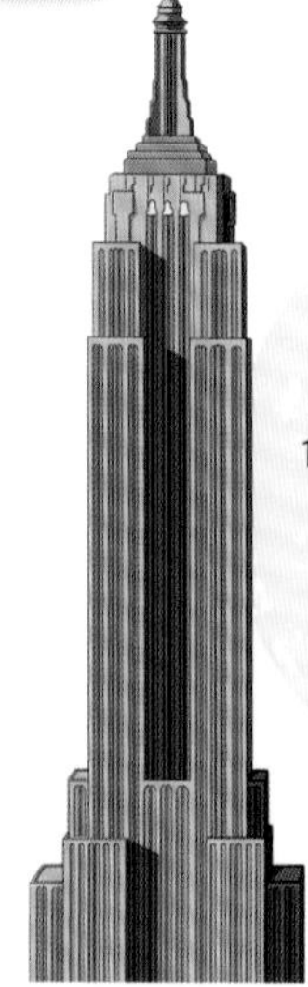

엠파이어 스테이트 빌딩

1931년 완공 당시 443 m 높이의 이 고층 빌딩은 세계에서 가장 높았다. 이 빌딩의 건설에 약 51,700톤의 철제 기둥과 보가 사용되었다.

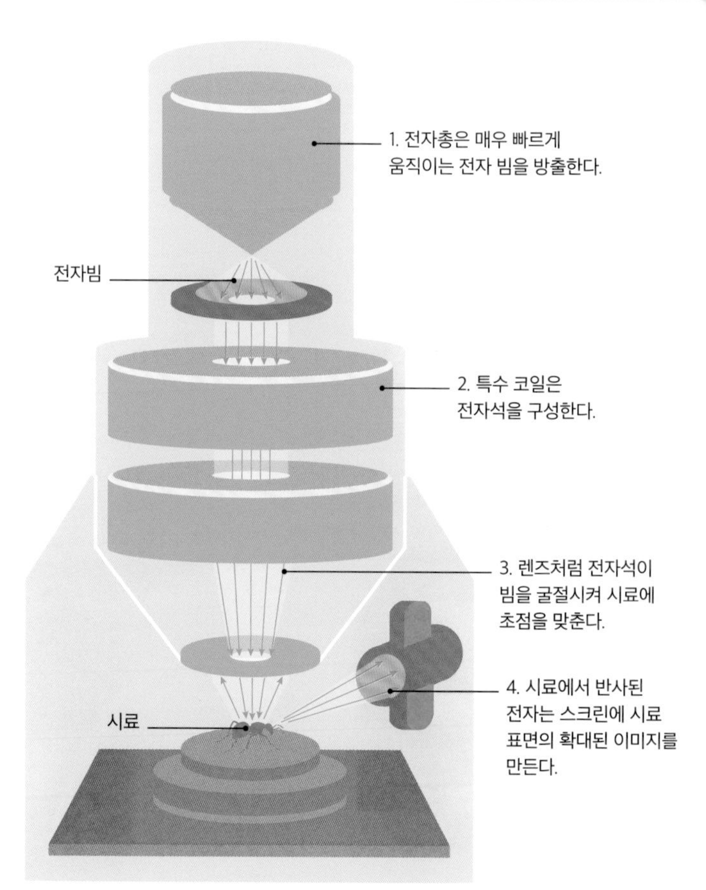

1. 전자총은 매우 빠르게 움직이는 전자 빔을 방출한다.
전자빔
2. 특수 코일은 전자석을 구성한다.
3. 렌즈처럼 전자석이 빔을 굴절시켜 시료에 초점을 맞춘다.
시료
4. 시료에서 반사된 전자는 스크린에 시료 표면의 확대된 이미지를 만든다.

주사 전자 현미경의 작동 원리

1931년

전자 현미경

독일 엔지니어 에른스트 루스카와 맥스 놀은 최초의 투과 전자 현미경을 제작했다. 이 현미경은 시료를 통해 전자의 흐름을 전송하여 광학 현미경보다 훨씬 더 높은 배율을 가능하게 했다. 이후 전자 현미경은 5만 배 이상의 배율을 달성하여 처음으로 개별 분자를 관찰할 수 있었다. 1930년대 후반에는 전자를 사용하여 시료의 표면을 연구하는 주사 전자 현미경이 개발되었다.

4. 3분: 최초의 양성자와 중성자가 형성되고 수소와 헬륨의 원자핵이 생성된다.

5. 38만 년: 우주는 최초의 원자가 형성될 수 있을 만큼 충분히 냉각되었다. 우주는 투명해지고 빛이 빛났다.

6. 10억 년: 최초의 별과 은하가 형성되었다.

7. 오늘날: 우주의 나이는 약 138억 년으로 추정된다.

빅뱅 이론에 따르면 우주는 특이점이라고 불리는 하나의 점에서 팽창했다.

1934년

캐츠 아이

영국 도로공 퍼시 쇼는 고양이의 눈이 빛을 반사하는 것에 착안한 도로 안전 장치로 특허를 획득했다. 고무와 금속 돔에 장착된 렌즈로 구성된 "캐츠 아이"는 여전히 도로에서 사용되고 있다. 이 렌즈는 전원 장치 없이도 차량의 헤드라이트에서 나오는 빛을 반사하여 도로 중앙과 차선 경계를 비춘다.

1935

1933년

주파수 변조 라디오

미국 엔지니어 에드윈 하워드 암스트롱은 최초의 실용적인 FM 라디오를 발명했다. 당시 AM 라디오에 비해 FM 라디오는 주변 전기 장비나 폭풍우로 인한 잡음과 간섭이 적고 더 선명한 신호를 제공했다. 최초의 FM 라디오 방송국은 1930년대 후반 미국에서 방송을 시작했다.

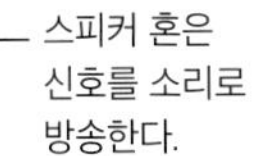

스피커 혼은 신호를 소리로 방송한다.

튜닝 다이얼을 사용하면 라디오 신호를 수신할 수 있는 정확한 주파수로 전환할 수 있다.

여행용 가방에는 전기 회로와 라디오 신호를 더 크게 만드는 6개의 진공관이 들어 있다.

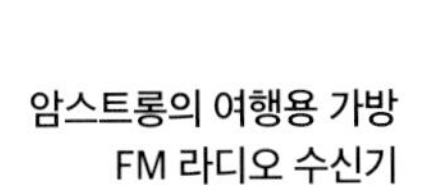

암스트롱의 여행용 가방 FM 라디오 수신기

서로 다른 파장에서 촬영한 이미지를 합성한 이 이미지에서 중성자별은 청록색으로 빛난다.

중성자별을 포함한 초신성의 잔해

1934년

폭발한 별

스위스 천문학자 프리츠 츠비키와 독일 천문학자 발터 바데는 초신성이라고 부르는 거대한 별 폭발의 잔해에서 중성자별이 만들어진다고 생각했다. 초신성은 거대한 별이 수소 연료를 모두 소진하고 붕괴한 후 격렬하게 폭발할 때 발생한다. 츠비키는 120개의 초신성 잔해를 발견했다.

주사 전자 현미경

현대의 주사 전자 현미경 이미지에서 원래 크기의 80배로 확대된 이 곤충의 머리에는 28,000개의 옴마티디아(광수용체 또는 빛을 받아들이는 세포의 집합체)로 구성된 두 개의 구형 겹눈이 있다.

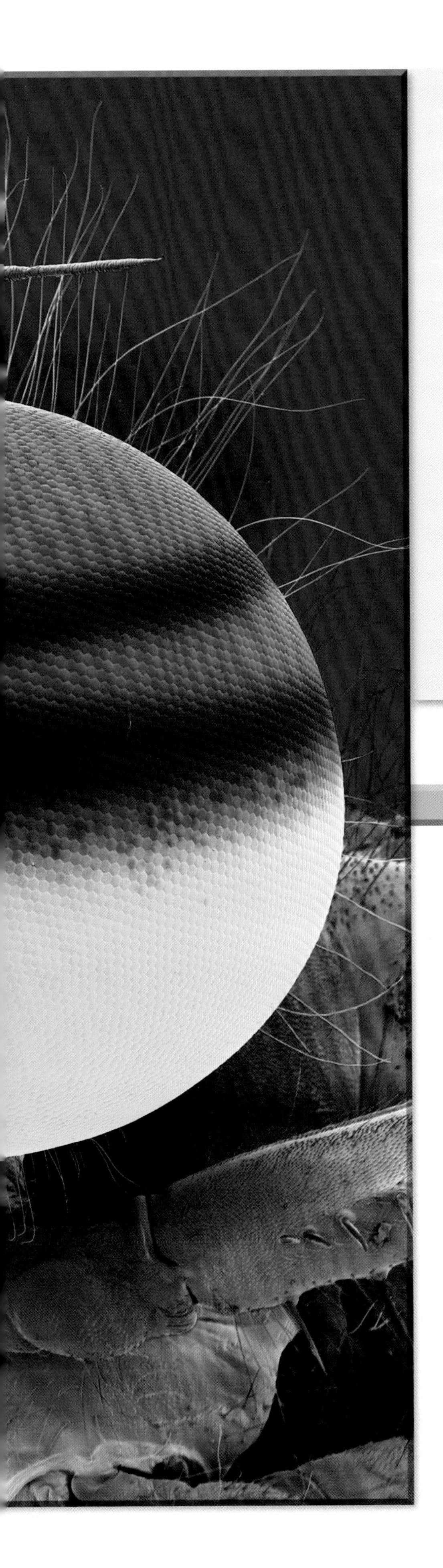

확대

이 매력적인 클로즈업 이미지에서는 붉은 실잠자리의 겹눈이 크게 보인다. 이러한 이미지는 1930년대 이후 주사 전자 현미경 개발로 가능해졌다. 주사 전자 현미경은 진공 상태에서 극도로 좁은 전자빔을 사용하여 물체를 추적하면서 시료를 스캔한다. 이 현미경은 렌즈로 확대된 빛을 사용하는 광학 현미경보다 훨씬 더 높은 배율과 해상도를 달성할 수 있다. 나노미터 단위로 측정된 물체는 주사 전자 현미경으로 선명하게 이미지화할 수 있으므로 법의학이나 작은 생물, 신약, 물질을 놀라울 정도로 세밀하게 조사하는 데 매우 유용하다.

“우리의 작업은 가장 작은 존재의 무한한 세계를 들여다볼 수 있는 능력을 통해 우리에게 즐거움과 만족이라는 특별한 보너스를 선사하기도 한다.”

최초의 전자 현미경을 발명한 에른스트 루스카, 1958년

1935년

리히터 규모

미국 물리학자 찰스 리히터는 지진으로 방출되는 에너지양을 측정하기 위한 척도를 고안했다. 이 척도에서 리히터 규모가 1 증가할 때마다 지진 에너지는 31배 이상 증가한다. 대부분의 지진은 규모 4.0 미만이며 가장 강력한 지진은 9.0 이상이다.

태양열은 변온 동물을 따뜻하게 한다.
불은 죽은 식물을 없애고 새로운 성장을 위한 공간을 만든다.
사막은 담수 생태계와는 다른 별개의 생태계이다.
곤충과 기타 생물들은 포식자들의 먹이가 된다.
식물은 광합성으로 에너지를 만든다.
대형 초식동물은 풀을 짧게 하고 덤불을 줄인다.
대형 수생식물은 수생동물의 은신처가 된다.
태양열은 물을 증발시켜 다음 비가 올 때까지 서식지를 감소시킨다.

담수 생태계

1935년

생태계

영국 식물학자 아서 탠슬리가 생태계의 개념을 처음 제시하였다. 생태계는 특정 서식지에서 발견되는 모든 생물체 간의 복잡한 관계 집합이다. 생태계의 모든 부분은 서로 연결되어 있어서 한 부분이 바뀌면 전체 생태계가 바뀔 수 있다.

1935

1935년

새로운 섬유

미국 화학 회사인 듀폰에서 고분자를 연구하던 월리스 캐러더스가 이끄는 팀이 나일론을 만들었다. 질기고 가벼우며 내구성이 뛰어나 스타킹, 칫솔모, 낙하산 덮개를 만드는 데 사용되면서 그 수요가 빠르게 증가하였다.

1936년

마지막 틸라신

태즈메이니아 호랑이로 알려진 마지막 틸라신이 호바트 동물원에서 죽었다. 틸라신은 호주에서 가장 큰 육식 유대류로 왈라비, 웜뱃, 새를 먹이로 삼았다.

1937년

전파 망원경

미국 천문학자 그로테 리버는 일리노이 주 그의 집 뒷마당에 약 9.4 m 직경의 전파 망원경을 설치했다. 그는 별과 은하에서 방출하는 전파를 찾아 밤하늘을 최초로 지도화했다. 1939년에는 백조자리 A 은하와 초신성 잔해 카시오페이아 A를 발견했다.

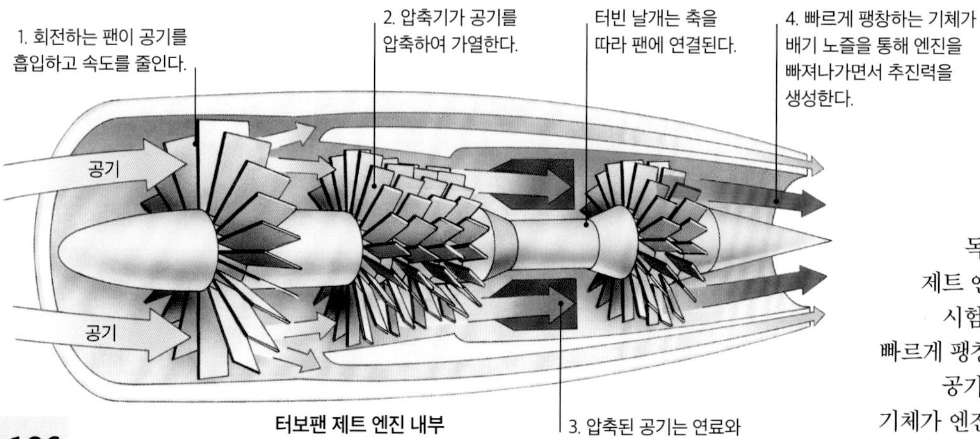

1. 회전하는 팬이 공기를 흡입하고 속도를 줄인다.
2. 압축기가 공기를 압축하여 가열한다.
터빈 날개는 축을 따라 팬에 연결된다.
4. 빠르게 팽창하는 기체가 배기 노즐을 통해 엔진을 빠져나가면서 추진력을 생성한다.
공기
공기
3. 압축된 공기는 연료와 섞여서 연소된다.

터보팬 제트 엔진 내부

1937년

최초의 제트 엔진

영국 항공 엔지니어 프랭크 휘틀과 독일 항공기 설계사 한스 폰 오하인은 제트 엔진을 독자 개발하여 1937년 최초의 시험을 지상에서 수행했다. 제트 엔진은 빠르게 팽창하는 기체를 생성하기 위해 흡입한 공기와 연료를 섞어 연소시킨다. 팽창된 기체가 엔진을 빠져나오면서 추진력이 생긴다.

균류는 사체를
분해한다.

1939년 알베르트 아인슈타인은 프랭클린 루스벨트 대통령에게 편지를 보내 핵무기 개발을 우선 순위에 두도록 촉구하였다.

회전 날개가
상승력을 생성한다.
꼬리 로터는 조종을
가능하게 한다.
이고르 시코르스키

VS-300의 첫 비행

1938년

테플론의 발견

미국 화학자 플렁킷은 새로운 냉장고 냉매를 개발하면서 테플론을 우연히 발견했다. 테플론은 반응성이 없고 마찰이 매우 적어 달라붙지 않는 조리 기구나 기어, 베어링 등 기계 부품의 윤활제로 사용되기 좋다.

테플론으로 코팅된
프라이팬

1939년

최초의 단일 로터 헬리콥터

러시아계 미국 발명가 이고르 시코르스키가 실용 헬리콥터 VS-300를 최초로 개발했다. 미국 코네티컷에서 지상에 묶은 채로 첫 비행을 했고 1940년 자유 비행에 성공했다. 75마력의 엔진으로 3개의 회전 날개에 양력을 발생시켰다. 꼬리의 작은 로터는 조향이 가능하고 주 로터에서 발생하는 회전력에 균형을 맞췄다.

1940

1938년

살아 있는 화석 발견

박물관 큐레이터 마조리 꾸르트내-라티머가 남아프리카 동해안에서 어부들이 잡은 물고기 중에서 특이한 물고기를 발견했다. 이 물고기는 후에 실러캔스라는 종으로 확인되었는데 이 종은 약 6,500만 년 전에 멸종한 것으로 알려져 있었다. 실러캔스는 최대 2 m까지 자랄 수 있으며 네 개의 갈라진 지느러미가 마치 말이 달리는 것처럼 번갈아 움직인다.

“1.5 m 길이의 연보라색 무지개 빛깔의 은색 무늬가 있는 아름다운 물고기”

마조리 꾸르트내-라티머, 1938년

1939년

DDT

스위스 화학자 파울 헤르만 뮐러는 1874년에 처음 생산된 DDT가 강력하고 효과적인 살충제라는 사실을 발견했다. 1943년부터 말라리아, 장티푸스, 뎅기열 등을 퇴치하기 위해 널리 사용되었고 농부들은 농작물의 해충을 제거하기 위해 사용하였다. 1970년대에는 이 화학물질의 유해성에 대한 우려로 많은 국가에서 사용이 금지되었다.

워싱턴 D.C. 의회 공항에서 농약 살포 항공기가
DDT를 살포하는 모습, 1940년경

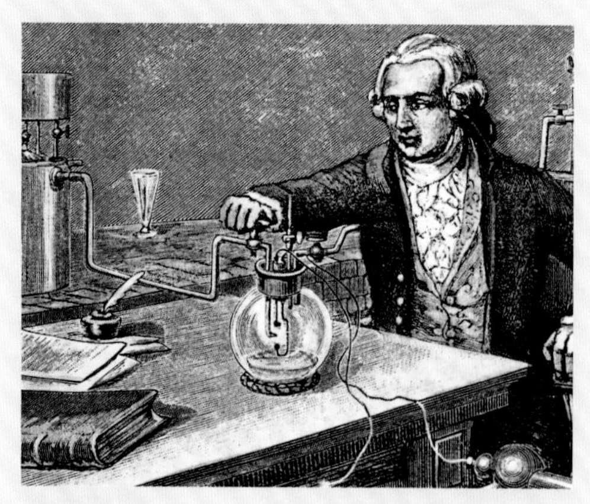

초기의 연구

1789년 프랑스 화학자 앙투안 라부아지에는 당시 알려진 33가지 화학 원소를 단순하게 기체, 금속, 비금속, 흙의 4가지 유형으로 분류한『화학원론』을 출판했다. 나중에 원소 중 일부는 산화알루미늄과 같은 2개 이상의 원소로 구성된 화합물임이 밝혀졌다.

멘델레예프의 주기율표

멘델레예프는 상대 원자량을 기준으로 당시 알려진 63개 원소를 8개 그룹으로 분류했다. 그의 주기율표는 그때까지 발견되지 않은 원소를 위해 3개의 빈칸을 남겼는데, 나중에 갈륨(1875년), 스칸듐(1879년), 저마늄(1886년)으로 밝혀졌다.

주기율표

색상으로 구분된 표에서 화학 원소는 원자 번호가 증가하는 순서대로 주기라고 불리는 행으로 배열되어 있다. 같은 주기에 속해 있으면 전자껍질의 수가 같다. 또한 원소들은 족이라고 불리는 열로 배열되어 있고, 족은 비슷한 화학적 성질을 가진 원소들로 이루어져 있다.

	1	2	3	4	5	6	7
1	1 1.0079 **H** 수소						
2	3 6.941 **Li** 리튬	4 9.0122 **Be** 베릴륨					
3	11 22.990 **Na** 소듐	12 24.305 **Mg** 마그네슘					
4	19 39.098 **K** 포타슘	20 40.078 **Ca** 칼슘	21 44.956 **Sc** 스칸듐	22 47.867 **Ti** 타이타늄	23 50.942 **V** 바나듐	24 51.996 **Cr** 크로뮴	25 54.938 **Mn** 망가니즈
5	37 85.468 **Rb** 루비듐	38 87.62 **Sr** 스트론튬	39 88.906 **Y** 이트륨	40 91.224 **Zr** 지르코늄	41 92.906 **Nb** 나이오븀	42 95.94 **Mo** 몰리브데넘	43 (96) **Tc** 테크네튬
6	55 132.91 **Cs** 세슘	56 137.33 **Ba** 바륨	57-71 **La-Lu** 란타넘족	72 178.49 **Hf** 하프늄	73 180.95 **Ta** 탄탈럼	74 183.84 **W** 텅스텐	75 186.21 **Re** 레늄
7	87 (223) **Fr** 프랑슘	88 (226) **Ra** 라듐	89-103 **Ac-Lr** 악티늄족	104 (261) **Rf** 러더포듐	105 (262) **Db** 두브늄	106 (266) **Sg** 시보귬	107 (264) **Bh** 보륨

57 138.91 **La** 란타넘	58 140.12 **Ce** 세륨	59 140.91 **Pr** 프라세오디뮴	60 144.24 **Nd** 네오디뮴
89 (227) **Ac** 악티늄	90 232.04 **Th** 토륨	91 231.04 **Pa** 프로트악티늄	92 238.03 **U** 우라늄

색인
- 수소
- 알칼리 금속
- 알칼리 토금속
- 전이 금속
- 란탄족 원소
- 악티늄족 원소
- 기타 금속
- 준금속
- 기타 비금속
- 할로젠
- 비활성 기체

주요 사건

1669년

독일 연금술사 헤니히 브란트는 소변에서 인을 분리해 냈다. 인은 화학적으로 발견된 첫 번째 원소였다.

인 성분이 포함된 성냥 끝 부분

1774년

영국 과학자 조지프 프리스틀리는 산소 기체를 분리하고 이를 "탈플로지스톤 공기"라고 불렀다. 독일계 스웨덴 화학자 칼 셸레도 1771년에 산소 기체를 분리했다고 주장했다.

1829년

독일 화학자 요한 볼프강 되베라이너는 화학적 성질이 비슷한 3개의 원소들로 묶었다(예: 염소, 브로민, 아이오딘). 그는 이를 세쌍원소라고 불렀다.

1869년

러시아 화학자 드미트리 멘델레예프는 선구적인 주기율표를 러시아 저널에 발표했고 이는 나중에 독일어와 영어로 번역되었다.

원소 기호

각 원소는 원자 번호에 따라 주기율표에서 고유한 위치를 차지하며 이름, 화학 기호, 상대 원자 질량을 나타낸다. 이는 원소의 모든 원자 질량의 평균으로 동위 원소의 비율을 고려한 값이다.

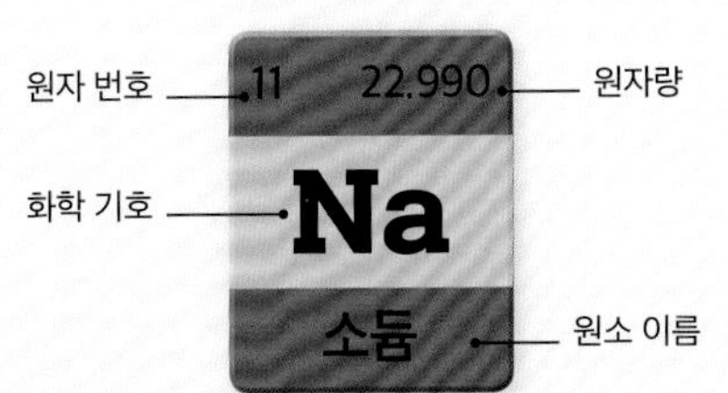

현대 주기율표

오늘날 주기율표에는 118개의 원소가 있으며 그중 90개 이상은 자연에서 찾을 수 있다. 나머지는 눈 깜짝할 사이에 실험실에서 화학적으로 만들어진다. 최근에 발견된 115~118번 원소는 2016년에 명명되었다.

주기	8	9	10	11	12	13	14	15	16	17	18
1											2 4.0026 He 헬륨
2						5 10.811 B 붕소	6 12.011 C 탄소	7 14.007 N 질소	8 15.999 O 산소	9 18.998 F 플루오린	10 20.180 Ne 네온
3						13 26.982 Al 알루미늄	14 28.086 Si 규소	15 30.974 P 인	16 32.065 S 황	17 35.453 Cl 염소	18 39.948 Ar 아르곤
4	26 55.845 Fe 철	27 58.933 Co 코발트	28 58.693 Ni 니켈	29 63.546 Cu 구리	30 65.39 Zn 아연	31 69.723 Ga 갈륨	32 72.64 Ge 저마늄	33 74.922 As 비소	34 78.96 Se 셀레늄	35 79.904 Br 브로민	36 83.80 Kr 크립톤
5	44 101.07 Ru 루테늄	45 102.91 Rh 로듐	46 106.42 Pd 팔라듐	47 107.87 Ag 은	48 112.41 Cd 카드뮴	49 114.82 In 인듐	50 118.71 Sn 주석	51 121.76 Sb 안티모니	52 127.60 Te 텔루륨	53 126.90 I 아이오딘	54 131.29 Xe 제논
6	76 190.23 Os 오스뮴	77 192.22 Ir 이리듐	78 195.08 Pt 백금	79 196.97 Au 금	80 200.59 Hg 수은	81 204.38 Tl 탈륨	82 207.2 Pb 납	83 208.96 Bi 비스무트	84 (209) Po 폴로늄	85 (210) At 아스타틴	86 (222) Rn 라돈
7	108 (277) Hs 하슘	109 (268) Mt 마이트너륨	110 (281) Ds 다름슈타튬	111 (272) Rg 뢴트게늄	112 285 Cn 코페르니슘	113 284 Nh 니호늄	114 289 Fl 플레로븀	115 288 Mc 모스코븀	116 293 Lv 리버모륨	117 294 Ts 테네신	118 294 Og 오가네손
	61 (145) Pm 프로메튬	62 (150.36) Sm 사마륨	63 151.96 Eu 유로퓸	64 157.25 Gd 가돌리늄	65 158.93 Tb 터븀	66 162.50 Dy 디스프로슘	67 164.93 Ho 홀뮴	68 167.26 Er 어븀	69 168.93 Tm 툴륨	70 173.04 Yb 이터븀	71 174.97 Lu 루테튬
	93 (237) Np 넵투늄	94 (244) Pu 플루토늄	95 (243) Am 아메리슘	96 (247) Cm 퀴륨	97 (247) Bk 버클륨	98 (251) Cf 캘리포늄	99 (252) Es 아인슈타이늄	100 (257) Fm 페르뮴	101 (258) Md 멘델레븀	102 (259) No 노벨륨	103 (262) Lr 로렌슘

1894년

스코틀랜드 화학자 윌리암 램지는 아르곤이라는 원소를 발견했다. 이후 3가지 원소 네온, 크립톤, 제논을 발견했고, 이 원소들이 비활성 기체라는 새로운 족을 어떻게 만드는지 보여주었다.

1898년

마리 퀴리와 피에르 퀴리는 2가지 새로운 화학 원소를 분리하였고, 이들을 라듐과 폴로늄이라고 명명하였다.

압축된 라듐 덩어리

1913년

영국의 물리학자 헨리 모즐리는 원자가 방출하는 X-선의 성질이 원자 내부의 양성자의 수에 따라 달라진다는 것을 발견하였다. 이를 통해 상대 원자 질량이 아닌 원자 번호에 따라 주기율표를 배열하게 되었다.

1940년

미국의 화학자 글렌 시보그는 플루토늄을 발견하였고 이후 우라늄 다음으로 9개의 원소가 주기율표에 등장했다. 그는 악티늄 원소 계열의 추가를 제안했다.

“핵 에너지의 대규모 방출은 시간 문제일 뿐이다.”

시카고 파일 1호기에 대한 엔리코 페르미의 말

1942년

V2 미사일

독일 피네뮌데에서 세계 최초로 액체 연료 로켓 엔진으로 구동되는 미사일이 시험 발사되었다. 세 번의 발사 실패에 이어 네 번째에서는 14 m 높이의 로켓이 85,000 m 이상에 도달했다. 제2차 세계대전에서 약 3,000발의 V2가 각각 910 kg의 폭탄을 싣고 적의 목표물을 향해 발사되었다.

1942년

실험용 원자로

최초의 원자로인 시카고 파일 1호기는 우라늄을 연료로 사용하여 처음으로 핵 연쇄 반응을 일으켰다. 이 작업은 이탈리아의 물리학자 엔리코 페르미가 이끄는 시카고 대학교의 연구팀에 의해 수행되었다. 원자로에서는 우라늄 원자의 핵이 핵분열로 분리되어 에너지와 중성자가 방출되었고 이 중성자가 다른 핵을 더 많이 분리하여 핵 연쇄 반응이 일어났다. 이러한 연구는 최종적으로 원자력 발전소의 개발로 이어졌다.

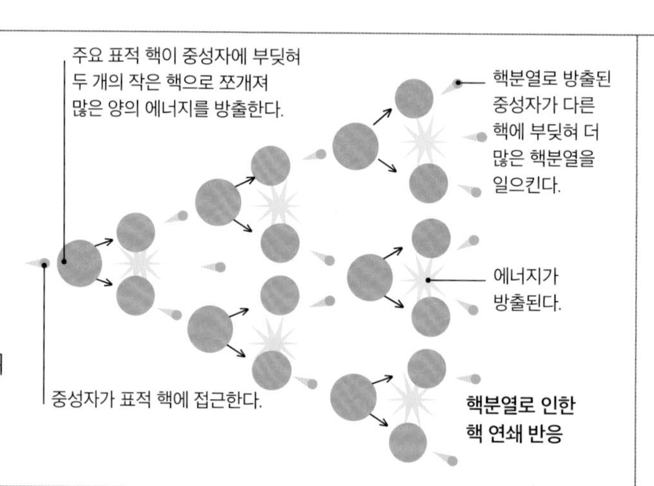

주요 표적 핵이 중성자에 부딪혀 두 개의 작은 핵으로 쪼개져 많은 양의 에너지를 방출한다.
핵분열로 방출된 중성자가 다른 핵에 부딪혀 더 많은 핵분열을 일으킨다.
에너지가 방출된다.
중성자가 표적 핵에 접근한다.

핵분열로 인한 핵 연쇄 반응

1940

1940년 플루토늄 발견

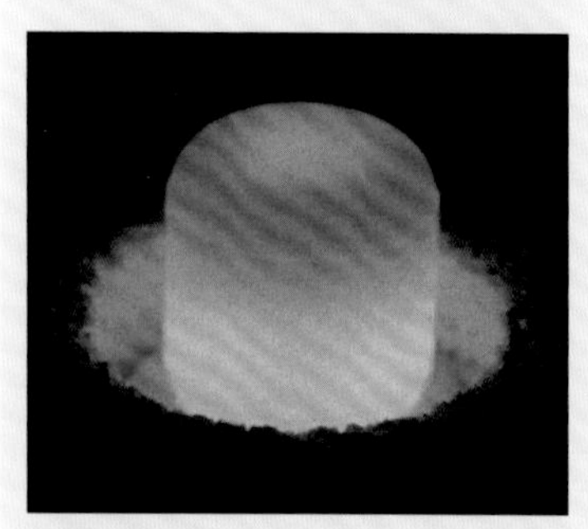

방사성 플루토늄-238(플루토늄의 한 형태)이 붉게 빛난다.

1940년 캘리포니아 대학교의 화학자 글렌 시보그, 에드윈 맥밀런, 조셉 케네디, 아서 월이 발견한 플루토늄은 원래 왜소행성인 명왕성에서 따온 이름이다. 이 원소는 주로 핵무기의 제조에 사용되었으며 약 100 g의 플루토늄만으로도 2,000톤의 TNT와 같은 폭발력을 낼 수 있다. 또한 플루토늄은 전기를 생산하는 원자로의 연료로도 활용되고 있다.

보이저 동력 공급

보이저 1호와 2호는 플루토늄-238이 붕괴할 때 발생하는 열로 수백 와트의 전기를 생산하는 방사성 동위원소 열전기 발전기를 각각 3대씩 사용하여 작동한다. 현재 보이저 1호는 지구로부터 가장 먼 거리에서 우주를 탐사하는 인공 물체이다.

보이저 1호

1943년

아쿠아렁

프랑스의 자크 쿠스토와 에밀 가냥은 아쿠아렁이라는 자가 조절식 수중 호흡 장치를 발명했다. 이 휴대용 발명품은 다이빙을 일반 대중에 보급하는 데 기여했다. 이 장치는 다이버의 폐 내부 공기 압력과 주변 수압을 일치시키고 조절기를 통해 기압을 조절하며 공기 공급을 관리할 수 있었다.

다이버는 실린더의 튜브를 통해 공기를 흡입한다.

공기가 담긴 실린더

아쿠아렁을 착용한 자크 쿠스토(오른쪽)와 다이버

1943년에는 독일의 암호와 비밀 메시지를 해독하기 위한 선구적인 초기 전자 컴퓨터인 콜로서스(Colossus)의 작업이 개시되었다.

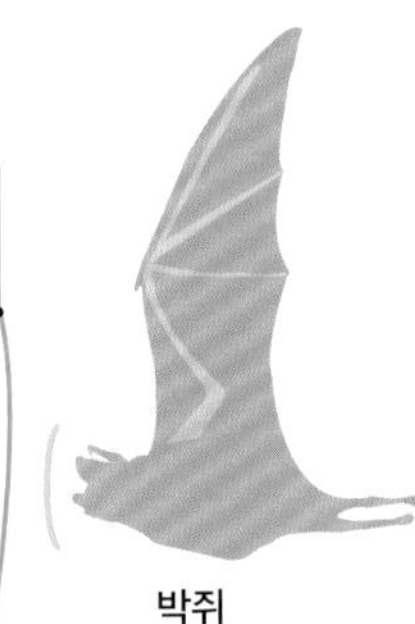

2. 박쥐의 먹이인 나방에 부딪힌 소리 파동이 박쥐에게 돌아온다.

1. 박쥐로부터 나오는 음파가 이동 방향으로 투사된다.

나방

박쥐

1944년

에코 로케이션 발견

미국 생물물리학자 도널드 그리핀은 "에코 로케이션"이라는 용어로 박쥐, 고래와 같은 동물들이 소리 파동을 이용해 방향과 먹이를 찾는 과정을 설명했다. 소리가 물체에 반사되면 이를 뇌에서 분석해 먹이를 찾는 것이다. 일부 박쥐 종은 에코 로케이션을 통해 1시간에 500마리 이상의 곤충을 잡을 수 있다.

1945

1943년

항생제를 이용한 결핵 치료

미국 과학자 셀먼 왁스먼과 연구팀은 토양에서 발견한 세균으로부터 처음으로 분리된 화합물인 스트렙토마이신을 발견했다. 이 물질은 결핵을 효과적으로 치료할 수 있는 최초의 항생제로 입증되었다. 이후 스트렙토마이신은 야토병과 같은 다른 질병을 치료하는 데 사용되었으며 과일 작물의 특정 곰팡이성 질병에 대한 살균제로도 사용되었다.

현미경으로 본 스트렙토마이신 결정

1943년

신장 투석

네덜란드 의사 빌럼 요한 콜프는 오렌지 주스 캔과 낡은 세탁기 등을 활용하여 최초의 신장 투석기를 만들었다. 이 장치는 인공 신장 역할을 하며 신장이 작동하지 않는 환자의 혈액을 채취하고 여과하여 유해한 독소를 제거한 후 깨끗한 혈액을 환자에게 다시 넣어주었다.

1945년

전자레인지 발명

레이시온사에서 RADAR(라디오 탐지 및 거리 측정)를 연구하던 미국 물리학자 퍼시 스펜서는 마그네트론이라는 고출력 진공관이 마이크로파를 방출하는 것을 발견했다. 이 마이크로파는 음식의 분자를 진동시켜 가열시킬 수 있다. 스펜서와 레이시온사는 최초의 상업용 전자레인지인 레이더레인지를 개발했다.

레이시온사의 오리지널 전자레인지에서 조리한 햄버거

1945년 7월 16일, 미국 뉴멕시코주

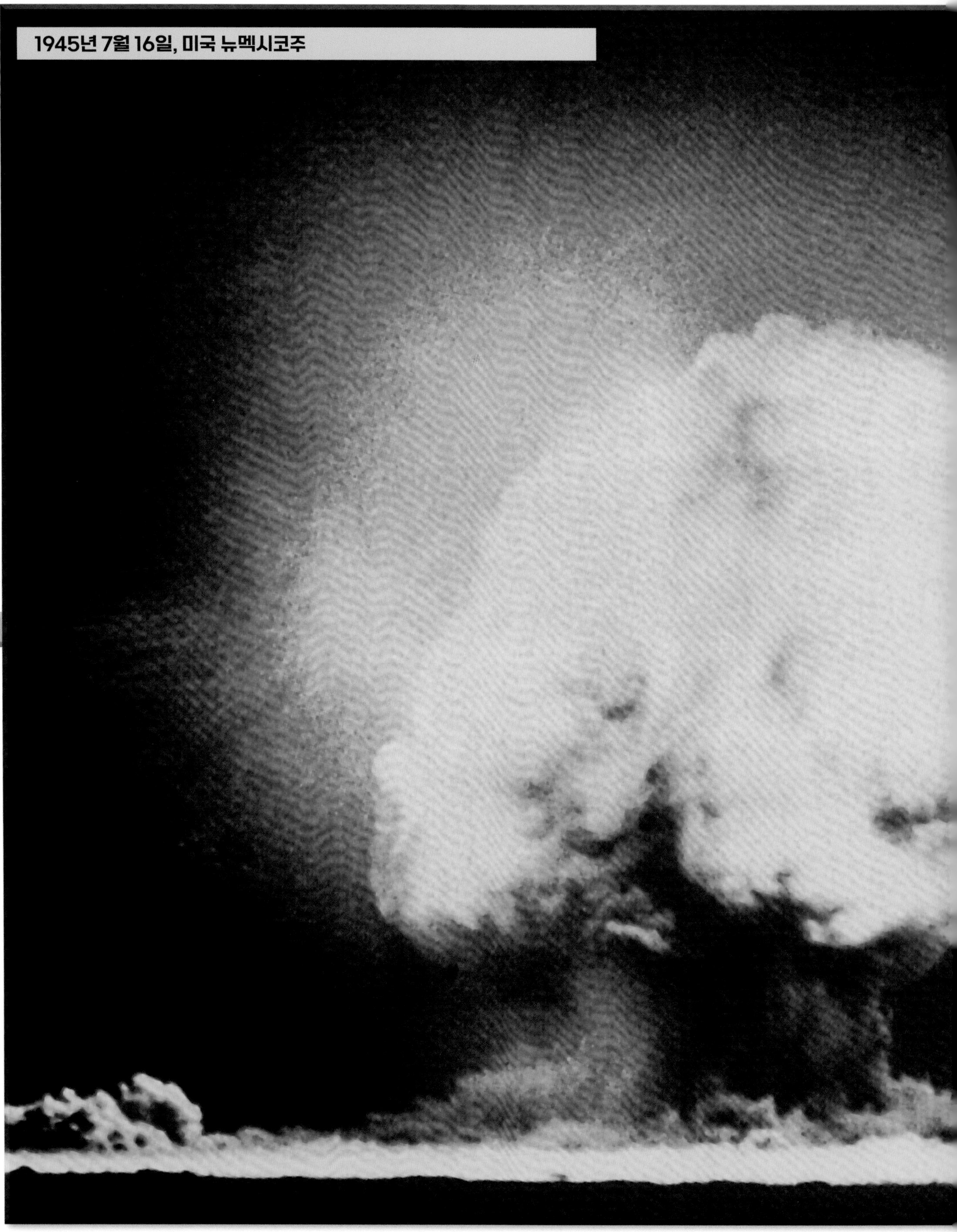

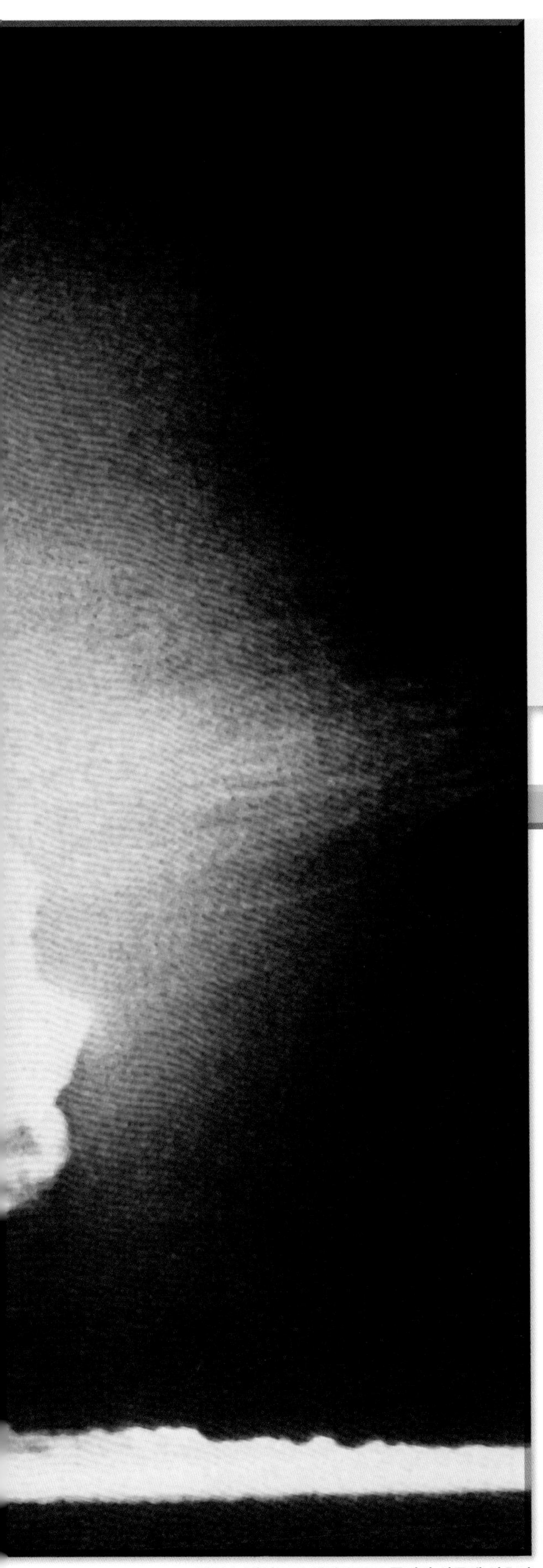
미국 뉴멕시코주 앨라모고도 폭격장 상공에 최초의 원자탄 폭발로 인한 버섯 구름이 피어오르고 있다.

트리니티 실험

1945년 7월 16일 미국 뉴멕시코주 앨라모고도에서 최초의 원자탄이 폭발했다. 코드명 "트리니티"로 명명된 이 실험은 플루토늄 원자핵의 핵분열로 인한 원자 연쇄 반응의 무서운 위력을 확인했다. 폭발로 인해 생성된 버섯 구름은 불과 16,000분의 1초 만에 거의 200 m 높이로 커졌고 12,600 m 이상의 높이까지 솟아올랐다. 거의 18,600톤의 TNT 폭약에 해당하는 이 폭발로 발생한 엄청난 열에 의해 사막 바닥의 모래가 녹아 유리가 되었는데 이것이 바로 트리니타이트이다. 3주 후 일본 히로시마에 투하된 원자폭탄은 도시를 초토화시키고 10만 명 이상의 사망자를 발생시켰다.

"우리는 세상이 예전 같지 않을 거라는 걸 알았다. 몇몇은 웃었고, 몇몇은 울었다. 대부분의 사람들은 침묵했다."

로버트 오펜하이머, 로스앨러모스 연구소 소장, 1965년

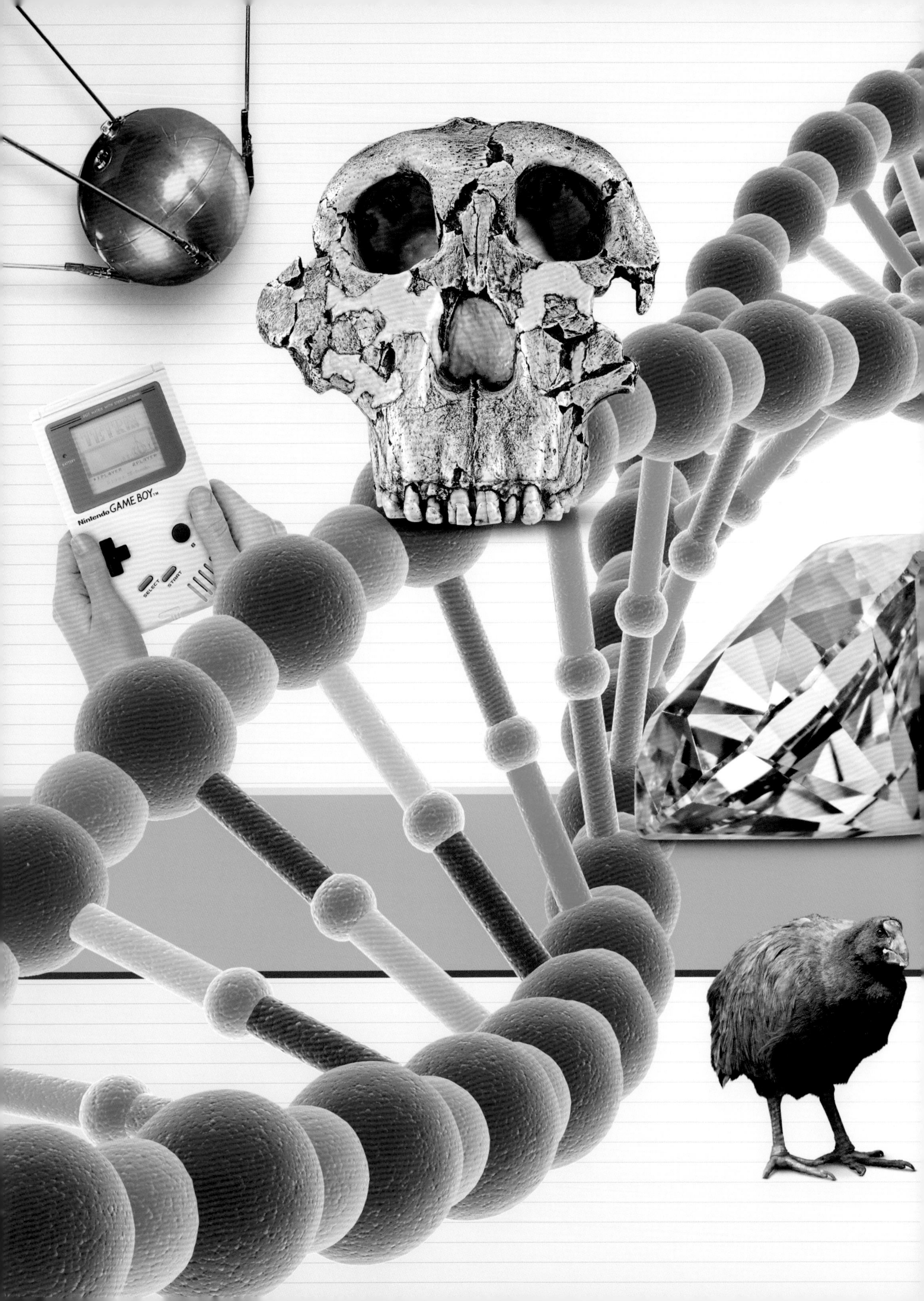
Nintendo GAME BOY™
SELECT
START

1945-현재 현대 과학

이 시대는 농구 코트 크기만 한 최초의 컴퓨터에서 시작되었는데 그중 일부는 아주 느리고 불안정했다. 트랜지스터의 발명은 곧 훨씬 더 작고 빠르며 더 강력하고 효율적인 장치를 만들 수 있게 했다. 기술의 발전으로 수천 개, 나중에는 수백만 개의 전자 회로가 하나의 실리콘 칩으로 축소되면서 로봇, 스마트폰, 컴퓨터 기술이 자동차 및 여러 가전제품에 탑재되었다. 통신의 발전과 인터넷의 부상에 힘입어 누구나 컴퓨팅 능력을 사용할 수 있게 되었다.

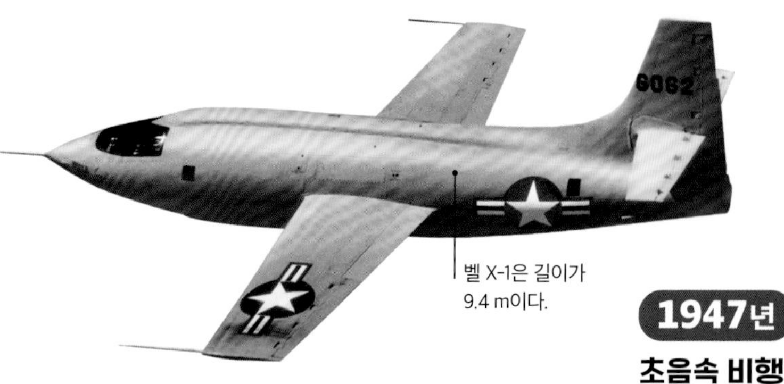

벨 X-1은 길이가 9.4 m이다.

1947년

초음속 비행

미국 공군 파일럿 찰스 척 예거는 로켓 엔진 비행기 벨 X-1을 타고 약 13,000 m 고도에서 비행하여 이 높이에서 음속인 1,062 km/h보다 빠르게 비행한 최초의 인물이 되었다. X-1의 최고 속력은 1,130 km/h이다.

보드에 연결된 케이블을 사용해 에니악을 재프로그래밍 하는 프로그래머들

1946년

에니악 구동

최초의 전자식 범용 컴퓨터 에니악(ENIAC)이 펜실베니아 대학교에서 구동되었다. 30 m 길이의 이 기계는 무게가 27,000 kg이 넘었으며 1955년까지 일기 예보부터 핵폭탄 시뮬레이션의 영향 계산까지 다양한 응용 프로그램을 실행했다.

1947년

프로메튬의 발견

주기율표의 공백은 미국 오크리지 국립연구소의 화학자들이 원자 번호 61번의 원소를 발견하면서 메워졌다. 이 원소는 프로메튬(Pm)으로 명명되었다.

1945

1946년

월면 반사 통신

미 육군 통신대는 라디오파를 최초로 달에 송수신했다. 달의 여신 이름을 딴 다이애나라는 프로젝트에서 제2차 세계대전 당시 사용했던 레이더 안테나로 달에 신호를 보내고 2.5초 후에 달에서 반사된 신호를 받았다.

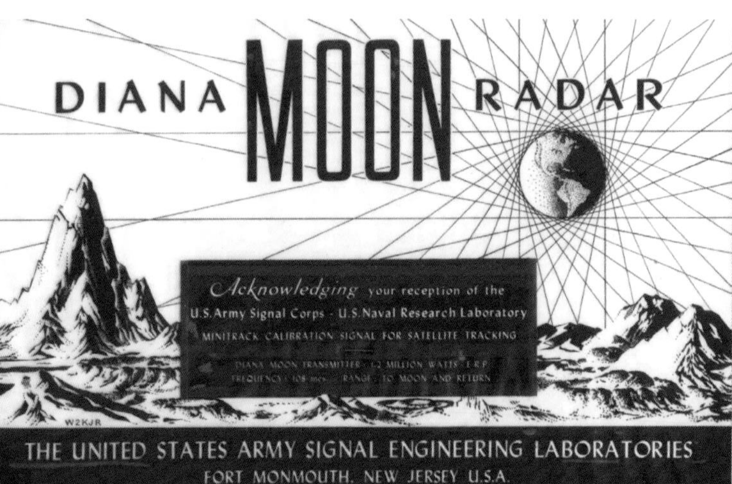

다이애나 프로젝트에서 되돌아온 신호를 들은 모든 사람이 이 기념품을 받았다.

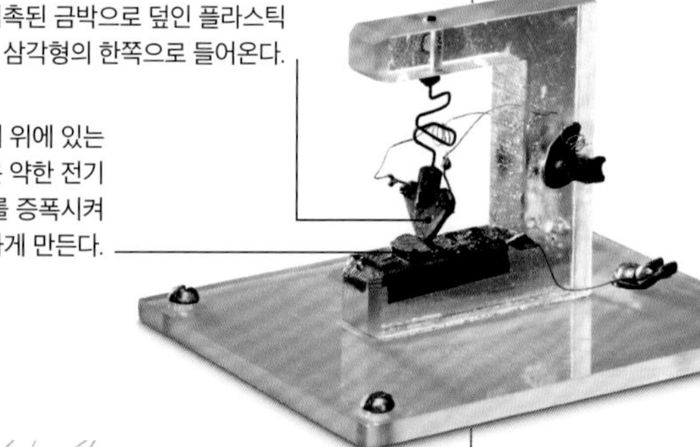

약한 전기 신호는 저마늄 결정에 접촉된 금박으로 덮인 플라스틱 삼각형의 한쪽으로 들어온다.
금속 받침대 위에 있는 저마늄 결정은 약한 전기 신호를 증폭시켜 강하게 만든다.

벨 연구소의 오리지널 트랜지스터 복제품

1947년

최초의 트랜지스터

트랜지스터는 미국 뉴저지 벨 연구소의 미국 물리학자 윌리엄 브래드퍼드 쇼클리, 월터 하우저 브래튼과 존 바딘이 발명했다. 이것은 전기 회로에서 스위치 역할을 하거나 전기 신호의 강도를 높이는 증폭기 역할을 할 수 있다. 트랜지스터는 부피가 큰 진공관을 대체해 더 작고 빠르며 저렴하고 안정적인 전자 제품을 만들 수 있게 했다.

1947년 영국 엔지니어 데니스 가보르가 홀로그램을 표시하는 시스템인 홀로그래피를 개발했다.

WHO(세계보건기구)는 1948년에 발족했다. 이 UN 기구는 의료 서비스를 증진하고 질병을 퇴치하는 데 중요한 역할을 해 왔다.

1948년

타카헤의 재발견

몸 길이 63 cm의 타카헤는 1898년 마지막으로 목격된 후 멸종된 것으로 여겨졌다. 제프리 오벨 박사가 뉴질랜드 남섬 테아나우호 주변에서 날지 못하는 새, 타카헤의 살아 있는 개체를 발견했다.

1949년

빅뱅의 명명

영국 천문학자 프레드 호일은 우주가 한 점에서 팽창해 시작되었다는 이론을 설명하기 위해 빅뱅이라는 용어를 만들었다. 그는 BBC 라디오 프로그램에서 이 용어를 처음 사용했다.

1949년

코티손의 긍정적인 효과

미국 의사 필립 헨치는 코티손 호르몬으로 류마티스 관절염 환자의 염증을 줄이는 방법을 발견했다. 같은 해 미국 화학자 퍼시 줄리안은 증가하는 코티손 수요에 맞춰 실험실에서 코티손을 신속하고 저렴하게 제조하는 방법을 고안했다.

1949년

페니실린의 구조

영국 화학자 도로시 호지킨과 그녀의 연구팀은 페니실린 분자 구조를 발표했다. 또한 X-선 결정학(반사된 X-선에 의해 투사된 패턴을 분석하는 과정)을 사용하여 페니실린의 원자 결합 지도를 만들었다. 이는 내성균에 효과적인 항생제를 개발하는 데 도움이 되었다.

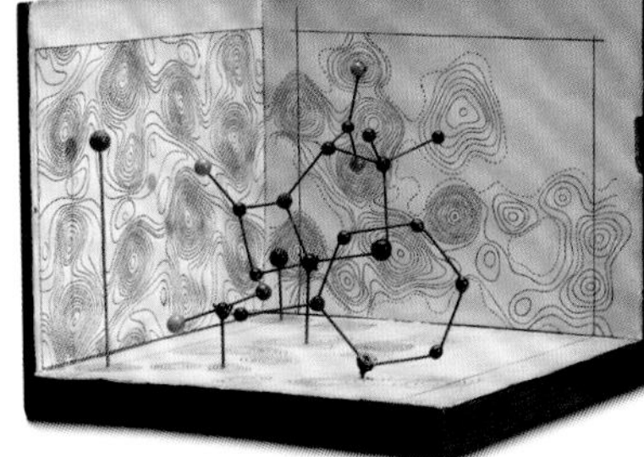

페니실린 분자 모형

1950

1949년 방사성 탄소 연대 측정법

미국 화학자 제임스 아널드와 윌라드 리비는 방사성 탄소 연대 측정법을 개발했다. 유기물에는 C-12라고 불리는 일반 탄소와 C-14라고 불리는 방사성 동위원소가 포함되어 있다. C-12의 양은 일정하게 유지되지만 C-14는 일정한 속도(5,730년마다 양이 절반으로 감소)로 붕괴하므로 시간이 지나면서 C-12에 대한 C-14의 비율은 감소한다. 과학자들은 이 비율을 측정해 나무나 면과 같은 유기물로 만들어진 고대 유물의 연대를 알아낼 수 있다.

방사성 탄소 연대 측정을 위한 머리뼈 시료 채취

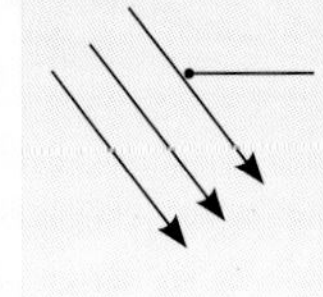

우주선이 대기 중 탄소 원자와 충돌하여 C-14가 만들어진다.

1. C-14 형성

우주선(宇宙線)은 대기 상층부의 원자와 충돌하여 일반 탄소보다 중성자가 두 개 더 많은 C-14를 생성한다.

동물은 C-14가 포함된 먹이를 먹는다.

2. C-14 흡수

식물은 공기에서 C-14를 흡수하고 동물과 인간은 음식을 통해 C-14를 얻는다.

3. 죽음과 부패

유기체가 죽어서 매장되면 유기체 속 C-14가 일정한 속도로 붕괴해 양이 줄어든다.

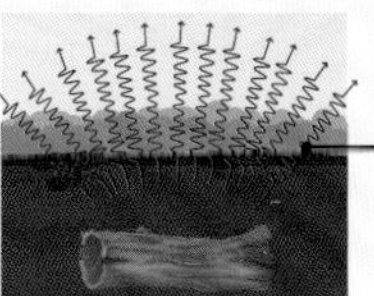

새로 생긴 유골에는 C-14의 양이 많다.

화석에는 C-14의 양이 적다.

4. 시료의 연대 확인

시료에서 C-14의 양을 측정하면 최대 5만 년까지 물체의 정확한 연대를 추정할 수 있다.

생명의 암호

부모는 코 모양부터 특정 질병에 걸릴 가능성에 이르기까지 자신의 형질을 자손에게 물려준다. 이러한 형질과 자손이 어떻게 발달해야 하는지에 대한 지침을 유전자라고 하며 유전자는 모든 세포에 존재하는 DNA라는 화학 물질에 저장되어 있다. 유전학은 유전자가 어떻게 작동하고 한 세대에서 다른 세대로 전달되는지를 연구하는 학문이다.

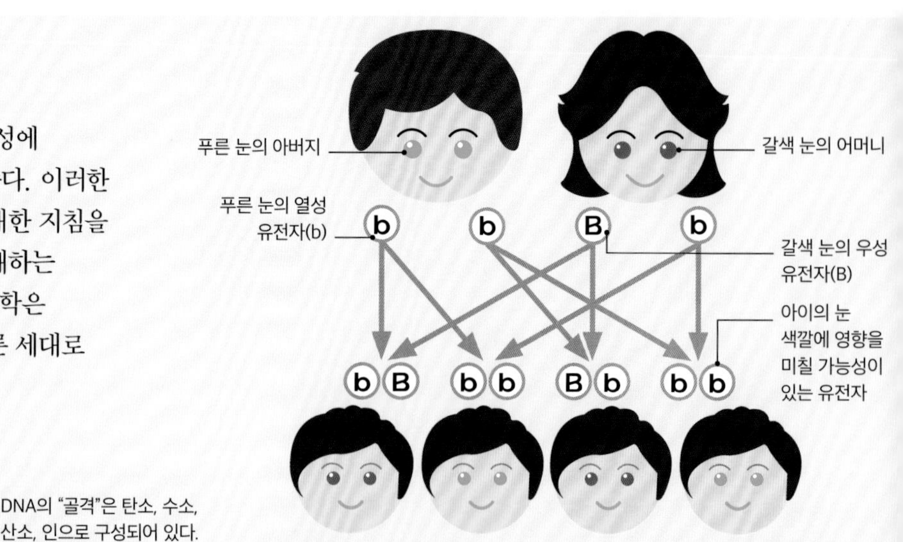

DNA의 "골격"은 탄소, 수소, 산소, 인으로 구성되어 있다.

유전

모든 사람은 각 유전자의 두 가지 형태를 가지고 있는데 하나는 어머니, 다른 하나는 아버지로부터 물려받는다. 갈색 눈 색깔(B)과 같은 일부 유전자는 우성 유전자일 수 있다. 즉, 갈색 눈 유전자(B) 하나와 파란 눈 유전자(b) 하나가 있으면 우성 유전자가 우세하여 갈색 눈을 갖게 되는 것이다.

DNA

유전자는 세포 속 DNA에 존재한다. DNA의 긴 리본은 이중 나선이라고 하는 두 개의 나선형 사슬에서 형성된다. 이 사슬을 연결하는 것은 구아닌, 시토신, 티민, 아데닌이라는 화학 물질로 이루어진 4가지 염기쌍이다. 이 염기쌍은 네 글자 알파벳을 형성하여 세포에 단백질을 만드는 방법을 알려주는 암호 역할을 한다.

주요 사건

1866년

오스트리아의 식물학자 그레고어 멘델은 완두콩을 이용한 실험으로 유전의 핵심 법칙을 발견해 식물이 특정 형질을 후손에게 물려주는 방법을 보여주었다.

1911년

미국 생물학자 토머스 헌트 모건은 초파리 염색체 연구를 통해 염색체가 한 종의 유전자를 담고 있다는 사실을 증명했다.

1951년

영국 화학자 로잘린드 프랭클린은 모리스 윌킨스와 레이몬드 고슬링이 참여한 X-선 연구에서 최초로 DNA 사진을 촬영했다.

1953년

미국 유전학자 제임스 왓슨과 영국 생물학자인 프랜시스 크릭은 DNA 이중 나선 구조의 증거를 발표했다.

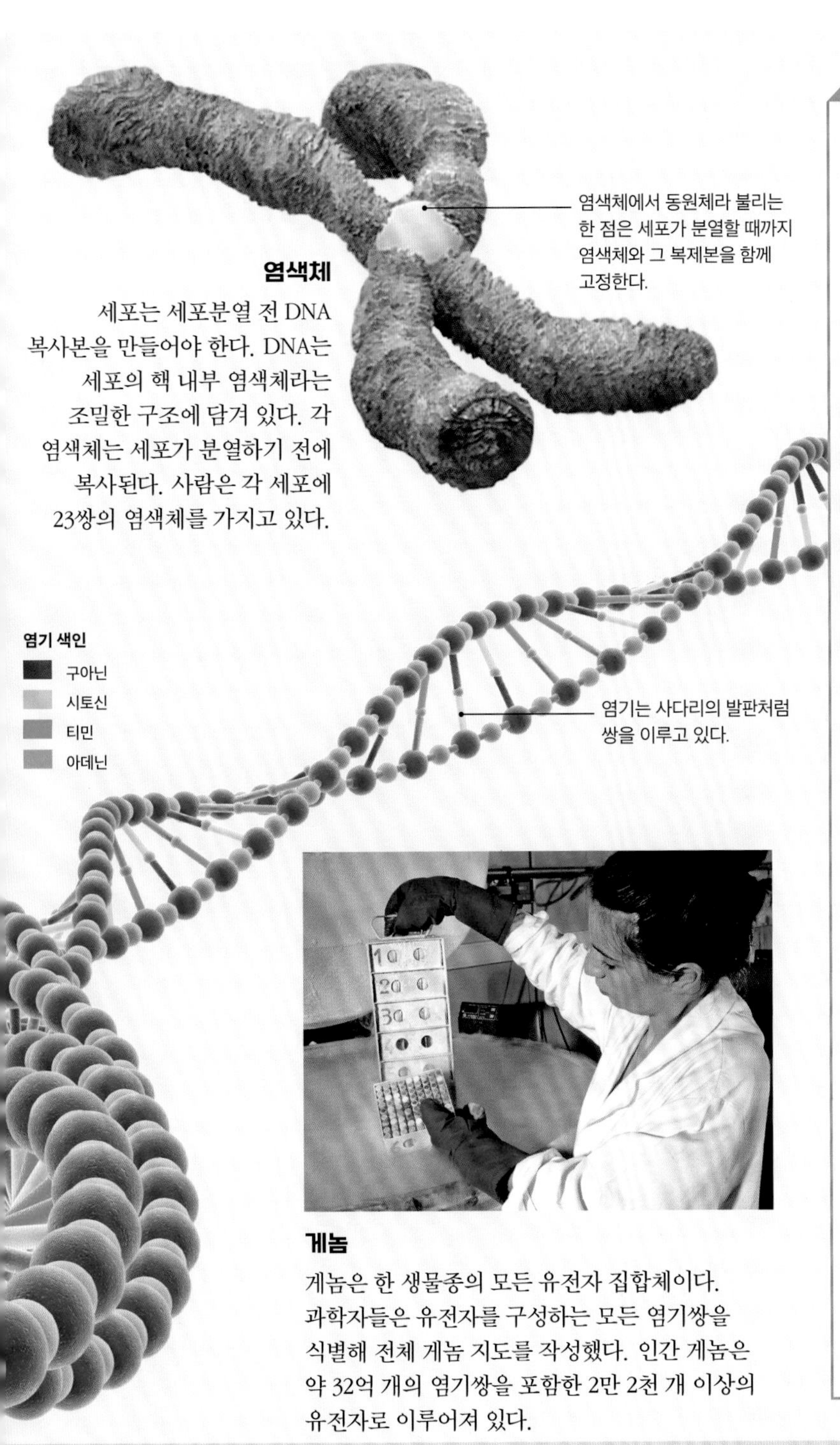

염색체에서 동원체라 불리는 한 점은 세포가 분열할 때까지 염색체와 그 복제본을 함께 고정한다.
염기 색인
구아닌
시토신
티민
아데닌
염기는 사다리의 발판처럼 쌍을 이루고 있다.

염색체

세포는 세포분열 전 DNA 복사본을 만들어야 한다. DNA는 세포의 핵 내부 염색체라는 조밀한 구조에 담겨 있다. 각 염색체는 세포가 분열하기 전에 복사된다. 사람은 각 세포에 23쌍의 염색체를 가지고 있다.

게놈

게놈은 한 생물종의 모든 유전자 집합체이다. 과학자들은 유전자를 구성하는 모든 염기쌍을 식별해 전체 게놈 지도를 작성했다. 인간 게놈은 약 32억 개의 염기쌍을 포함한 2만 2천 개 이상의 유전자로 이루어져 있다.

유전학의 응용 분야

유전공학

효소로 어떤 생물의 DNA를 잘라 다른 종에 삽입함으로써 유전자를 변형시킬 수 있다. 이러한 방법으로 유전자 변형(GM) 종에 영양 성분을 늘리거나 해충에 대한 저항력을 높이는 등 유용한 특성을 부여할 수 있다.

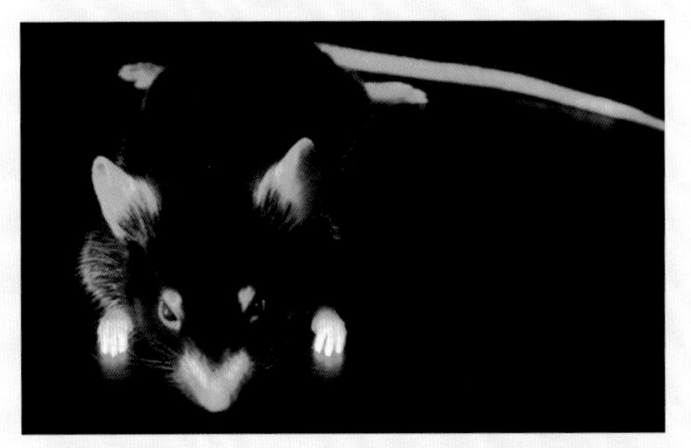

이 유전자 변형 쥐는 형광 단백질 유전자로 인해 어둠 속에서도 빛난다.

질병 극복

낭포성 섬유증이나 색맹과 같은 일부 질병은 유전된다. 의사는 유전자 검사를 통해 환자가 질병에 취약한지 판단할 수 있다. 유전자 치료는 새롭게 떠오르는 치료 분야이며 질병을 유발하는 유전자를 제거하거나 교체할 수 있다.

DNA 지문 분석

일란성 쌍둥이를 제외하고 모든 사람은 유전자가 서로 다르다. DNA 지문은 가족 구성원 간의 관계를 파악하는 데 도움이 된다. 법 집행 기관에서는 범죄 현장의 머리카락, 피부 세포, 기타 신체 일부에 남겨진 DNA 흔적을 통해 사람을 식별하는 데 이 기술을 사용한다.

각 줄은 한 가족 구성원 각자의 DNA 지문이다.

1985년

영국 레스터 대학 유전학자 앨릭 제프리즈와 그의 연구팀은 사람들의 DNA를 비교해 신원을 확인하는 DNA 분석법을 개발했다.

1999년

게놈 프로젝트의 일환으로 인간의 22번 염색체 지도가 최초로 완성되었다.

2002년

쥐는 전체 유전자 염기 서열이 최초로 분석된 포유동물이다. 이 염기 서열은 약 34억 8천만 염기쌍으로 이루어져 있다.

2008년

1000 게놈 프로젝트가 시작되었다. 이 프로젝트의 목표는 천 명 이상 사람들의 게놈을 지도화하여 유전자 변이에 대해 연구하는 것이다.

1950 ▸ 1955

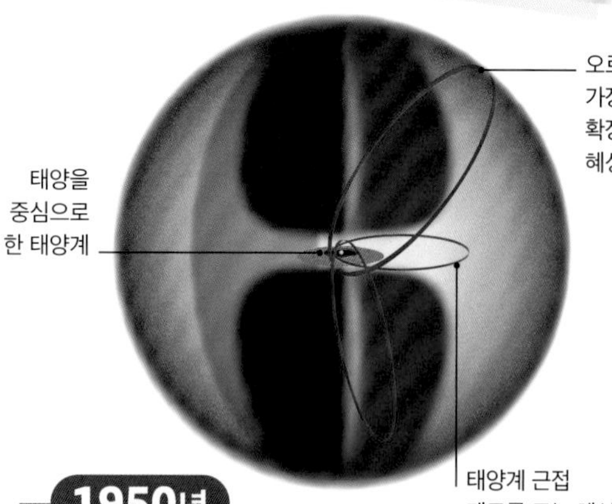

1950년

오르트 구름

네덜란드의 천문학자 얀 헨드릭 오르트는 일부 혜성이 태양계 가장자리를 둘러싸고 있는 얼음 구름에서 온다고 제안했다. 현재 오르트 구름이라고 불리는 이 영역은 지구에서 태양까지의 평균 거리보다 2만~10만 배 더 멀리 떨어져 있는 것으로 알려져 있다.

1951년

페란티 마크 1

페란티 마크 1이 미국 유니박 1 컴퓨터보다 먼저 영국 맨체스터 대학교에 납품되어 최초로 판매된 컴퓨터가 되었다. 마크 1은 3초 만에 10자리 곱셈을 600번 할 수 있었고 이는 연구에 사용되었다. 또한 최초의 체스 게임 프로그램을 실행했으며 "후트" 명령어를 통해 소리를 재생하는 최초의 컴퓨터 중 하나가 되었다.

1950

1950년

백혈병 치료

미국의 생화학자 거트루드 엘리언과 조지 히칭스는 티오구아닌을 개발해 백혈병을 최초로 치료하는 데에 성공했다. 두 사람은 이듬해 또 다른 약물인 6-MP를 개발했으며 이 약물은 오늘날에도 백혈병 치료에 사용되고 있다.

1952년

최초의 수소 폭탄

마셜 제도의 에네웨타크 환초에서 최초의 수소 폭탄 실험이 실시되었다. "아이비 마이크"라는 별명을 가진 이 폭탄은 깊이 50 m, 폭 1,900 km의 분화구를 남기고 40 km 높이의 버섯구름을 대기권으로 날려 보냈다.

"아이비 마이크" 수소 폭탄 실험에서 피어오르는 버섯구름

1952년

바코드

미국의 발명가 버나드 실버와 노먼 우드랜드는 굵기가 다른 선으로 고유 번호를 표현한 바코드로 특허를 받았다. 이를 스캔해서 제품을 식별할 수 있다. 이 기술은 한참 후인 1974년에야 도입되었다.

스캐너는 레이저를 이용하여 긴 숫자를 나타내는 선의 패턴을 판독한다.

1953년

비행 기록 장치의 발명

비행 기록 장치인 "블랙박스"는 호주의 발명가 데이비드 워런이 개발했다. 비행 계기 판독값과 항공기 조종석의 음성을 녹음하여 전문가가 비행기 충돌 및 항공 사고를 분석하는 데 도움을 준다.

최초로 운석에 맞은 것으로 기록된 사람은 1954년 앨라배마에 있는 자택에서 운석에 맞은 앤 호지스이다.

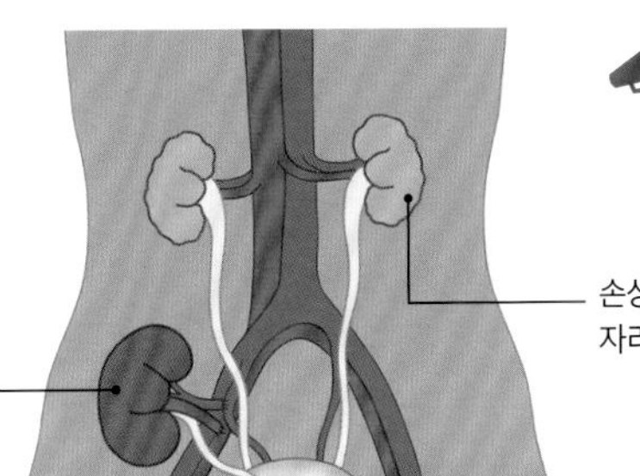

손상된 신장이 그 자리에 남아 있다.
이식된 신장
방광은 신장에서 보낸 소변을 저장한다.

사람의 몸속에 이식된 신장의 모습

1954년 최초의 장기 이식

미국의 외과 의사 조지프 머리는 일란성 쌍둥이 중 한 명인 로널드 헤릭의 신장을 다른 한 명인 리처드에게 이식하여 최초로 인간 장기 이식에 성공했다. 이후 이식된 신장은 체내 혈관에 연결되어 혈액의 과도한 수분과 노폐물을 걸러낼 수 있게 되었다.

1954년 태양 전지

태양 전지는 햇빛이 내리쬐면 전류를 생성한다. 태양 전지는 광전지 소재로 만들어지는데 이 소재의 내부에서 전자가 태양광 에너지를 흡수한다. 이로 인해 전자는 원자를 떠나게 되고 일단 자유로워진 전자는 물질을 통과하여 전류를 생성한다. 최초의 실용적인 태양 전지는 1954년 미국 벨 연구소에서 개발했다. 오늘날 태양 전지는 재생 에너지의 핵심 원천이 되었다.

최초의 태양 전지 시연

1954년 벨 연구소의 한 임원이 실용적인 태양 전지를 최초로 시연했다. 이 전지는 53 cm 높이의 장난감 관람차와 소형 무선 송신기에 전력을 공급할 만한 전력을 생산했다.

1955

1954년 소아마비 백신 시험

미국에서 180만 명의 어린이들을 대상으로 사상 최대 규모의 의료 임상 시험이 시작되었는데 이는 당시 치명적이었던 소아마비를 예방하는 백신을 어린이들에게 접종하는 것이었다. 이 백신은 1953년에 미국의 바이러스 학자인 조너스 소크가 개발한 것이었다.

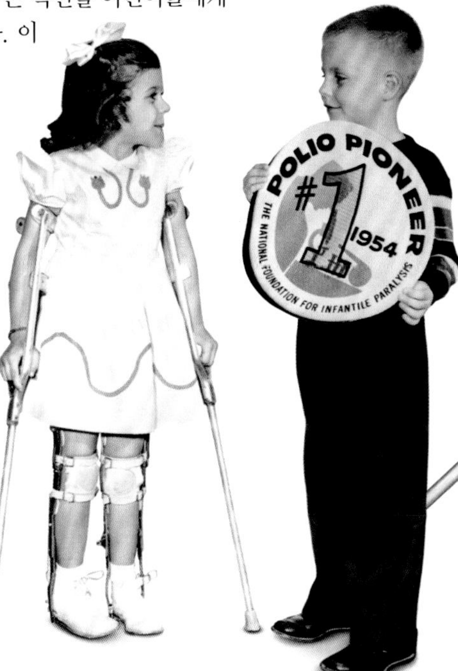

1954년 임상 시험에서 백신을 처음 접종받은 랜디 커가 소아마비를 앓고 있던 메리 코슬로스키 옆에 서 있다.

뱅가드 1호의 모형, 1958년

뱅가드 1호 위성

뱅가드 1호는 1958년에 발사된 미국의 두 번째 우주 위성으로 최초로 태양 전지로 구동되었다. 본체에 6개의 태양 전지가 장착되어 있었다. 이 위성에 장착된 태양 전지는 거의 7년간 작동했다.

전력을 공급하는 태양 전지

인공 다이아몬드

미국의 화학자 하워드 트레이시 홀은 탄소에 높은 온도와 지구 대기압의 10만 배 이상의 강한 압력을 가하여 최초의 인공 다이아몬드를 만들었다.

어린 레이첼

카슨은 평생 글쓰기와 자연에 열정을 쏟았는데 이것은 펜실베이니아에서 보낸 어린 시절부터 시작되었다. 그녀는 어린이 잡지에 글을 썼고 여가 시간에는 종종 반려견 캔디와 함께 근처 개울이나 숲에서 곤충과 식물을 탐구하며 시간을 보냈다.

위대한 과학자

레이첼 카슨

미국 자연주의자 레이첼 카슨(1907~1964년)은 평생 자연과 환경 보호에 헌신하며 여러 권의 베스트셀러를 저술했다. 가장 유명한 책『침묵의 봄』으로 인간이 지구에 미치는 영향과 자연 보호에 대한 사람들의 관점을 변화시키는 데에 큰 영향을 미쳤다.

젊은 시절

미국 펜실베이니아주 스프링데일에서 태어난 카슨은 펜실베이니아 여자 대학에서 영어를 공부하던 중 1932년 생물학으로 전공을 바꾸고 동물학 석사 학위를 받았다. 1935년부터 미국 수산국에서 일하면서 자연과 생태계에 관한 라디오 대본과 기사를 작성하고 현장 탐사에 참여하기도 했다.

살충제 연구

카슨은 인공 살충제, 특히 DDT의 위험을 알리기 위해『침묵의 봄』을 집필했다. 1962년에 출간된 이 책은 농업과 공업 분야에서 화학 물질을 과도하게 사용했을 때 하천과 토양이 오염되고, 동물 개체 수가 감소하며, 인체의 건강이 위협받는 이유를 자세히 설명했다.

장기적인 영향

카슨은 연구를 통해 화학 물질이 먹이사슬을 통해 이동하고 생명체에 축적되는 과정을 보여주었다. 또한 일부 곤충이 특정 살충제에 내성을 가질 것으로 예측하고 이렇게 자연을 통제할 권리가 인간에게 있는지 의문을 제기했다.

환경에 대한 대중의 관심

방대한 연구를 다룬 카슨의 저서를 통해 환경에 대한 관심이 높아지게 되었다. 1963년 유방암 말기 투병 중이던 그녀는 DDT의 영향을 조사하기 위해 구성된 위원회 앞에서 증언하기도 했다. 카슨이 사망한 지 8년 후 미국에서는 DDT 사용이 금지되었다.

정상적인 알

DDT에 중독된 알

DDT 피해

정상적인 송골매 알과 DDT에 중독된 송골매 알은 극명한 대조를 보인다. 송골매가 DDT에 오염된 곤충과 물고기를 먹으면 체내에 DDT가 축적되어 칼슘 생산이 줄어든다. 그 결과 얇고 연약해진 알 껍질이 부화 전에 깨지면서 송골매의 개체 수가 급격히 감소했다.

환경 보호

환경보호청(EPA)은 카슨의 연구와 1960년대 환경 보호 운동의 성장세에 대응하기 위해 1970년 미국에서 설립되었다. "인간과 환경이 생산적이고 즐겁게 조화를 이룰 수 있도록 장려하는" 정책을 만드는 것이 설립 목표 중 하나였다.

침묵의 봄

카슨은 이 책으로 인해 일부 사람들에게 비난과 조롱을 받았고 한 화학 회사는『적막의 해』라는 패러디 책자를 제작하기도 했다. 오늘날『침묵의 봄』은 20세기 가장 영향력 있는 과학 서적 중 하나로 꼽힌다.

> **"인간이 환경에 가하는 공격 중 가장 우려스러운 것은 위험하고 치명적인 물질로 공기, 땅, 강, 바다를 오염시키는 것이다."**
>
> 레이첼 카슨,『침묵의 봄』 2장, 1962년

과학자이자 작가

카슨은 집 베란다에서 현미경으로 자연을 연구했다. 그녀의 저서『우리를 둘러싼 바다』는 다큐멘터리로 제작되어 1953년 오스카상을 수상했다.

“생물학을 이해한다는 것은 모든 생명체가 자신이 태어난 지구와 연결되어 있다는 것을 이해하는 것이다.”

레이첼 카슨, 『인간 생물학 프로젝트』 서문, 1961년

1955 ▸ 1960

1955년

벨크로 특허

스위스 엔지니어 조르주 드 메스트랄은 옷에 달라붙는 도꼬마리 가시를 연구한 끝에 새로운 고정 방식을 발명했다. 벨크로는 두 개의 가느다란 천 조각으로 구성되어 있는데 한쪽 면에 있는 수천 개의 작은 갈고리가 다른 면에 있는 수천 개의 고리에 걸리는 방식으로 1959년까지 매년 5,000만 m가 생산되었다.

1955년

무선 리모컨

미국 전기 기술자 유진 폴리는 최초의 무선 TV 리모컨을 발명했다. 제니스 플래시매틱이라고 불리는 이 리모컨은 사용자가 TV의 네 모서리 중 한 곳을 향해 광선을 쏘는 것이 특징이다. TV의 광전지가 빛을 수신하여 채널을 변경하고 음소거하거나 TV를 켜고 끌 수 있었다.

조종기에는 불빛을 쏘는 램프가 있다.

방아쇠를 당기면 조종기가 작동된다.

제니스 플래시매틱 TV 리모컨

스푸트니크 1호

최초의 인공위성은 1957년 소련에서 발사되었다. 스푸트니크 1호는 지름 58 cm의 금속 구에 배터리와 무선 송신기를 장착하여 21일 동안 지구로 신호를 전달했다.

구형 본체의 무게는 81 kg이며 은-아연 배터리 3개가 들어 있다.

4개의 무선 안테나가 지구로 신호를 보냈다.

1957년

에어캡

미국 발명가 알프레드 필딩과 마르크 차바네스는 공기가 채워진 작은 비닐 주머니로 구성된 에어캡을 개발했다. 에어캡은 3D 벽지, 샤워 커튼, 온실의 단열재로 사용되다가 경량 포장재로 더 인기를 얻었다.

1955

350 디스크 시스템

1956년

최초의 하드 디스크

최초의 하드 디스크 드라이브인 350 디스크 시스템은 IBM에서 305 RAMAC 컴퓨터용으로 출시되었다. 높이가 1.72 m, 무게가 거의 1톤에 달했으며 자기 플래터에 3.75 MB의 데이터를 저장했다.

미국 항공우주국(NASA)은 1958년에 설립되었다.

1956년

비타민 B12

영국 생화학자 도로시 호지킨은 비타민 B12의 구조를 발표했다. 육류, 생선, 유제품에 함유된 이 비타민은 신체가 건강한 적혈구를 생성하는 데 도움을 준다. 체내 비타민 B12가 부족하면 빈혈이 발생할 수 있다.

에드먼드 힐러리

프랑스 칼레 인근의 SR.N1 호버크라프트

1959년
최초의 호버크라프트 운행
영국 엔지니어 크리스토퍼 코커렐이 발명한 SR.N1은 프랑스 칼레에서 영국 도버까지 영국 해협을 횡단한 최초의 호버크라프트이다. 피스톤 엔진으로 구동되는 대형 팬이 공기쿠션 위에 호버크라프트를 띄워 육지와 물 위를 마찰 없이 이동할 수 있게 했다.

1959년
보호를 위한 동물원
영국 박물학자 제럴드 더렐은 저지 섬의 레조그레 저택에 동물원을 만들었다. 이 동물원은 멸종위기종의 보존과 번식에 중점을 두고 이들을 다시 야생으로 돌려보내는 것을 목표로 설립되었다.

저지 동물원에서 제럴드 더렐과 테이퍼

1959년
인류의 조상
영국 고생물학자 메리 리키는 탄자니아의 올두바이 협곡에서 현생 인류 조상의 두개골을 발견했다. 파란트로푸스 보이세이 또는 오스트랄로피테쿠스 보이세이라고 불리는 이 두개골의 연대는 약 175만 년 전으로, 이들은 최초로 석기를 사용한 인류 조상 중 하나로 추정되고 있다.

1960

1958년
집적회로
미국 발명가 잭 킬비와 로버트 노이스는 집적회로를 독자적으로 개발했다. 실리콘이나 저마늄과 같은 작은 조각에 전체 전자 회로와 모든 부품이 들어 있다.

1958년
남극 대륙의 육로 횡단
코먼웰스 남극 횡단 원정대는 남극을 경유하는 최초의 육로 남극 횡단을 완수했다. 영국 탐험가 비비안 푹스가 이끌고 에베레스트산을 최초로 등정한 뉴질랜드 산악인 에드먼드 힐러리가 참여한 이 탐험대는 트랙터와 기타 개조 차량을 이용해 99일 동안 3,473 km를 횡단했다.

남극에서의 힐러리와 그의 팀

1906~1992년 그레이스 호퍼
미국 프로그래밍의 선구자 호퍼는 하버드 마크 1과 유니박 컴퓨터에서 일한 후 최초의 실용적인 컴파일러(자연어 명령을 컴퓨터에 명령을 내리는 코드로 변환하는 프로그램)를 개발했다.

COBOL 제작자
호퍼는 데이터를 저장하는 데 사용되는 컴퓨터 테이프 드라이브 앞에 서 있다. 호퍼는 사용하기 쉬운 컴퓨터 언어인 COBOL-60을 만드는 데 중요한 역할을 했다. 현재도 수천 개의 비즈니스, 교통 관리, 은행 시스템에서 COBOL의 변형 버전이 사용되고 있다.

1960 ▸ 1965

1960년 최초의 레이저

미국 엔지니어인 시어도어 메이먼은 사진기용 플래시 램프와 루비 막대를 사용하여 집중된 광선을 방출하는 장치인 레이저를 만들었다. 레이저는 먼 거리에 쏴도 퍼지지 않고 집중된 단일 파장의 빛을 방출한다.

시어도어 메이먼 박사

메이먼의 루비 레이저

플래시램프 섬광으로 생성된 에너지로 루비 막대 내부의 원자들이 에너지를 얻는다. 이 원자는 좁은 적색 광선이 발사될 때까지 레이저 거울 사이에서 반사되는 빛을 생성한다.

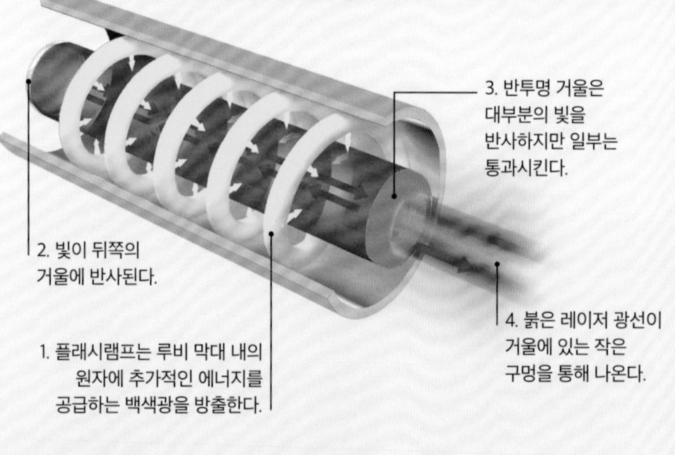

3. 반투명 거울은 대부분의 빛을 반사하지만 일부는 통과시킨다.
2. 빛이 뒤쪽의 거울에 반사된다.
4. 붉은 레이저 광선이 거울에 있는 작은 구멍을 통해 나온다.
1. 플래시램프는 루비 막대 내의 원자에 추가적인 에너지를 공급하는 백색광을 방출한다.

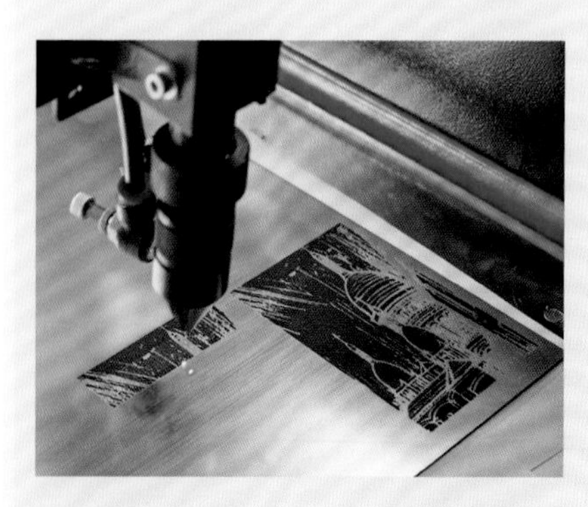

레이저 활용

레이저는 로봇 공학 및 건설 분야에서 거리를 측정하는 데 자주 사용되고 수술용 레이저는 혈관을 봉합하거나 종양을 제거할 수 있다. 산업용 레이저는 강철 및 기타 견고한 재료를 정확하게 절단하는 데 사용된다.

트리에스트호가 태평양 속으로 내려가고 있다.

1960년 지구상에서 가장 깊은 곳

미국 해군 소위 돈 월시와 스위스 해양학자 자크 피카르는 태평양에서 가장 깊은 챌린저 해연까지 해저 10,911 m를 내려갔다. 트리에스트라는 이름의 잠수정은 해수면 대기압의 1,080배가 넘는 심해의 엄청난 수압을 견디기 위해 12.7 cm 두께의 벽으로 만들어졌다.

1960년 최초의 기상 위성인 티로스 1호가 구름의 이미지를 포착하여 무선 신호를 통해 지구로 전송했다.

1960

미국 뉴저지의 자동차 공장에서 뜨거운 주물 공정을 다루고 있는 유니메이트 로봇

1961년 최초의 산업용 로봇

유니메이트 로봇 팔은 미국의 발명가 조지 데볼과 미국의 물리학자 조셉 엥겔버거가 개발했다. 1.5톤의 유압식 로봇 팔은 1971년까지 10만 시간 동안 사용되었다.

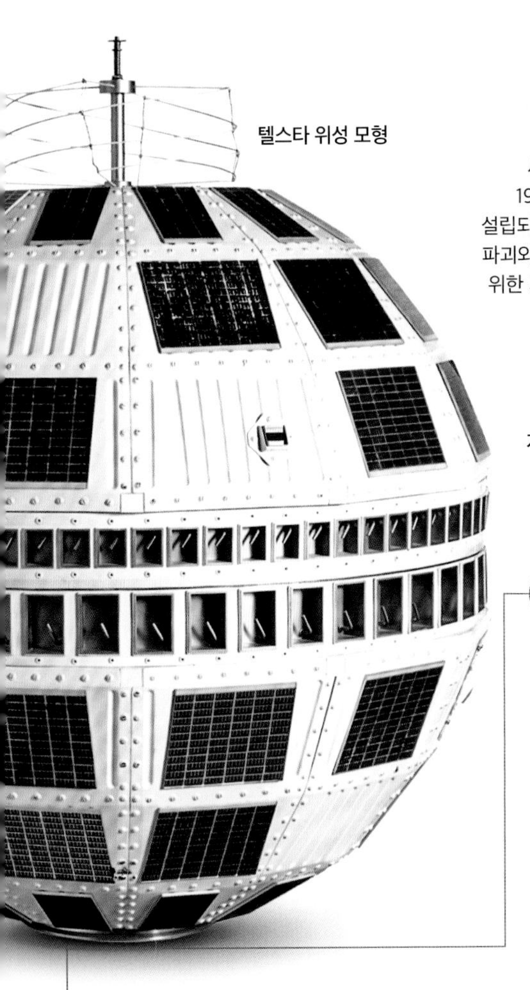
텔스타 위성 모형

WWF

세계자연기금(WWF)은 1961년 스위스 모르주에서 설립되었다. 많은 동물 종의 서식지 파괴와 사냥으로 인한 멸종을 막기 위한 기금을 마련하고 행동을 촉진하기 위해 설립되었다.

자이언트 판다

1964년

고속열차 운행 시작

고속 전기 열차의 시대는 일본 도쿄와 오사카를 잇는 도카이도 신칸센 개통으로 시작되었다. 초기 200 km/h였던 속력이 나중에 220 km/h로 빨라져서 두 도시 간의 이동 시간을 절반으로 단축시켰다. 1967년 7월까지 무려 1억 명의 승객을 태웠다.

도쿄를 벗어나고 있는 신칸센, 1964년

1962년

위성 TV

텔스타 1호 위성은 대서양을 건너서 실시간 TV 신호를 중계했다. 또한 데이터, 팩스, 전화 통화도 전송했다. 이 알루미늄 위성은 표면에 있는 3,600개의 태양 전지 패널을 사용하여 수신기와 송신기에 전력을 공급할 수 있는 충분한 전기를 생산했다.

1965

1962년

가장 작은 자동차

영국에서 제작한 필 P50은 길이 137 cm, 폭 100.5 cm, 높이 120 cm, 무게 60 kg 미만이었고 후진 기어가 없어 손으로 뒤로 끌어당겼다. 4.2마력의 소형 엔진으로 최고 속력 60 km/h까지 낼 수 있었다.

1963년

새로운 섬

아이슬란드 해안으로부터 남쪽으로 약 32 km 떨어진 해발 130 m 지점에서 화산 폭발이 시작되었다. 그 결과 1965년에 새로운 섬이 생겨났고 이 섬의 이름은 아이슬란드 신화에 나오는 불의 신 수르트의 이름을 따 쉬르트세이 섬으로 정해졌다. 1967년까지 분화가 계속되어 섬의 높이가 171 m에 이르렀고 면적은 1.4 km^{2}에 달했다. 이후 침식으로 인해 섬의 높이는 154 m로 낮아졌다.

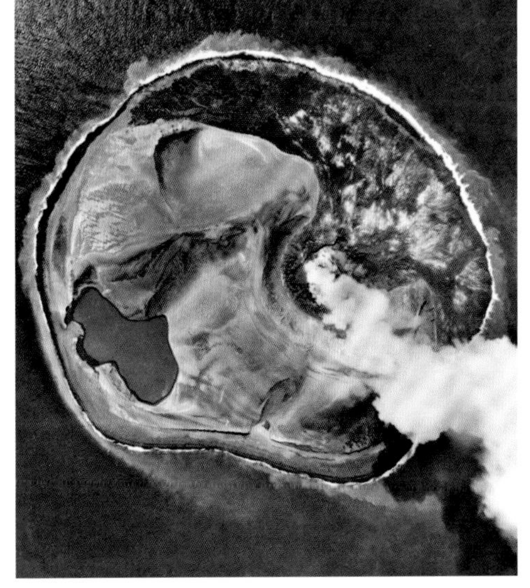
쉬르트세이 섬의 조감도, 1960년대 후반

항바이러스 약물인 아지도티미딘(AZT)은 1964년에 암 치료를 위해 개발되었으며 나중에는 HIV 치료에 사용되었다.

1964년, 미국 뉴저지

"알 수 없는 '윙윙' 소리를 처음 들었을 때
우리는 그 의미를 이해하지 못했고
그것이 우주의 기원과 관련이 있을 것이라고는
꿈에도 생각하지 못했다."

우주 마이크로파 배경 복사를 발견한 아노 펜지어스

미국 뉴저지에 위치한 15 m 길이의 홈델 혼 안테나 옆에서 작아 보이는 아노 펜지어스와 로버트 윌슨

우주 배경 복사

미국 뉴저지의 벨 전화 연구소에 있는 홈델 혼 안테나는 1959년에 초기 NASA 위성의 전파 신호를 모니터링하기 위해 건설되었다. 1964년 두 명의 젊은 미국 천문학자 아노 펜지어스와 로버트 윌슨은 이 안테나가 포착한 낮은 수준의 배경 잡음에 의아해했다. 그들은 배선부터 알루미늄 안테나 내부의 비둘기와 배설물을 제거하는 등 모든 것을 점검했지만 잡음은 계속되었다. 펜지어스와 윌슨은 그 신호가 우주의 모든 방향에서 온다는 결론을 내렸다. 그들은 우주가 탄생한 지 불과 38만 년 되었을 때 남은 복사선인 우주 배경(CMB) 복사를 발견한 것이다. 이것은 우주가 어떻게 시작되었는지에 대한 빅뱅 이론을 뒷받침하는 강력한 증거였다.

1965 ▸ 1970

"토요일에 나는 거의 알려지지 않은 남아프리카공화국의 외과 의사였다. 월요일에 나는 세계적으로 유명해졌다."

처음으로 심장을 이식한 크리스티안 바너드

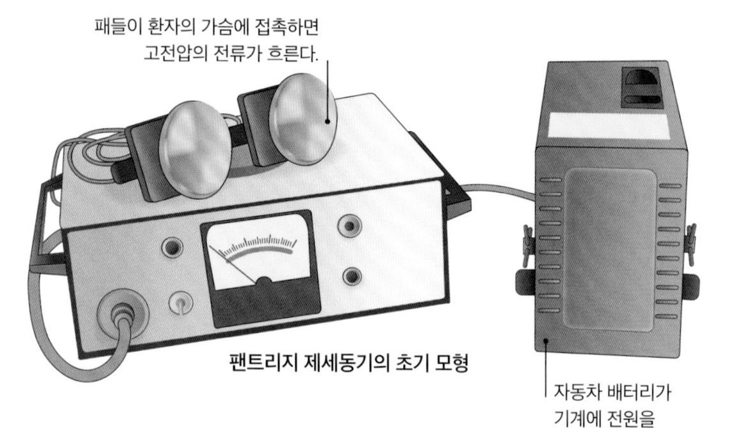

패들이 환자의 가슴에 접촉하면 고전압의 전류가 흐른다.

팬트리지 제세동기의 초기 모형

자동차 배터리가 기계에 전원을 공급한다.

1965년

최초의 휴대용 제세동기

북아일랜드의 의사였던 프랭크 팬트리지는 자동차 배터리로 구동되는 휴대용 제세동기를 만들었다. 구급차와 응급실에서 볼 수 있는 제세동기는 심장이 비정상적으로 뛰기 시작할 때 심장의 리듬을 바로잡거나 멈췄을 때 다시 시작할 수 있는 생명을 구하는 장치이다.

1967년

성공적인 심장 이식

크리스티안 바너드 박사는 남아공의 외과 의사로서 젊은 교통사고 희생자의 심장을 불치의 심장 질환을 앓는 루이스 워시칸스키의 몸에 이식했다. 비록 워시칸스키가 몇 주밖에 살지 못했지만 이식은 성공적으로 평가되었다.

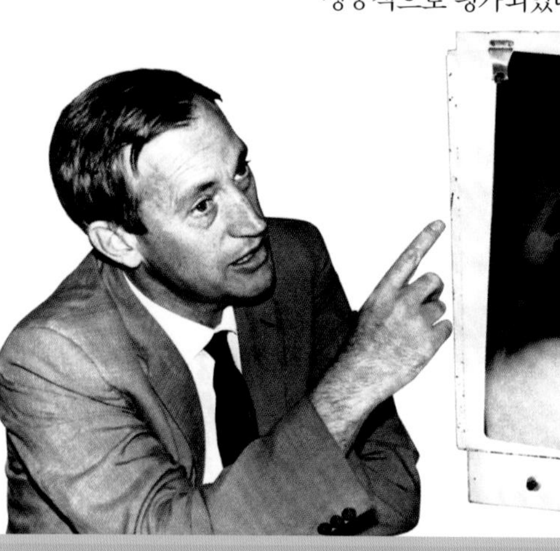

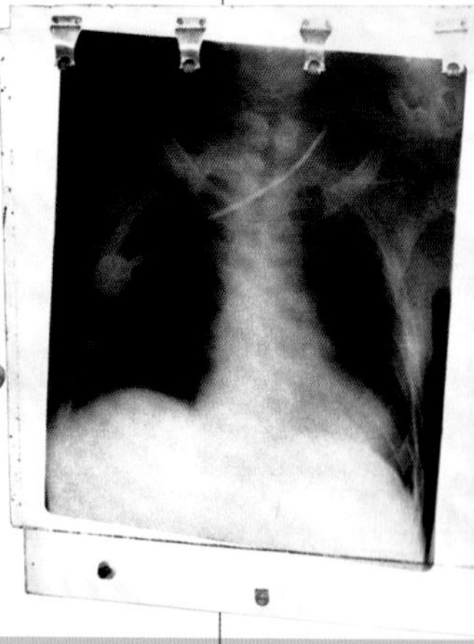

바너드 박사가 첫 번째 심장 이식 환자의 흉부 X-선 촬영 사진을 보여주고 있다.

1965

1965년

최초의 컴퓨터 마우스 테스트

미국 엔지니어 더글러스 엥겔바트가 발명하고 미국 스탠포드 연구소의 동료 빌 잉글리쉬가 제작한 최초의 컴퓨터 마우스는 나무 케이스에 수직 및 수평 이동을 위한 두 개의 기어 휠과 하나의 버튼으로 이루어져 있었다. 실험 결과 이 마우스는 속도와 사용 편의성 면에서 조이스틱이나 다른 입력 장치보다 우수한 성능을 보였다.

케블라 방탄조끼

케블라

미국의 화학자 스테파니 쿨렉은 1965년에 케블라 섬유를 개발했다. 이 경량 소재인 케블라는 탁월한 강도를 가지고 있어서 타이어, 방탄조끼, 해저 케이블 등 다양한 용도로 사용되고 있다.

최초의 컴퓨터 마우스 시제품

테이블 위에서 마우스가 움직일 때 휠이 돌아가고 컴퓨터 화면의 커서 위치를 이동시키는 신호를 보낸다.

1967년

비디오 게임 콘솔

미국 엔지니어 랄프 베어가 브라운 박스 비디오 게임 콘솔을 개발했다. 이는 최초의 가정용 멀티플레이어 컴퓨터 게임으로 텔레비전에 연결해 사용할 수 있었다. 게임에는 테니스, 체커, 표적 사격이 포함되어 있었고 1972년에는 이 콘솔의 개정 버전이 마그나복스 오디세이(Magnavox Odyssey)로 판매되기 시작했다.

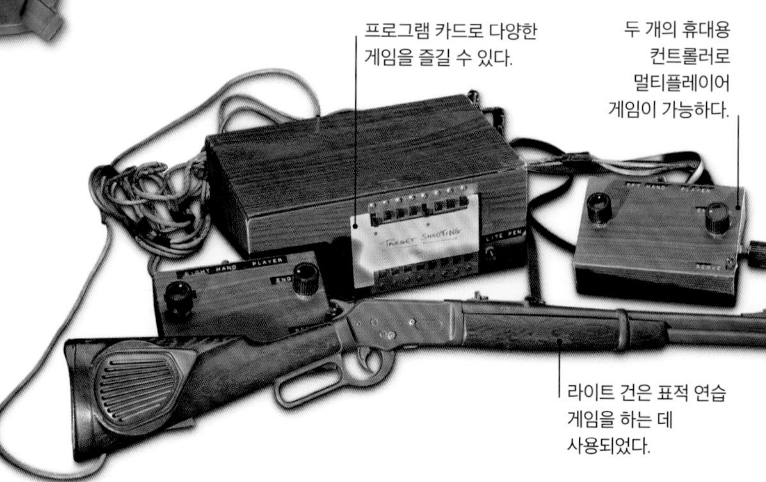

프로그램 카드로 다양한 게임을 즐길 수 있다.

두 개의 휴대용 컨트롤러로 멀티플레이어 게임이 가능하다.

라이트 건은 표적 연습 게임을 하는 데 사용되었다.

1967년 판 구조론

영국의 지구 물리학자 댄 맥켄지와 미국의 지구 물리학자 제이슨 모건은 지각이 여러 개의 큰 판으로 이루어져 있다고 설명했다. 이 판들의 움직임은 지진을 일으키고 산과 새로운 땅을 만든다.

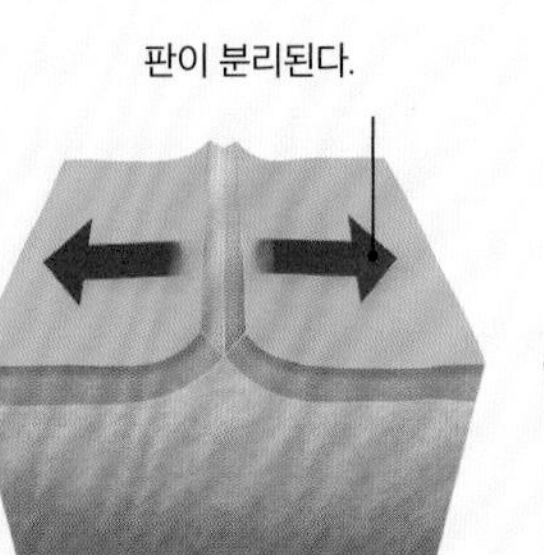

판이 분리된다.

발산경계
판이 이동하면서 떨어져 나가는 지역에서는 지각 아래에서 녹은 암석이 흘러나와서 새로운 해저 지형이나 땅이 형성되면서 융기나 균열이 발생한다.

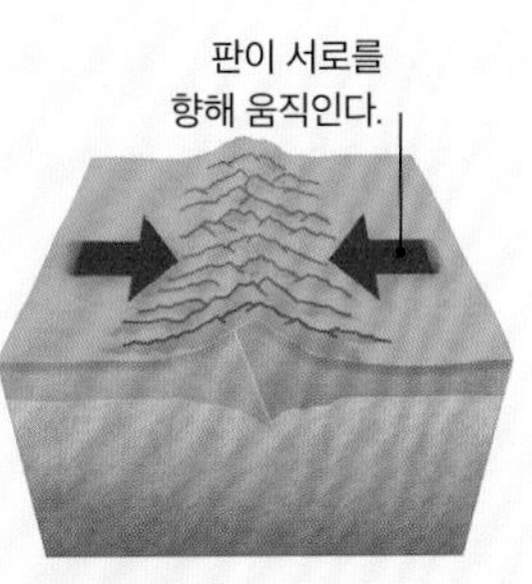

판이 서로를 향해 움직인다.

수렴경계
판이 서로 밀릴 때 한 판이 다른 판 아래로 밀려 화산이 일어날 수 있다. 또한 지각이 구겨져서 산이 형성될 수도 있다.

보존경계
특정 지역에서는 판이 옆으로 움직이면서 서로 미끄러져 지나가기도 한다. 판 사이의 갑작스러운 움직임은 지진을 일으킬 수 있다.

1969년 미군의 아르파넷 컴퓨터 네트워크는 단 4대의 컴퓨터만 연결되었지만 이것은 인터넷의 출현을 예고한 것이었다.

1969년

인공 심장 이식

미국 심장 전문의 덴튼 쿨리와 아르헨티나 외과의 도밍고 리오타가 미국 휴스턴의 텍사스 심장 연구소에서 처음으로 기계식 대체 심장 이식에 성공했다. 이 인공 심장은 외부 전원 공급 장치에 의존하는 공기 구동식 펌프였으며 기증자의 심장이 구해질 때까지 일시적으로 역할을 수행할 수 있도록 설계되었다.

1970

1968년

초음속 여객기 비행

소련의 초음속 여객기 투폴레프 Tu-144가 첫 시험 비행을 했다. 이 비행기는 음속의 두 배로, 최대 140명의 승객을 태울 수 있도록 설계되었다. 경쟁 기종인 영국-프랑스의 콩코드는 3개월도 채 지나지 않아 첫 초음속 비행에 성공하고 Tu-144보다 1년 앞서 1976년에 상업 운행을 시작했다.

영국 런던 히드로 공항에 착륙하는 에어로스페이셜/BAC 콩코드 항공

각 날개 아래에 있는 두 개의 터보제트 엔진으로 최고 속력은 2,179 km/h에 이른다.

1932~1985년 다이앤 포시

미국의 동물학자 다이앤 포시는 1963년 처음 아프리카를 방문했을 때 희귀한 마운틴고릴라를 만났다. 그녀는 3년 뒤 이 멸종위기종을 자세히 연구하기 위해 아프리카를 다시 찾았고 고릴라와 그들의 행동을 기록하여 세계적인 고릴라 전문가로 인정받았다. 포시는 1985년까지 고릴라 보호를 선도하며 활동하다가 사망했다.

르완다의 마운틴고릴라들과 포시

1969년에 미국의 엔지니어 게리 스타크웨더는 레이저 빔을 활용하여 드럼에 토너 가루를 묻혀 글자나 그림을 재현하는 레이저 프린터를 발명했다.

우주 경쟁

1950년대 후반과 1960년대 미국과 소련은 우주에서 우위를 차지하기 위한 기술 경쟁을 벌였다. 소련은 로켓을 사용한 장거리 미사일을 개발하여 우주로 비행체를 발사하며 많은 성과를 이뤘지만 1958년에 미국이 우주 기관인 NASA를 설립하면서 소련을 따라잡았다. 이 시기에 양국은 굉장한 성과를 이루었다.

경쟁의 시작

1957년 소련에서 발사된 스푸트니크 1호는 우주에 처음으로 발사된 인공위성이었다. 이 인공위성은 3개월 동안 지구 궤도를 약 1,440바퀴 돌았다. 궤도에 진입한 처음 21일 동안 지구의 라디오 수신기가 감지할 수 있는 전파를 통해 신호음을 전송했다.

보스토크 1호 안에 있는 유리 가가린

최초의 우주 여행자

소련의 우주비행사 유리 가가린은 1961년 소형 우주선 보스토크 1호를 타고 지구 궤도를 돌며 인류 최초의 우주인이 되었다. 그의 비행은 108분 동안 지속되었으며 이후 5번의 임무를 더 긴 시간 동안 수행했다. 그중에는 최초의 여성 우주인 발렌티나 테레슈코바를 태우고 이틀 동안 22시간, 48바퀴를 돈 보스토크 6호에서의 임무도 포함되어 있었다.

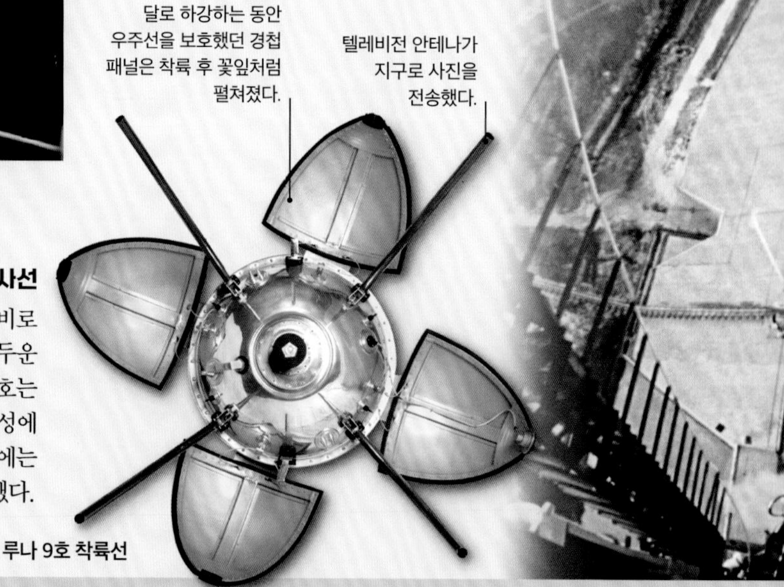

달로 하강하는 동안 우주선을 보호했던 경첩 패널은 착륙 후 꽃잎처럼 펼쳐졌다.
텔레비전 안테나가 지구로 사진을 전송했다.

루나 9호 착륙선

우주 탐사선

우주 탐사선은 우주를 탐사하기 위한 무인 장비로 1959년 소련의 우주선 루나 3호가 달의 어두운 면을 촬영하는 데 성공했다. 미국의 마리너 2호는 3년 후 금성에 도착하여 최초로 다른 행성에 방문한 우주 탐사선이 되었고 1966년에는 루나 9호가 달에 최초로 연착륙했다.

주요 사건

1958년

소련이 발사한 스푸트니크 1호에 대응하여 미국은 최초의 우주 위성인 익스플로러 1호를 발사하여 105일 동안 지구로 신호를 보내왔다.

1962년

우주비행사 존 글렌은 머큐리 우주선을 타고 4시간 35분 동안 우주에서 머물며 미국인으로서는 처음으로 지구 궤도를 돌았다.

1965년

소련의 우주비행사 알렉세이 레오노프는 보스코드 2호 우주선에 줄을 연결하여 최초의 우주유영을 떠났다. 그는 줄과 연결된 채로 12분 동안 우주를 유영했다.

아폴로 프로젝트

1969~1972년 동안 일곱 차례의 유인 달 착륙 중 한 번을 제외하고는 두 명의 우주비행사가 달 표면에서 임무를 수행하는 동안 세 번째 우주비행사는 동료들이 귀환할 때까지 달 궤도를 돌며 우주선을 지휘했다. 수백만 명의 지구인이 지켜본 이 아폴로 프로젝트를 통해 달의 암석과 토양 382 kg을 지구로 가져와서 분석했다.

아폴로 11호

1969년, 세계에서 가장 크고 강력한 발사체인 새턴 5호가 아폴로 11호를 싣고 발사되었다. 높이 110.6 m, 무게 290만 kg인 3단 로켓으로 로켓 엔진 11개를 탑재했다. 각 단계의 연료 소진 후에는 로켓의 무게를 줄이기 위해 해당 부분이 분리되었다. 첫 번째 단계의 엔진은 발사 시 347만 kg의 추진력을 발생시켰다.

달에 처음 발을 디딘 사람들

미국 우주비행사 닐 암스트롱과 에드윈 "버즈" 올드린은 아폴로 11호 임무를 위해 1969년 7월 20일 인류 최초로 달에 발을 디딘 사람들이 되었다. 그들이 사용한 달 착륙선은 달 표면에서 21시간 동안 머물렀다.

달 탐사선

아폴로 15, 16, 17호 임무에 사용된 달 탐사선은 최대 속력 8 km/h으로 두 명의 우주비행사와 장비를 달 표면 위에서 이동시킬 수 있었다. 탐사선의 각 바퀴에는 36 V 배터리 두 개가 장착되어 전기 모터를 구동시켰다.

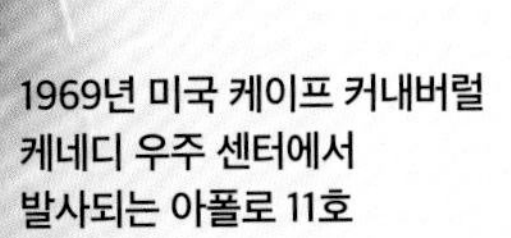

1969년 미국 케이프 커내버럴 케네디 우주 센터에서 발사되는 아폴로 11호

공동 임무

1975년 미국과 소련은 소련의 소유즈 우주선과 미국의 아폴로 우주선을 함께 도킹시키는 협력을 통해 우주 경쟁을 종료시켰다. 다섯 명의 우주비행사는 도킹이 유지되는 44시간 동안 실험을 수행했다.

1970년

소련의 우주선 루노호트 1호가 최초의 우주 탐사선으로 성공을 거두었다. 이 탐사선은 달 표면을 가로지르며 총 10,540 m를 비행했다.

살류트 1호

1971년

최초의 우주정거장인 살류트 1호는 소련에서 발사되어 175일 동안 지구 궤도를 돌았다. 이 우주정거장은 우주비행사들에게 장기적인 거점을 제공하고 있다.

1972년

미국 우주비행사 유진 서난은 아폴로 17호의 사령관으로 달에 마지막으로 발을 디딘 사람이었다. 이후로 아무도 달에 발을 디디지 못했다.

1970 ▸ 1975

세계 최초 우주정거장 살류트 1호는 1971년에 발사되었으며 탑승한 세 명의 소련 우주비행사가 23일 동안 정거장에 머물렀다.

1970년
지구의 날

4월 22일 미국 전역의 지역사회가 처음으로 지구의 날을 기념하기 위해 한자리에 모였다. 약 2천만 명의 미국인이 12,000곳이 넘는 학교에서 열린 집회와 행사에 모여 환경 문제에 대한 인식을 높였다.

1971년
화성 궤도 탐사

NASA의 매리너 9호는 화성 궤도에 진입해 다른 행성을 도는 최초의 우주선이 되었다. 이 무인 탐사선은 화성 표면의 약 85%를 촬영한 7,329장의 사진을 지구로 전송했으며 태양계에서 가장 큰 화산인 올림퍼스산을 발견했다.

매리너 9호에서 본 에베레스트산의 2.5배 높이인 올림퍼스산

1971년
최초의 CT 촬영

영국 엔지니어 고드프리 하운스필드는 자신이 개발한 스캐너로 인간의 뇌를 영국 런던에서 최초로 CT 촬영했다. CT 스캐너는 신체 일부분의 X-선 이미지를 촬영한 후 컴퓨터로 이를 조합해 완전한 3차원 이미지를 만든다.

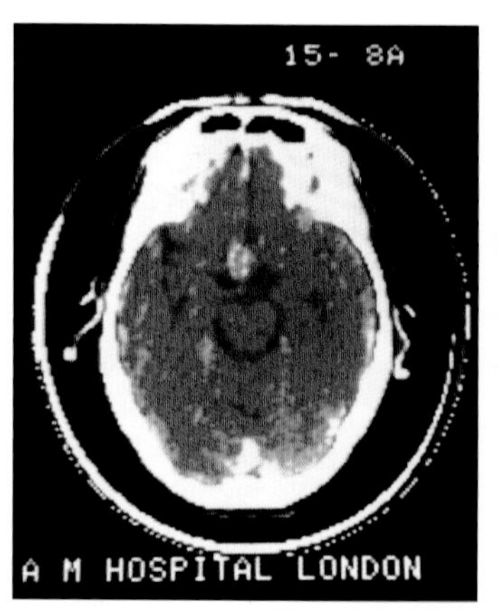

1972년 영국 윔블던 병원에서 진행된 CT 스캔

1970

1970년
보잉 747 취항

보잉 747은 최초의 와이드보디형 제트 여객기이다. 70.6 m 길이의 동체는 2개의 통로와 한 줄에 최대 10개의 좌석이 있어 최대 550명의 승객을 수용할 수 있었다. 이후 1,500대 이상의 보잉 747 비행기가 제작되었다.

하늘을 날다
162~163쪽

1971년
마이크로프로세서

1971년 인텔에서 최초의 상업용 마이크로프로세서 인텔 4004를 개발했다. 이 작은 칩은 컴퓨터 중앙 처리 장치 기능을 모두 포함하고 있었으며 1971년 11월 15일에 판매되기 시작했다.

인텔 4004

미국 워싱턴주에서 공개된 4개의 대형 터보팬 제트 엔진을 장착한 최초의 보잉 747 여객기

1973년

이더넷의 발명

미국 엔지니어 로버트 메트칼프는 케이블로 컴퓨터를 서로 연결해 빠른 로컬 네트워크를 구축하는 효과적인 방법을 개발했다. 이더넷이라고 불리는 이 기술을 통해 여러 컴퓨터가 데이터를 쉽게 교환하고 동일한 프린터나 저장 장치를 사용할 수 있게 되었다. 이더넷 기반 네크워크는 대중화되었다.

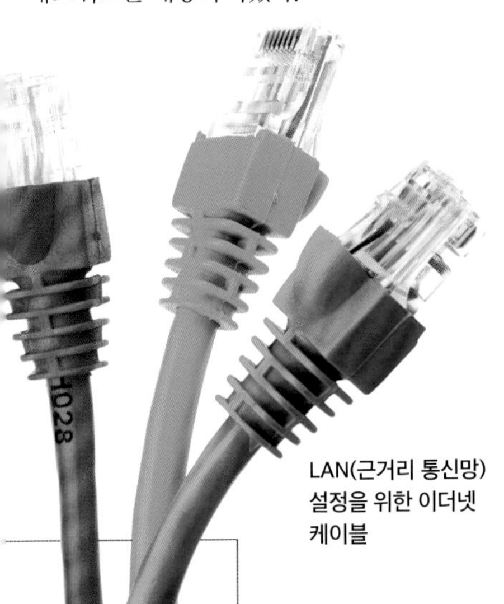

LAN(근거리 통신망) 설정을 위한 이더넷 케이블

1974년 오존 구멍

캘리포니아 대학교의 과학자들은 에어로졸 스프레이와 냉장고 냉매로 사용되는 프레온 가스가 대기 오존층을 파괴할 수 있다고 경고했다. 오존층이 파괴되면 태양의 유해한 자외선이 지구 표면에 도달할 수 있게 된다.

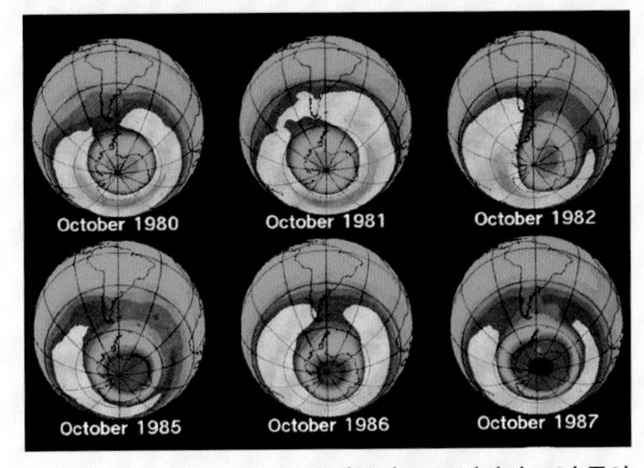

1979년부터 1992년까지 13년 동안 오존층 구멍(보라색)이 커졌다.

오존층은 지표면 20~30 km 상공에서 대부분의 자외선을 차단한다.

프레온 가스는 오존층을 파괴한다.

오존층 구멍으로 더 많은 자외선이 지표면에 도달한다.

오존층

오존은 순수한 산소이지만 일반적인 산소 분자와는 달리 산소 원자가 세 개 결합한 형태이다. 대기 중 오존층은 자외선을 차단하지만 프레온 가스는 오존 분자를 파괴한다. 과도한 자외선 노출은 지구 생명체에 심각한 해를 끼칠 수 있다.

1975

1973년

최초의 휴대전화

미국 엔지니어인 마틴 쿠퍼가 운영하는 전자 통신 회사 모토로라가 제작한 최초의 휴대전화 시제품이 1973년 다이나택이라는 이름으로 공개되었다. 높이 23 cm, 무게 1.1 kg에 20분의 통화 시간을 제공했다. 쿠퍼는 라이벌인 벨 연구소 조엘 엥겔에게 처음으로 전화를 걸었다.

내부에 30개의 전자 회로 기판이 들어 있는 최초의 휴대전화를 들고 있는 마틴 쿠퍼

1974년

초기 인류

미국 고생물학자 도널드 요한슨은 당시로서는 가장 오래된 인류인 "루시"의 화석을 에티오피아에서 발견했다. "루시"는 두 발로 직립 보행하는 인간의 친척으로 키는 약 109 cm 정도였다. 초기 인류인 오스트랄로피테쿠스 아파렌시스로 분류된 이 화석은 약 320만 년 전에 살았던 것으로 추정된다.

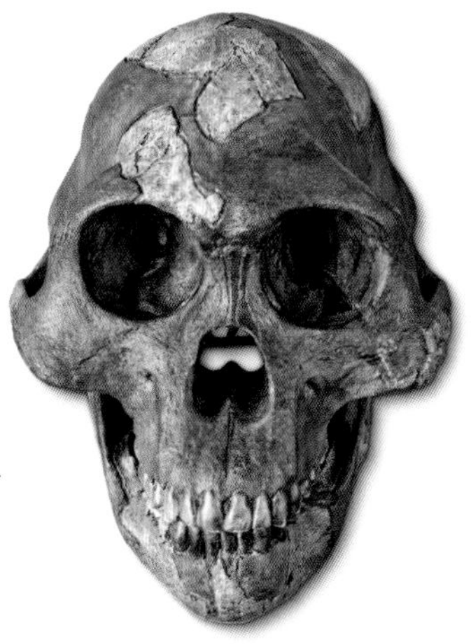

"루시"의 헤골

1973년

CGI 영화

컴퓨터 생성 이미지(CGI)는 율 브린너 주연의 공상과학 영화 "웨스트월드"에서 처음으로 사용되었다. 이 그래픽은 영화 속 서부 테마파크에 사는 로봇 총잡이가 바라보는 세계를 묘사하기 위해 이미지를 블록 픽셀로 표시했다.

루빅스 큐브

인기 큐브 퍼즐인 루빅스 큐브 퍼즐은 1974년 헝가리 건축가 에르노 루빅이 발명했다. 큐브의 54가지 색 사각형을 재배열할 수 있는 방법은 무려 약 4.3×10^{19}개가 있다.

한 면에 9개의 색 사각형이 있는 클래식 루빅스 큐브

1975 ▸ 1980

1977년

최초의 MRI 촬영

미국 의사 레이몬드 바한 다마디안이 환자를 대상으로 최초의 전신 자기공명영상(MRI)을 촬영했다. MRI는 강력한 자기장과 전파를 사용하여 인체 내부의 상세한 사진을 만든다.

1975년

최초의 디지털카메라

미국 엔지니어 스티브 새슨은 코닥에서 근무하던 중 최초의 디지털카메라를 발명했다. 16개의 충전식 배터리로 구동되는 3.6 kg 무게의 카메라는 100×100픽셀 해상도의 선명하지 않은 흑백 이미지를 생성하는 데에 성공했다. 한 장의 이미지를 촬영하는 데 23초가 걸렸으며 이 이미지는 디지털 카세트 테이프에 저장되었다. 디지털카메라는 이미지를 물리적으로 필름에 저장하지 않고 메모리에 디지털 데이터로 저장한다.

렌즈는 빛을 CCD로 보낸다.

CCD(전하결합소자)는 빛을 전하로 변환한 다음 디지털 데이터로 변환한다.

스티브 새슨의 디지털카메라

1977년

광섬유 전화 통화

광섬유를 이용한 최초의 실시간 전화 통화는 미국 캘리포니아의 제너럴 텔레폰 앤 일렉트로닉 코퍼레이션(General Telephone and Electronics Corporation)에서 이루어졌다. 신호가 광섬유를 따라 빛처럼 이동하므로 구리선에 비해 품질 손실 없이 더 많은 양을 더 멀리 전달할 수 있었다.

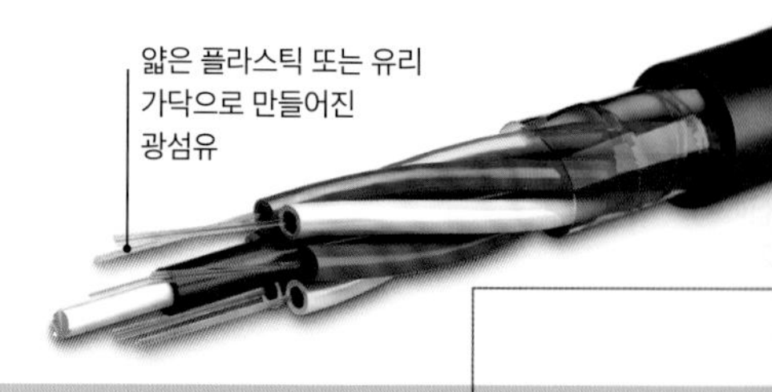

얇은 플라스틱 또는 유리 가닥으로 만들어진 광섬유

1975

1976년

슈퍼컴퓨터

최초의 슈퍼컴퓨터인 크레이 1은 미국 엔지니어 시모어 크레이가 설계하여 미국 로스앨러모스 국립연구소에 판매되었다. 이 컴퓨터는 1982년까지 세계에서 가장 빠른 슈퍼컴퓨터로 일기예보나 암호해독과 같이 데이터를 많이 사용하는 복잡한 작업에 사용된다.

이 슈퍼컴퓨터는 110 kW의 전력을 소비했다(당시 8~10개의 가정에서 사용할 수 있는 양).

크레이 1 슈퍼컴퓨터

패딩 처리된 원형 시트에 대형 전원 공급 장치가 숨겨져 있다.

1976년

화성 착륙

NASA의 바이킹 1, 2호가 최초로 화성에 성공적으로 착륙하여 그 표면을 조사했다. 두 우주 탐사선에는 각각 카메라와 로봇 팔이 장착되어 화성의 토양 표본을 채취했다.

애플1

최초의 애플 컴퓨터는 미국 발명가 스티브 워즈니악이 직접 제작했으며 1976년 666.66달러에 판매되었다. 사용자는 가정용 컴퓨터를 제대로 사용하기 위해 케이스, 키보드, 전원 공급 장치, 모니터 등을 갖춰야 했다.

1977년 태평양에서 열수 분출구가 발견되었다. 해저의 이 균열은 뜨거운 마그마가 바닷물을 450℃까지 과열할 수 있게 해 준다.

1977년 제임스 엘리엇, 제시카 밍크, 에드워드 던햄은 천왕성에 토성과 같은 고리가 있다는 사실을 발견한다.

영국 브리스톨에 있는 집에서 놀고 있는 2세의 루이스 브라운

1978년

최초의 시험관 아기 탄생

영국의 루이스 브라운이 첫 번째 시험관 아기로 태어났다. 시험관 아기 시술은 여성의 난소에서 난자 세포를 채취하여 실험실에서 정자 세포와 수정시켜 배아를 만드는 과정을 거친다. 그 후 배아라고 하는 수정란을 여성의 자궁에 이식하여 임신이 이루어지게 한다. 시험관 아기 시술은 이후 수백만 부부가 아이를 갖는 데 도움이 되었다.

1979년

토성 도달

1973년 발사된 NASA의 우주선 파이오니어 11호는 토성을 지나간 최초의 우주 탐사선이 되었다. 토성 상공 21,000 km를 비행한 이 탐사선은 새로운 위성과 토성 주변의 새로운 고리를 발견했다.

토성을 지나가는 파이오니어 11호에 대한 상상도

1980

1978년

초기 인류의 발자국

영국의 고고학자 메리 리키는 360만 년 전에 두 발로 걷던 생물이 남긴 발자국 화석을 70여 개 발견했다. 이 발자국은 탄자니아 라에톨리에서 발견되었는데 화산재가 암석으로 굳어지면서 만들어진 것이다. 이것은 인류의 조상들이 생각보다 훨씬 더 일찍 직립 보행을 했다는 것을 보여준다.

24 m의 거리를 이동한 것으로 보이는 발자국 화석 중 일부, 탄자니아 라에톨리

영국 해협을 건너는 고서머 앨버트로스

1979년

해협 횡단

고서머 앨버트로스호가 인간 동력으로 영국 해협 횡단 비행에 최초로 성공했다. 미국의 사이클 선수이자 비행사인 브라이언 앨런이 페달로 대형 프로펠러를 돌려 35.7 km를 비행했다. 이 비행기는 폴리스티렌, 탄소 섬유 튜브 및 기타 초경량 소재로 제작되었으며 무게는 32 kg에 불과했다.

1980 ▸ 1985

1983년 과학자들은 진공 상태에서 빛이 1/299,792,458초 동안 이동하는 거리로 미터를 아주 정확하게 정의했다.

1981년

인공 피부

미국 과학자 존 버크와 이오아니스 야나스는 화상 환자를 치료하기 위해 인공 피부를 발명했다. 이들은 상어와 소의 콜라겐 그리고 실리콘 고무를 사용하여 인공 피부를 만들었다. 인공 피부는 화상이나 상처 위에 지지대 역할을 하는 틀을 형성하여 신체가 스스로 새로운 피부 세포를 재생할 수 있게 했다.

인공 피부는 배양 접시에서 약 3주간 배양 후 떼어낸다.

1980년

천연두 근절

1980년 세계보건기구는 치명적 질병인 천연두가 퇴치되었다고 선언했다. 천연두는 전염성이 강해 사망이나 실명을 초래하는 경우가 많았다. 1950년대에는 매년 약 5천만 건의 천연두가 발생했지만 전 세계적인 백신 접종 캠페인과 공중 보건 계획이 천연두를 퇴치하는 데 도움이 되었다.

1982년

최초의 CD 플레이어

일본 기업 소니는 최초의 CD 플레이어인 CDP-101을 출시했다. 이 제품은 디지털 오디오 데이터로 인코딩된 플라스틱 디스크를 레이저로 읽고 소리로 변환하는 방식을 사용했다. 이후 컴퓨터 소프트웨어처럼 다른 형태의 데이터를 저장하는 데에도 CD가 사용되었다.

1980

1981년

재사용 가능 우주선

NASA는 최초의 우주 왕복선 컬럼비아호를 시험 발사하면서 재사용이 가능한 유인 우주선을 처음으로 선보였다. 우주 왕복선은 로켓 엔진을 사용하여 발사되었지만 귀환 시에는 항공기처럼 활공하여 지구에 착륙했다. 우주 왕복선은 2011년 퇴역할 때까지 135번의 우주 임무를 수행했다.

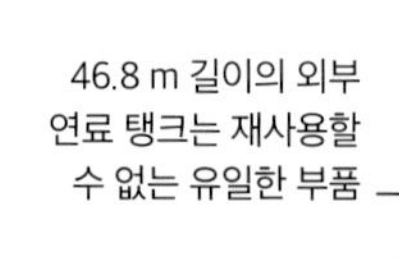

46.8 m 길이의 외부 연료 탱크는 재사용할 수 없는 유일한 부품

보조 로켓

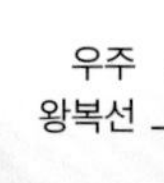

우주 왕복선

1981년

IBM PC 출시

미국 IT 기업인 IBM이 출시한 5150 컴퓨터는 일반적으로 IBM PC로 더 잘 알려져 있다. 이 컴퓨터는 업무용과 일반용으로 빠르게 판매되었다. 수백 개의 다른 회사에서 PC의 중앙 소프트웨어인 MS DOS(Microsoft 디스크 운영 체제)와 호환되는 추가 하드웨어 및 프로그램을 생산했다.

1980~1991년 앨버레즈 가설

지구에 충돌하는 소행성에 대한 상상도

미국 과학자 루이스 앨버레즈와 그의 아들 월터 앨버레즈는 6,500만 년 된 암석에서 지구에는 없지만 소행성에서 흔한 원소인 이리듐을 발견했다. 이를 통해 그들은 당시 소행성 충돌로 인해 공룡이 멸종했다는 가설을 세웠다. 소행성 충돌은 태양을 차단하고 심각한 기후 변화를 일으킬 만큼의 먼지를 만들어 냈을 것이다.

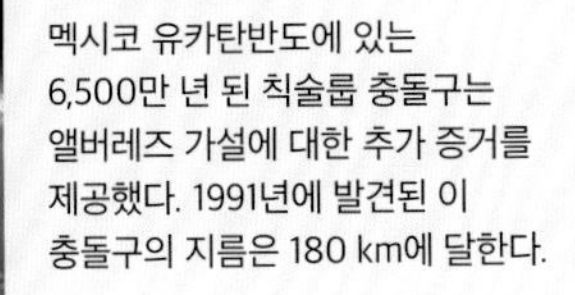
칙술룹 충돌구에 대한 상상도

칙술룹 충돌구

멕시코 유카탄반도에 있는 6,500만 년 된 칙술룹 충돌구는 앨버레즈 가설에 대한 추가 증거를 제공했다. 1991년에 발견된 이 충돌구의 지름은 180 km에 달한다.

1984년

최초의 무선 우주 유영

NASA 우주비행사 브루스 매캔들리스와 로버트 스튜어트가 우주 왕복선 챌린저호를 떠나 MMU를 사용하여 최초로 무선 우주 유영을 했다. MMU는 11.8 kg의 질소 연료가 들어 있는 제트팩으로 24개의 소형 제트 추진기에 동력을 공급하여 우주선에 연결된 케이블 없이 우주를 이동할 수 있게 해 주었다.

우주비행사 브루스 매캔들리스가 우주 유영을 하는 모습

1985

1983년

휴대전화

시제품으로 공개된 지 10여년이 지난 후 최초의 휴대전화인 모토로라 다이나택 8000X가 판매되었다. 가격은 3,995달러, 무게는 790 g, 충전 시간은 10시간, 통화 가능 시간은 최대 30분이었다. 다이나택은 1994년까지 계속 판매되었다.

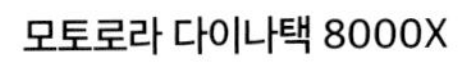
모토로라 다이나택 8000X

1984년

HIV 확인

미국 생의학 연구자 로버트 갈로와 프랑스 바이러스 학자 뤼크 몽타니에는 치명적인 질병인 에이즈의 원인이 되는 HIV를 발견했다고 발표했다. HIV는 신체의 면역 체계를 공격하여 질병과 감염에 대항하는 능력을 약화시킨다.

1984년

잠수정 노틸호 진수

프랑스 심해 잠수정 노틸호는 1984년에 진수되었다. 해저 6,000 m까지 잠수할 수 있는 노틸호는 이후 영국 선박 타이타닉호의 잔해를 3,800 m 수중에서 촬영하고 난파선에서 1,800여 점의 물품을 회수하였다. 노틸호는 침몰한 항공기의 비행 기록 장치도 인양했다.

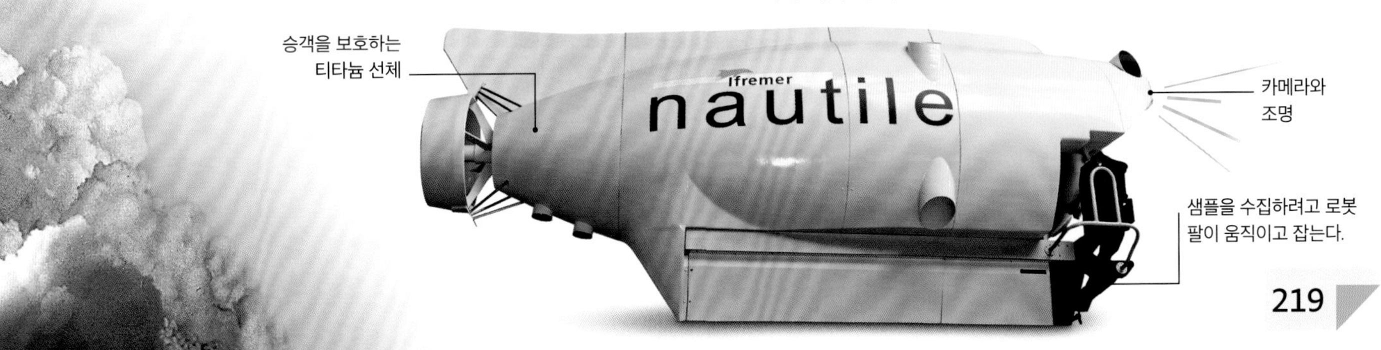

기후 변화

지구 대기를 구성하는 기체는 호흡을 위한 산소 공급부터 태양의 유해한 자외선으로부터 생명체를 보호하는 것까지 중요한 기능을 수행한다. 또한 열을 가두어 지구 표면을 따뜻하게 하는 온실 효과라는 과정을 통해 지구의 온도를 상승시키기도 한다. 지난 200년 동안 대기 중 기체 균형에 변화가 생기면서 더 많은 열이 유지되어 지구 온난화와 기후 변화를 일으켰다.

"기후 변화는 더 이상 먼 미래의 문제가 아니다… 현재 진행되고 있다."

버락 오바마 대통령, 2015년

균형의 이동

메테인, 이산화 탄소, 육불화황과 같은 기체는 온실가스로 알려져 있으며 온실 효과를 일으킨다. 인구 증가와 산업, 농업, 환경 파괴로 인한 배출량 증가로 인해 대기 중 이러한 기체의 농도가 증가하고 있다.

온실가스 배출

이산화 탄소는 가장 흔하게 배출되는 온실가스로 매년 약 360억 톤이 대기 중으로 방출된다. 이 기체는 산업, 자동차 엔진의 화석 연료 연소, 전기 생산 과정에서 배출된다.

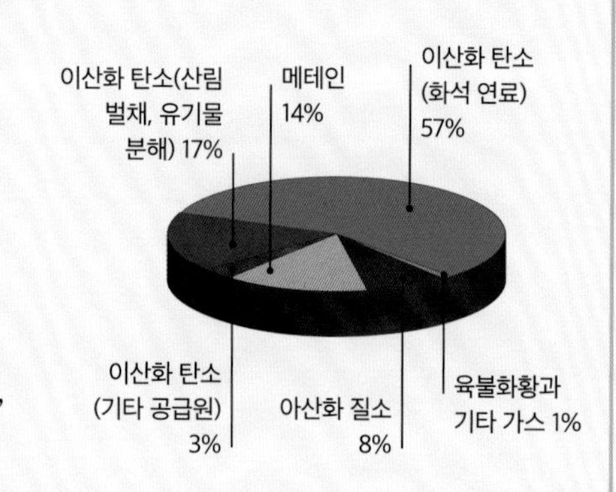

다양한 원인

발전소에서 화석 연료를 연소하면 상당한 양의 이산화 탄소가 배출된다. 다른 배출 원인으로는 메테인을 배출하는 가축과 이산화 탄소를 흡수할 수 있는 나무를 대량으로 제거하는 삼림 벌채가 있다.

온실가스 증가

지구 온도 상승을 야기하는 온실가스의 증가로 대기가 과거보다 더 많은 열을 흡수하면서 온실 효과가 가속화되고 있다. 온실가스가 계속 증가한다면 기온은 계속 상승할 것이다.

온실가스 증가가 미치는 영향

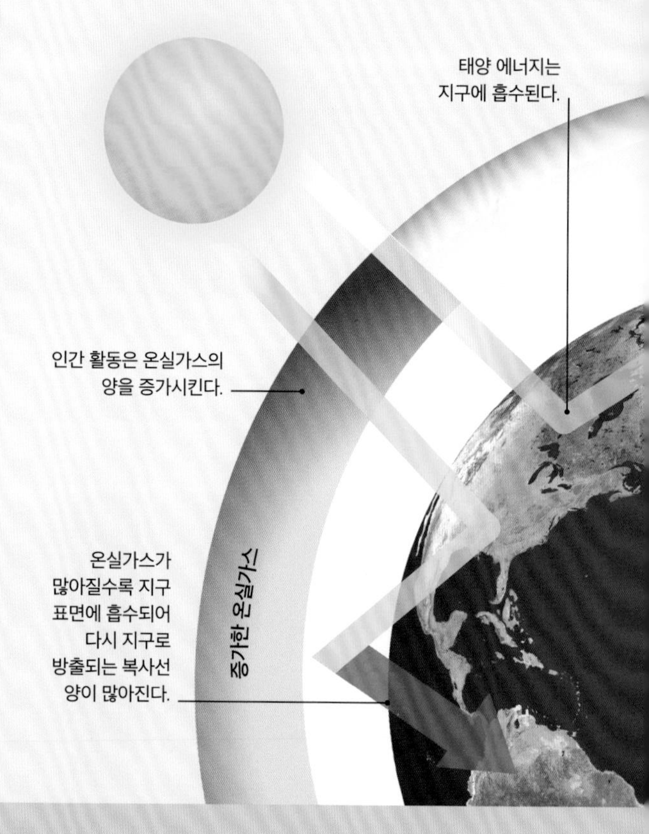

태양 에너지는 지구에 흡수된다.
인간 활동은 온실가스의 양을 증가시킨다.
증가한 온실가스
온실가스가 많아질수록 지구 표면에 흡수되어 다시 지구로 방출되는 복사선 양이 많아진다.

주요 사건

1859년
아일랜드 물리학자 존 틴들은 일부 기체가 적외선을 차단하는 원리를 발견하고 대기 중 기체의 농도 변화가 기후에 영향을 미칠 수 있다고 제안했다.

1958년
미국 과학자 찰스 데이비드 킬링은 대기 중 이산화 탄소에 관한 장기 연구를 시작했다. 그의 킬링 곡선 그래프는 이산화 탄소가 1958년 310 ppm에서 2015년 400 ppm 이상으로 상승한 것을 보여준다.

1970년
미국에 국립해양대기청(NOAA)이 설립되었다. 이 기관은 세계 최고의 기후 연구 기관이 된다.

1978년
NASA는 북극과 남극의 해빙을 모니터링하기 위해 님버스 위성에 스캐닝 멀티채널 마이크로파 복사계(SMMR)를 탑재했다.

님버스 7호 위성

기온 상승

기후 모니터링을 통해 연평균 기온이 상승했다는 증거가 밝혀졌으며 기록상 가장 따뜻했던 16년 중 15년이 2001년 이후였다. 아래 지도는 2015년의 연평균 기온을 보여주는데 이는 1951~1980년 평균보다 0.87℃ 높은 수치이다.

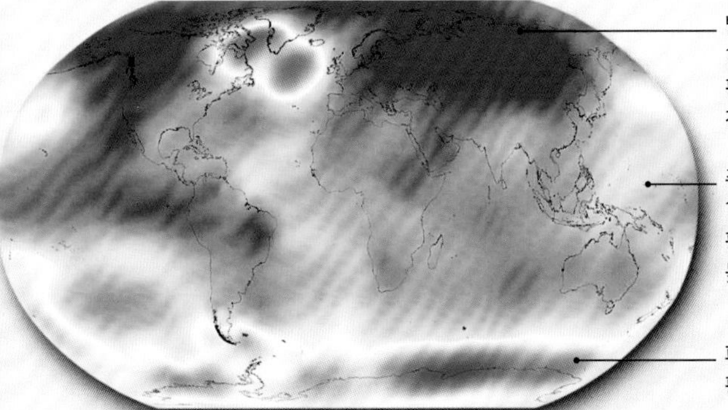

빨간색: 1951~1980년 평균보다 몇 도 정도 높은 온도

주황색-노란색: 1951~1980년 평균보다 약간 높은 온도

파란색: 1951~1980년 평균보다 낮은 온도

녹아서 사라지다

빙상과 빙하가 녹으면서 얼음 위에 사는 동물들의 서식지가 사라지고 해수면이 상승하여 저지대는 홍수의 위험에 처해 있다. 여름철 북극 빙하는 1980년 783만 km^2에서 2015년 463만 km^2로 감소했다.

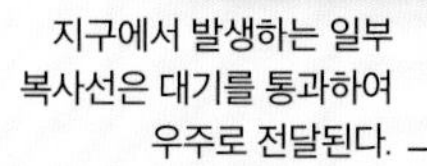

지구에서 발생하는 일부 복사선은 대기를 통과하여 우주로 전달된다.

일부 복사선은 온실가스에 흡수되어 다시 지구로 방출된다.

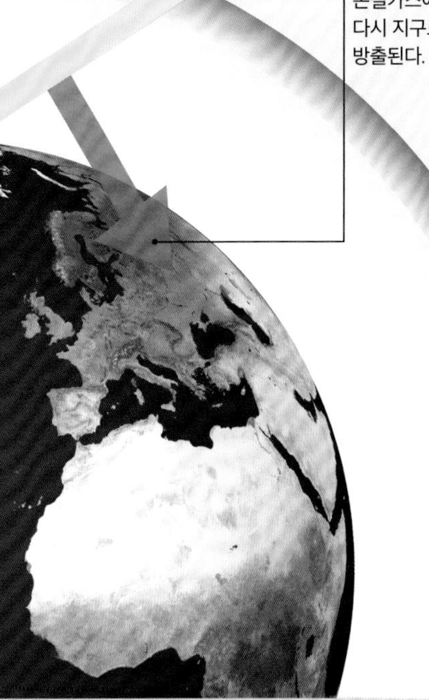

극한 날씨

지구 온난화는 극심한 기상이변의 증가에 영향을 미치는 것으로 알려져 있다. 여기에는 폭염, 폭우, 2012년 미국 남부에서 41명의 사망자와 20억 달러 이상의 피해를 입힌 허리케인 아이작과 같은 열대성 사이클론이 포함된다.

대처 방안

온실가스 배출 감축에 관한 국제 협약부터 에너지 효율이 높은 건물과 기술의 발전, 산림 복원, 화석 연료를 사용하는 발전과 교통수단에서 벗어나는 것 등 기후 변화에 대응하기 위한 다양한 차원의 조치가 취해지고 있다. 개인도 다음과 같은 다양한 방법으로 기여할 수 있다.

★ 불필요한 전기 제품 끄기

★ 자전거, 도보, 대중교통 이용하여 자동차 의존도 줄이기

★ 풍력 또는 태양열 등 친환경 에너지 사용하기

★ CFL 전구 등 에너지 절약 장치 사용하기

★ 더 많은 나무 심기

1988년

미국 제임스 핸슨 교수는 미국 상원에 온실 효과로 인해 지구 평균 기온이 상승하고 있다고 보고하면서 "지구 온난화"라는 용어를 대중화했다.

1997년

교토 의정서(지구 온난화를 줄이기 위해 각국이 힘을 모으는 국제 조약)는 선진국들이 지구 온난화를 일으키는 주요 가스의 배출량을 줄이기로 약속했다.

2015년

미국해양대기청과 여러 기관들은 2015년이 19세기 기후 기록이 시작된 이래 가장 더운 해였다고 보고했다.

2016년

180개 국가가 파리 협정에 서명했다. 이 협정은 지구 온난화를 산업화 이전 수준보다 "2℃ 이하"로 억제하는 것을 목표로 한다.

1985 ▸ 1990

1985년 11월 20일에 윈도우 1.00이라는 마이크로소프트 윈도우 운영체제의 첫 번째 버전이 출시되었다.

1985년

버키볼(C_{60})

영국 화학자 헤럴드 크로토와 미국 화학자 제임스 히스, 숀 오브라이언, 로버트 컬, 리처드 스몰리가 미국 휴스턴의 라이스 대학에서 버크민스터풀러렌을 발견했다. 버키볼로 더 잘 알려진 이 축구공 모양의 분자는 탄소 원자로만 구성되어 있다. 이 분자는 탄소 원소의 다른 물리적 형태인 동소체이다.

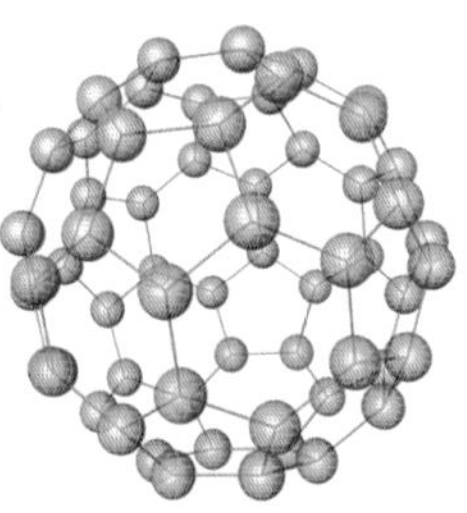

컴퓨터로 생성한 버키볼 분자의 그림

1986년

체르노빌 참사

우크라이나의 체르노빌 원자력 발전소에서 4개의 원자로 중 하나가 폭발하면서 최악의 원전 사고가 발생했다. 이 폭발로 1945년 일본 히로시마에 투하된 원자 폭탄보다 400배 더 많은 방사능이 대기 중으로 방출되었다.

체르노빌 주변 오염 지역에 있는 버려진 학교

1986년

챌린저 참사

우주 왕복선 챌린저호는 미국 플로리다주 케네디 우주센터에서 발사된 지 73초 만에 폭발해서 탑승한 7명의 승무원 전원이 사망했다. 고체 로켓 부스터 중 하나의 밀봉 결함이 참사의 원인이었다. 이 비극 이후 다른 우주 왕복선들은 32개월 동안 운항이 중단되었다.

1985

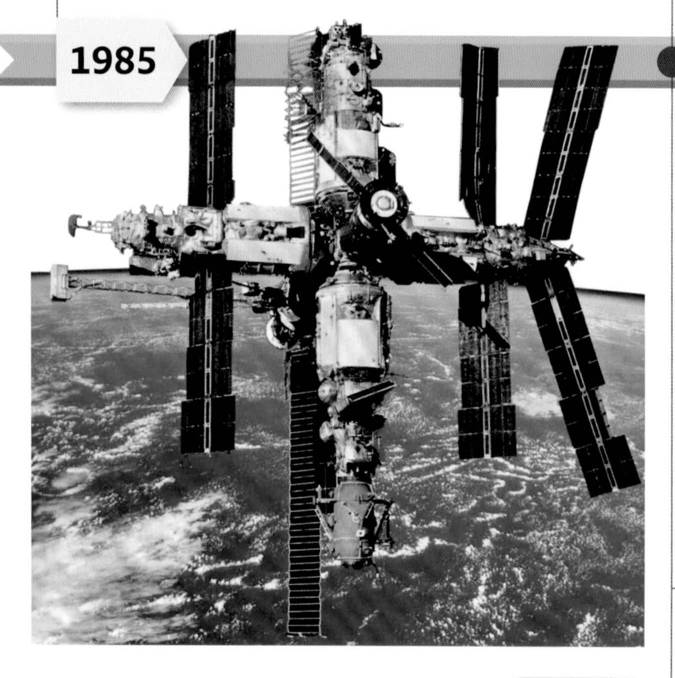

1986년

미르 우주정거장

미르는 러시아가 발사한 최초의 우주정거장으로 지구 궤도에서 조립되었다. 길이는 약 19 m였으며 3명의 승무원이 영구적으로 거주했고 단기간에는 더 많은 사람을 수용할 수 있었다. 우주에 머문 15년 동안 우주비행사 발레리 폴랴코프가 437.75일의 거주 기록을 세우고 104명의 우주비행사가 미르 우주정거장을 방문했다.

1987년

최초의 스타틴

오랜 의학 실험 끝에 미국 식품의약국(FDA)에서 로바스타틴이라는 스타틴이 승인되었다. 스타틴은 혈관을 막고 심장 질환의 위험을 증가시킬 수 있는 콜레스테롤의 일종인 LDL(저밀도 지단백질)을 포함한 체내 특정 지방 물질의 생성을 감소시키는 약물이다.

로바스타틴은 느타리버섯과 일부 다른 곰팡이에서 발견된다.

1986년

원자간 힘 현미경

독일 물리학자 게르트 비니히, 미국 물리학자 캘빈 퀘이트, 스위스 교수 크리스토프 거버가 원자간 힘 현미경을 발명했다. 이 강력한 현미경은 매우 작은 탐침을 사용하여 시료 표면을 나노미터 단위까지 측정하고 이미지를 만든다.

1987년 독일 안과 의사 테오 자일러가 세계 최초 레이저 안과 수술을 진행했다.

1989년

상아 금지

멸종 위기에 처한 야생동식물의 국제 거래에 관한 협약(CITES)은 전 세계적으로 상아 거래를 금지하는 조치를 취했다. 이 금지 조치는 코끼리 상아를 얻기 위해 코끼리를 죽이는 밀렵꾼이 증가하면서 1979년부터 1989년 사이에 아프리카 코끼리 개체 수가 절반으로 줄어든 데 따른 조치이다.

케냐 나이로비에서 당국이 압수하여 불태우는 코끼리 상아, 1995년

1988년

모리스 웜

모리스 웜은 인터넷을 통해 컴퓨터를 감염시킨 최초의 컴퓨터 바이러스가 되었다. 대학생 로버트 태판 모리스가 만든 이 바이러스는 당시 인터넷에 연결된 모든 컴퓨터의 10%를 감염시켜 바이러스가 제거될 때까지 속도가 느려지거나 작동이 멈췄다.

1989년

원자 배열하기

IBM의 한 과학자 팀은 주사 터널링 현미경(STM)을 사용하여 니켈 원소의 냉각된 결정 위에 제논 원소 35개 원자를 배열하여 IBM이라는 글자를 만들었다. 나노 기술 분야의 획기적인 성과로 여겨지는 이 연구는 개별 원자를 평평한 표면에 정렬하고 배치한 최초의 사례이다.

나노 기술
244~245쪽

1989년

게임보이 출시

닌텐도의 휴대용 컴퓨터 게임기인 게임보이가 일본에서 출시되었다. 모든 게임보이에는 낙하 블록 퍼즐 게임인 테트리스가 함께 제공되었다. 6.6 cm 크기의 작은 흑백 화면에도 불구하고 게임보이와 컬러 화면 버전인 게임보이 컬러의 누적 판매량은 1억 1,800만 대 이상이었다.

1990

1986년 3D 프린팅

3차원(3D) 프린팅은 금속, 플라스틱 또는 기타 재료의 얇은 층을 서로 겹쳐서 3D 물체가 형성될 때까지 "인쇄(적층)"하는 일련의 과정을 거친다. 각 층의 정확한 형태를 결정하는 지시사항이 컴퓨터 메모리에 저장된다. 3D 프린팅을 사용하면 필요에 따라 신속하게 물체를 만들 수 있다.

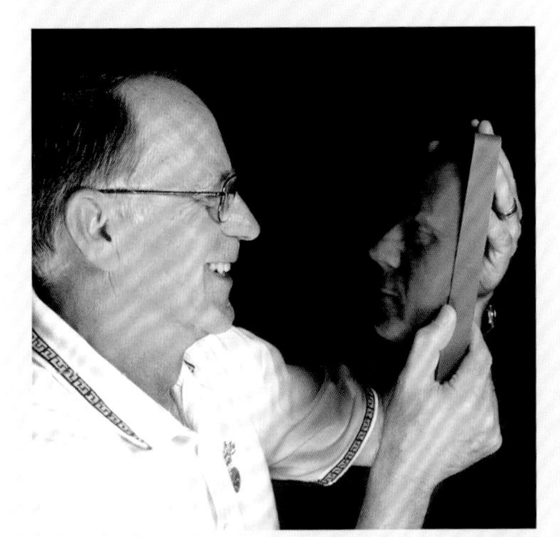

2000년 찰스 헐이 3D로 프린트한 자신의 얼굴 마스크를 들고 있다.

최초의 3D 프린터

미국 엔지니어 찰스 헐은 1986년에 3D 프린터인 SLA-1에 대해 특허를 받았다. 이 프린터는 레이저를 사용하여 컴퓨터의 지시에 따라 고분자 수지로 물체를 만들었다.

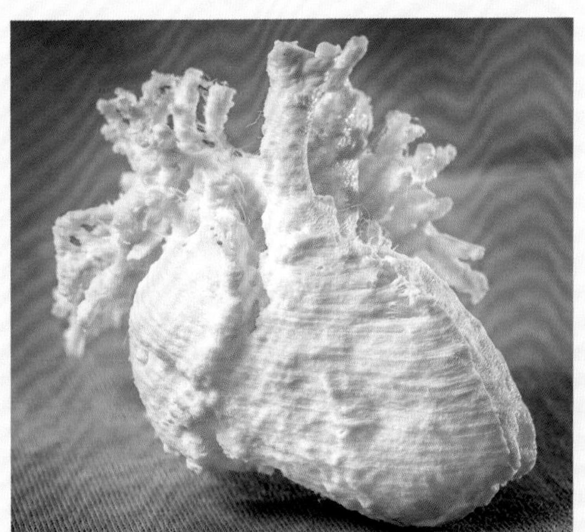

부품 인쇄

3D 프린팅은 기계와 운송수단의 시제품과 부품 제작에 이용된다. 예를 들어, 에어버스 A350 WXB에는 1,000개 이상의 3D 프린팅 부품이 있고 치아 크라운, 인공 뼈, 의족과 같은 인공 신체도 제작할 수 있다.

3D 프린팅된 심장 모형. 복잡한 수술을 계획하고 설명하는 데 도움이 되도록 3D 프린팅으로 장기 모형을 제작한다.

스티븐 호킹

1942년 1월 8일에 태어난 영국의 물리학자 스티븐 호킹은 우주와 우주의 본질과 현상에 관한 이론에 매료되었다. 역경을 이겨낸 그는 천문학과 우주 연구에 많은 공헌을 했다.

충격적인 진단

1963년 케임브리지 대학에서 공부하던 호킹은 신경 세포를 파괴하는 근위축성 측색 경화증(ALS)이라는 질병을 진단받았다. 처음에는 3년 미만의 시한부 인생을 선고받았지만, 더 오래 살았다. 1969년부터 휠체어에 의지해 살았고 1985년에는 목소리를 잃었다. 호킹은 인공 음성을 생성하는 음성 합성기와 연결된 컴퓨터를 사용하여 의사소통을 했다.

블랙홀 연구

호킹은 블랙홀로 알려진 밀도가 극도로 높은 붕괴된 별의 잔해에 대해 연구하기 시작했다. 그는 블랙홀을 빅뱅의 작은 버전으로 볼 수 있지만 그 반대로 작동한다고 제안했다.

호킹 복사

과학자들은 블랙홀의 엄청난 중력에서 벗어날 수 있는 것은 아무것도 없다고 생각했다. 그러나 1974년 호킹은 블랙홀에서 아원자 입자 형태의 물질이 어떻게 방출될 수 있는지를 이론적으로 보여주었다. 이 방출은 호킹 복사라고 알려지게 되었다. 이 이론은 블랙홀이 영원히 존재하는 것이 아니라 에너지를 잃으면서 서서히 사라진다는 것을 의미한다.

모든 것의 이론

호킹은 1979년부터 2009년까지 영국 물리학자 아이작 뉴턴이 역임했던 케임브리지 대학교 루카시안 수학 석좌교수로 재직했다. 그의 후기 연구는 우주의 가장 큰 규모에서 가장 작은 규모까지 우주의 작동 원리를 설명하는 통합 이론을 찾는 것이 목표였다.

대학 생활
1961년 옥스퍼드 대학교에서 보트 클럽 회원들과 함께 손수건을 흔들고 있는 호킹. 옥스퍼드에서 물리학과 화학을 전공한 호킹은 1962년 케임브리지로 옮겨 우주의 기원과 발달을 연구하는 우주론을 공부했다.

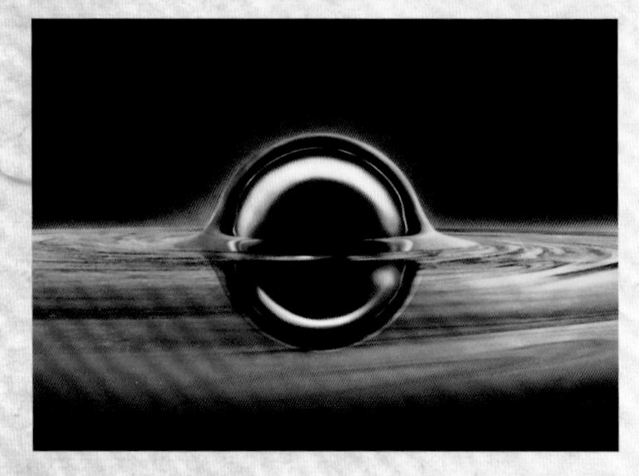

사건의 지평선
호킹의 블랙홀 연구는 사건의 지평선(사진 속 "비눗방울"의 가장자리)이라고 불리는 블랙홀 주변의 경계에 대한 개념을 발전시켰다. 외부에서 이 경계를 넘어오는 빛이나 물질(노란색)은 블랙홀의 엄청나게 강한 중력에 의해 블랙홀 안으로 빨려 들어간다.

"나의 목표는 단순하다. 우주가 왜 그렇게 존재하는지, 우주가 왜 존재하는지를 이해하는 것이다."

스티븐 호킹, 『스티븐 호킹의 우주』에서 인용, 1985년

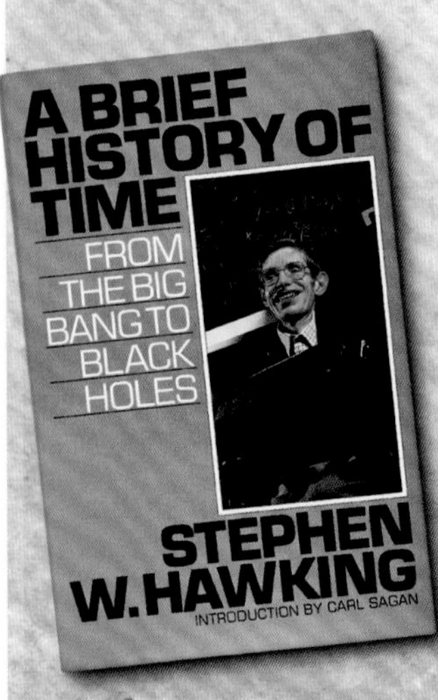

베스트셀러 작가
호킹 박사는 1988년 베스트셀러인 『시간의 역사』를 비롯해 수백 편의 논문과 십여 권의 책을 저술했다. 인기 있는 우주 안내서 『시간의 역사』는 천만 부 이상 판매되었으며 40개 언어로 번역되었다.

무중력
2007년 호킹은 가파르게 하강하고 상승하여 짧은 시간 동안 무중력 상태를 만드는 개조된 보잉 727 항공기를 타고 무중력 상태를 경험했다. "무중력 상태는 정말 멋졌어요… 계속할 수도 있었을 거예요."라고 그는 감탄했다.

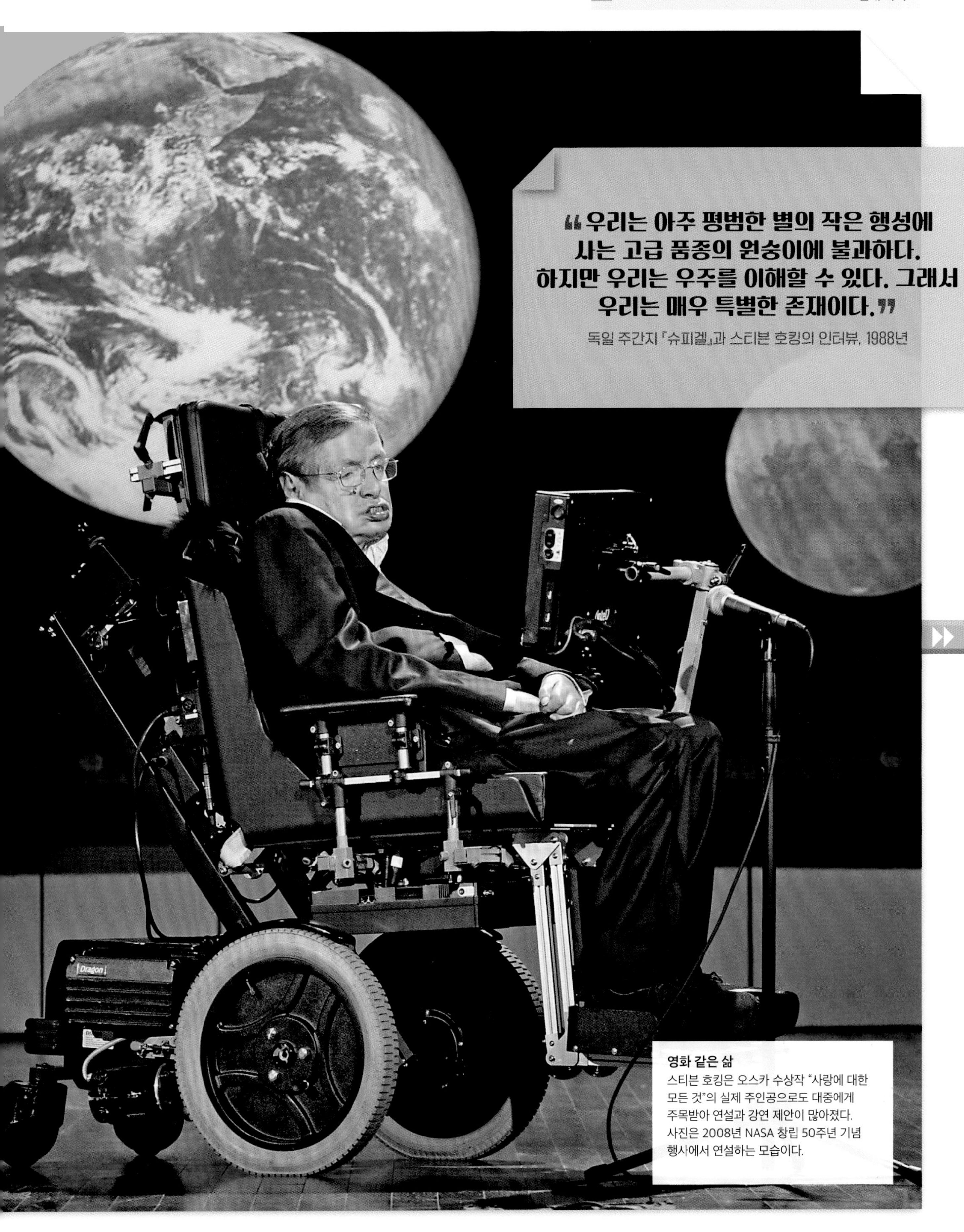

“우리는 아주 평범한 별의 작은 행성에 사는 고급 품종의 원숭이에 불과하다. 하지만 우리는 우주를 이해할 수 있다. 그래서 우리는 매우 특별한 존재이다.”

독일 주간지 『슈피겔』과 스티븐 호킹의 인터뷰, 1988년

영화 같은 삶
스티븐 호킹은 오스카 수상작 “사랑에 대한 모든 것”의 실제 주인공으로도 대중에게 주목받아 연설과 강연 제안이 많아졌다. 사진은 2008년 NASA 창립 50주년 기념 행사에서 연설하는 모습이다.

1990 ▸ 1995

1992년 영국 공학자인 닐 팹워스는 최초의 SMS(단문 메시지 서비스) 문자로 "메리 크리스마스"를 보냈다.

보존된 유해, 외치

1991년

냉동 미라

이탈리아-오스트리아 국경 외츠탈 알프스에서 가장 오래된 냉동 미라가 발견되었다. "외치"라는 별명이 붙은 이 미라는 5,300년 전의 것으로 추정되며 보존 상태가 좋아 과학자들이 위 내용물과 61개의 문신을 연구할 수 있었다.

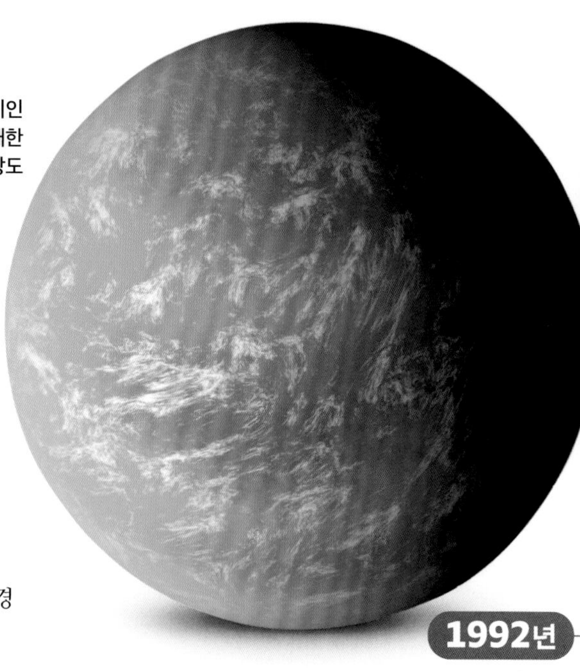

지구의 약 2.4배 크기인 외계 행성 케플러 22b에 대한 상상도

1992년

외계 행성

폴란드 천문학자 알렉산데르 볼시찬과 캐나다 천문학자 데일 프레일은 펄서 궤도를 도는 두 행성의 증거를 찾아냈다. 이러한 행성들은 태양계 외에서 처음으로 확인된 외계 행성으로서 2016년 7월까지 총 3,300개 이상이 발견되었다.

1990

1990년

허블 우주 망원경 발사

디스커버리호에 실려 우주로 발사된 허블 우주 망원경은 길이가 13.2 m로 새로운 별, 은하, 위성을 발견하고 70만 장 이상의 이미지를 전송하여 우주에 대한 이해를 크게 발전시켰다.

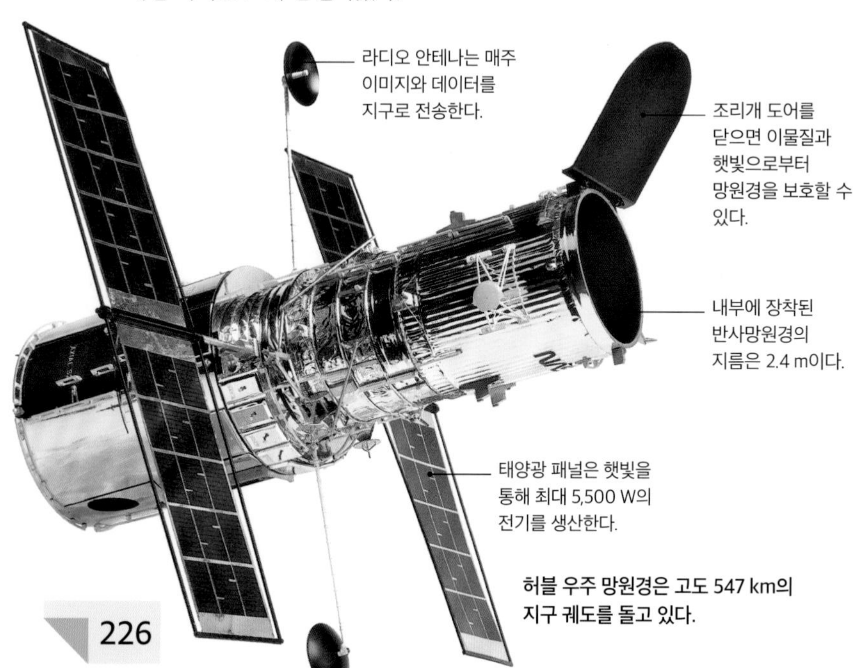

라디오 안테나는 매주 이미지와 데이터를 지구로 전송한다.
조리개 도어를 닫으면 이물질과 햇빛으로부터 망원경을 보호할 수 있다.
내부에 장착된 반사망원경의 지름은 2.4 m이다.
태양광 패널은 햇빛을 통해 최대 5,500 W의 전기를 생산한다.

허블 우주 망원경은 고도 547 km의 지구 궤도를 돌고 있다.

1989~1993년 월드와이드웹

1989년 영국의 컴퓨터 프로그래머 팀 버너스 리는 인터넷을 통해 액세스하는 글로벌 정보 시스템인 월드와이드웹(WWW)을 설립했다. 웹은 하이퍼링크로 연결된 웹페이지로 만들어진 웹사이트로 구성되어 있다. 이를 통해 사용자는 웹페이지와 문서 사이를 쉽게 이동할 수 있다. WWW는 누구나 무료로 사용할 수 있다.

"사람들이 웹에 익숙해지기 전에는 클릭이나 점프 같은 단어조차 없었기 때문에 웹을 설명하는 것이 어려웠다."

팀 버너스 리

1993년
태엽식 라디오
영국 발명가 트레버 베일리스가 배터리 없이 작동하는 태엽식 라디오를 최초로 발명했다. 이 라디오는 전기나 배터리를 사용할 수 없는 환경에서도 작동했다. 태엽을 완전히 감으면 내부 스프링에 에너지가 저장되어 약 20분 동안 라디오를 사용할 수 있었다.

베이젠 태엽식 라디오, 1995년

손잡이는 스프링을 감아 에너지를 전력으로 변환한다.

1994년 미국의 의학 연구자 제프리 프리드먼이 이끄는 연구팀은 식욕을 조절하는 데 도움이 되는 호르몬인 렙틴을 발견했다.

1993년
최초의 스마트폰
IBM 사이먼은 이메일 접속, 애플리케이션, 터치스크린 등 "스마트" 기능을 갖춘 최초의 스마트폰이었다. 이 휴대폰은 높이 20 cm, 무게 510 g로 일반 유선 전화에 꽂아 사용할 수 있었다. 또 뉴스에 접속하고 지도를 보며 스케치할 수 있는 애플리케이션이 탑재되어 있었다.

연결된 세상 228~229쪽

터치 입력이 가능한 단색 LCD 디스플레이

터치스크린 탐색에 사용되는 펜

단단하고 신선한 플라브르 사브르 토마토

1994년
최초의 유전자 변형 식품
플라브르 사브르 토마토는 대중에 처음으로 판매된 유전자 변형 식품 중 하나이다. 이 토마토는 숙성 과정을 늦춰서 신선함을 오래 유지하고 천천히 썩도록 유전자를 변형시켰다.

1995 

초창기
버너스 리는 1990년 12월 25일에 스위스 CERN에서 최초의 웹 서버를 온라인으로 운영해 사용자들이 웹 브라우저 프로그램을 통해 요청한 웹페이지를 볼 수 있게 했다. 또 HTML이라는 언어를 개발해 웹페이지를 다른 컴퓨터에서 표시할 수 있도록 인코딩하거나 마크업하는 데 사용했다.

1993년
최초의 웹캠
1991년에 케임브리지 대학의 연구원들은 초기 디지털 카메라를 사용하여 실험실 밖의 커피포트를 찍은 후 컴퓨터 네트워크를 통해 이미지를 표시하는 장치를 개발했다. 이 카메라는 1993년 웹 브라우저가 이미지를 표시할 수 있게 되면서 최초의 웹캠으로 등장하였고 2001년까지 계속해서 웹에 연결되어 있었다.

1994년
혜성 충돌
슈메이커-레비 9 혜성은 1993년에 발견되었으며 이듬해 목성과 충돌했는데 이는 최초로 관측된 태양계 천체 간의 충돌이었다. 혜성이 부서지면서 일부 파편의 속력은 21만6천 km/h에 달했다. 과학자들은 혜성과 목성의 대기에 대해 더 많은 정보를 얻을 수 있었다.

재발견된 종
멸종된 것으로 여겨졌던 쥐캥거루가 1994년 호주 남서부에서 재발견되었다. 이 유대목 동물의 야생 개체 수는 100마리 미만이었다.

연결된 세상

컴퓨팅 및 통신 기술의 비약적인 발전으로 기계가 정보를 공유할 수 있게 되었고, 그 결과 전 세계 수십억 명의 사람들이 서로 연결되어 있다. 이러한 연결은 대부분 컴퓨터와 스마트폰과 같은 디지털 기기로 사람들이 서로 소통할 수 있게 해주는 컴퓨터 네트워크를 통해 이루어진다. 초기 네트워크는 물리적인 연결이 필요한 유선 네트워크였지만 지금은 무선 네트워크가 보편화되었다.

인터넷

지구상에서 가장 많은 컴퓨터가 연결된 네트워크인 인터넷은 이메일과 웹 브라우징부터 소셜 미디어, 사운드와 비디오의 실시간 스트리밍에 이르기까지 그 속도와 가용성, 유용한 애플리케이션의 수가 날로 증가하고 있다. 오늘날 인터넷 신호는 광섬유 데이터 케이블, 위성, 유선 전화, 무선으로 전송된다. 이 지도는 2011년 도시 간 인터넷 연결 상태를 보여주며 가장 밝은 지역이 가장 많이 연결되어 있다.

이 스마트폰은 앱을 사용하여 보고 있는 랜드마크에 대한 정보를 표시한다.

스마트폰

스마트폰은 정교한 애플리케이션을 실행하는 강력한 휴대용 컴퓨팅 플랫폼이다. 스마트폰 앱을 사용하면 GPS 매핑과 동영상 스트리밍부터 음악 편집과 외국어 번역에 이르기까지 이동 중에도 다양한 작업을 수행할 수 있다.

무선으로의 전환

와이파이

와이파이를 통해 많은 수의 디바이스가 인터넷에 무선 연결할 수 있다. 와이파이에 비밀번호를 설정하는 것이 일반적이다.

RFID

무선인식(RFID)은 무선 신호를 통해 전자 태그가 부착된 물체를 추적하고 태그에 저장된 정보를 읽는 기술이다.

블루투스

극초단파(UHF)를 활용한 근거리 통신 기술인 블루투스를 통해 기기를 주변 장치와 무선으로 연결할 수 있다.

NFC

근거리 무선 통신(NFC)은 가깝게 떨어져 있는 두 기기가 무선으로 데이터를 교환하는 기술이다. 비접촉 결제 등에 사용한다.

주요 사건

1969년

최초의 메시지는 인터넷의 전신인 아르파넷을 통해 미국의 두 컴퓨터 간에 전송되었다. 1972년에는 NASA를 포함하여 24개의 호스트(네트워크에 연결된 컴퓨터 시스템)가 아르파넷을 사용했다.

1974년

미국의 컴퓨터 과학자 빈튼 서프와 전기 엔지니어 밥 칸은 컴퓨터가 서로 데이터 패킷을 인터넷을 통해 전송할 수 있도록 하는 규칙 집합인 전송 제어 프로토콜(TCP)을 개발했다.

1990년

캐나다 컴퓨터 프로그래머가 만든 최초의 인터넷 검색 엔진인 아치는 FTP 사이트의 색인을 검색하여 특정 파일을 찾았다.

1996년

노키아 9000 커뮤니케이터가 처음으로 선보였다. 이 휴대폰은 최초로 인터넷 접속이 가능한 휴대폰 중 하나로 웹 브라우징과 이메일 기능을 제공했다.

노키아 9000 커뮤니케이터

웨어러블 컴퓨터

디지털 기술의 발전으로 의류, 장신구, 가벼운 헤드셋에 컴퓨터를 내장하여 정보에 편리하게 액세스하고 건강과 피트니스 상태를 모니터링하며 3D 게임 경험까지 구현할 수 있게 되었다. 스마트워치나 펜던트와 같은 여러 웨어러블 기기는 일반적으로 사용자가 휴대하는 스마트폰이나 태블릿 컴퓨터와 함께 작동한다.

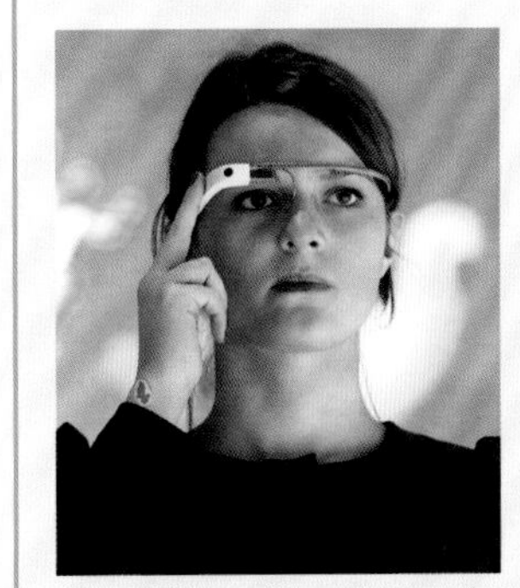

구글 글래스
이 혁신적인 음성 제어 디스플레이는 머리에 착용되어 사용자의 눈앞에 정보를 투사하며 핸즈프리 컴퓨팅과 커뮤니케이션을 가능하게 한다.

건강 추적기
이 장치 내부의 센서는 사용자의 운동 속도, 이동 거리, 지속 시간을 측정하여 해당 피트니스 목표에 대한 피드백을 제공한다.

스마트 워치
손목에 착용하는 이러한 디바이스는 사용자에게 메시지를 알리거나 지도에서 사용자의 실시간 위치를 알려주는 등의 앱을 실행한다.

조명을 프로그래밍하거나 켜고 끄고 어둡게 할 수 있다.
일부 또는 모든 방에서 음악을 선택해 재생할 수 있다.
전자 잠금 장치는 확인, 잠금, 잠금 해제가 가능하다.
보안 카메라가 집 내부의 이미지를 스트리밍하도록 만들 수 있다.
집의 난방과 냉방을 조절할 수 있다.
앱을 사용하여 원격으로 장치에 연결하기

사물 인터넷(IoT)
컴퓨터와 스마트폰으로 서로 연결할 수 있는 것은 사람뿐만이 아니다. 사물 인터넷은 난방 시스템부터 차량에 이르기까지 다양한 장치를 인터넷으로 연결해 원격으로 접속한다. 이 장치들은 서로 통신하여 완벽하게 제어 가능한 스마트 홈을 구현한다.

1997년
무선 네트워크 연결을 위해 와이파이 표준이 도입되었다. 최초의 개인 컴퓨터용 와이파이 라우터는 이로부터 2년 후에 처음 등장했다.

2008년
스마트폰과 태블릿 컴퓨터를 위한 안드로이드 운영 체제의 첫 번째 버전이 출시되었다. 2016년까지 모바일 기기의 3분의 2가 안드로이드로 운영되었다.

2013년
아마존과 디에치엘(DHL)은 최초의 배송용 드론을 시험했다. 이 무인 항공기는 접근이 어려운 지역으로 빠르게 필수품을 전달할 수 있는 기술을 테스트하고 있다.

2015년
구글에서 매월 발생하는 1,000억 건 이상의 검색 중 절반 이상은 데스크톱 컴퓨터가 아닌 스마트폰이나 태블릿 컴퓨터와 같은 모바일 기기에서 이뤄진다.

배송 드론

1990년, 미국 플로리다의 케네디 우주 센터

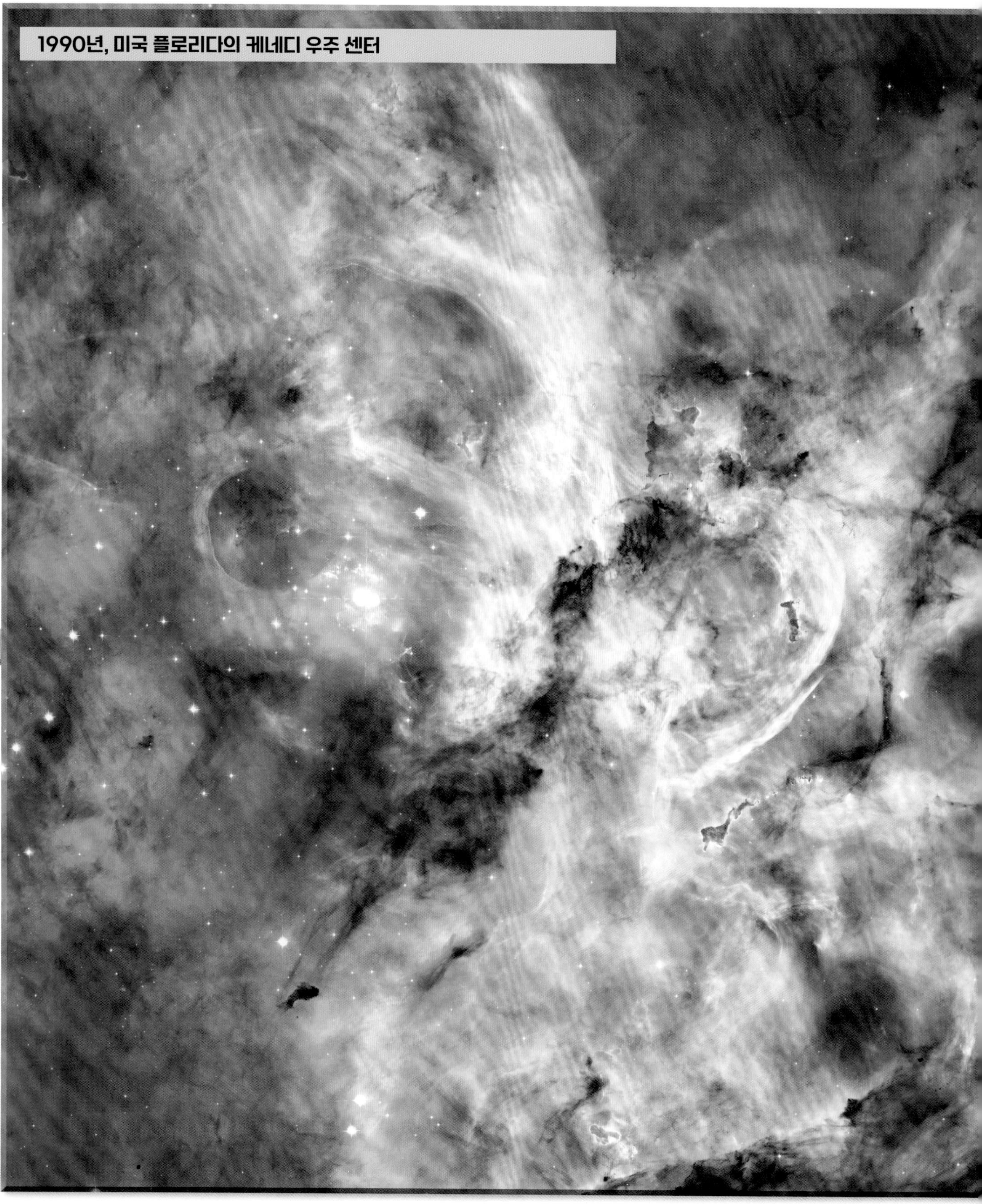

"가장 큰 망원경으로 감지할 수 있는 가장 희미한 성운을 통해
우리는 알려진 우주의 경계에 도달한다."

에드윈 허블, 『성운의 왕국』, 1936년

우주에서의 사진

1990년에 발사된 세계 최초의 대형 우주 망원경인 허블은 고도 547 km의 지구 궤도를 돌며 작동하고 있다. 지구 대기의 왜곡 효과에서 벗어나 거울에 반사된 빛으로 수집한 이미지는 지상에서 얻은 이미지보다 5~20배 더 선명하다. 허블 우주 망원경은 놀랍도록 먼 성운과 은하를 탐지할 수 있어 일부는 134억 광년 떨어진 곳까지 관측 가능하며 발사 이후 120만 건 이상의 관측을 수행했다. 전기 주전자의 소비전력에 불과한 2,100 W의 전력을 사용하면서 주당 평균 140 GB의 데이터를 지구로 전송한다.

허블이 촬영한 44장의 이미지를 합성한 이 사진에는 가스, 먼지, 젊고 밝은 별들로 이루어진 카리나 성운의 소용돌이치는 구름이 강조되어 있다. 이 성운은 지구에서 약 7,500광년 떨어진 곳에 있다.

1995 ▸ 2000

1995년

갈릴레오호 목성 궤도 진입

NASA의 갈릴레오호는 목성 궤도를 도는 최초의 우주 탐사선이다. 이 탐사선은 목성 대기에서 암모니아 구름을 발견하고 목성의 위성 이오에서 화산 활동을 포착했으며 다른 세 위성인 칼리스토, 가니메데, 유로파의 표면 아래에서 바닷물의 증거를 찾았다.

1996년

최초의 포유류 복제

스코틀랜드 에든버러 로슬린 연구소 과학자들은 성체 양의 세포 하나를 복제해 최초의 건강한 포유동물을 탄생시켰다. 돌리는 1996년 7월에 태어났고 이후 세 마리의 건강한 새끼 양을 낳았다.

1997년

엘니뇨 현상

엘니뇨는 태평양 열대 지역에서 주기적으로 발생하는 해수면 온도 상승 현상으로 바람의 이동 경로를 변화시킴에 따라 지구 많은 지역에서 강수 패턴에 영향을 미친다. 1997~1998년에 발생한 가장 강력한 엘니뇨로 인해 동남아에서는 심각한 가뭄이, 남미에서는 기록적인 강우와 홍수가 발생하는 등 극한 기후가 증가했다.

1997~1998년 엘니뇨로 인한 심각한 홍수로 페루 차토 그란데에서는 대부분의 주택이 파괴되었다.

1995

1995년 위성 위치 확인 시스템(GPS)

위성 위치 확인 시스템은 20,200 km의 고도에서 하루에 두 번 지구 궤도를 도는 24개 위성(현재는 31개로 늘어남)의 네트워크로 시작되었다. 4개의 위성 그룹이 같은 궤도를 돌며 광범위한 탐색 범위를 제공한다.

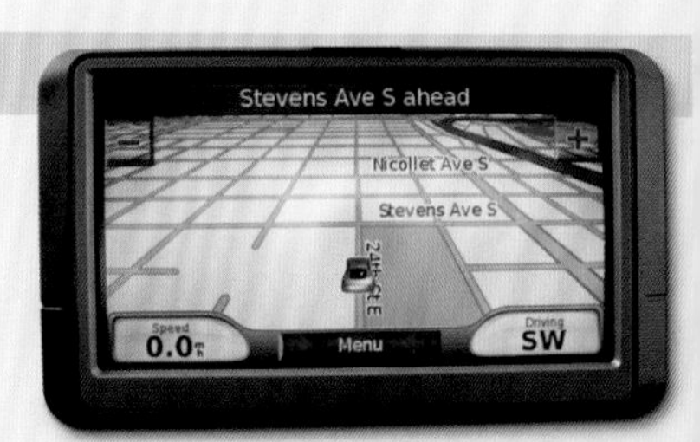

위성 내비게이션

차량용 위성 내비게이션은 GPS 수신기, 디지털 지도, 소프트웨어를 결합하여 실시간 위치를 제공하고 목적지까지 길을 안내한다. 군대에서만 사용할 수 있었던 높은 정확도의 GPS 신호를 2000년부터 자동차 운전자 및 기타 일반인도 이용할 수 있게 되었다.

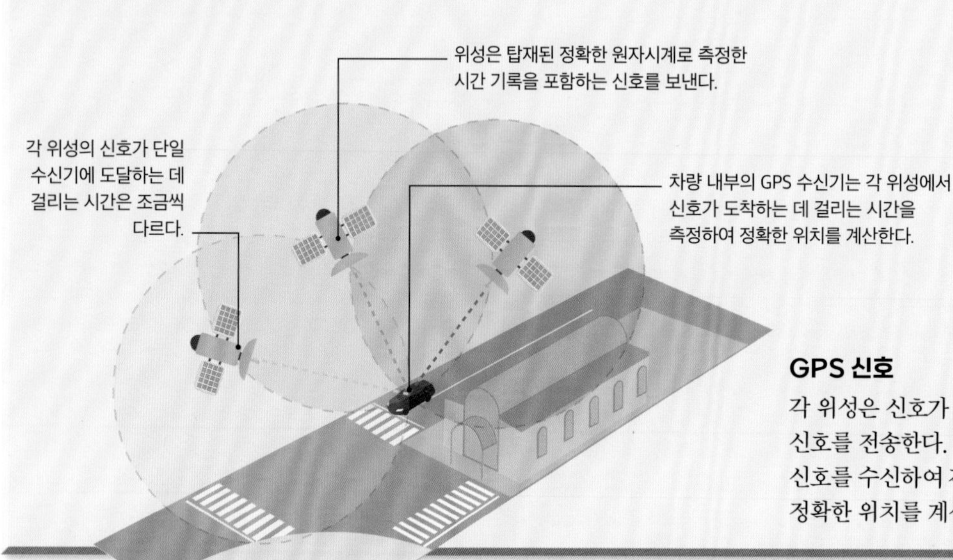

위성은 탑재된 정확한 원자시계로 측정한 시간 기록을 포함하는 신호를 보낸다.
각 위성의 신호가 단일 수신기에 도달하는 데 걸리는 시간은 조금씩 다르다.
차량 내부의 GPS 수신기는 각 위성에서 신호가 도착하는 데 걸리는 시간을 측정하여 정확한 위치를 계산한다.

GPS 신호

각 위성은 신호가 발송된 정확한 시간 정보를 인코딩한 라디오 신호를 전송한다. GPS 수신기는 세 개 이상의 위성으로부터 신호를 수신하여 각 신호가 도착하는 데 걸리는 시간을 측정해 정확한 위치를 계산한다. 오차 범위는 보통 수 미터 이내이다.

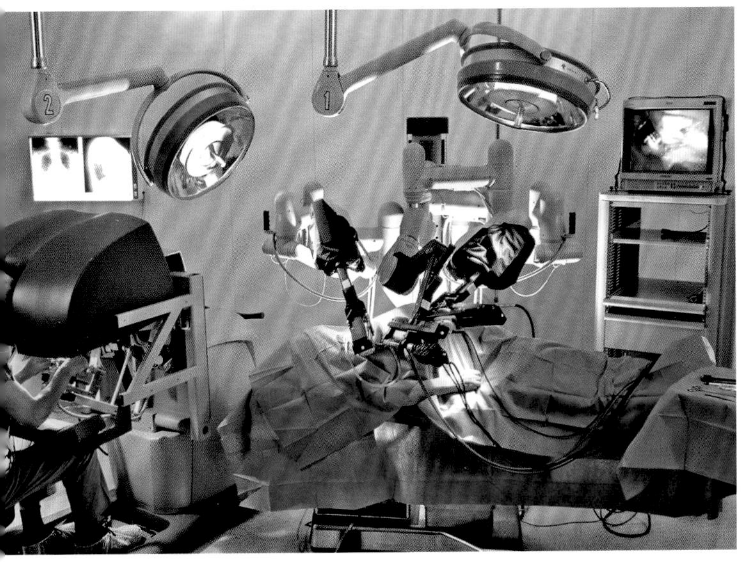

심장 수술을 돕는 다빈치 로봇

작은 LCD 화면은 음량,
남은 시간, 현재 트랙
정보를 표시한다.
케이스 내부의
충전식 AA 배터리

MPMan F10
1998년 새한정보시스템에서 최초의 휴대용 MP3 플레이어인 MPMan F10을 출시했다. 32MB의 내장 메모리는 불과 몇 곡의 음악만 저장할 수 있었다.

1998년

다빈치 수술 보조 로봇

독일 라이프치히 심장센터에서 로봇 보조 심장 우회 수술이 최초로 시행되었다. 프리드리히 빌헬름 모어 박사는 다빈치 수술 로봇를 제어해서 로봇 팔을 조종했고 로봇은 카메라를 장착한 채로 사람의 손보다 더 정확하게 수술 도구를 조작했다.

1999년

새로운 호르몬의 발견

그렐린이라는 호르몬의 발견이 1999년에 발표되었다. 주로 위와 십이지장에 있는 세포에서 분비되지만 다른 곳에서도 분비되는 그렐린은 식욕을 자극하고 지방의 저장을 촉진한다. 그렐린은 포만감을 느끼는 식사 후보다 식사 전이나 배가 고플 때 더 많이 생성된다.

2000

약 10.67 m 길이의 태양 전지 패널은 태양광을 평균 3 kW의 전기로 변환한다.

자리야는 초기 우주정거장의 다른 모듈에 저장 공간과 전력을 제공했다.

우주에서 성공적으로 결합한 자리야(왼쪽)와 유니티(오른쪽)

1998년

국제우주정거장 탄생

국제우주정거장(ISS)의 첫 번째 모듈인 19톤의 기능성 화물 블록 자리야가 러시아 프로톤-K 로켓에 실려 우주로 날아갔다. 같은 해 미국 최초의 모듈인 유니티가 우주 왕복선에 실려 우주로 운반된 후 자리야와 도킹했다.

1999년

브레이틀링 오비터 3호

스위스 비행사 베르트랑 피카르와 영국 비행사 브라이언 존스는 열기구 브레이틀링 오비터 3호를 타고 최초로 무착륙 세계 일주에 성공했다. 이들은 스위스에서 출발해 19일 21시간 동안 40,814 km를 날아 이집트에 착륙했다. 55 m 높이의 이 열기구는 6개의 가스 버너로 유지되었으며 양력을 추가하기 위해 헬륨이 채워진 셀도 있었다.

알프스 상공의 브레이틀링 오비터 3호, 1999년

1997년 러시아 세계 체스 챔피언 가리 카스파로프는 IBM의 컴퓨터 딥 블루와 6게임을 겨룬 끝에 패배했다.

로봇 공학

로봇은 감독 없이도 다양한 작업을 수행하도록 프로그래밍할 수 있는 지능형 자동화 기계의 일종이다. 현재 로봇은 고층 건물의 창문 청소부터 외과 수술 보조까지 다양한 작업을 수행하며 때로는 인간보다 더 정확하거나 더 큰 힘을 발휘하기도 한다. 로봇은 종종 사람들이 불쾌하게 느끼거나 반복적인 일, 불가능하다고 여기는 작업을 대신 수행하는 경우가 많다.

공장에서의 작업

최초의 산업용 로봇은 1961년 미국 자동차 제조 공장에서 뜨거운 금속 주물을 처리하는 유니메이트였다. 현재 150만 대 이상의 로봇이 공장에서 제품 조립, 용접, 선별, 포장, 스프레이 페인팅 등의 작업을 정밀하게 수행하고 있다.

군사용 로봇

로봇은 훌륭한 보안 요원으로 활동하거나 인간 군대보다 앞서 투입되는 소모품 스파이나 정찰병으로 활약하기도 한다. 재난 지역에서 생존자를 찾기도 하고 지뢰밭이나 독성 화학 물질 유출지처럼 위험 지역을 조사하기도 한다.

카메라는 폭탄 처리 작업팀에게 상세한 영상을 전송한다.

미국 리모텍이 설계한 론스(RONS) 로봇이 불발탄 제거 작업을 수행했다.

로봇은 민감한 그리퍼를 사용해 폭발하지 않은 폭탄을 처리한다.

소설 속 로봇

로봇은 현실 세계에 존재하기 전부터 공상 과학 장르에서 대부분 지능이 높고 사고하는 기계로 묘사되었다. 실제로 로봇은 인간이 프로그래밍해야 하지만 일부는 주변 환경을 통해 학습하는 것도 가능하다.

공상 과학 영화 "월드 오브 투모로우"에 등장하는 로봇

주요 사건

1921년

체코 극작가 카렐 차페크는 연극 R.U.R에서 "로봇"이라는 용어를 처음으로 널리 사용했다. "로봇"은 체코어 로보타에서 유래되었으며 고된 노동이나 강제 노동을 의미한다.

1966년

미국 캘리포니아에서 카메라와 센서를 사용해 여러 방 사이의 길을 탐색할 수 있는 최초의 이동식 로봇인 셰이키가 탄생했다.

셰이키 로봇

1975년

미국 발명가 빅터 샤인먼이 고안한 6개의 관절을 가진 전기 로봇 팔은 푸마(PUMA)라고 불린다. 이 로봇은 산업용 로봇 설계에 큰 영향을 미쳤다.

1997년

소저너 탐사 로봇은 전기 모터로 구동되는 바퀴로 화성을 탐사한 최초의 로봇이다. 소저너는 카메라로 촬영한 사진을 지구로 전송했다.

로봇의 주요 구성요소

● 제어기

로봇의 두뇌 역할을 하는 컴퓨터 소프트웨어와 하드웨어로 결정을 내리고 로봇 부품에 지시한다.

● 센서

카메라, 거리 감지기, GPS 등의 장치로 제어기를 위한 데이터를 수집한다.

● 작용기

로봇 주변 환경과 상호작용하는 부품으로 물체를 잡는 팔의 그리퍼 등이 포함된다.

● 구동 시스템

로봇의 움직이는 부분에 동력을 공급하는 장치로 일반적으로 전기, 공압 또는 유압 방식으로 작동한다.

로봇은 센서가 장착된 다관절 손으로 작은 물건을 잡을 수 있다.

전기 모터에 연결된 기어가 팔다리의 움직임을 제어한다.

교육용 로봇

로봇이 도우미, 조수, 개인 교사 역할을 하려면 고급 하드웨어와 프로그래밍이 필요하다. 프랑스의 알데바란 로보틱스가 개발한 로봇 나오(NAO)는 사람과 비슷한 외형의 휴머노이드 로봇이다. 로봇 NAO는 일본의 한 은행에서 도우미로 일하며 스스로 인터넷에 연결해 질문에 대한 답을 찾는다. 주로 교육 분야에서 9,000대 이상 판매되었다.

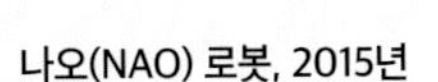
나오(NAO) 로봇, 2015년

로봇 탐사

2020년 초 화성에 발사 예정이었던 엑소마스 탐사 로봇처럼 우주 로봇은 화성 표면과 같은 곳을 탐사하고 발견한 내용을 지구로 전송한다. 로봇은 이집트 피라미드의 좁은 통로부터 바다의 가장 깊은 바닥까지 지구를 탐사하기도 한다.

1999년

소니는 인공지능 반려견 로봇 아이보(AIBO)를 출시했다. 이 로봇 개는 프로그래밍을 할 수 있어 교육 분야에서 인기를 끌었다.

2001년

무인 항공기 글로벌 호크는 미국에서 호주까지 스스로 경로를 설정해 약 13,219 km를 비행했다.

2011년

휴머노이드 로봇인 로보넛 2가 국제우주정거장으로 보내졌다. 두 팔을 가진 이 로봇은 그곳에서 공기 필터 청소와 같은 반복적인 작업을 수행하도록 테스트를 거쳤다.

2014년

로봇 청소기 시리즈인 룸바는 세계에서 가장 보편적인 로봇으로 자리 잡았다. 2002년 출시 이후 1,050만 대 이상의 룸바가 판매되었다.

2000년

밀레니엄 종자 은행

이 거대한 종자 저장소는 전 세계 파트너 은행과 함께 미래의 재난에 대비하여 종자 자원을 보존하기 위해 시작되었다. 이 은행은 2020년까지 전 세계 식물 종의 25%에 해당하는 종자를 저장하는 것을 목표로 하고 있다. 2015년까지 이미 19억 8천만 개의 종자가 수집되었다.

식별을 위해 번호를 매기고 바코드를 부착해 영하 20℃의 어두운 저장고에 보관된 종자 용기

2001년

세그웨이

미국 과학자 딘 케이먼이 발명한 세그웨이 개인용 이동 수단이 TV를 통해 공개되었다. 두 바퀴로 된 자체 균형 장치는 탑승자의 체중 이동을 감지하여 전진하거나 후진한다. 이 세그웨이 시범 모델의 최고 속력은 20 km/h이며 한 번의 배터리 충전으로 19 km까지 이동할 수 있는 두 개의 전기 모터로 구동된다.

세그웨이를 타는 젊은이

2001년

최초의 우주 관광객

미국의 억만장자 데니스 티토는 러시아 소유즈호를 타고 국제우주정거장(ISS)을 여행한 최초의 우주 관광객이 되었다. 티토는 ISS에 8일 동안 머물면서 약 2천만 달러를 지불했다.

2000

무료 온라인 사용자 제작 백과사전인 위키피디아는 2001년 지미 웨일즈와 래리 생어에 의해 시작되었다.

2000년

최초의 휴머노이드 로봇

혼다의 휴머노이드 로봇 아시모(ASIMO)가 2000년에 첫 시연을 했다. 120 cm 키의 이 로봇은 걷고 계단을 오르고 물체를 인식하고 잡을 수 있었다. 아시모는 2003년 업그레이드되어 제어된 방식으로 달릴 수 있는 최초의 두 발 로봇이었으며 이후 9 km/h의 속력을 낼 수 있었다.

로봇 공학
234~235쪽

2001년

로봇을 이용한 최초의 원격 수술

캐나다 외과 의사 미셸 가그너 박사는 미국 뉴욕에 있는 동안 프랑스 스트라스부르에서 환자를 대상으로 장거리 의료 수술을 실시했다. 가그너는 6,000 km 이상 떨어진 곳에서 제우스 로봇 수술 시스템을 제어하여 환자의 담낭을 제거했다.

2002년

화성의 얼음층

NASA는 화성 궤도를 돌던 화성 탐사선 오디세이가 보내온 데이터를 분석하여 화성에 물 얼음이 있다는 증거를 발견했다. 이 탐사를 통해 화성의 화학 원소 분포를 파악할 수 있었고 과학자들이 이를 이용해 화성 극지방 표면 아래에 묻혀 있는 대량의 얼음을 발견하도록 이끌었다.

화성의 극지방 얼음층에 대한 상상도

2008년 4월 이소연은 러시아 유인 우주선 소유즈호를 타고 국제우주정거장에 도착해 한국 최초의 우주비행사가 되었다.

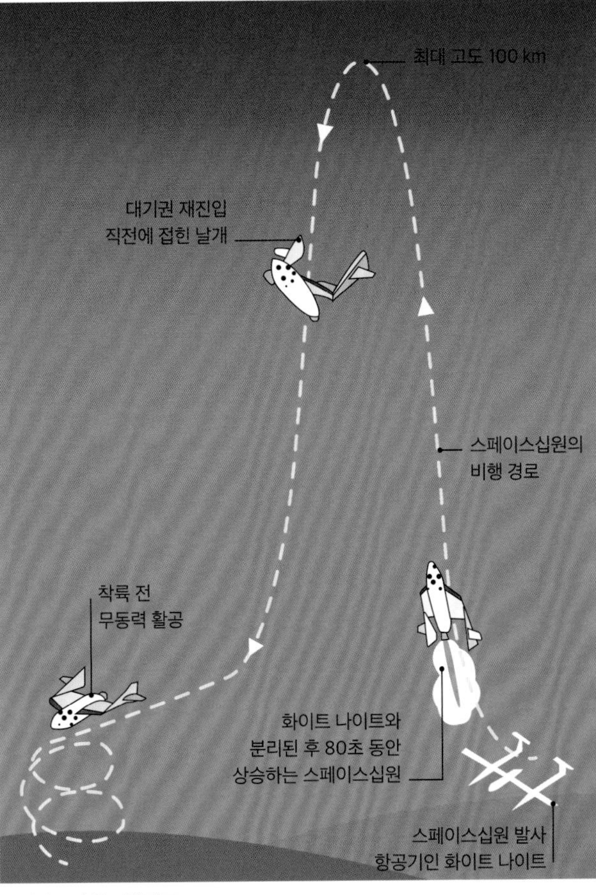

스페이스십원 비행경로

2004년

최초의 민간 우주 비행

스페이스십원은 지구 상공 100 km의 고도에서 대기와 우주 사이의 경계선까지 여행한 최초의 민간 우주선이다. 이 우주선은 최대 3명을 태울 수 있고 화이트 나이트 항공기(스페이스십원을 발사하도록 설계된 운반용 항공기)로 15,000 m까지 운반된 뒤 80초 동안 자체 로켓 모터를 발사했다. 스페이스십원은 총 3번의 우주 비행과 17번의 비행을 했다.

2004년

최초의 뇌-컴퓨터 연결

환자의 두피에 이식한 96개의 전극으로 뇌 활동을 감지하는 장치인 브레인게이트 인터페이스의 시제품이 환자에게 최초로 장착되었다. 뇌에서 컴퓨터로 전송된 신호는 화면의 커서, 로봇 팔, 휠체어를 제어하는 명령으로 변환된다.

2005

2003년

인간 게놈 프로젝트

인간 게놈 프로젝트는 2003년에 완성되었다. 1990년부터 시작된 이 국제 연구는 인간의 유전자에서 발견되는 모든 DNA를 구성하는 32억 개 염기쌍의 배열 순서를 규명하고 그 지도를 작성하는 것이었다. 인간 게놈 프로젝트의 데이터는 중요한 유전자를 식별하고 특정 질병의 유전적 원인을 조사하여 치료법을 개발하는 데 사용된다.

생명의 암호
198~199쪽

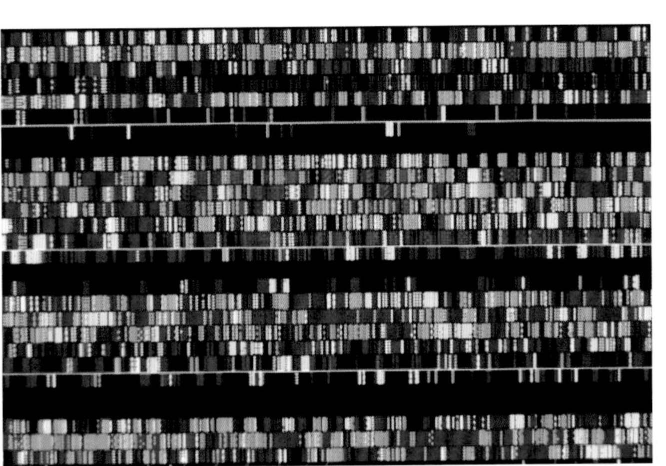
일련의 색 띠로 표시된 인간 DNA 서열

2004년

그래핀

영국 맨체스터 대학교의 러시아 출신 물리학자 안드레 가임과 콘스탄틴 노보셀로프는 탄소 원자로 그래핀 시트를 만들었다. 그래핀은 세계에서 가장 얇은 소재이지만 강철보다 200배 더 강하다. 두 사람은 이 연구로 2010년 노벨 물리학상을 수상했다.

탄소 원자는 그래핀에서 격자 패턴을 형성하는데 그 두께는 원자 하나에 불과하다.

"1 g의 그래핀으로 축구장 몇 개를 덮을 수 있다."

안드레 가임, 2010년 10월

2006년에 출시된 블루레이 디스크는 일반 DVD보다 최대 10배 많은 양의 데이터를 저장할 수 있다.

에리스에 대한 상상도

2005년

에리스 발견

미국 천문학자들은 해왕성 너머에서 태양 궤도를 돌며 명왕성보다 더 큰 것으로 추정되는 암석 천체인 에리스를 발견했다. 이듬해 국제천문연맹은 명왕성을 소행성 세레스와 함께 에리스를 포함하는 왜소행성 그룹으로 변경했다.

2006년

아르거스 II 인공 눈의 첫 시험 사용

아르거스 II라고 불리는 이 인공 눈에는 이미지를 캡처하는 카메라가 장착되어 있으며 카메라는 장애가 있는 사람의 눈 뒤쪽 망막에 이식된 작은 전극에 신호를 전달한다. 이 신호는 망막 세포를 자극하여 눈에서 시신경을 따라 뇌로 신호를 보내 시력을 회복할 수 있게 한다.

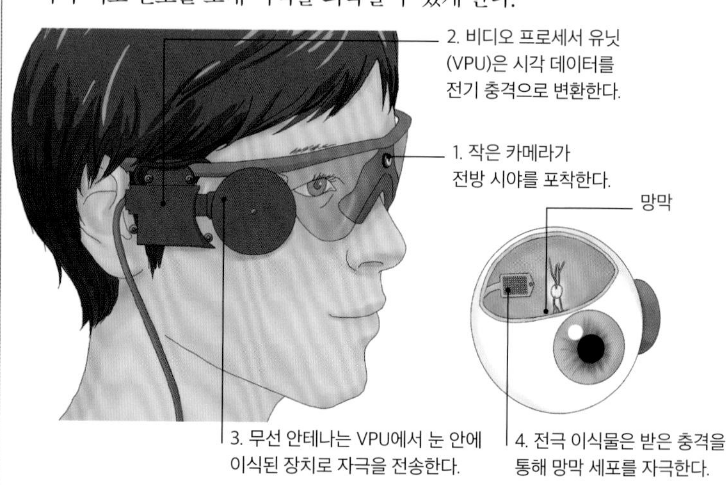

2. 비디오 프로세서 유닛 (VPU)은 시각 데이터를 전기 충격으로 변환한다.
1. 작은 카메라가 전방 시야를 포착한다.
망막
3. 무선 안테나는 VPU에서 눈 안에 이식된 장치로 자극을 전송한다.
4. 전극 이식물은 받은 충격을 통해 망막 세포를 자극한다.

2005

2005년

최초의 안면 부분 이식

프랑스 외과 의사 베르나르 드보셸 박사와 그의 팀은 프랑스 아미앵에서 개에게 공격당해 심각한 장애를 입은 이사벨 디누아르에게 최초의 안면 부분 이식을 시행했다. 수술팀은 코, 입, 뺨 대부분을 교체하는 획기적인 수술을 성공적으로 마쳤다.

2007년

에어버스 A380-800

세계 최대의 여객기인 최초의 에어버스 A380-800이 싱가포르 항공에 인도되었다. 이 항공기는 2층 객실을 갖추고 있어 이코노미 좌석에 최대 853명의 승객을 태울 수 있으며 최대 이륙 중량은 575톤이다.

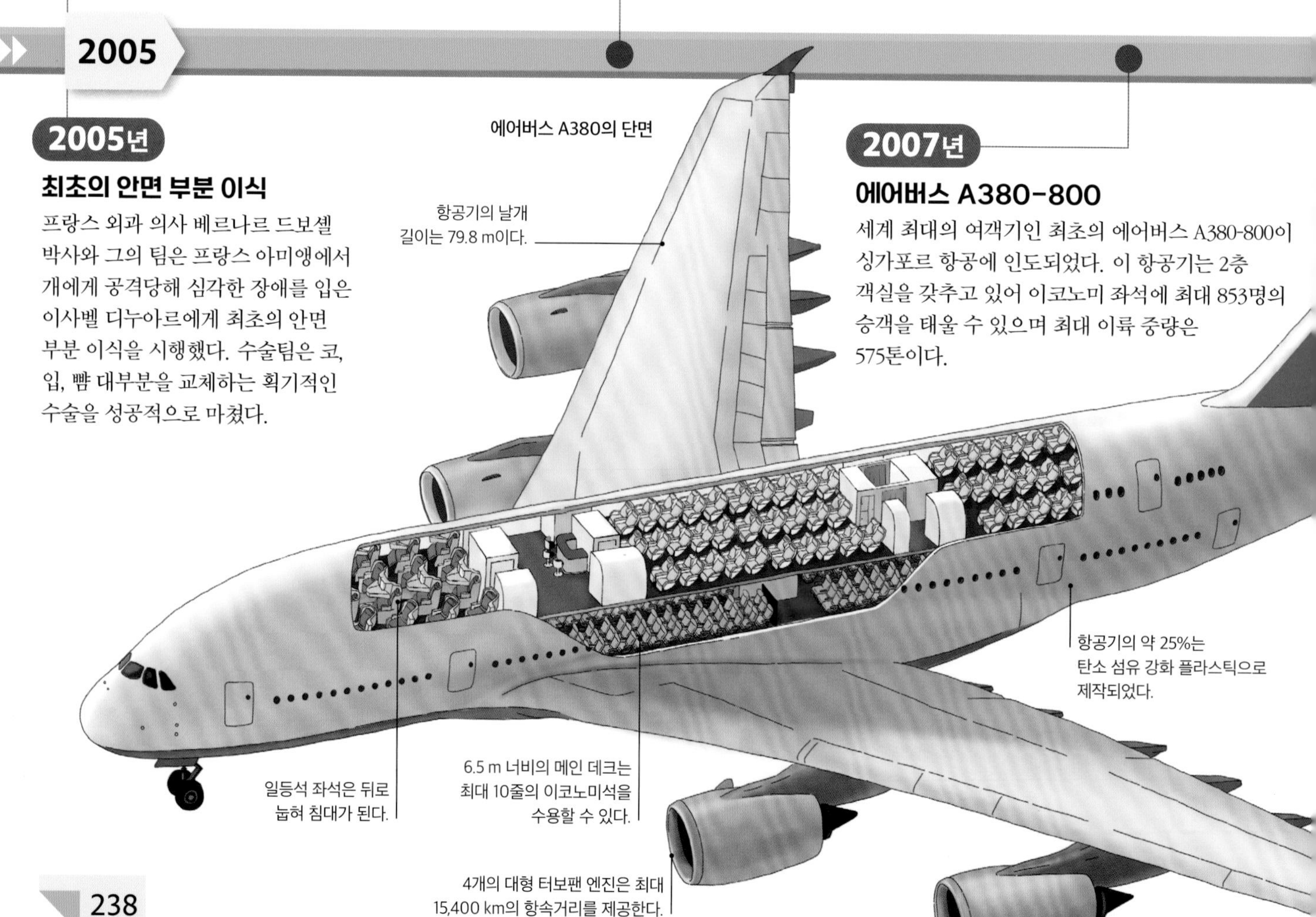

에어버스 A380의 단면
항공기의 날개 길이는 79.8 m이다.
항공기의 약 25%는 탄소 섬유 강화 플라스틱으로 제작되었다.
일등석 좌석은 뒤로 눕혀 침대가 된다.
6.5 m 너비의 메인 데크는 최대 10줄의 이코노미석을 수용할 수 있다.
4개의 대형 터보팬 엔진은 최대 15,400 km의 항속거리를 제공한다.

아구사도라 파력 발전소에 사용되는 파력 발전기에 대한 예상도

2008년

최초의 상업용 파력 발전소

아구사도라 파력 발전소는 포르투갈 해안에서 5 km 떨어진 곳에 문을 열었다. 파력 발전기는 120 m 길이의 경첩이 달린 원통으로 구성된 3대의 파력 발전 장치가 각 부분 사이에 연결되어 있다. 파도에 의해 각 구간이 위아래로 움직이는 것을 이용해 발전기를 구동하여 전기를 생산한다.

2009년

케플러 우주 망원경 발사

케플러 우주 망원경은 은하수에 있는 수천 개의 별을 관찰하여 외계 행성의 징후를 찾아낸다. 이 망원경은 빛의 세기를 측정하는 장치인 광도계를 사용하여 별을 공전하면서 그 앞을 지나가는 외계 행성으로 인해 변화하는 별의 밝기를 감지한다. 처음 7년 동안 1,280개 이상의 외계 행성이 발견되었다.

2009년

티타노보아 화석 발견

과학 탐험대는 콜롬비아의 라과히라에서 약 6천만 년 전에 살았던 28마리의 거대한 뱀의 화석 유골을 발견하였다. 티타노보아 세레조넨시스라는 이름의 이 종은 길이가 14 m에 달했으며 가장 큰 개체의 몸무게는 1,100 kg 이상으로 추정된다. 티타노보아는 성체 악어를 통째로 삼킬 수 있을 만큼 큰 턱을 가졌다.

2010

하늘을 날다
162~163쪽

2007년 멀티터치 터치스크린이 탑재된 최초의 애플 아이폰이 출시되었다.

2008년 대형 강입자 충돌기(LHC)

대형 강입자 충돌기는 프랑스와 스위스 국경에 위치한 27 km 길이의 인공 지하 터널로 2008년에 완공되었다. 6,000개 이상의 전자석이 LHC 주변의 양성자를 빛의 속도에 가깝게 가속한다. 이 양성자는 LHC 내의 네 곳에서 충돌하며 충돌은 ALICE, CMS, LHC-b 및 ATLAS 네 가지 주요 장치로 분석한다.

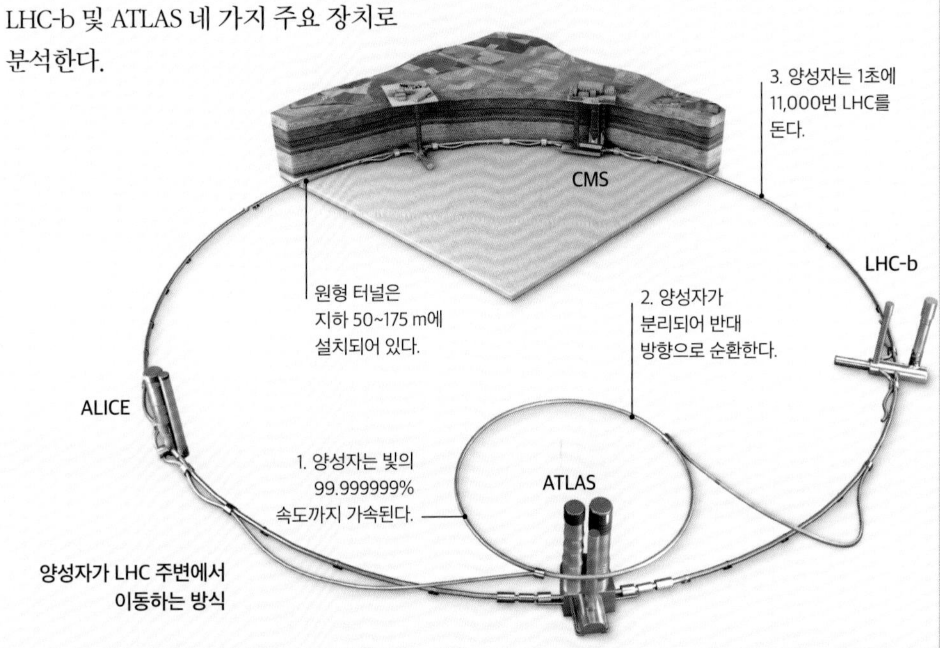

3. 양성자는 1초에 11,000번 LHC를 돈다.
CMS
LHC-b
원형 터널은 지하 50~175 m에 설치되어 있다.
2. 양성자가 분리되어 반대 방향으로 순환한다.
ALICE
1. 양성자는 빛의 99.999999% 속도까지 가속된다.
ATLAS

양성자가 LHC 주변에서 이동하는 방식

2007년, 스위스 유럽입자물리연구소(CERN)

**"우주의 95%는 아직 우리에게 알려지지 않았다.
우리는 그것이 무엇인지 알아내야 한다."**

롤프-디터 호이어, CERN 사무총장

놀라운 시간

세계에서 가장 복잡한 물리학 실험의 중심에는 입자 가속기라고 불리는 거대하고 강력한 기계인 CERN의 대형 강입자 충돌기(LHC)의 일부인 ATLAS 검출기가 있다. LHC 내부의 거대한 전자석이 양성자 빔을 빛의 99.999999%까지 가속한다. 양성자들은 상상할 수 없는 힘으로 서로 부딪히며 초당 10억 번 이상의 충돌과 상호작용을 일으킨다. ATLAS는 이러한 충돌의 결과를 관찰하여 미지의 입자와 현상을 찾아낸다. 2012년 힉스 보손 입자를 발견하는 데 중요한 역할을 했다.

ATLAS 검출기의 지름은 25 m, 무게는 에펠탑과 맞먹는 7,000톤에 육박한다.

"미세금속격자의 구조는 아주 세밀해서 99.99%가 공기다."

HRL 연구소의 토비아스 섀들러가 마이크로 격자 구조 금속에 대해 한 말, 2011년 11월

2010년 솔라 임펄스

스위스의 페이에르 공군 기지에서 이륙한 솔라 임펄스는 24시간 이상 무정차 비행에 성공한 최초의 태양광 항공기이다. 출발지로 다시 돌아와 착륙하기까지 총 26시간을 비행했다. 이는 유인 태양광 항공기로는 가장 긴 비행이었으며 최대 고도도 8,700 m로 가장 높았다.

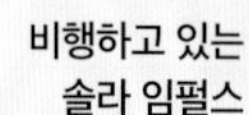
비행하고 있는 솔라 임펄스

앙드레 보르슈베르

2015년 솔라 임펄스 프로젝트의 공동 창립자인 앙드레 보르슈베르는 후속 기체인 솔라 임펄스 2를 조종하여 117시간 52분 동안 무정차 비행에 성공했다.

2011년 초경량 소재

미국의 HRL 연구소는 최초로 미세금속격자를 생산했다. 인과 니켈의 합금인 이 소재는 서로 연결된 속이 빈 지지체 조직으로 구성되어 있다. 이 소재는 매우 가벼워서 한 변이 10 cm인 정육면체 한 개의 무게가 1 g 미만일 정도로 매우 가벼워 항공 우주 분야에서 중요한 소재로 사용될 수 있다.

2010

2010년 아이패드 출시

애플의 첫 번째 태블릿 컴퓨터인 아이패드가 출시되었다. 원래의 아이패드에는 카메라가 없었지만 후속 모델에는 사진과 동영상 촬영이 가능한 전면 및 후면 카메라를 탑재하였고 그 이후로 3억 대 이상의 아이패드가 판매되었다.

연결된 세상 228~229쪽

2010년 제트팩 데뷔

2010년에는 마틴 에어크래프트의 제트팩 시제품이 판매되었다. 세계 최초의 개인용 수직 이착륙 항공기인 제트팩은 제트 엔진을 사용하지 않는다. 대신 가솔린 연료로 작동하는 200마력 엔진이 두 개의 덕트형 팬을 회전시켜 사람을 2,300 m 이상 높이까지 끌어올린다.

2011년 IBM의 슈퍼 컴퓨터 "왓슨"이 "제퍼디!"라는 퀴즈쇼에서 2명의 참가자를 이겼다.

2012년

딥씨 챌린지 프로젝트

캐나다 영화감독인 제임스 카메론이 딥씨 챌린지라는 잠수함을 타고 해저 10,908 m 까지 도달하였다. 7.3 m 길이의 이 잠수함은 해수면으로부터 태평양에서 가장 깊은 지점으로 알려진 마리아나 해구의 챌린저 해연까지 도달하는 데 2시간 37분이 걸렸다.

LED 패널 조명은 최대 30 m 깊이까지 밝힌다.

상부 구조는 1,000개 이상의 리튬 이온 배터리를 포함하고 있다.

조종사는 6.4 cm 두께의 강철로 만들어진 구형 안에 들어간다.

강력한 조명과 3D 카메라를 탑재한 이동식 붐(Boom)

2012년

힉스 보손 입자

과학자들은 7월에 대형 강입자 충돌기를 통해 힉스 보손 입자를 발견했다. 이는 과거에 그 존재가 예측되었지만 증명된 적이 없었던 힉스장의 존재를 입증했다. 힉스장의 존재는 아원자 입자들이 어떻게 질량을 가지게 되는지에 대한 미스터리를 해결하는 열쇠가 되었다.

놀라운
시간
240~241쪽

2014년

혜성에 도착한 로제타호

유럽 우주국의 로제타 우주 탐사선은 지구에서 10년 반의 여정을 거친 후 혜성 67P/추류모프-게라시멘코의 주변 궤도에 진입했다. 필레는 이름의 착륙선을 발사하여 최초로 혜성에 연착륙하고 표면에서 수집한 자료를 전송했다.

혜성 67P 표면에 착륙한 필레호에 대한 상상도

2015

2012년

화성의 큐리오시티

NASA의 큐리오시티 탐사 로봇은 5억 6,300만 km의 여정 끝에 화성에 도착했다. 무게가 899 kg의 이 탐사 로봇은 1997년의 소저너 탐사 로봇 무게의 78배였다. 큐리오시티에는 화성의 날씨, 토양, 암석, 방사선을 연구하고 물의 원천과 과거의 생명체의 흔적을 찾기 위해 80 kg의 과학 실험 장비가 있었다.

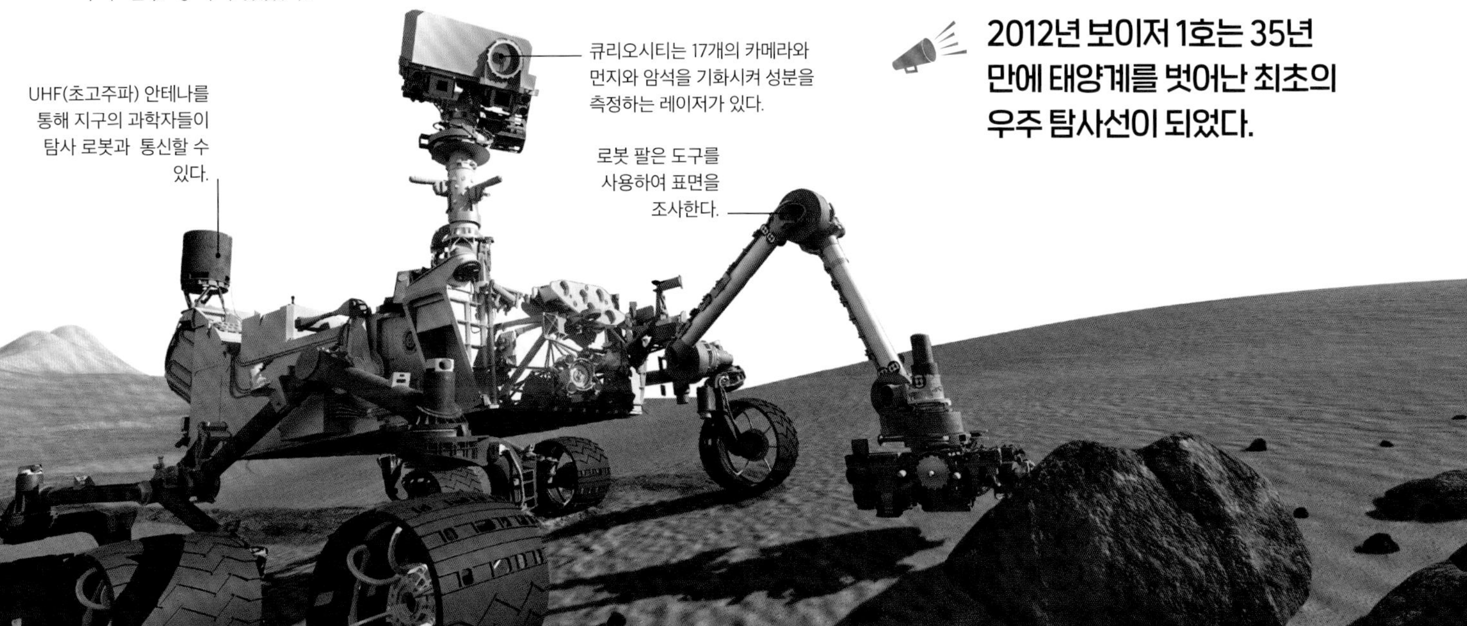
UHF(초고주파) 안테나를 통해 지구의 과학자들이 탐사 로봇과 통신할 수 있다.
큐리오시티는 17개의 카메라와 먼지와 암석을 기화시켜 성분을 측정하는 레이저가 있다.
로봇 팔은 도구를 사용하여 표면을 조사한다.

2014년

나노 모터

미국 텍사스 대학의 동레이 팬 박사가 이끄는 팀은 세계에서 가장 작은 나노 모터를 제작했다. 이 나노 모터는 소금 한 알보다 약 500배 작다. 향후 모델은 개별 세포에 직접 약물을 전달할 수 있다.

2012년 보이저 1호는 35년 만에 태양계를 벗어난 최초의 우주 탐사선이 되었다.

이 나무 개미의 길이는 4백만 nm이다.

나노 기술

나노 기술은 인간의 눈에는 보이지 않는 영역에서 연구하는 과학 기술 분야이다. 1 nm는 10억분의 1 m이고 이 책의 종이 한 장 두께는 약 10만 nm로 얼마나 작은지 알 수 있다. 이 같은 영역에서 작업하는 것은 아직 초기 단계의 연구 단계에 있으나 앞으로 재료 과학, 의학, 로봇공학 및 컴퓨팅 분야에 엄청난 영향을 미칠 수 있다.

나노 규모

나노 규모는 일반적으로 1~100 nm 범위를 말한다. 나노 크기에 속하는 것에는 바이러스, DNA 가닥의 너비, 많은 분자들이 포함되며 수소 원자 하나의 가로 폭은 약 0.1 nm이다.

“그 아래의 세계는 놀랍도록 작다.”

미국 물리학자 리처드 파인만의 강연 “바닥에는 충분한 공간이 있다”, 1959년

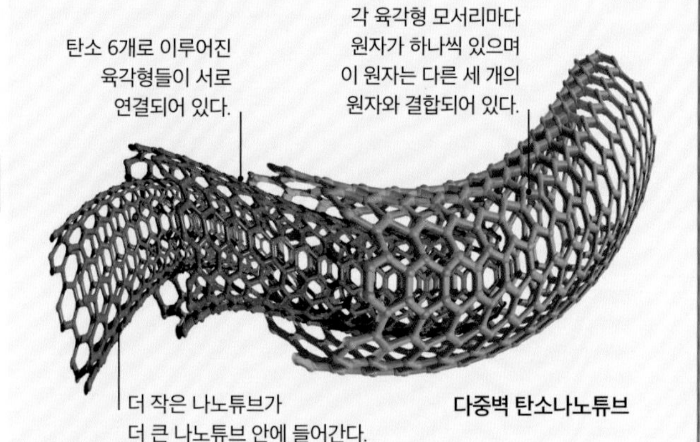

탄소 6개로 이루어진 육각형들이 서로 연결되어 있다.
각 육각형 모서리마다 원자가 하나씩 있으며 이 원자는 다른 세 개의 원자와 결합되어 있다.
더 작은 나노튜브가 더 큰 나노튜브 안에 들어간다.

다중벽 탄소나노튜브

나노 소재

나노 단위로 만들어진 소재들은 뛰어난 강도, 경량성, 발수성, 항균성, 전기와 열전도성과 같은 획기적인 특성을 가질 수 있다. 예를 들어, 탄소나노튜브는 강철보다 훨씬 가벼우면서도 100배 이상 강하다.

나노 입자

나노 크기의 입자를 물질에 첨가하여 어떤 식으로든 특성을 변화시킬 수 있다. 예를 들어, 이산화 티타늄 나노 입자는 유해한 자외선을 차단하는 데 도움이 되지만 가시광선은 반사하지 않는다. 이러한 특성 때문에 투명한 선크림 로션에 사용된다.

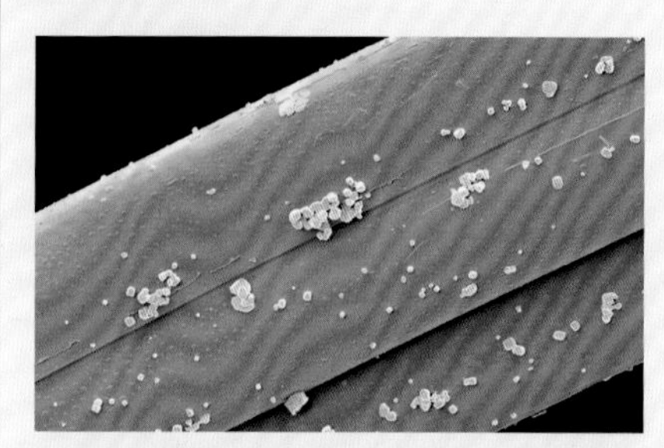

은 나노 입자

은 나노 입자들은 박테리아를 밀어내고 죽일 수 있어 항균성 상처 드레싱에서 유용하게 사용된다. 또한 냄새를 유발하는 박테리아를 제거하기 위해 일부 스포츠 운동화에서도 사용된다.

이산화 티타늄의 나노 입자

이 공기 정화 장치는 이산화 티타늄 나노 입자를 포함하고 있다. 이 물질은 분사되면 공기 중의 자외선과 물과 반응하여 오염 물질을 분해한다.

주요 사건

1959년

미국의 물리학자 리처드 파인만은 “바닥에는 충분한 공간이 있다”라는 제목의 선구적인 강연을 했다. 이 강연은 우리가 원하는 방식으로 원자를 배열할 수 있는 공학과 기술에 초점을 맞추었다.

1974년

나노 기술이라는 용어는 도쿄이과대학 노리오 타니구치 교수가 원자 규모에서 물질을 다루는 것을 설명하기 위해 처음으로 사용했다. 미국에서는 미국 엔지니어 에릭 드렉슬러에 의해 대중화되었다.

1989년

IBM의 미국 과학자들인 돈 아이글러와 에르하르트 슈바이처는 주사 터널링 현미경(STM)을 사용하여 제논 원소의 35개 원자를 조작하여 IBM 로고를 표현했다.

원자를 이동시키는 중인 주사 터널링 현미경

1991년

일본 스미오 이지마 교수는 과학 논문에 탄소나노튜브를 공개했다. 이 원통형 구조는 강하고 가벼우며 전기전도성이 우수하다.

자동차가 금의
표면을 따라 굴러갈
수 있게 하는 바퀴
역할을 하는 탄소
풀러렌

나노 머신

그래핀이나 버키볼과 같은 소재는 나노 크기에서 작동하는 기계를 만드는 데 사용될 수 있다. 2005년 미국 텍사스 라이스 대학교의 연구원들은 폴리머와 탄소 분자로 크기 4 nm 미만의 나노 자동차를 만들었다. 이 자동차는 표면이 200℃ 이상으로 가열되면 움직였다.

NATIONAL GEOGRAPHIC
FREE
Sea Turtle Poster!
KiDS
Panda TWINS!

너비가 11,000 nm로 여기에서는 약 4,400배 확대되어 있는 『내셔널 지오그래픽 키즈』 표지

나노패터닝

이 과정은 연필심보다 약 10만 배 더 작은 미세한 탐침을 사용한다. 탐침은 약 1,000℃로 가열되어 플라스틱 고분자 시트를 녹여 디자인을 조각한다. 2014년에는 나노패터닝으로 세상에서 가장 작은 잡지 표지를 만들었는데 이는 2,000장의 표지가 소금 한 톨에 들어갈 만큼 작다. 훗날 이 기술을 통해 컴퓨터 부품 생산이 가능할 것이다.

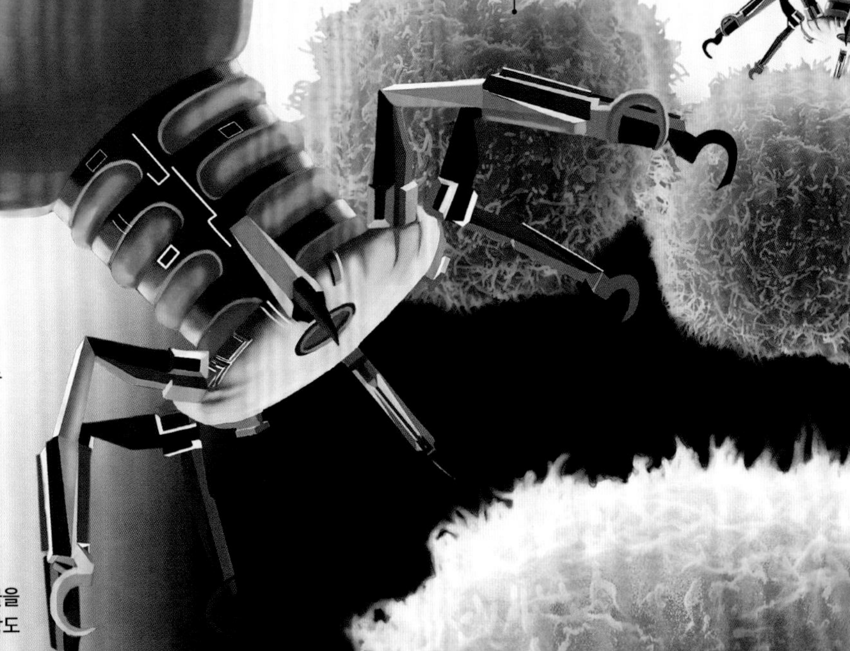
감염된 세포에 로봇
다리가 부착되어
감염된 세포를 잡는다.
나노봇은 바이오센서를
사용하여 혈류 내의 감염된
세포를 찾는다.
나노봇은 저장통에
약물을 담아 운반해
사출형 바늘로
세포에 주입한다.

나노봇

나노 규모로 제작된 수많은 로봇은 미래에 매우 중요한 업무를 수행할 수 있다. 내부에서 물질을 측정하고 수리하거나 분자 수준에서 오염을 해결하는 등 다양한 작업을 수행할 수 있다. 의료용 나노봇은 인체에 주입되어 지방 침전물이 없는 혈관을 닦는 등 질병 및 기타 건강 문제와 싸우기 위해 사용될 수 있다.

질병으로 감염된 세포에 직접 약물을 전달하는 의료용 나노봇에 대한 상상도

2003년

미국 코넬대학교의 과학자들이 세계에서 가장 작은 기타를 만들었다. 줄의 폭이 150~200 nm이며 실제 기타보다 13만 배 높은 주파수로 진동한다.

나노 기타

2008년

프랑스의 물리학자 알베르 페르와 독일의 물리학자 페테르 그륀베르크는 원자 몇 개 두께의 금속층을 사용해 거대 자기 저항(GMR)을 발견해 노벨상을 수상했다. GMR은 고용량 하드디스크 드라이브 제작에 사용된다.

2013년

하버드 대학과 일리노이 대학의 연구자들은 3D 프린팅을 사용하여 1 mm보다 작은 배터리를 제작했다. 더 작은 배터리는 나노봇과 같은 장치를 구동하는 데 중요하게 사용될 수 있다.

2014년

미국의 동레이 팬 박사가 이끄는 텍사스 대학의 팀이 인간의 단일 세포 안에 들어갈 수 있는 충분히 작은 나노 모터를 만들었다.

나노 모터

2015년 이후

그린란드 상어

2016년에 연구자들은 그린란드 상어가 등뼈를 가진 생물 중 가장 긴 수명을 갖는 것으로 발견되었다. 이 상어의 수명은 거의 400년에 이른다.

2015년

더 빠른 유전자 편집

과학자들이 개발한 CRISPR-Cas9은 생물의 유전자를 빠르고 정확하게 편집할 수 있는 도구로 게놈의 특정 부분을 이전보다 효과적으로 교체할 수 있다. 이 기술을 활용하여 과학자들은 말라리아를 일으키는 기생충에 감염되지 않는 모기를 개발하는 데 성공했다.

2015년

새로운 인류의 조상

2013년 남아프리카공화국의 뜨는 별 동굴에서 약 15개체의 화석 조각 1,500여 개가 발견되었는데 이는 이전에 알려지지 않았던 인류 조상의 유골로, 호모 날레디라고 명명되었다. 호모 날레디는 키가 150 cm로 짐작되며 약 200만 년 전에 두 발로 걸었던 것으로 추정된다.

화석화된 호모 날레디의 손

2016년

오큘러스 리프트

미국의 회사인 오큘러스가 출시한 리프트 가상 현실 헤드셋은 게임, 건축 및 디자인에 몰입할 수 있는 경험을 제공한다. 이 헤드셋은 두 개의 1,080 × 1,200픽셀 고해상도 이미지를 표시하며 사용자의 각 눈에 초점을 맞추고 모양을 조정하여 3D 그림을 만들어낼 수 있다.

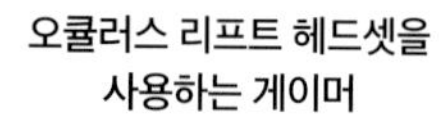

오큘러스 리프트 헤드셋을 사용하는 게이머

2015

2015년

화성에 물이 있다는 증거

NASA는 현재 화성에서 액체 상태의 물이 흘렀을 수 있다는 증거를 발표했다. 이는 NASA의 화성 정찰 위성 탐사선이 화성 표면의 일부 경사면에서 염분이 있는 액체로 만들어진 줄무늬를 발견한 데서 비롯된 것이다.

2015년

명왕성의 첫 사진

NASA의 뉴호라이즌스 우주 탐사선이 9년간의 여정 끝에 마침내 왜소행성 명왕성에 도착했다. 그리고 명왕성과 그 위성인 카론의 첫 번째 상세 이미지를 전송했다. 그 결과 산맥, 얼음 화산, 모래 언덕, 질소 빙원 등 예상보다 다양한 풍경이 드러났다.

뉴호라이즌스 우주 탐사선이 바라본 명왕성

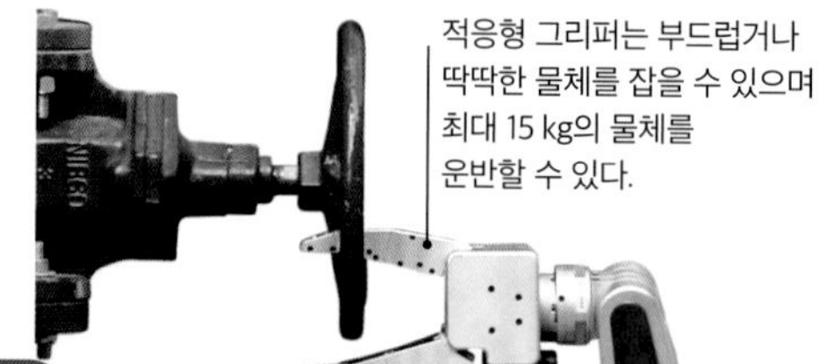

적응형 그리퍼는 부드럽거나 딱딱한 물체를 잡을 수 있으며 최대 15 kg의 물체를 운반할 수 있다.

2015년

로봇 공학의 발전

한국 대학생 팀이 개발한 로봇 DRC-HUBO는 2015년 DARPA 로보틱스 챌린지에서 우승했다. 차량 주행, 구멍 뚫기, 밸브 돌리기 등 이동형 로봇의 다재다능한 능력을 검증하는 이 대회에서 DRC-HUBO는 44분 28초 만에 챌린지를 완료했다.

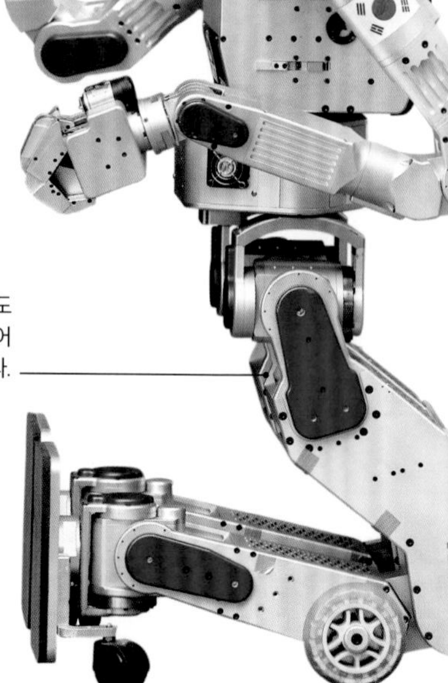

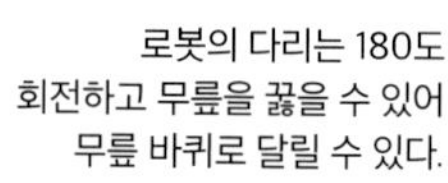

로봇의 다리는 180도 회전하고 무릎을 꿇을 수 있어 무릎 바퀴로 달릴 수 있다.

2016년에는 일본 과학자들이 특정 종류의 플라스틱을 분해할 수 있는 박테리아인 이데오넬라 사카이엔시스를 최초로 발견했다.

우주에 완전히 배치된 망원경을 보여주는 디지털 복원본

2019년

해양 정화

수년간의 개발과 테스트 끝에 해양 정화 시스템 001/B는 하와이와 캘리포니아 사이의 해류가 회전하면서 만들어진 거대한 플라스틱 쓰레기 지역인 북태평양 쓰레기 패치에서 플라스틱을 성공적으로 수거했다. 이 장치는 거대한 U자형 장벽으로 떠다니는 쓰레기를 가둔다.

2021년

제임스 웹 우주 망원경

허블 우주 망원경의 후속작인 제임스 웹 우주 망원경이 2021년 12월 25일에 성공적으로 발사되었다. 제임스 웹 우주 망원경은 100개의 서로 다른 물체를 동시에 관측할 수 있는 적외선 장비를 갖추고 있으며 빛을 모으는 부분은 금판으로 덮인 18개의 거대한 거울로 구성되어 있다. 발사 후 거울과 거대한 차양막이 우주에 펼쳐졌고 2022년 1월에 완전히 배치되었다.

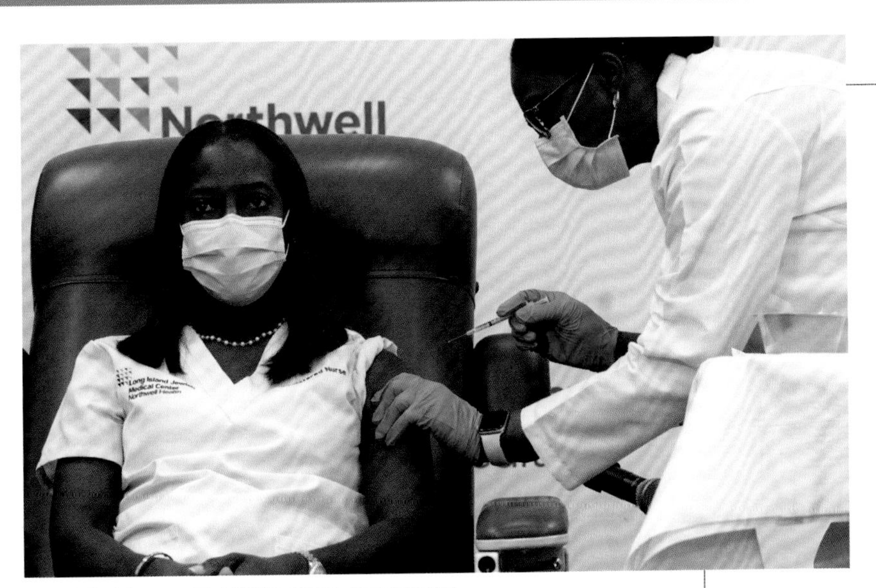

미국에서 처음으로 코로나 백신을 접종한 샌드라 린제이, 2020년 12월 14일

2021년

3D 프린팅 의안

2021년 11월 런던의 무어 필즈 안과 병원에서 한 남성이 최초로 전체가 디지털 3D 프린팅된 의안으로 수술을 받았다. 이 의안은 1950년대부터 사용된 안구 주형 제작 방식 대신 눈을 디지털 스캔하여 제작되었다.

2020년

코로나 백신

코로나19 팬데믹이 전 세계로 확산되면서 과학자들은 백신을 개발하기 위해 발 빠르게 움직였다. 일부 새로운 mRNA 백신은 살아 있는 바이러스를 약화해 사용하여 세포가 스파이크 단백질을 만들고 이에 면역 체계가 항체를 생성하도록 했다. 첫 번째 백신 접종 프로그램은 2020년 12월에 대중에게 공개되었다.

2019년, 필리핀에서 발견된 67,000년 전 화석을 바탕으로 새로운 인류의 조상에게 호모 루소넨시스라는 이름이 붙여졌다.

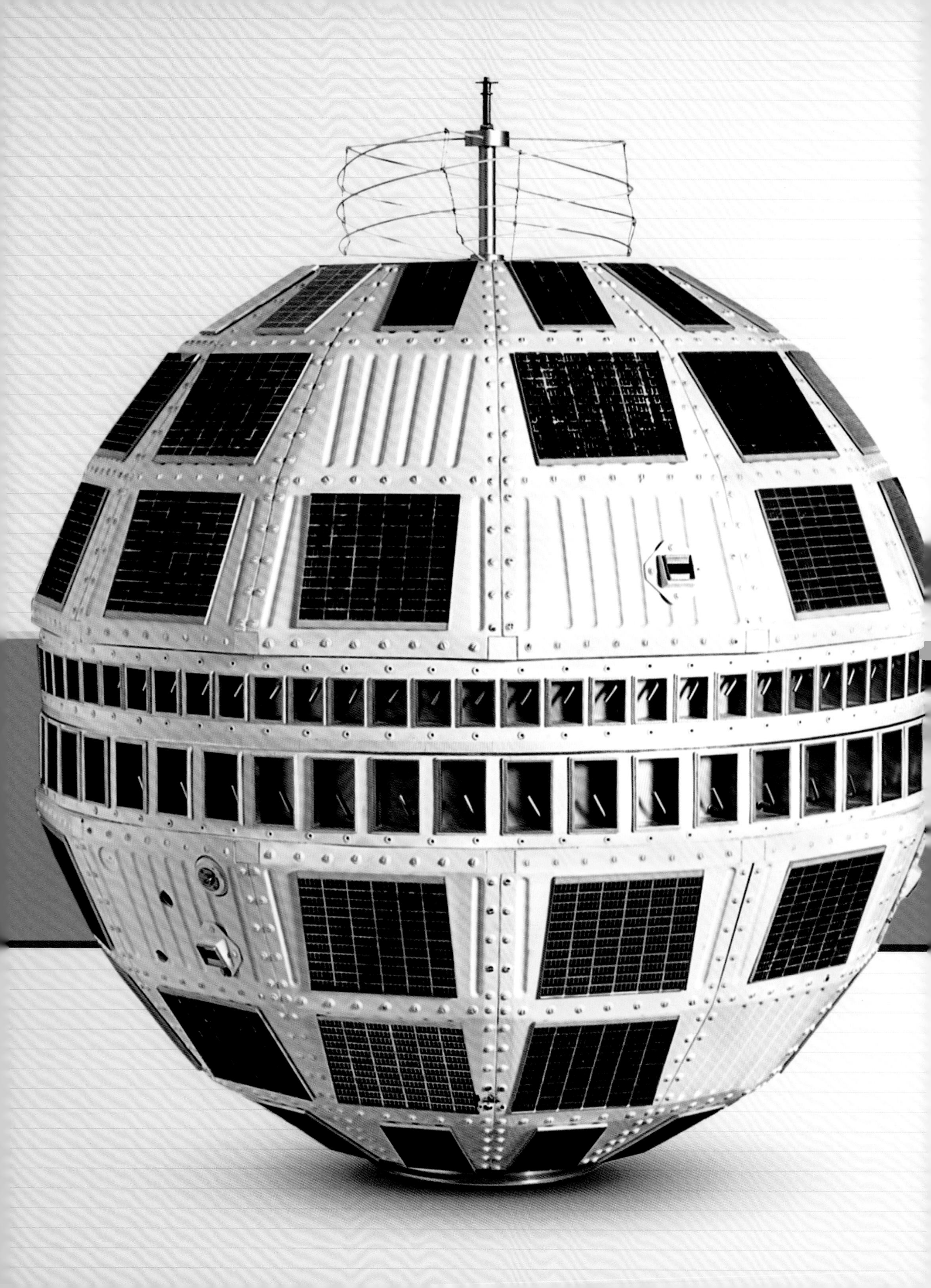

참고 자료

생물학

생물 연구에 초점을 맞춘 과학을 광범위하게 생물학이라 하고 이를 연구하는 사람을 생물학자라고 한다. 생물학자는 녹조류와 같은 미생물의 작용부터 거대한 동물 무리의 행동 방식까지 모든 생물을 조사한다. 그들은 생물이 어떻게 생존하고 어디에서 유래했으며 어떻게 상호 작용하는지 연구한다.

생물학의 분야

생물학은 다양한 분야를 다루고 있다. 두 가지 주요 분야는 동물학과 식물학이지만 특정 연구 분야에 초점을 맞춘 다른 분야도 많다.

동물학

동물에 대한 연구를 동물학이라고 한다. 동물학자는 동물의 구조, 생활과 행동 방식을 연구한다.

식물학

식물에 대한 연구를 식물학이라고 한다. 식물학자는 양치류, 나무, 선인장에 이르기까지 모든 종류의 식물을 연구한다.

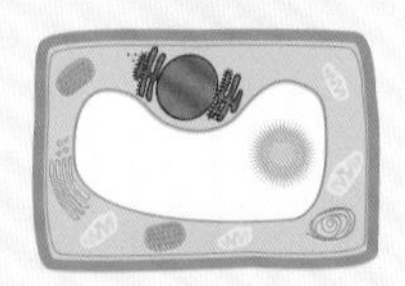

미생물학

미생물학은 현미경 없이 보기 힘든 세포를 포함하여 미생물에 대해 연구한다.

생태학

생물과 환경 사이의 관계를 연구하는 생물학의 한 분야를 생태학이라고 한다.

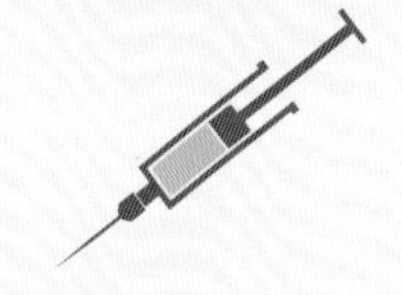

의학

질병 예방, 진단 및 치료에 관한 과학을 의학이라고 한다.

고생물학

고생물학자들은 다양한 종의 생활과 진화 과정을 이해하기 위해 식물과 동물의 화석을 연구한다.

생명의 요건

생물은 무생물과 구별되는 7가지 공통된 생명 과정이 있다.

생식

모든 생물은 생식을 통해 새로운 세대의 자손을 만든다. 생식 과정을 통해 종은 생존과 번식이 가능하다.

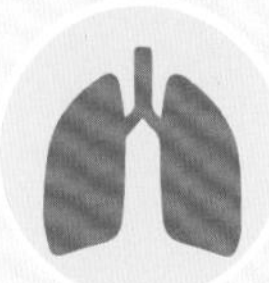

호흡

흡입한 산소는 조직과 세포에 전달하고 이산화 탄소는 배출하는 화학적, 물리적 과정이다.

감각

대부분의 생물은 감각을 사용해 조도나 날씨 변화와 같은 주변 환경의 변화를 감지한다. 동물은 생존을 위해 빠르게 반응한다.

배설

배설은 노폐물을 제거하는 과정이다. 예를 들어 사람은 소변을 배설하고 이산화 탄소를 배출한다.

움직임

모든 생물은 어떤 방식으로든 움직일 수 있다. 식물은 빛을 따라 잎과 꽃을 움직이고 동물은 포식자를 피하고 먹이와 짝을 찾고자 움직인다.

성장

대부분의 생물은 세포를 만들어 성장한다. 성장을 통해 새로운 형태나 기능을 갖게 되고 새로운 방식으로 기능하도록 발달한다.

영양

동물은 세포에 에너지를 공급하는 영양분이 필요하지만 모든 생물이 그렇지는 않다. 식물은 햇빛을 통해 직접 에너지를 얻는다.

생물군계

생물학자들은 세계를 생물군계라고 부르는 여러 지역으로 나눈다. 이 지역은 기후가 동일하며 비슷한 유형의 초목과 야생동물이 서식한다. 지구의 땅은 10개의 주요 생물군계로 구성되어 있다. 각 생물군계가 차지하는 땅의 비율은 아래 그림과 같다.

육지 생물

육지 생물군계는 지구 표면의 29%를 차지한다. 나머지 71%는 물로 구성되어 있으며 물에는 다양한 생물군계가 존재한다. 시간이 지남에 따라 기후 변화나 인간 활동으로 인해 생물군계의 특성은 바뀔 수 있다.

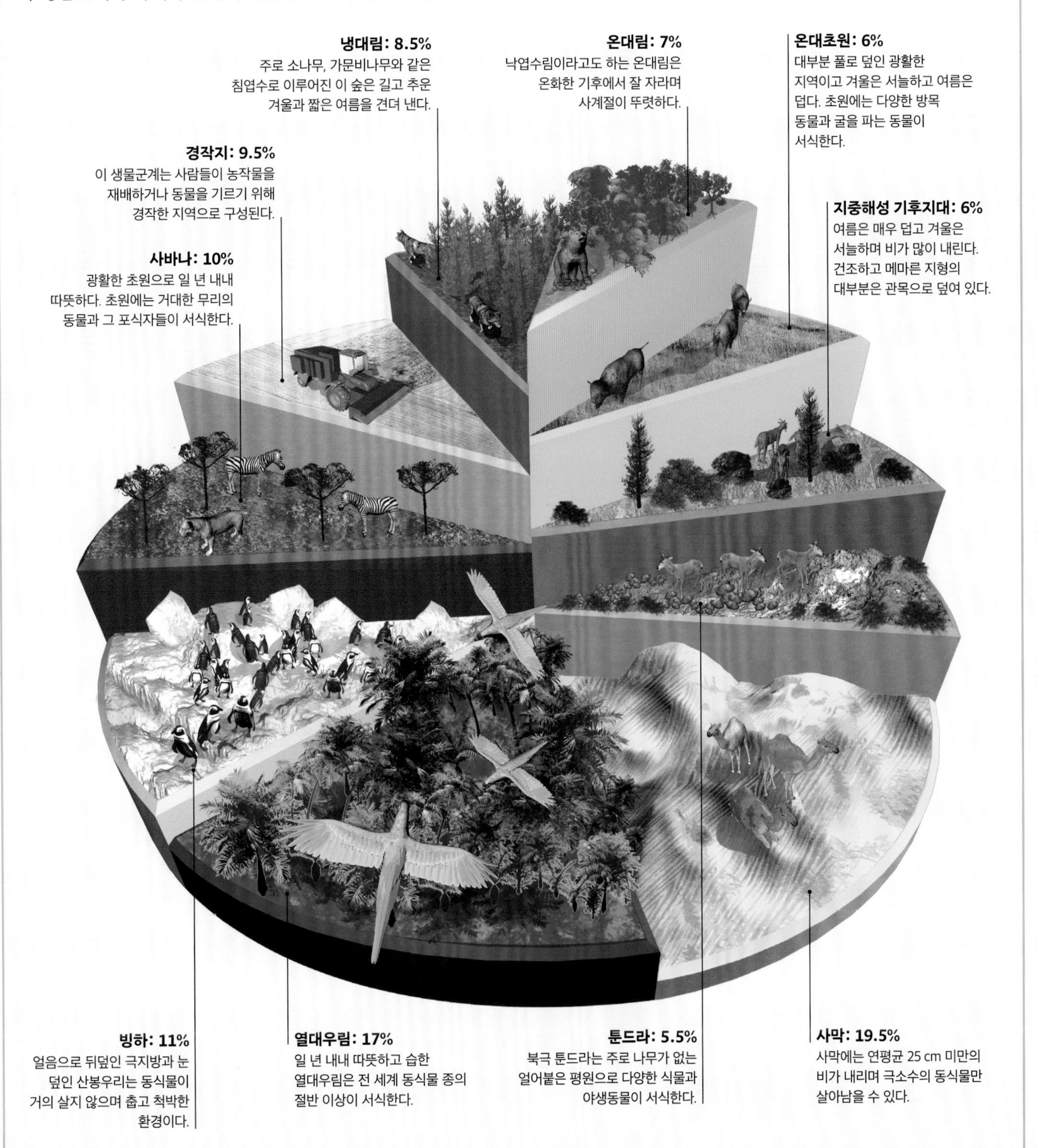

냉대림: 8.5%
주로 소나무, 가문비나무와 같은 침엽수로 이루어진 이 숲은 길고 추운 겨울과 짧은 여름을 견뎌 낸다.

온대림: 7%
낙엽수림이라고도 하는 온대림은 온화한 기후에서 잘 자라며 사계절이 뚜렷하다.

온대초원: 6%
대부분 풀로 덮인 광활한 지역이고 겨울은 서늘하고 여름은 덥다. 초원에는 다양한 방목 동물과 굴을 파는 동물이 서식한다.

경작지: 9.5%
이 생물군계는 사람들이 농작물을 재배하거나 동물을 기르기 위해 경작한 지역으로 구성된다.

지중해성 기후지대: 6%
여름은 매우 덥고 겨울은 서늘하며 비가 많이 내린다. 건조하고 메마른 지형의 대부분은 관목으로 덮여 있다.

사바나: 10%
광활한 초원으로 일 년 내내 따뜻하다. 초원에는 거대한 무리의 동물과 그 포식자들이 서식한다.

빙하: 11%
얼음으로 뒤덮인 극지방과 눈 덮인 산봉우리는 동식물이 거의 살지 않으며 춥고 척박한 환경이다.

열대우림: 17%
일 년 내내 따뜻하고 습한 열대우림은 전 세계 동식물 종의 절반 이상이 서식한다.

툰드라: 5.5%
북극 툰드라는 주로 나무가 없는 얼어붙은 평원으로 다양한 식물과 야생동물이 서식한다.

사막: 19.5%
사막에는 연평균 25 cm 미만의 비가 내리며 극소수의 동식물만 살아남을 수 있다.

동물계

세상의 다양한 동물 종은 동물계에 속하고 동물계는 '문'으로 분류한다. 대부분의 문은 달팽이, 벌레와 같이 무척추동물로 구성되어 있다. 포유류와 파충류를 포함한 척추동물의 주요 분류군 중 하나는 척삭동물문이다.

동물계
대부분의 동물은 움직임이 자유롭고 감각을 사용하여 주변 환경에 반응한다.

무척추동물
척추가 없는 동물을 말한다.

기생성 선형동물

오징어

선형동물
둥근 몸을 가졌으며 토양에서 발견되거나 다른 생물에 기생한다.

환형동물
지렁이, 갯지렁이, 바다지렁이, 거머리를 포함한다.

해면동물
주로 외부 표면을 통해 먹이를 흡수하는 수생동물이다.

연체동물
달팽이, 민달팽이, 오징어, 조개류 등 부드러운 몸체를 가진 동물이다.

소형 문들
이외의 현미경을 통해 관찰 가능한 생명체를 포함하는 동물이다.

편형동물
대부분 흡충과 촌충을 포함한 기생충이다.

자포동물
해파리, 말미잘, 산호 등 촉수가 있는 동물이다.

극피동물
불가사리와 성게를 포함한 바다 생물이다.

태형동물
작은 여과섭식 동물로 주로 군집을 이루며 성장한다.

절지동물
관절이 있는 다리, 몸의 체절, 외골격을 가진 무척추동물이다.

게

다지류
몸의 체절마다 두 쌍의 다리가 있는 초식성 동물이다.

지네류
체절이 많고, 체절당 한 쌍의 다리를 가진 포식성 동물이다.

갑각류
게, 새우를 포함한 주요한 수생동물로 공벌레도 포함된다.

거미류
거미, 전갈, 응애, 진드기 등 다리가 여덟 개인 절지동물이다.

곤충류
절지동물 중 가장 큰 무리이며 대부분 두 쌍의 날개를 가지고 있다.

척삭동물 (척추동물)
등뼈가 있는 모든 동물과 척삭이라는 유연한 지지대가 있는 동물을 포함한다.

보아뱀

원구류
나선형 이빨로 먹이를 긁어 먹는 원시 물고기이다.

연골어류
경골이 아닌 연골 뼈대를 가진 상어와 가오리를 포함한다.

경골어류
어류 중에서 가장 큰 무리이며 대부분 지느러미가 있다.

양서류
개구리, 두꺼비, 도롱뇽 등 어릴 때 주로 물속에서 사는 동물이다.

파충류
육상동물 중 큰 무리이며 뱀, 거북이, 악어가 포함된다.

조류
깃털이 있으며 알을 낳는 동물로 대부분 날 수 있다.

포유류
털을 가진 온혈 동물로 젖을 먹여 새끼를 키운다.

오리너구리

단공류
호주와 뉴기니의 알을 낳는 원시 포유류로 바늘두더지와 오리너구리가 포함된다.

유대류
호주와 아메리카 대륙의 주머니가 있는 동물들로 주머니쥐, 캥거루, 웜뱃 등이 포함된다.

태반류
암컷의 몸속에서 태반이라는 기관을 통해 새끼에게 영양을 공급하며 성장시켜 새끼를 낳는 포유류이다.

공룡의 진화

1억 6천만 년 이상 지구상의 생물들을 지배한 것은 원시 파충류 중에서 가장 크고 종류가 다양했던 공룡이다. 공룡은 용반목과 조반목으로 분류할 수 있으며 아래에 나열된 그룹으로 더 나눌 수 있다.

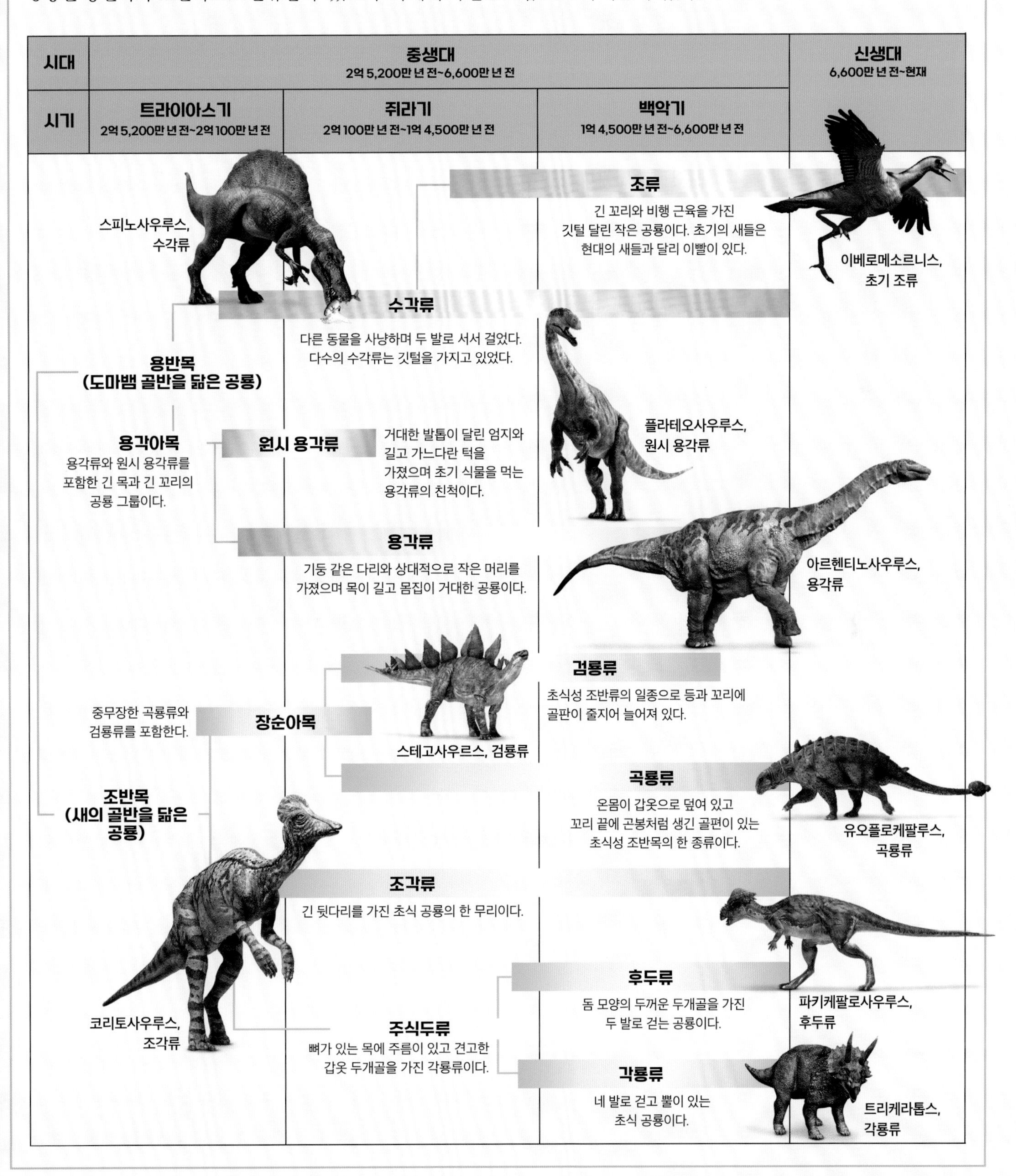
시대
중생대
2억 5,200만 년 전~6,600만 년 전
신생대
6,600만 년 전~현재
시기
트라이아스기
2억 5,200만 년 전~2억 100만 년 전
쥐라기
2억 100만 년 전~1억 4,500만 년 전
백악기
1억 4,500만 년 전~6,600만 년 전
스피노사우루스,
수각류
조류
긴 꼬리와 비행 근육을 가진
깃털 달린 작은 공룡이다. 초기의 새들은
현대의 새들과 달리 이빨이 있다.
이베로메소르니스,
초기 조류
수각류
다른 동물을 사냥하며 두 발로 서서 걸었다.
다수의 수각류는 깃털을 가지고 있었다.
용반목
(도마뱀 골반을 닮은 공룡)
용각아목
용각류와 원시 용각류를
포함한 긴 목과 긴 꼬리의
공룡 그룹이다.
원시 용각류
거대한 발톱이 달린 엄지와
길고 가느다란 턱을
가졌으며 초기 식물을 먹는
용각류의 친척이다.
플라테오사우루스,
원시 용각류
용각류
기둥 같은 다리와 상대적으로 작은 머리를
가졌으며 목이 길고 몸집이 거대한 공룡이다.
아르헨티노사우루스,
용각류
검룡류
초식성 조반류의 일종으로 등과 꼬리에
골판이 줄지어 늘어져 있다.
중무장한 곡룡류와
검룡류를 포함한다.
장순아목
스테고사우루스, 검룡류
곡룡류
온몸이 갑옷으로 덮여 있고
꼬리 끝에 곤봉처럼 생긴 골편이 있는
초식성 조반목의 한 종류이다.
유오플로케팔루스,
곡룡류
조반목
(새의 골반을 닮은
공룡)
조각류
긴 뒷다리를 가진 초식 공룡의 한 무리이다.
후두류
돔 모양의 두꺼운 두개골을 가진
두 발로 걷는 공룡이다.
파키케팔로사우루스,
후두류
코리토사우루스,
조각류
주식두류
뼈가 있는 목에 주름이 있고 견고한
갑옷 두개골을 가진 각룡류이다.
각룡류
네 발로 걷고 뿔이 있는
초식 공룡이다.
트리케라톱스,
각룡류

초기 인류

인류의 초기 조상인 호미닌은 수백만 년 전 중앙아프리카 및 동아프리카에 살았다.
제한적인 화석 증거로 과학자들은 얼마나 많은 인간 종이 존재했는지, 서로 다른 종들이 어떻게 관련되어 있는지 정확히 알지 못한다. 아래 도표는 지금까지 확인된 호미닌 종의 일부와 그들이 번성했던 시기를 보여준다.

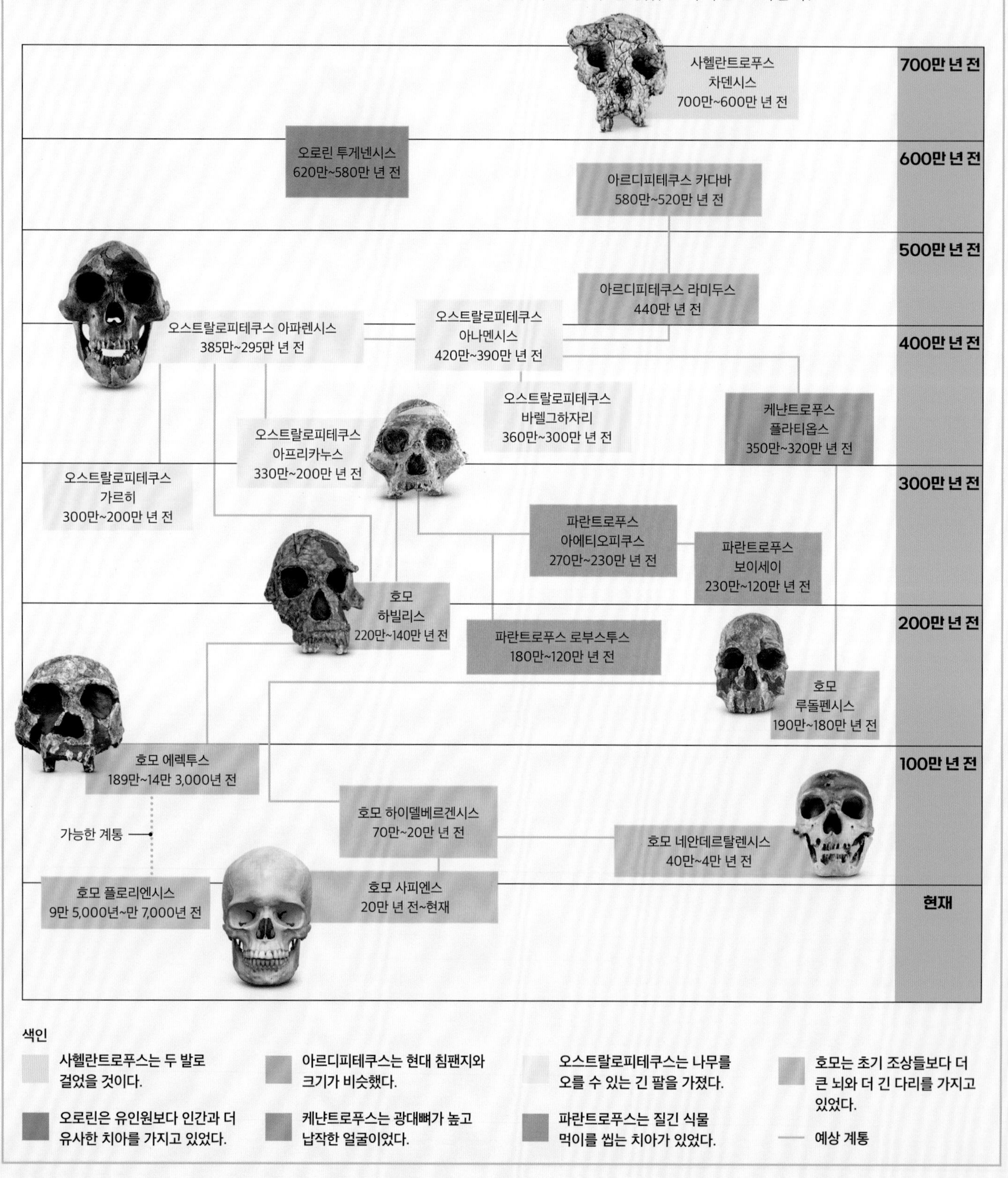

색인

- 사헬란트로푸스는 두 발로 걸었을 것이다.
- 오로린은 유인원보다 인간과 더 유사한 치아를 가지고 있었다.
- 아르디피테쿠스는 현대 침팬지와 크기가 비슷했다.
- 케냔트로푸스는 광대뼈가 높고 납작한 얼굴이었다.
- 오스트랄로피테쿠스는 나무를 오를 수 있는 긴 팔을 가졌다.
- 파란트로푸스는 질긴 식물 먹이를 씹는 치아가 있었다.
- 호모는 초기 조상들보다 더 큰 뇌와 더 긴 다리를 가지고 있었다.
- 예상 계통

인체

인체는 골격계, 근육계, 신경계, 순환계, 호흡계, 내분비계, 소화계, 생식계 등 수많은 기관계로 구성되어 있다. 각 기관계는 호흡이나 소화 같은 특정한 기능을 수행하는 기관과 조직으로 이루어진다. 세포가 모여 조직을 이루고 조직이 모여 기관을 형성한다. 기관계들이 통합적으로 작용해야 건강한 신체를 유지할 수 있다.

골격계

성인의 골격은 약 206개의 뼈로 구성되어 있으며 이러한 뼈들은 몸을 지지하고 내부 기관을 보호하며 근육이 붙어 있을 수 있게 해 준다.

근육계

근육계는 3종류의 근육으로 이루어진다. 골격근은 골격을 움직이고 평활근은 방광과 같이 속이 빈 기관의 벽에 위치해 자동으로 수축하고 심장근은 끊임없이 심장을 뛰게 한다.

신경계

신경계는 뇌와 척수 그리고 몸 전체에 전기 신호를 전달하는 신경망으로 이루어져 있다.

순환계

순환계는 심장, 혈액, 혈관으로 구성되어 있으며 영양소, 산소 및 기타 필수 물질을 몸 전체로 운반한다.

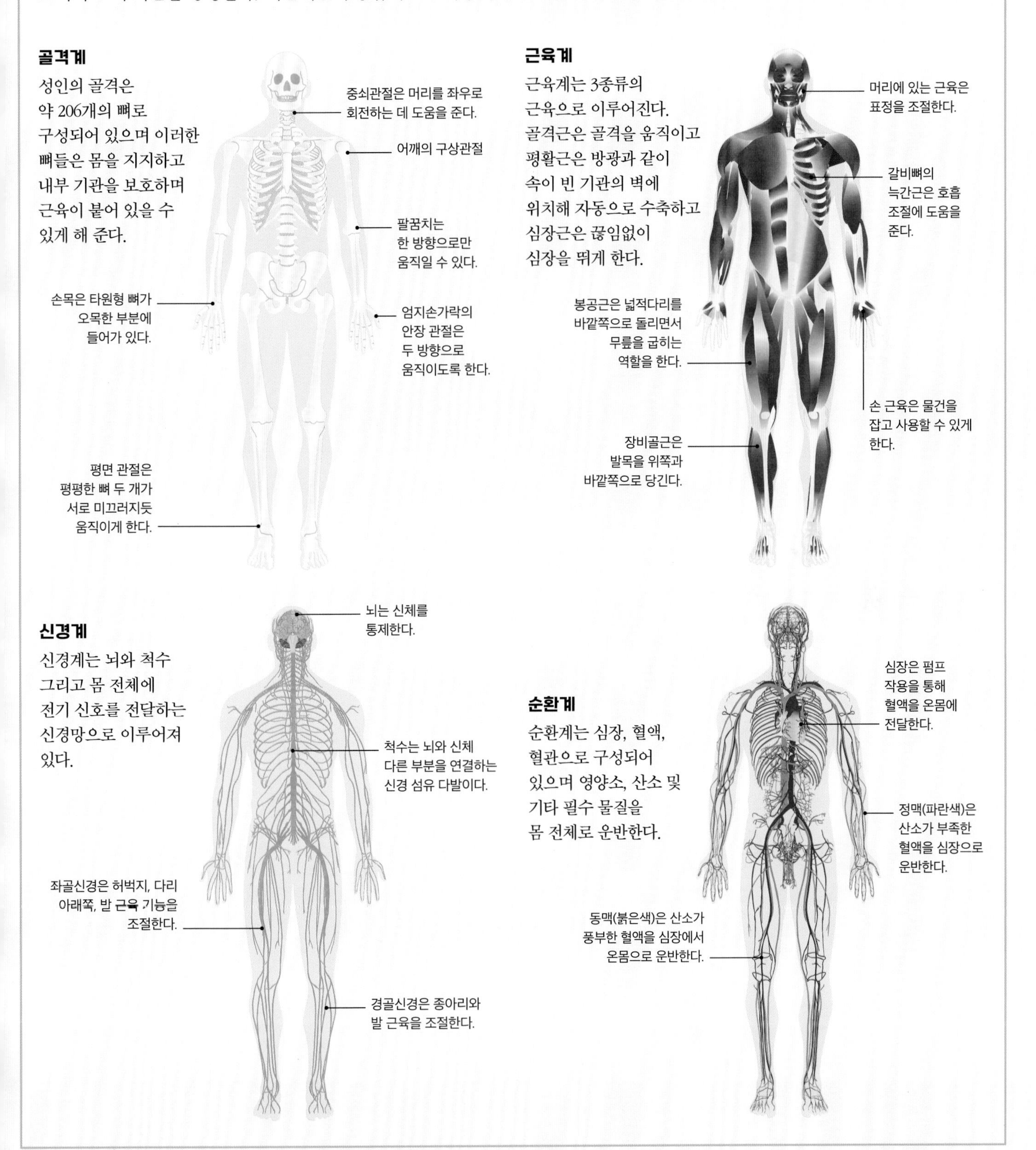

중쇠관절은 머리를 좌우로 회전하는 데 도움을 준다.
어깨의 구상관절
팔꿈치는 한 방향으로만 움직일 수 있다.
손목은 타원형 뼈가 오목한 부분에 들어가 있다.
엄지손가락의 안장 관절은 두 방향으로 움직이도록 한다.
평면 관절은 평평한 뼈 두 개가 서로 미끄러지듯 움직이게 한다.
머리에 있는 근육은 표정을 조절한다.
갈비뼈의 늑간근은 호흡 조절에 도움을 준다.
봉공근은 넓적다리를 바깥쪽으로 돌리면서 무릎을 굽히는 역할을 한다.
손 근육은 물건을 잡고 사용할 수 있게 한다.
장비골근은 발목을 위쪽과 바깥쪽으로 당긴다.
뇌는 신체를 통제한다.
척수는 뇌와 신체 다른 부분을 연결하는 신경 섬유 다발이다.
좌골신경은 허벅지, 다리 아래쪽, 발 근육 기능을 조절한다.
경골신경은 종아리와 발 근육을 조절한다.
심장은 펌프 작용을 통해 혈액을 온몸에 전달한다.
정맥(파란색)은 산소가 부족한 혈액을 심장으로 운반한다.
동맥(붉은색)은 산소가 풍부한 혈액을 심장에서 온몸으로 운반한다.

식물계

식물계에는 현미경으로 관찰 가능한 조류에서부터 자이언트 세쿼이아와 같은 나무에 이르기까지 다양한 크기의 식물 약 40만 종이 속해 있다. 대부분의 식물은 수많은 세포로 이루어져 있으며 광합성을 통해 스스로 양분을 생산한다. 선태식물과 양치식물처럼 단순한 구조의 식물은 뿌리가 발달하지 않고 물을 운반하는 조직이 없으며 포자로 생식한다. 침엽수나 꽃이 피는 식물처럼 구조가 발달한 식물은 뿌리와 줄기가 있고 씨앗으로 생식한다.

식물계
광합성을 하는 대부분의 식물은 식물계에 속한다.
육상식물
대부분의 식물 종은 육지에 서식한다.
수생식물
가장 원시적인 식물들은 물에서 진화했다.
쇠뜨기
대부분의 식물 종은 관다발이라는 관 형태의 조직을 가지고 있으며 식물체 내에서 물과 영양분을 운반한다.
관다발식물
관다발, 뿌리, 또는 잎이 없는 원시적인 식물이다.
비관다발식물
해조류
파래와 같은 녹조류는 일반적으로 식물로 분류된다.
속씨식물
꽃이 피는 식물이며 열매 안에 단단한 껍질로 싸여 있는 씨앗을 만든다.
겉씨식물
소나무나 전나무와 같이 솔방울을 생산하는 침엽수이다.
양치식물
고사리 등 씨앗을 생산하지 않는 식물이다.
선태식물
땅 가까이에서 자라는 작은 식물이다.
물이끼
진정쌍떡잎식물
씨앗의 배에서 떡잎 두 장이 나오는 식물이다.
군란
외떡잎식물
씨앗의 배에서 떡잎 한 장이 나오는 식물이다.
난초과
작고 복잡한 모양의 꽃이 큰 무리를 이룬다.
벼과
빠르게 자라는 외떡잎식물로 밑동에서 싹을 틔운다.
야자과
열대 지역에서 발견되는 나무 형태의 식물이다.
당근
야자나무
미나리목
파슬리, 당근, 아이비, 인삼, 셀러리를 포함한다.
꿀풀목
라벤더, 민트, 바질 등 다양한 허브 종류를 포함한다.
포도목
포도나 여러 덩굴 식물을 포함한다.
산토끼꽃목
인동덩굴, 딱총나무, 가막살나무, 산토끼꽃을 포함한다.
딸기
석죽목
선인장, 카네이션, 식충식물을 포함한다.
진달래목
칼루나, 차나무, 키위, 크랜베리, 진달래 등을 포함한다.
국화목
데이지, 해바라기, 로벨리아, 양상추를 포함한다.
콩목
완두콩, 대두, 렌틸콩, 병아리콩, 자주개자리, 클로버 등을 포함한다.
장미목
사과, 딸기, 장미를 포함한다.

광합성

대부분의 식물은 잎에서 광합성을 한다. 이 과정에서 엽록소로 흡수된 빛에너지를 이용하여 물과 이산화 탄소가 포도당으로 전환된다. 식물은 포도당을 에너지원으로 성장에 필요한 다른 물질을 만든다. 광합성의 노폐물로 산소가 방출된다.

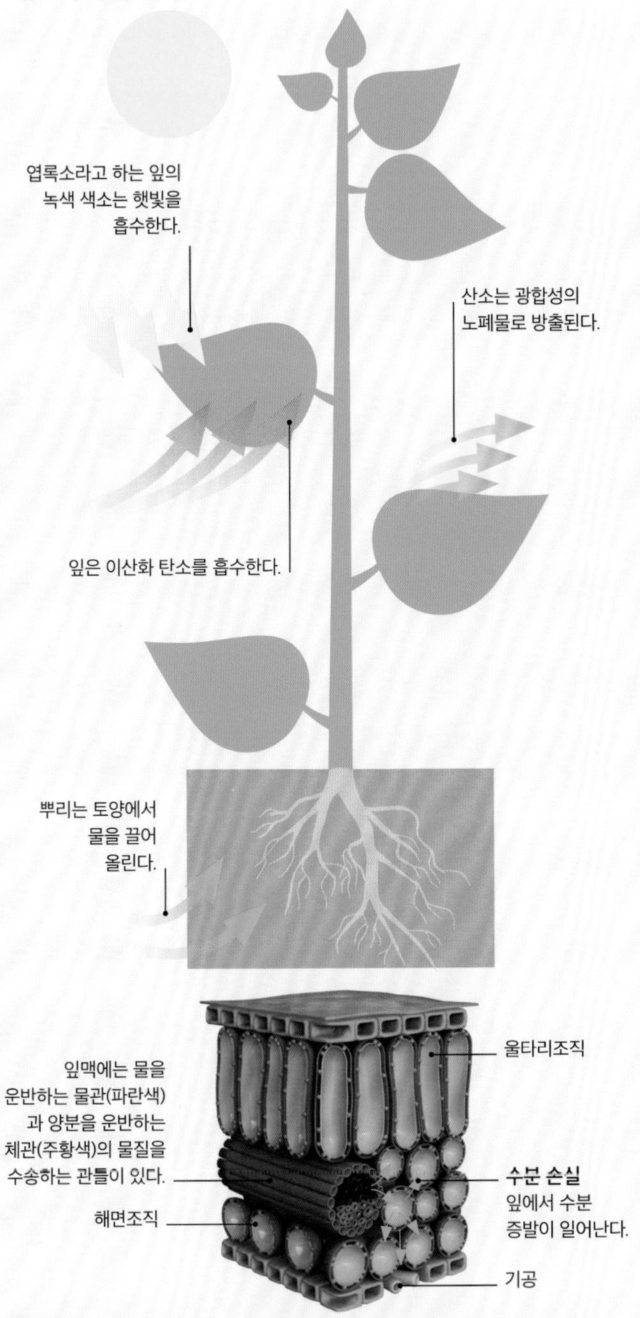
엽록소라고 하는 잎의
녹색 색소는 햇빛을
흡수한다.
산소는 광합성의
노폐물로 방출된다.
잎은 이산화 탄소를 흡수한다.
뿌리는 토양에서
물을 끌어
올린다.
울타리조직
잎맥에는 물을
운반하는 물관(파란색)
과 양분을 운반하는
체관(주황색)의 물질을
수송하는 관들이 있다.
수분 손실
잎에서 수분
증발이 일어난다.
해면조직
기공

잎 내부

잎은 많은 세포로 구성되어 있다. 울타리조직은 엽록소가 들어 있는 엽록체라는 구조를 가진다. 그 아래에는 물과 포도당을 운반하는 물관과 체관이 있다. 잎의 뒷면에는 작은 기공이 있으며 이를 통해 기체가 잎을 드나들 수 있다.

식물의 성장

식물의 씨앗에는 배아가 있는데, 씨앗은 배아가 자랄 수 있는 양분을 가진다. 봄이 되고 날씨가 따뜻해지면 배아에 싹이 튼다. 뿌리는 토양에서 물과 영양분을 흡수하기 위해 아래쪽으로 성장하고 새싹은 빛을 향해 위쪽으로 성장한다.

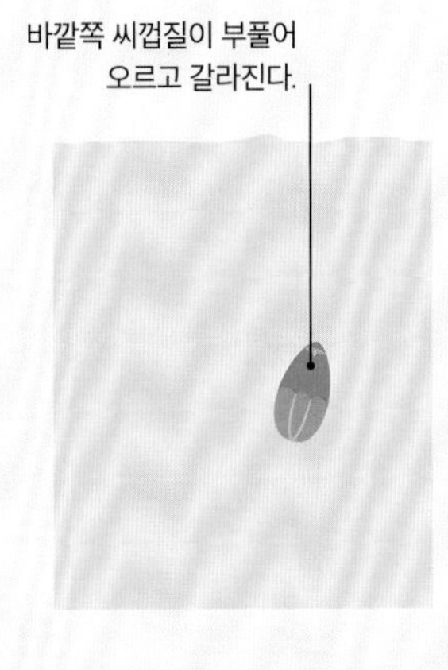
바깥쪽 씨껍질이 부풀어
오르고 갈라진다.

1. 발아

씨앗이 발아하려면 물, 산소, 적당한 온도가 필요하다. 씨껍질의 작은 구멍으로 물이 들어가 씨앗이 부풀어 오르면 씨껍질이 갈라지고 뿌리와 싹이 나온다.

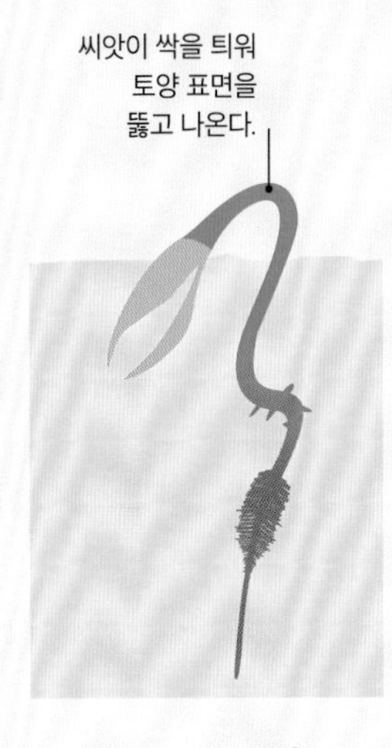
씨앗이 싹을 틔워
토양 표면을
뚫고 나온다.

2. 새싹

식물은 땅속에서 자라기 시작한다. 뿌리는 토양에서 물과 영양분을 흡수하고 식물을 땅에 고정하는 데 도움을 준다. 새싹은 위쪽으로 자라나 땅 위로 올라가면 곧게 펴진다.

잎은 식물의
양분 공급원이다.

3. 지상에서

잎이 펼쳐지면 식물은 광합성을 통해 스스로 양분을 만들기 시작한다. 줄기는 뿌리에서 물과 영양분을 끌어 올리고 포도당을 잎에서 식물의 다른 부분으로 운반한다.

화학

모든 물질은 원자로 불리는 작은 입자로 이루어져 있다. 화학은 원자의 구조와 성질을 연구하는 과학의 한 분야이다. 또한 화학 반응이 일어나는 과정에서 원자가 어떻게 변화하고 상호 작용하는지를 연구한다.

화학의 분야

화학에는 다양한 유형의 물질 구성, 거동 및 특성을 연구하는 여러 가지 분야가 있다. 주요 연구 분야 세 가지는 아래와 같다.

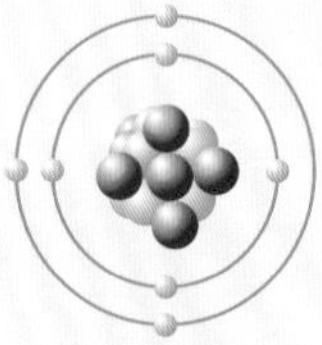

유기 화학

탄소를 포함하는 모든 화합물을 조사한다. 대부분의 탄소 화합물은 생명체에서 만들어지는 유기물에서 파생된다.

전기 화학

전기와 화학 물질 사이의 관계를 조사하고 전자가 이동하는 화학적 과정을 연구한다.

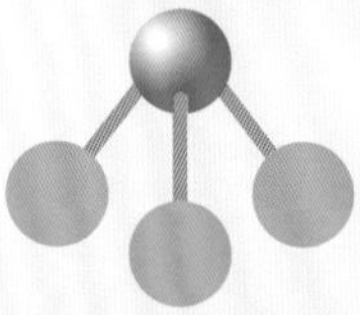

무기 화학

우주에 존재하는 대부분의 물질은 성장 및 번식하지 않거나 움직이지 않는 무생물이다. 무기 화학은 모든 무기물을 연구하는 학문이다.

물질의 상태

물질에는 고체, 액체, 기체의 세 가지 주요 상태가 있다. 물질의 상태는 원자와 분자가 서로 어떻게 결합되어 있는지에 따라 달라진다. 이러한 결합은 온도와 압력과 같은 요인에 의해 결정된다.

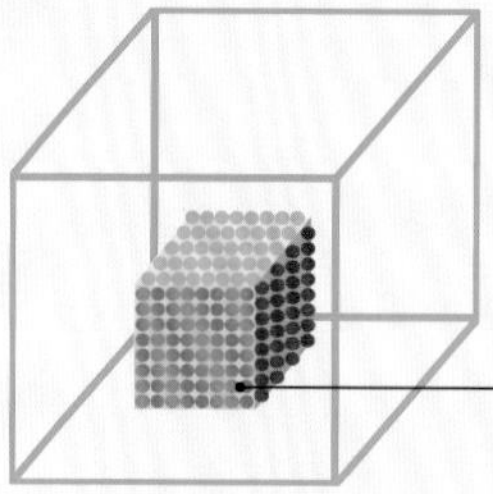

고체

모양과 부피가 고정되어 있다. 분자는 규칙적인 패턴으로 촘촘히 채워져 있고 분자간 상호작용이 강하다.

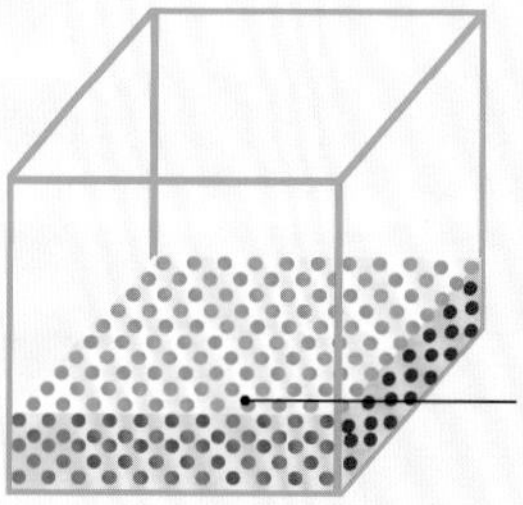

액체

부피는 일정하지만 모양은 용기에 따라 달라진다. 분자간 상호작용은 고체보다 약하다.

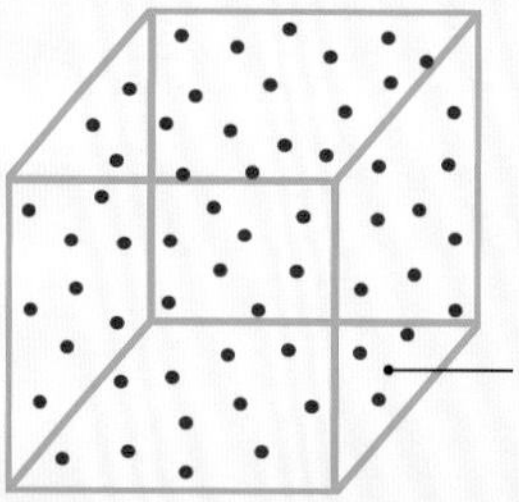

기체

부피나 모양이 고정되어 있지 않다. 분자간 상호작용이 약하여 용기 안에서 자유롭게 움직인다.

화학적 특성

모든 물질은 고유한 화학적 성질을 가지고 있으며 이는 가열하거나 다른 물질과 결합할 때 특정 방식으로 반응하는 이유를 설명해 준다.

금속의 반응성

금속을 반응성 순서에 따라 나열한 것을 금속의 반응성이라고 한다. 왼쪽에 있는 금속의 반응성이 가장 낮고 오른쪽에 있는 금속의 반응성이 가장 높다.

약한 반응성														강한 반응성
	78	79	47	29	82	50	26	30	13	12	20	11	19	
	Pt	Au	Ag	Cu	Pb	Sn	Fe	Zn	Al	Mg	Ca	Na	K	
	백금	금	은	구리	납	주석	철	아연	알루미늄	마그네슘	칼슘	소듐	포타슘	

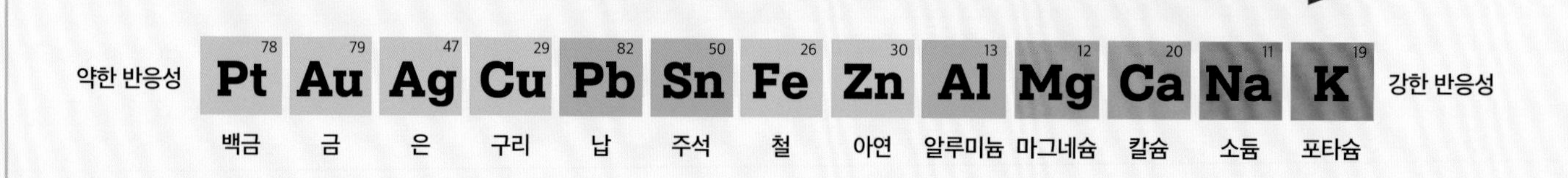

금속 및 비금속

광물을 설명하는 데 사용되는 가장 일반적인 물리적 특성에는 경도, 조흔색, 광택, 쪼개짐 등이 있다.

원소

오늘날 우리가 사용하는 주기율표의 구조는 1869년 드미트리 멘델레예프가 고안한 것이다. 주기율표는 원자 번호(각 원자가 핵에 가지고 있는 양성자의 수)가 증가하는 순서대로 모든 원소를 일렬로 배열한 것이다. 비슷한 성질과 원자 구조를 가진 원소들은 함께 그룹화한다.

주기율표

모든 원소는 기호로 가장 쉽게 식별할 수 있다. 주기율표에는 7개의 가로 행이 있으며 이를 '주기'라고 하고 세로 열은 '족'이라고 한다. 주기율표에서 6주기와 7주기는 너무 길어서 표에 넣을 수 없으므로 3족의 중간 부분을 하단에 표시한다.

색인: 수소 / 알칼리 금속 / 알칼리 토금속 / 전이 금속 / 란탄족 원소 / 악티늄족 원소 / 준금속 / 기타 금속 / 기타 비금속 / 할로젠 / 비활성 기체

H																	He
Li	Be											B	C	N	O	F	Ne
Na	Mg											Al	Si	P	S	Cl	Ar
K	Ca	Sc	Ti	V	Cr	Mn	Fe	Co	Ni	Cu	Zn	Ga	Ge	As	Se	Br	Kr
Rb	Sr	Y	Zr	Nb	Mo	Tc	Ru	Rh	Pd	Ag	Cd	In	Sn	Sb	Te	I	Xe
Cs	Ba	La-Lu	Hf	Ta	W	Re	Os	Ir	Pt	Au	Hg	Tl	Pb	Bi	Po	At	Rn
Fr	Ra	Ac-Lr	Rf	Db	Sg	Bh	Hs	Mt	Ds	Rg	Cn	Nh	Fl	Mc	Lv	Ts	Og
			La	Ce	Pr	Nd	Pm	Sm	Eu	Gd	Tb	Dy	Ho	Er	Tm	Yb	Lu
			Ac	Th	Pa	U	Np	Pu	Am	Cm	Bk	Cf	Es	Fm	Md	No	Lr

원소 목록

원자 번호	이름과 기호	발견자
1	수소 (H)	헨리 캐번디시(1766)
2	헬륨 (He)	윌리엄 램지(1895)
3	리튬 (Li)	요한 아르프베드손(1817)
4	베릴륨 (Be)	니콜라 루이 보클랭(1797)
5	붕소 (B)	조제프 루이 게이뤼삭; 루이 자크 테나르; 험프리 데이비(1808)
6	탄소 (C)	선사시대
7	질소 (N)	다니엘 러더퍼드(1772)
8	산소 (O)	조지프 프리스틀리; 카를 빌헬름 셸레(1774)
9	플루오린 (F)	앙리 무아상(1886)
10	네온 (Ne)	윌리엄 램지; 모리스 트래버스(1898)
11	소듐 (Na)	험프리 데이비(1807)
12	마그네슘 (Mg)	조지프 블랙(1755)
13	알루미늄 (Al)	한스 외르스테드(1825)
14	규소 (Si)	옌스 야코브 베르셀리우스(1824)
15	인 (P)	헤닝 브란트(1669)
16	황 (S)	선사시대
17	염소 (Cl)	카를 빌헬름 셸레(1774)
18	아르곤 (Ar)	존 스트럿; 윌리엄 램지(1894)
19	포타슘 (K)	험프리 데이비(1807)
20	칼슘 (Ca)	험프리 데이비(1808)
21	스칸듐 (Sc)	라르스 프레드리크 닐손(1879)
22	타이타늄 (Ti)	윌리엄 그레고르(1791)
23	바나듐 (V)	안드레스 마누엘 델 리오(1801)
24	크로뮴 (Cr)	니콜라 루이 보클랭(1798)
25	망가니즈 (Mn)	요한 고틀리에브 간(1774)
26	철 (Fe)	미상(기원전 3500년경)
27	코발트 (Co)	게오르그 브란트(1739)
28	니켈 (Ni)	악셀 크론스테트(1751)
29	구리 (Cu)	선사시대
30	아연 (Zn)	안드레아스 마그라프(1746)
31	갈륨 (Ga)	폴 에밀 르코크 드 부아보드랑(1875)
32	저마늄 (Ge)	클레멘스 빙클러(1886)
33	비소 (As)	알베르투스 마그누스(1250년경)
34	셀레늄 (Se)	옌스 야코브 베르셀리우스(1817)
35	브로민 (Br)	앙투안 제롬 발라르; 카를 뢰비히(1826)
36	크립톤 (Kr)	윌리엄 램지; 모리스 트래버스(1898)
37	루비듐 (Rb)	구스타프 키르히호프; 로베르트 분젠(1861)
38	스트론튬 (Sr)	아데어 크로포드(1790)
39	이트륨 (Y)	요한 가돌린(1794)
40	지르코늄 (Zr)	마르틴 하인리히 클라프로트(1789)
41	나이오븀 (Nb)	찰스 해체트(1801)
42	몰리브데넘 (Mo)	페테르 야코브 이엘름(1781)
43	테크네튬 (Tc)	카를로 페리에; 에밀리오 세그레(1937)
44	루테늄 (Ru)	칼 카를로비치 클라우스(1844)
45	로듐 (Rh)	윌리엄 하이드 울러스턴(1803)
46	팔라듐 (Pd)	윌리엄 하이드 울러스턴(1803)
47	은 (Ag)	미상(기원전 3000년경)
48	카드뮴 (Cd)	프리드리히 스트로마이어(1817)
49	인듐 (In)	페르디난트 라이히; 히에로니무스 리히터(1863)
50	주석 (Sn)	미상(기원전 2100년경)
51	안티모니 (Sb)	미상(기원전 1600년경)
52	텔루륨 (Te)	프란츠 요제프 뮐러 폰 라이헨슈타인(1783)

원자 번호	이름과 기호	발견자
53	아이오딘 (I)	베르나르 쿠르투아(1811)
54	제논 (Xe)	윌리엄 램지; 모리스 트래버스(1898)
55	세슘 (Cs)	구스타프 키르히호프; 로베르트 분젠(1860)
56	바륨 (Ba)	험프리 데이비(1808)
57	란타넘 (La)	칼 구스타프 모산데르(1839)
58	세륨 (Ce)	옌스 야코브 베르셀리우스; 빌헬름 히싱어(1803)
59	프라세오디뮴 (Pr)	카를 아우어 폰 벨스바흐(1885)
60	네오디뮴 (Nd)	카를 아우어 폰 벨스바흐(1885)
61	프로메튬 (Pm)	제이콥 마린스키; 로렌스 글렌데닌; 찰스 코리엘(1945)
62	사마륨 (Sm)	폴 에밀 르코크 드 부아보드랑(1879)
63	유로퓸 (Eu)	외젠 아나톨 드마르세(1901)
64	가돌리늄 (Gd)	장 샤를 갈리사르 드 마리냑(1880)
65	터븀 (Tb)	칼 구스타프 모산데르(1843)
66	디스프로슘 (Dy)	폴 에밀 르코크 드 부아보드랑(1886)
67	홀뮴 (Ho)	페르 클레브; 마크 델라폰테인; 루이스 소레(1878)
68	어븀 (Er)	칼 구스타프 모산데르(1843)
69	툴륨 (Tm)	페르 클레브(1879)
70	이터븀 (Yb)	장 샤를 갈리사르 드 마리냑(1878)
71	루테튬 (Lu)	조르주 위르뱅; 찰스 제임스(1907)
72	하프늄 (Hf)	조르주 드 헤베시; 디르크 코스터(1923)
73	탄탈럼 (Ta)	안데르스 구스타프 에셰베리(1802)
74	텅스텐 (W)	후안 & 파우스토 엘야아르(1783)
75	레늄 (Re)	발터 노다크, 이다 타케; 오토 베르크(1925)
76	오스뮴 (Os)	스미스슨 테넌트(1803)
77	이리듐 (Ir)	스미스슨 테넌트(1803)
78	백금 (Pt)	미상
79	금 (Au)	미상(기원전 3000년경)
80	수은 (Hg)	미상(기원전 1500년경)
81	탈륨 (Tl)	윌리엄 크룩스(1861)
82	납 (Pb)	미상
83	비스무트 (Bi)	미상(기원전 1500년경)
84	폴로늄 (Po)	마리 퀴리(1898)
85	아스타틴 (At)	데일 코슨; 케네스 매켄지; 에밀리오 세그레(1940)
86	라돈 (Rn)	프리드리히 에른스트 도른(1900)

원자 번호	이름과 기호	발견자
87	프랑슘 (Fr)	마르게리트 페레(1939)
88	라듐 (Ra)	마리 & 피에르 퀴리(1898)
89	악티늄 (Ac)	앙드레 드비에른(1899)
90	토륨 (Th)	옌스 야코브 베르셀리우스(1829)
91	프로트악티늄 (Pa)	카지미에시 파얀스; 오스발트 괴링(1913)
92	우라늄 (U)	마르틴 하인리히 클라프로트(1789)
93	넵투늄 (Np)	에드윈 맥밀런; 필립 에이블슨(1940)
94	플루토늄 (Pu)	글렌 시보그와 기타 학자(1940)
95	아메리슘 (Am)	글렌 시보그와 기타 학자(1944)
96	퀴륨 (Cm)	글렌 시보그와 기타 학자(1944)
97	버클륨 (Bk)	스탠리 톰슨; 앨버트 기오르소; 글렌 시보그(1949)
98	캘리포늄 (Cf)	스탠리 톰슨; 케네스 스트리트; 앨버트 기오르소; 글렌 시보그(1950)
99	아인슈타이늄 (Es)	앨버트 기오르소와 기타 학자(1952)
100	페르뮴 (Fm)	앨버트 기오르소와 기타 학자(1953)
101	멘델레븀 (Md)	앨버트 기오르소와 기타 학자(1955)
102	노벨륨 (No)	게오르기 플료로프; 앨버트 기오르소(1963)
103	로렌슘 (Lr)	게오르기 플료로프; 앨버트 기오르소(1965)
104	러더포듐 (Rf)	게오르기 플료로프; 앨버트 기오르소(1964)
105	두브늄 (Db)	미국/러시아 과학자들(1968~1970)
106	시보귬 (Sg)	앨버트 기오르소와 기타 학자(1974)
107	보륨 (Bh)	페터 아름부르스터; 고트프리트 뮌첸베르크(1981)
108	하슘 (Hs)	페터 아름부르스터; 고트프리트 뮌첸베르크(1984)
109	마이트너륨 (Mt)	페터 아름부르스터; 고트프리트 뮌첸베르크(1982)
110	다름슈타튬 (Ds)	페터 아름부르스터; 고트프리트 뮌첸베르크(1981)
111	뢴트게늄 (Rg)	페터 아름부르스터; 고트프리트 뮌첸베르크(1994)
112	코페르니슘 (Cn)	지구르트 호프만과 기타 학자(1996)
113	니호늄 (Nh)	일본 과학자들(2004)
114	플레로븀 (Fl)	미국/러시아 과학자들(1999)
115	모스코븀 (Mc)	미국/러시아 과학자들(2004)
116	리버모륨 (Lv)	미국/러시아 과학자들(2000)
117	테네신 (Ts)	미국/러시아 과학자들(2010)
118	오가네손 (Og)	미국/러시아 과학자들(2006)

물리학

물질과 에너지를 다루는 과학의 한 분야이다. 이 분야는 우주의 작동 방식을 지배하는 기본 법칙을 발견하고자 하기 때문에 다른 모든 과학의 중심이 된다.
20세기 이전에는 물리학이 주로 전기, 자기, 힘, 운동, 빛, 파동 분야에 집중했다.
오늘날 물리학은 열역학에서 핵반응에 이르기까지 광범위한 분야를 다루고 있다.

물리학의 분야

물리학은 우주를 구성하는 물질과 에너지의 거동을 연구한다. 이는 기상학, 역학, 천문학 등 다양한 과학 분야의 개념을 설명하는 데 사용된다.

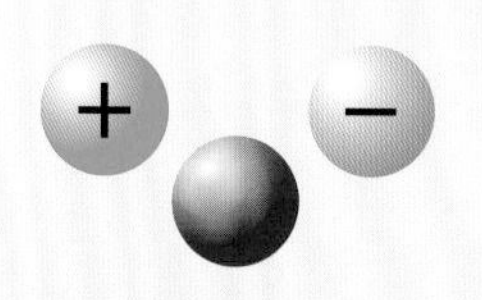

입자 물리학

원자를 구성하는 수백 가지 유형의 입자를 연구한다.

열역학

열과 다른 형태의 에너지 사이의 관계를 연구하는 물리학 분야이다.

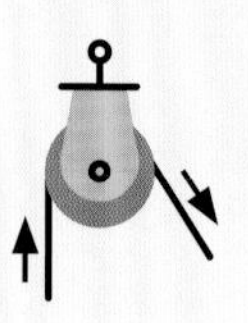

역학

물체의 움직임과 물체를 움직이게 하는 힘에 대해 연구하는 학문이다.

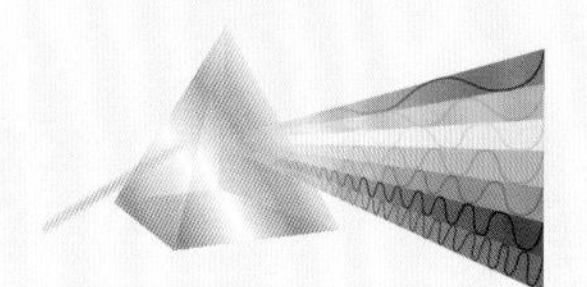

광학

빛이 다른 물질을 통해 반사되거나 빛날 때 빛의 거동을 연구하는 학문이다.

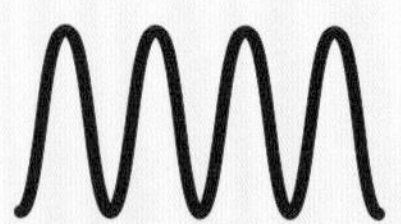

파동학

소리, 빛과 같은 자연 현상이 어떻게 파동으로 전달되는지 설명하고자 한다.

전자기학

전류와 자기장 사이의 관계를 연구한다.

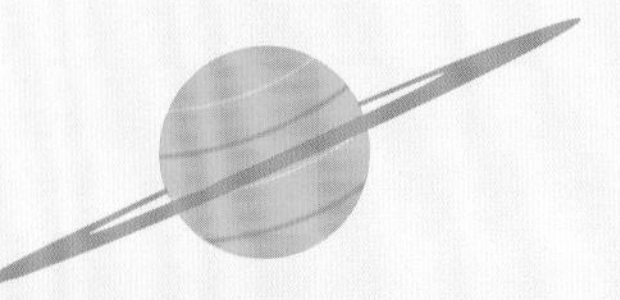

천체물리학

우주를 구성하는 행성, 별, 은하를 연구하는 분야이다.

기상학

날씨를 연구하여 인공위성 및 레이더 영상을 기반으로 일기 예보를 작성한다.

SI 단위

과학자들은 SI 기본 단위로 알려진 7가지 기본 측정 단위를 사용한다. SI는 국제 시스템(Systeme International)의 약자이다. 이러한 측정 단위를 통해 여러 국가의 과학자들이 실험 및 계산 결과를 교환할 수 있다.

SI 단위

단위	기호	측정량
미터	m	길이
킬로그램	kg	질량
초	s	시간
암페어	A	전류
켈빈	K	온도
칸델라	cd	밝기
몰	mol	물질량

공식

공식은 여러 변수 사이의 관계를 나타내는 방정식의 한 종류이다. 변수는 x 또는 y 같은 기호로, 미지의 수를 나타낸다. 물리학자들은 알려진 양을 특정한 방식으로 결합한 공식을 사용하여 미지수를 계산한다.
다음은 가장 일반적인 공식의 일부이다.

물리 공식

물리량	설명	공식
전류	전압 / 저항	$I = \frac{V}{R}$
전압	전류 × 저항	$V = IR$
저항	전압 / 전류	$R = \frac{V}{I}$
전력	일 / 시간	$P = \frac{W}{t}$
시간	거리 / 속도	$t = \frac{d}{v}$
거리	속도 × 시간	$d = vt$
속도	변위(주어진 방향의 거리) / 시간	$v = \frac{d}{t}$
가속도	마지막 속도 - 처음 속도 / 시간	$a = \frac{v_2 - v_1}{t}$
힘	질량 × 가속도	$F = ma$
운동량	질량 × 속도	$p = mv$
압력	힘 / 단면적	$P = \frac{F}{A}$
밀도	질량 / 부피	$\rho = \frac{m}{V}$
부피	질량 / 밀도	$V = \frac{m}{\rho}$
질량	부피 × 밀도	$m = V\rho$
단면적	길이 × 너비	$A = lw$
운동 에너지	½ 질량 × 속도의 제곱	$E_k = \frac{1}{2}mv^2$
무게	질량 × 중력가속도	$w = mg$
일	힘 × 힘 방향으로 이동한 거리	$W = Fs$

에너지의 종류

에너지는 무언가를 움직이게 하거나 변화시키는 일을 할 수 있는 능력으로 빛, 열, 소리 등 다양한 형태로 존재한다. 모든 유형의 에너지는 서로 연관되어 있으며 형태가 변환될 수 있다.

열 에너지

지구가 태양으로부터 받는 에너지를 열 에너지라고 한다. 헤어드라이어에서 나오는 공기가 뜨거운 이유는 전기 에너지가 열 에너지로 변환되기 때문이다.

화학 에너지

화학 에너지는 연료를 태우는 것과 같은 화학 반응이 일어날 때 방출되는 에너지의 형태이다. 음식물이 소화되면 화학 화합물이 분해되어 에너지가 체내로 방출된다.

원자력 에너지

원자력 에너지는 원자핵에 저장된 잠재적 에너지이다. 원자핵이 쪼개지거나 두 개의 핵이 융합할 때 엄청난 양이 방출된다.

위치 에너지

위치 에너지는 사용할 준비가 된 상태로 저장된 에너지이다. 예를 들어 다이버가 가지고 있는 위치 에너지는 물에 빠지면서 운동 에너지로 바뀐다.

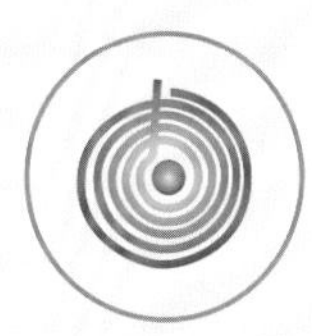

복사 에너지

복사 에너지는 빛과 다른 유형의 전자기 복사에 의해 전달되는 에너지의 형태이다. 태양은 막대한 양의 열과 빛을 방출하기 때문에 지구의 주요 복사 에너지 공급원이다.

소리 에너지

소리 에너지는 물체가 진동할 때 생성된다. 소리의 진동은 공기, 물, 나무 또는 금속과 같은 매질을 통해 파동을 일으킨다.

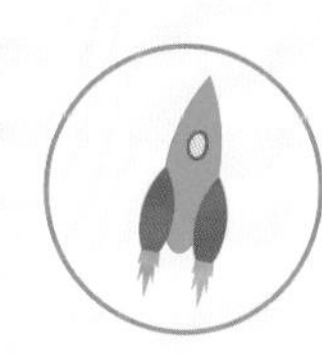

운동 에너지

움직이는 모든 물체는 운동 에너지를 가지고 있다. 물체의 속도가 빠를수록, 질량이 클수록 운동 에너지가 커진다.

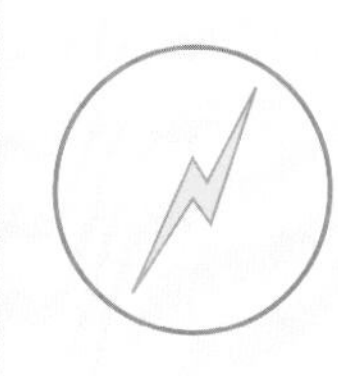

전기 에너지

전기 에너지는 도체를 통과하는 전자의 이동이다. 전기는 전류에 의해 모든 종류의 기기에 전달된다. 번개는 구름 속에 형성된 전기장에서의 방전 현상이다.

반사와 굴절

빛은 보통 직선으로 이동한다. 빛이 거울과 같이 평평하고 반짝이는 표면에 부딪히면 직선으로 반사되어 선명하지만 좌우가 바뀐 이미지를 제공한다. 빛이 거친 표면에 부딪히면 사방으로 반사되어 선명한 반사 이미지가 나타나지 않는다. 빛은 물, 유리, 공기 등 서로 다른 물질을 통과할 때 속도가 변한다. 이로 인해 빛의 방향이 바뀌는 것을 굴절이라고 한다.

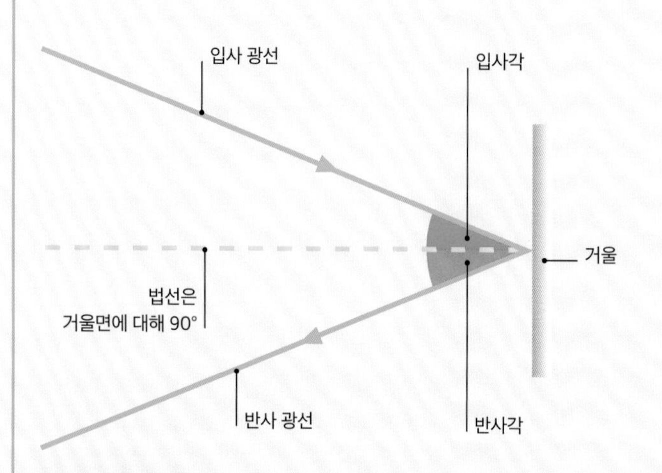

입사각과 반사각

빛이 표면에 부딪히는 각도인 입사각은 빛이 반사되는 각도인 반사각과 같다. 각도는 법선이라고 하는 가상의 선을 기준으로 측정된다.

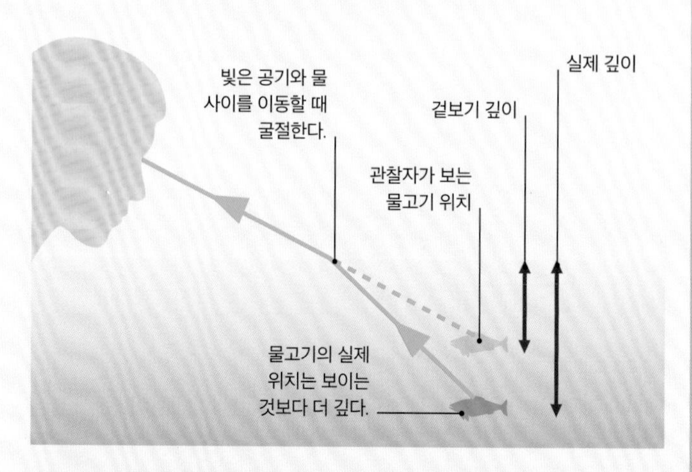

실제 깊이와 겉보기 깊이

빛은 물에서 공기로 통과할 때 굴절한다. 즉, 물속의 물체를 비스듬히 바라보면 실제보다 수면에 더 가까이 있는 것처럼 보인다.

빛은 전자기파로 구성되어 있다. "백색광"은 각각 고유한 파장을 가진 여러 가지 색의 빛이 혼합된 것이다. 백색광이 프리즘이라고 하는 투명한 삼각형 유리블록을 통과하면 빛이 굴절된다. 프리즘은 빛을 여러 파장으로 분할하여 스펙트럼이라고 하는 눈에 보이는 색상 띠를 형성한다.

빛의 분산

프리즘은 파장에 따라 빛을 굴절시킨다. 스펙트럼에는 7개의 주요 색이 있으며 빨간색은 파장이 가장 길고 보라색은 가장 짧다.

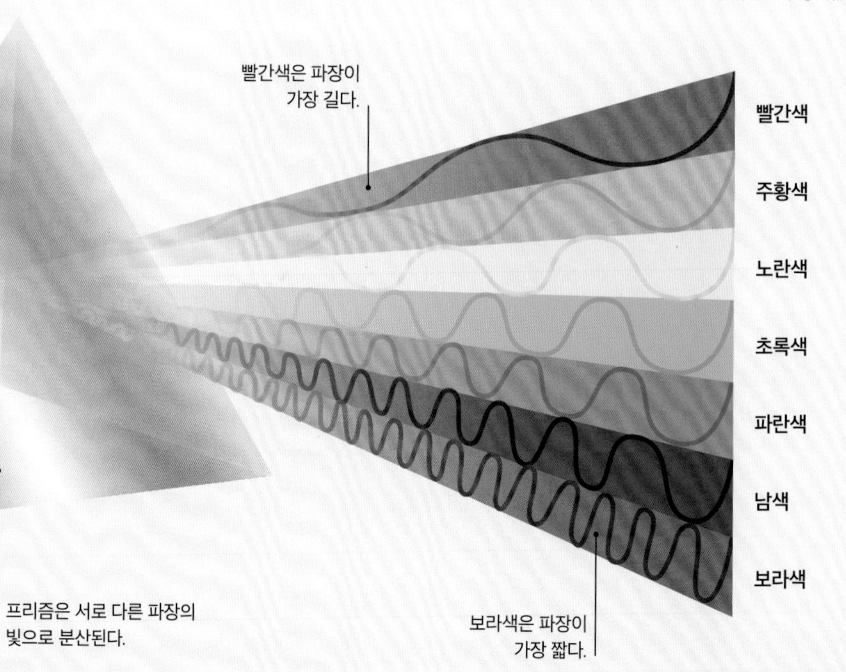

전기

전기는 원자에서 발견되는 작은 입자인 전자의 움직임에 의해 생성되는 에너지의 일종이다. 전자가 구리선과 같은 물질을 통해 흐르면 전류, 전기가 한 곳에 축적되면 정전기라고 한다. 전류는 도체를 통해서만 흐를 수 있는데 많은 금속들은 쉽게 이동할 수 있는 자유 전자를 가지고 있어 좋은 도체가 된다.

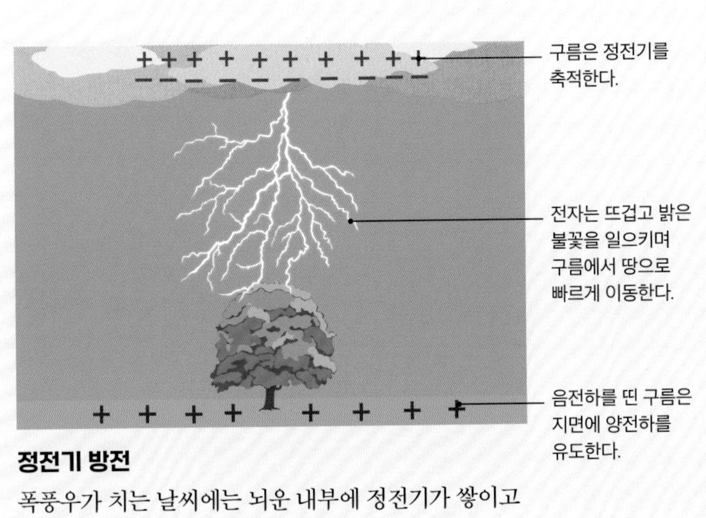

구름은 정전기를 축적한다.
전자는 뜨겁고 밝은 불꽃을 일으키며 구름에서 땅으로 빠르게 이동한다.
음전하를 띤 구름은 지면에 양전하를 유도한다.

정전기 방전

폭풍우가 치는 날씨에는 뇌운 내부에 정전기가 쌓이고 구름의 바닥이 음전하를 띠게 된다. 이는 지면에 양전하를 유도하고 둘 사이의 인력이 번개라는 거대한 불꽃을 만들어 낸다.

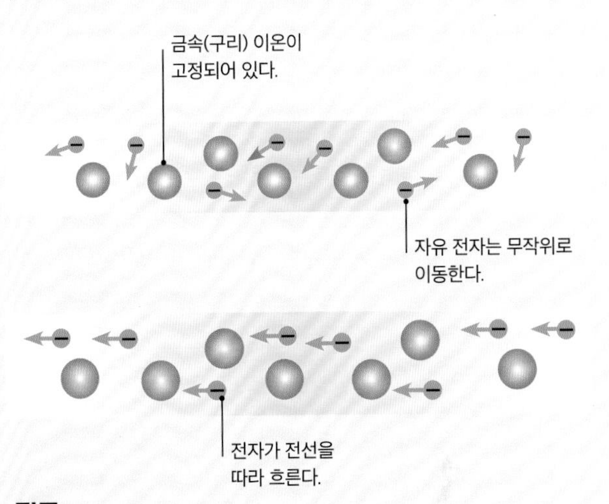

금속(구리) 이온이 고정되어 있다.

전자가 전선을 따라 흐른다.

전류

전류는 회로를 따라 흐른다. 전자가 회로를 통과할 수 있는 에너지를 공급하려면 배터리와 같은 전원이 필요하다. 배터리에 연결되지 않으면 자유 전자는 모든 방향으로 무작위로 이동한다.

자석

자력은 자석과 전류가 만들어 내는 눈에 보이지 않는 힘이다. 모든 자석에는 자력이 가장 강한 양쪽 끝(N극, S극)이 있다. 자석 주위의 보이지 않는 힘의 공간을 자기장이라고 한다.

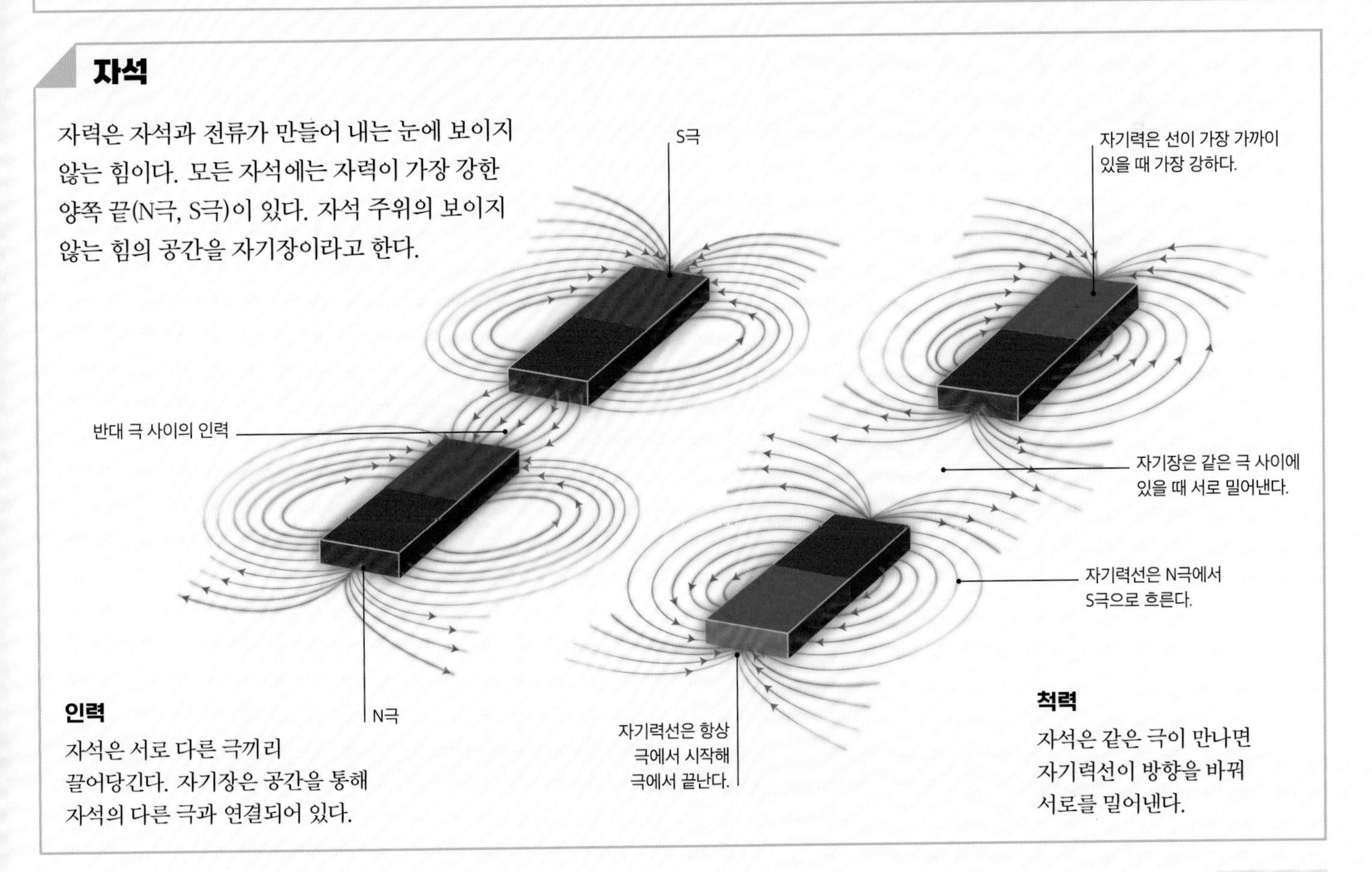

S극
자기력은 선이 가장 가까이 있을 때 가장 강하다.
반대 극 사이의 인력
자기장은 같은 극 사이에 있을 때 서로 밀어낸다.
자기력선은 N극에서 S극으로 흐른다.
N극
자기력선은 항상 극에서 시작해 극에서 끝난다.

인력

자석은 서로 다른 극끼리 끌어당긴다. 자기장은 공간을 통해 자석의 다른 극과 연결되어 있다.

척력

자석은 같은 극이 만나면 자기력선이 방향을 바꿔 서로를 밀어낸다.

지구과학

암석과 금속의 혼합체인 지구는 지각, 맨틀, 핵으로 구성된다. 지각은 두꺼운 대륙 지각과 얇은 해양 지각으로 이루어져 있으며 지각 아래에 있는 맨틀은 고체와 반고체 암석으로 이루어져 있다. 지구의 중심에 있는 핵은 액체 금속으로 이루어진 외핵과 니켈과 철로 만들어진 더 작고 단단한 고체 내핵으로 구성되어 있다.

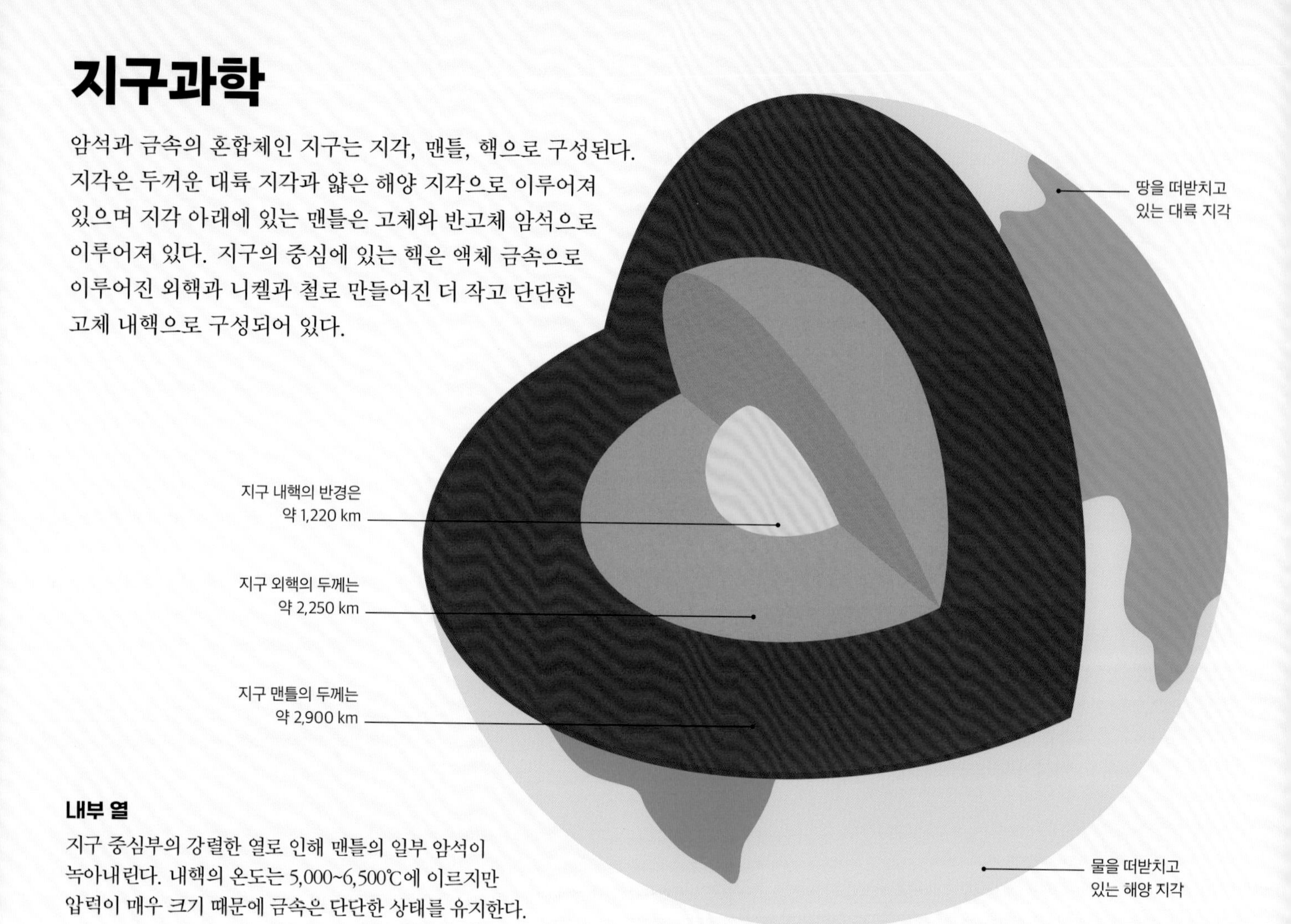

내부 열

지구 중심부의 강렬한 열로 인해 맨틀의 일부 암석이 녹아내린다. 내핵의 온도는 5,000~6,500℃에 이르지만 압력이 매우 크기 때문에 금속은 단단한 상태를 유지한다.

지구 통계

지구는 우주에서 생명체가 존재하는 것으로 알려진 유일한 곳이다. 수백만 년에 걸쳐 다양한 자연 과정이 결합하여 높은 산에서 깊은 해구가 있는 광활한 바다에 이르기까지 세계에서 가장 멋진 자연 지형을 만들어 냈다.

대륙

아시아, 아프리카, 북아메리카, 남아메리카, 유럽, 오세아니아, 남극 총 7개의 대륙이 있다.

해양

태평양은 세계 오대양 중 가장 넓으며 대서양, 인도양, 남극해, 북극해가 그 뒤를 잇고 있다.

가장 추운 곳

남극의 보스토크 기지는 1983년 7월 21일 -89.2℃로 최저 기온을 기록했다.

가장 더운 곳

캘리포니아의 데스밸리는 1913년 7월 10일 56.7℃로 최고 기온을 기록했다.

살아 있는 생물

지구에는 약 870만 종의 생물이 살고 있으며 대부분이 곤충이다.

가장 높은 지점

세계에서 가장 높은 산은 히말라야 에베레스트산으로 높이가 8,848 m이다.

가장 깊은 지점

세계에서 가장 깊은 곳은 태평양 마리아나 해구로 수심이 10,994 m이다.

가장 습한 곳

지구상에서 가장 비가 많이 오는 곳은 인도 마우신람으로 연평균 강수량이 1,186 cm이다.

암석과 광물

지구 표면은 암석으로 이루어져 있으며 암석은 광물로 구성되어 있다. 암석은 형성 방법에 따라 화성암, 퇴적암, 변성암으로 분류된다. 대부분의 광물은 단순한 기하학적 형태를 가지고 있는 결정체이며 각 광물은 고유한 결정 구조와 화학적 조성을 가진다.

암석
화성암
퇴적암
변성암
뜨겁고 용융된 암석이 식어 굳은 것으로 일부 화성암은 지하 깊은 곳에서 형성되며 화산 용암이 지구 표면에서 식을 때 형성된 화성암도 있다.
다른 암석에서 떨어져 나온 알갱이들이 시간이 지남에 따라 층을 이루어 퇴적되고 암석으로 굳어진다.
땅속 깊은 곳에서 강렬한 열과 압력이 기존 화성암이나 퇴적암의 미네랄 함량을 변화시킬 때 형성된다.
부석
투르말린 페그마타이트
점토암
역암
압쇄암
에클로자이트
화강섬록암
유문암
부싯돌
함철암
사문암
스카른
광물
원소광물
화합물
황, 탄소, 구리와 같은 금속 등 한 종류의 원소가 포함되어 있다.
두 종류 이상의 원소가 포함된 광물이다. 예를 들어 형석은 칼슘과 플루오린을 함유하고 있다.
황
구리
반동석
형석

판 구조론

지구의 지각은 지각판이라는 거대한 암석 덩어리로 이루어져 있으며 이 지각판은 지구 표면을 가로질러 끊임없이 움직인다. 두 개의 판이 함께 움직이면 지각이 구부러지면서 거대한 산맥이 형성된다. 판이 떨어져 움직이면 지각에 균열이 생긴다. 여기서 마그마가 맨틀에서 분출하여 새로운 해저와 해령을 형성한다.

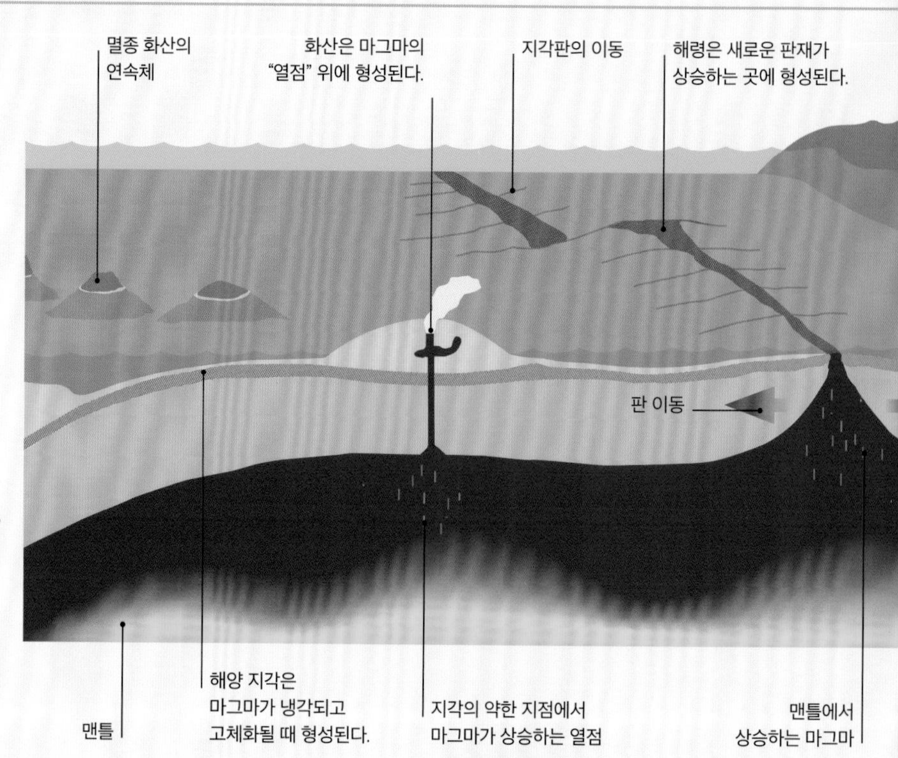

멸종 화산의 연속체
화산은 마그마의 "열점" 위에 형성된다.
지각판의 이동
해령은 새로운 판재가 상승하는 곳에 형성된다.
판 이동
맨틀
해양 지각은 마그마가 냉각되고 고체화될 때 형성된다.
지각의 약한 지점에서 마그마가 상승하는 열점
맨틀에서 상승하는 마그마

격렬한 지구

지진과 화산은 판 경계에서 발생한다. 암석 판이 마찰하게 되면 암석이 서로 붙어 있다가 갑자기 떨어져 나가면서 지진이 발생하고 암석 판이 떨어져 나갈 때 맨틀의 마그마가 지각의 약한 지점을 통해 지표면으로 분출하여 화산을 형성한다.

화산

지구 깊은 내부에서 암석이 녹아 형성된 마그마는 지구 표면으로 솟구쳐 올라 화산 폭발을 일으킨다. 용암이 천천히 스며 나오는 곳도 있고 뜨거운 용암과 붉고 뜨거운 암석 덩어리, 화염의 재와 증기의 구름이 포함된 엄청난 폭발이 일어나는 곳도 있다. 활동이 매우 활발한 화산도 있고 드물게 분화하는 화산도 있다.

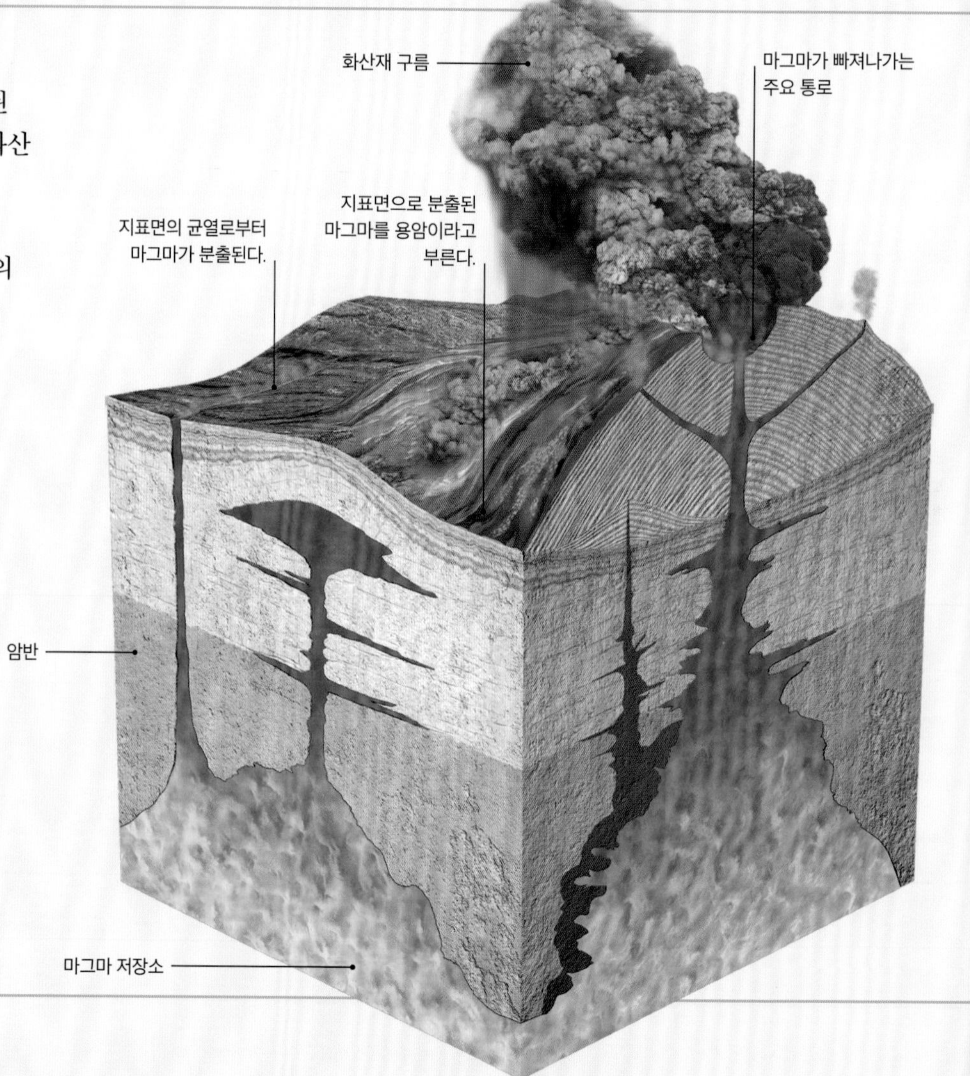

화산재 구름
마그마가 빠져나가는 주요 통로
지표면의 균열로부터 마그마가 분출된다.
지표면으로 분출된 마그마를 용암이라고 부른다.
암반
마그마 저장소

화산의 분출 원리

화산은 마그마가 지표로 솟아오르는 통로이다. 화산이 폭발적으로 분출하는 것은 분출구 아래 마그마와 가스가 축적되어 충분한 압력을 생성하였기 때문이다. 이렇게 분출된 용암이 냉각되고 굳으면서 화산이 형성된다.

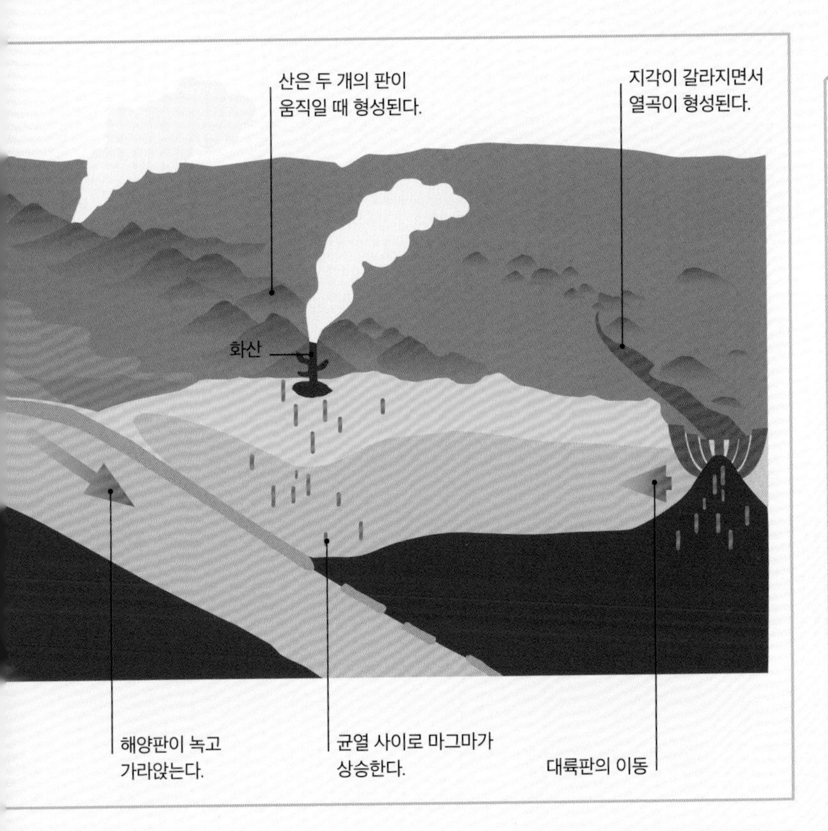
산은 두 개의 판이
움직일 때 형성된다.
지각이 갈라지면서
열곡이 형성된다.
화산
해양판이 녹고
가라앉는다.
균열 사이로 마그마가
상승한다.
대륙판의 이동

화산의 유형

화산은 분출하는 마그마의 종류, 용암의 냉각 속도, 분화구의 모양, 분출 유형에 따라 순상화산, 성층화산, 칼데라, 분석구로 나뉜다.

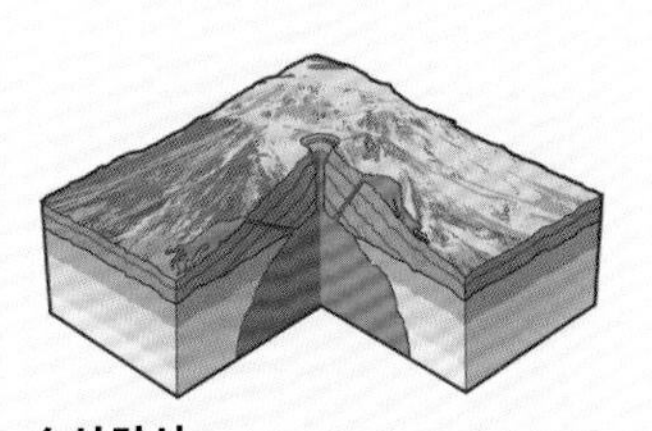

순상화산
빠르게 흐르는 용암이 넓고 완만한 경사를 형성하는 화산

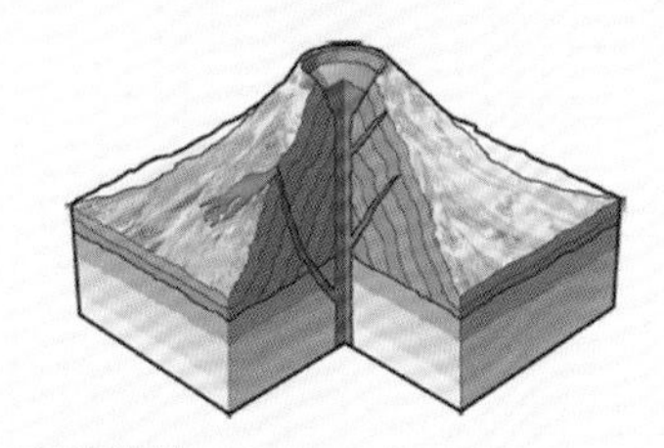

성층화산
용암이 빠르게 냉각되고 굳어져서 가파른 경사를 형성하는 화산

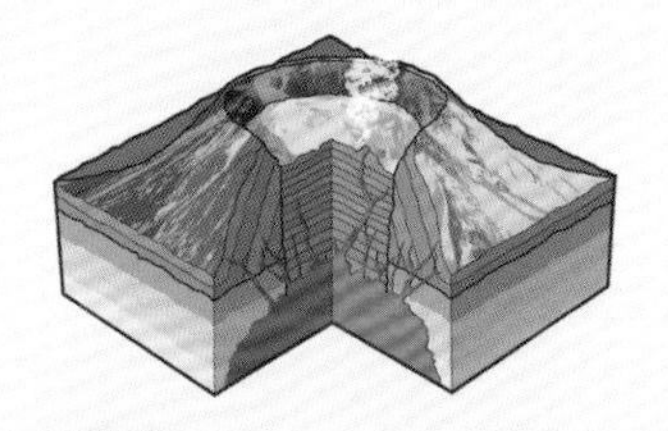

칼데라
성층화산의 벽이 부분적으로 무너질 때 형성된 가마솥 모양의 거대한 분화구

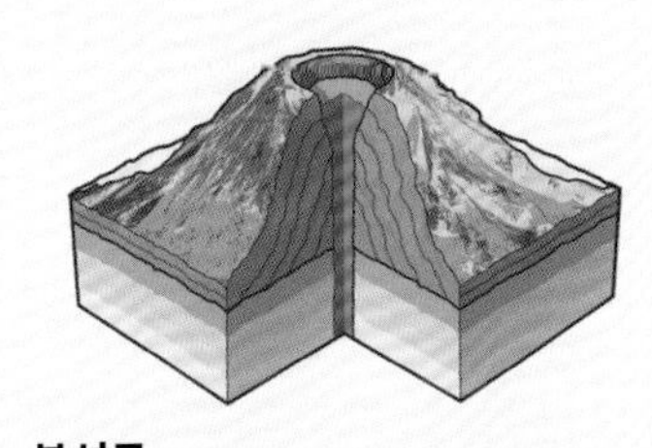

분석구
하나의 분출구에서 마그마가 분출하여 용암과 화산재층이 쌓일 때 형성된 원뿔형 화산

리히터 규모

지진의 크기를 측정하는 방법으로 가장 잘 알려진 리히터 규모는 지진으로 인한 지반 진동의 양을 측정하는데 규모 1이 가장 약한 진동을 나타낸다.

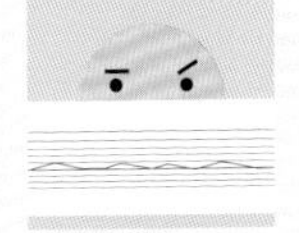

1.0 거의 감지 불가
미세한 진동은 지하 깊은 곳에서 느껴진다. 지진계로 감지할 수 있지만 보통 사람은 감지하지 못한다.

2.0 진동 감지
건물 고층에 가만히 앉아 있을 때 흔들림을 느낄 수 있다.

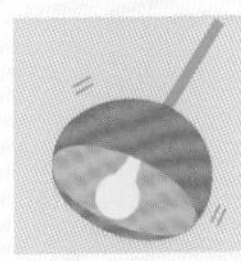

3.0 물체 흔들림
지진으로 인식할 수는 없지만 흔들림이 더 분명해진다. 매달린 물체가 흔들리기 시작한다.

4.0 나무 흔들림
실내에서는 대형 트럭이 건물 밖을 지나가는 것 같은 진동을 느낀다. 나무가 흔들리고 창문이 덜컹거린다.

5.0 물 쏟아짐
액체가 잔에서 쏟아지거나 일부 창문이 깨지고 문이 열릴 수 있으며 실외의 사람들은 넘어질 수 있다.

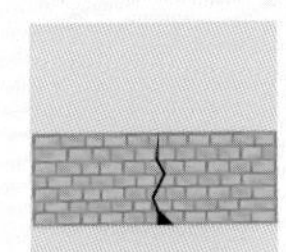

6.0 벽 갈라짐
규모 6.0의 지진에는 서 있기 어렵다. 벽에 금이 가고 지붕에서 기와가 떨어질 수 있다.

7.0 집 흔들림
규모 7.0의 지진은 상당한 피해를 초래한다. 집의 기초가 흔들리고 도로가 갈라질 수 있다.

8.0 건물 붕괴
건물과 다리가 무너진다. 철로가 휘거나 산사태가 발생할 수도 있다.

9.0 이상 파괴
지면에 거대한 균열이 생겨 모든 건물이 파괴되고 많은 사상자가 발생한다.

우주

우주는 대략 140억 년 전에 빅뱅이라는 대폭발로 생성되었다고 추정된다. 그 이후로 우주는 점점 더 빠른 속도로 진화하고 확장해 왔다. 수 세기 동안 천문학자들은 지구에서 관측할 수 있는 천체만 연구할 수 있었으나 현재는 망원경부터 로봇 우주선에 이르기까지 다양하고 정교한 장비를 사용하여 우주를 탐험하고 있다.

우주에 무엇이 있을까?

우주에서 가장 흔한 천체는 은하계를 구성하는 수십억 개의 별이다. 태양은 우리 은하에 있는 수백만 개의 별 중 하나에 불과하다. 태양과 그 주위를 도는 행성들은 달, 혜성, 소행성 같은 다른 천체들과 함께 태양계를 구성한다.

은하계
우주에는 1,000억 개 이상의 은하가 존재하며 각 은하는 별, 가스, 먼지가 중력에 의해 하나로 뭉쳐진 광대한 집합체로 구성되어 있다.

성운
"구름"을 뜻하는 라틴어에서 유래된 성운은 가스와 먼지로 이루어진 거대한 구름으로 우주의 모든 별은 성운에서 만들어진다.

별
우주에는 다른 어떤 천체보다 많은 별이 있다. 뜨겁고 빛나는 가스로 이루어진 회전하는 구체이다. 대부분의 별은 수소와 헬륨으로 이루어져 있다.

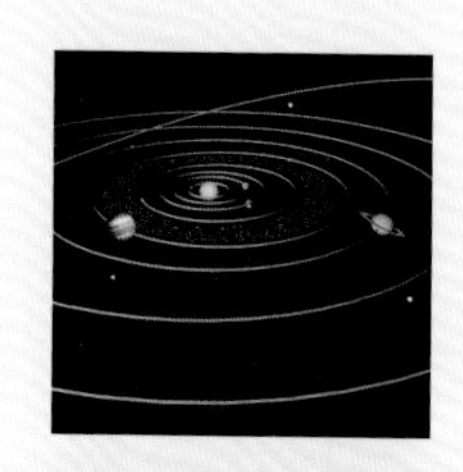

행성
태양 주위를 공전하는 행성은 태양이 형성될 때 남은 가스와 먼지로부터 46억 년 전에 생성되었으며 대부분의 다른 별들도 행성을 가지고 있다.

위성
행성을 공전하는 작은 천체로 수성과 금성을 제외한 태양계의 모든 행성에는 위성이 있다.

기타 천체
태양계의 작은 천체 중 가스와 먼지로 이루어진 얼어붙은 구체인 혜성과 태양 궤도를 도는 암석과 금속 조각인 소행성이 있다.

우주 탐사

우주 시대는 1957년 최초의 인공위성이 발사되면서 시작되었다. 그 이후로 수백 명의 우주비행사와 로봇 우주선이 지구에서 우주를 탐험하기 위해 우주를 여행했다. 로봇 우주 탐사선은 우주비행사 없이 우주를 여행할 수 있으므로 유인 우주선보다 비용이 절감되고 안전하다.

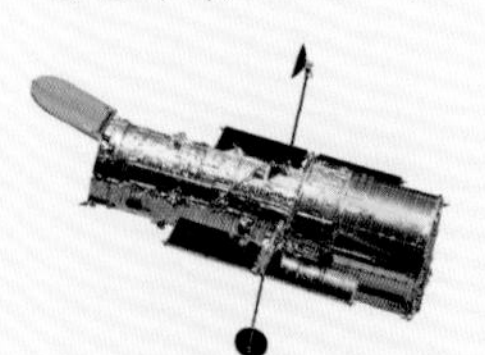

우주 망원경
별과 은하에서 빛과 여러 에너지를 수집하여 우주를 더 잘 볼 수 있게 해 준다.

로봇 우주선
1959년부터 행성과 위성으로 장거리 여행을 하는 데 사용되었다.

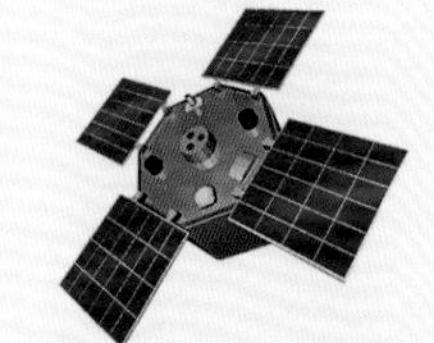

위성
지구를 돌며 전화 통화 중계, 일기 예보 데이터 수집 등 다양한 용도로 사용된다.

우주정거장
우주비행사가 생활하고 일할 수 있는 기지를 제공하며 우주 임무를 위한 발사대 역할을 한다.

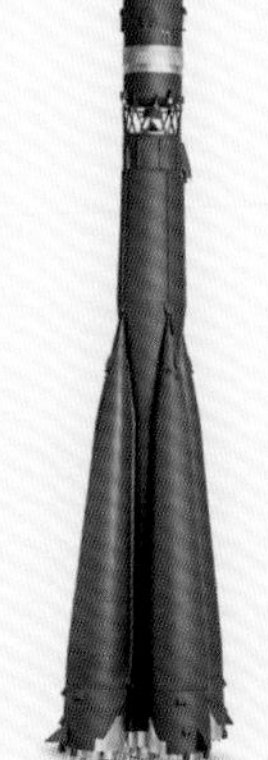

로켓
위성이나 우주선을 우주로 보내는 데 사용된다. 로켓 장비나 승무원의 하중을 페이로드라고 한다.

달 탐사 임무

달에 도달한 최초의 우주선은 1959년 소련의 탐사선 루나 2호였으며 의도적으로 달 표면에 충돌했다. 그 후 현재까지 유인 및 무인 우주선이 달 탐사 임무를 수십 차례 수행했다.

임무 성공

여러 기술적인 이유로 실패한 임무도 있었다. 다음은 달 탐사에 성공한 임무 목록이다.

구분	우주선 이름	발사 연도	발사 장소	우주선 종류
1	파이오니어 4호	1959	미국	스윙바이
2	루나 2호	1959	소련/러시아	착륙선
3	루나 3호	1959	소련/러시아	스윙바이
4	레인저 7호	1964	미국	착륙선
5	레이저 9호	1965	미국	착륙선
6	존드 3호	1965	소련/러시아	스윙바이
7	루나 9호	1966	소련/러시아	착륙선
8	루나 10호	1966	소련/러시아	궤도선
9	서베이어 1호	1966	미국	착륙선
10	루나오비터 1호	1966	미국	궤도선
11	루나오비터 2호	1966	미국	궤도선
12	루나오비터 4호	1967	미국	궤도선
13	익스플로러 35호	1967	미국	궤도선
14	루나오비터 5호	1967	미국	궤도선
15	서베이어 7호	1968	미국	착륙선
16	루나 14호	1968	소련/러시아	궤도선
17	존드 6호	1968	소련/러시아	스윙바이
18	아폴로 8호	1968	미국	궤도선
19	아폴로 10호	1969	미국	궤도선
20	아폴로 11호	1969	미국	착륙선
21	루나 16호	1970	소련/러시아	착륙선
22	루나 17호/루노호트 1호	1970	소련/러시아	착륙선
23	아폴로 15호	1971	미국	착륙선
24	아폴로 17호	1972	미국	착륙선
25	루나 21호/루노호트 2호	1973	소련/러시아	착륙선
26	히텐(뮤세스-A)	1990	일본	궤도선/착륙선
27	클레멘타인호	1994	미국	궤도선
28	스마트 1호	2003	유럽	궤도선
29	셀레네호	2007	일본	궤도선
30	창어 1호	2007	중국	궤도선/착륙선
31	찬드라얀 1호	2008	인도	궤도선/착륙선
32	달 탐사 궤도선(LRO)	2009	미국	궤도선
33	창어 2호	2010	중국	궤도선
34	그레일(에브와 플로우)	2011	미국	궤도선
35	창어 3호	2013	중국	착륙선
36	만프레드 추모 달 탐사선	2014	룩셈부르크	스윙바이

태양으로부터의 행성 배열 순서

태양은 약 46억 년 전에 방대한 기체와 먼지구름에서 생성되었으며 남아 있던 구름의 일부가 모여 태양계의 8개 행성을 형성했다. 태양 주위를 타원형 궤도로 공전하는 행성은 크기와 구조가 매우 다양하다. 태양에 가장 가까운 4개의 행성은 암석과 금속으로 만들어진 구체이다. 더 큰 4개의 외행성은 두꺼운 대기층이 액체층을 둘러싸고 있으며 액체층 아래에는 암석층이 있고 4개 행성 모두 고리와 많은 위성을 가지고 있다.

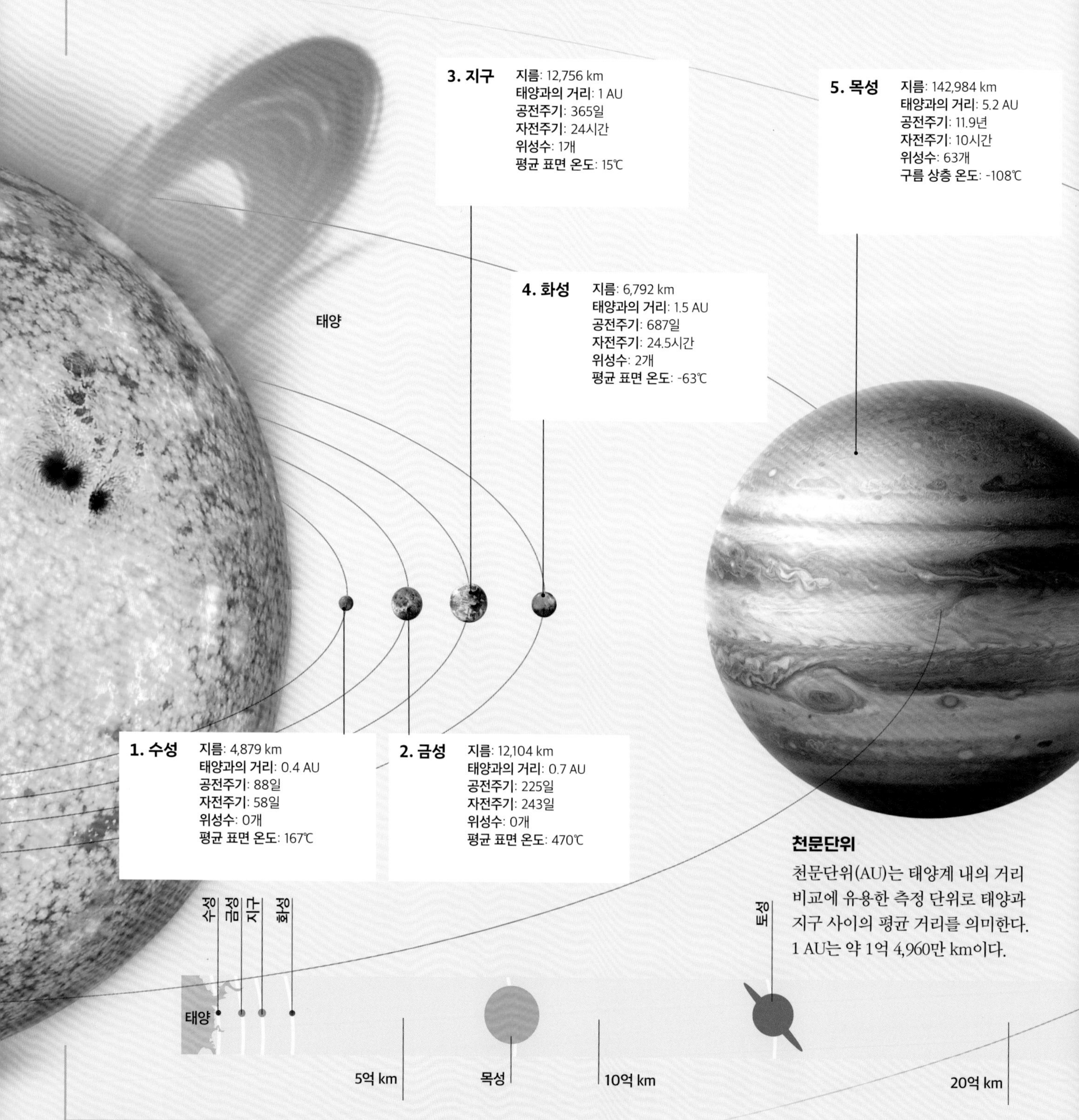

천문단위

천문단위(AU)는 태양계 내의 거리 비교에 유용한 측정 단위로 태양과 지구 사이의 평균 거리를 의미한다. 1 AU는 약 1억 4,960만 km이다.

해왕성 너머

해왕성 너머 태양계의 먼 지역은 춥고 어두운 곳으로 셀 수 없이 많은 왜소행성, 혜성, 소행성, 더 작은 천체가 있다.

오르트 구름

태양계 가장자리에 위치한 거대한 구형 구름으로 네덜란드 천문학자 얀 오르트의 이름을 딴 것이다. 수조 개의 혜성을 포함하고 있다고 추정된다.

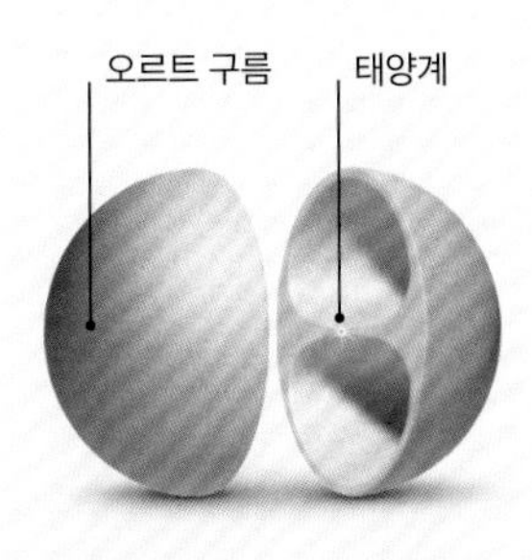

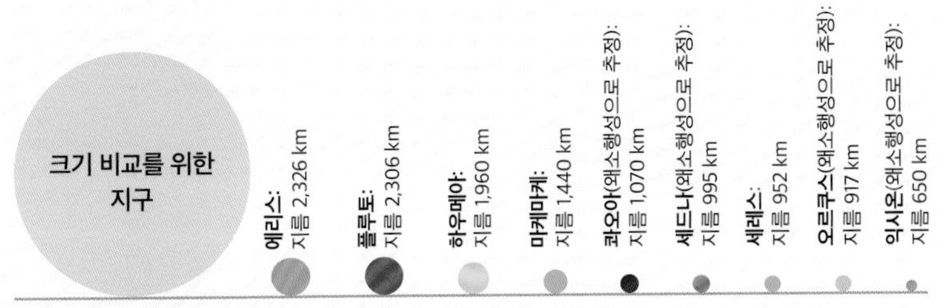

왜소행성

왜소행성은 해왕성 너머 태양계 영역인 카이퍼 벨트에서 주로 발견되는 작은 행성이다. 목성과 화성 사이의 소행성대에서 발견된 세레스도 왜소행성으로 분류된다. 위에 제시된 목록은 주요 왜소행성 중 일부이다.

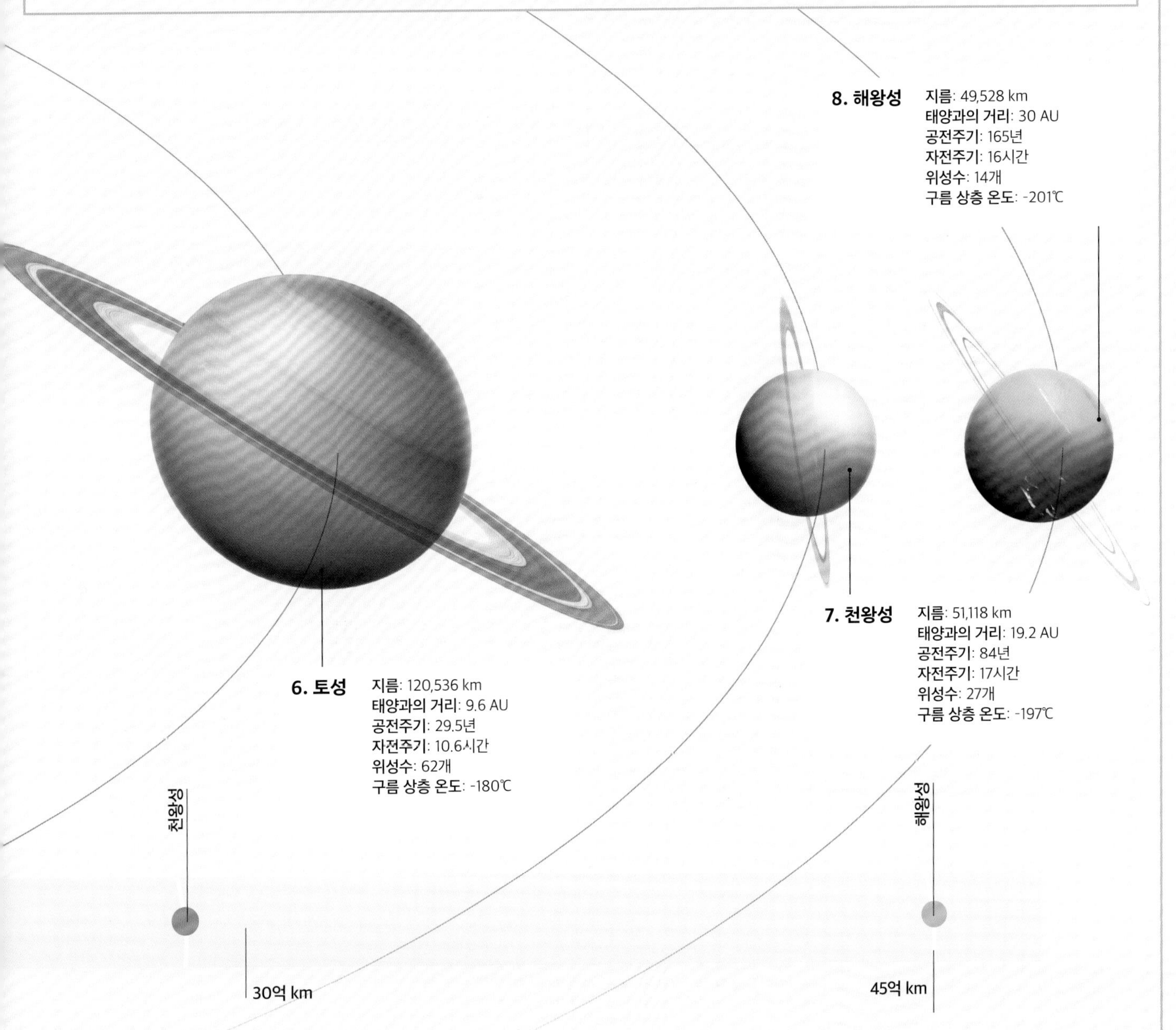

별

별은 매우 뜨거운 가스로 이루어진 밝고 빛나는 구체로 그 중심부에서 엄청난 양의 에너지를 생성한다. 별은 성운으로 알려진 가스와 먼지구름에서 생성되며 중력은 먼지와 가스를 끌어당겨 원시별을 형성한다. 가스가 모이면서 더 뜨거워지고 핵반응이 시작될 만큼 충분히 뜨거워지면 별이 탄생한다. 각각의 별은 수십억 년의 수명을 가지며 죽을 때까지 많은 변화를 겪는다.

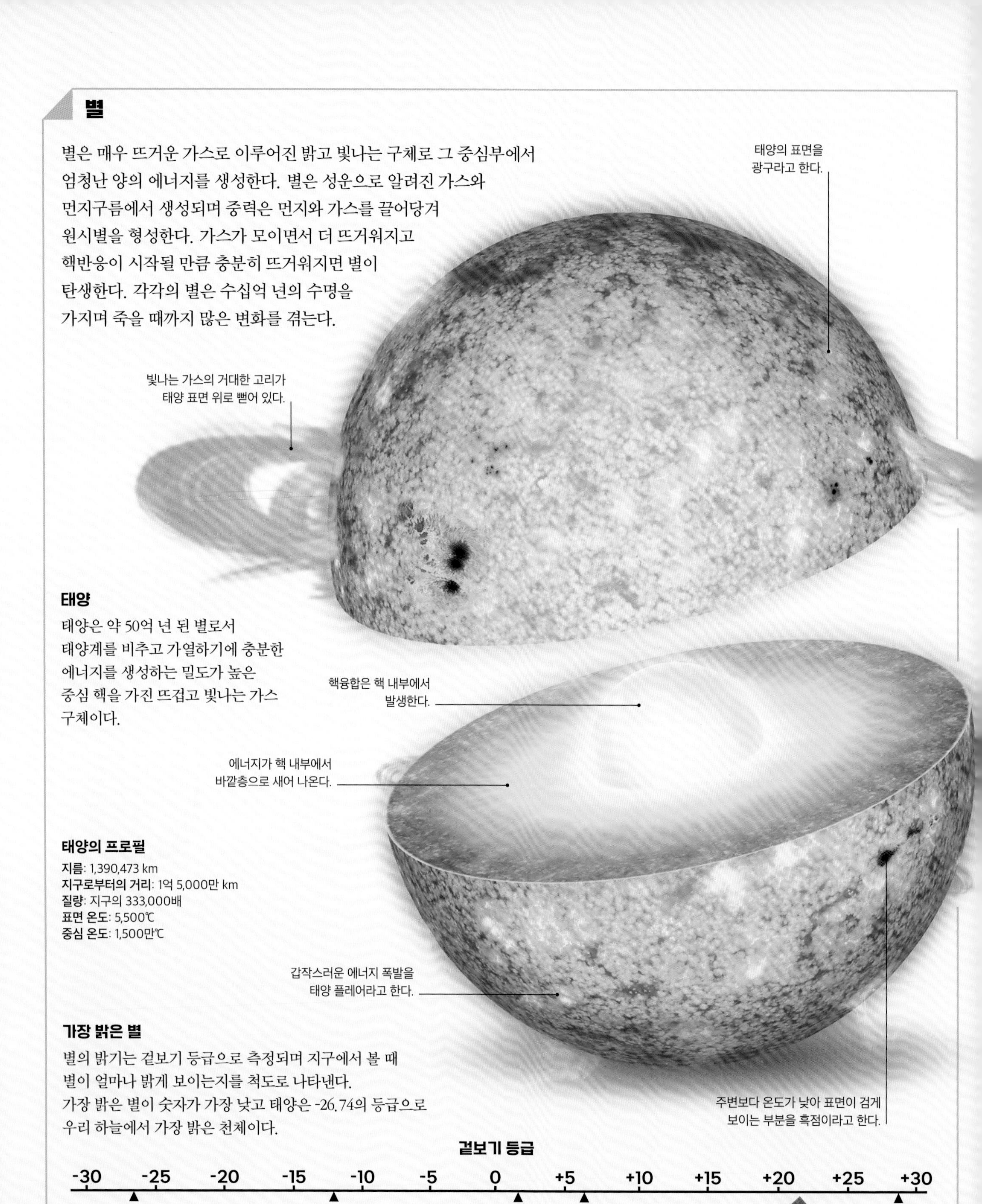

태양의 표면을 광구라고 한다.
빛나는 가스의 거대한 고리가 태양 표면 위로 뻗어 있다.
핵융합은 핵 내부에서 발생한다.
에너지가 핵 내부에서 바깥층으로 새어 나온다.
갑작스러운 에너지 폭발을 태양 플레어라고 한다.
주변보다 온도가 낮아 표면이 검게 보이는 부분을 흑점이라고 한다.

태양

태양은 약 50억 년 된 별로서 태양계를 비추고 가열하기에 충분한 에너지를 생성하는 밀도가 높은 중심 핵을 가진 뜨겁고 빛나는 가스 구체이다.

태양의 프로필

지름: 1,390,473 km
지구로부터의 거리: 1억 5,000만 km
질량: 지구의 333,000배
표면 온도: 5,500℃
중심 온도: 1,500만℃

가장 밝은 별

별의 밝기는 겉보기 등급으로 측정되며 지구에서 볼 때 별이 얼마나 밝게 보이는지를 척도로 나타낸다. 가장 밝은 별이 숫자가 가장 낮고 태양은 -26.74의 등급으로 우리 하늘에서 가장 밝은 천체이다.

달

달은 지구에서 가장 가까운 이웃이다. 바위투성이에 생명체가 없는 달의 표면은 약 45억 년 전 소행성의 충돌로 인해 생겨난 분화구로 덮여 있다. 지각 아래에는 부분적으로 어두운 암석으로 이루어진 깊은 맨틀이 있고 중심핵은 약 1,400℃의 철로 구성되어 있다.

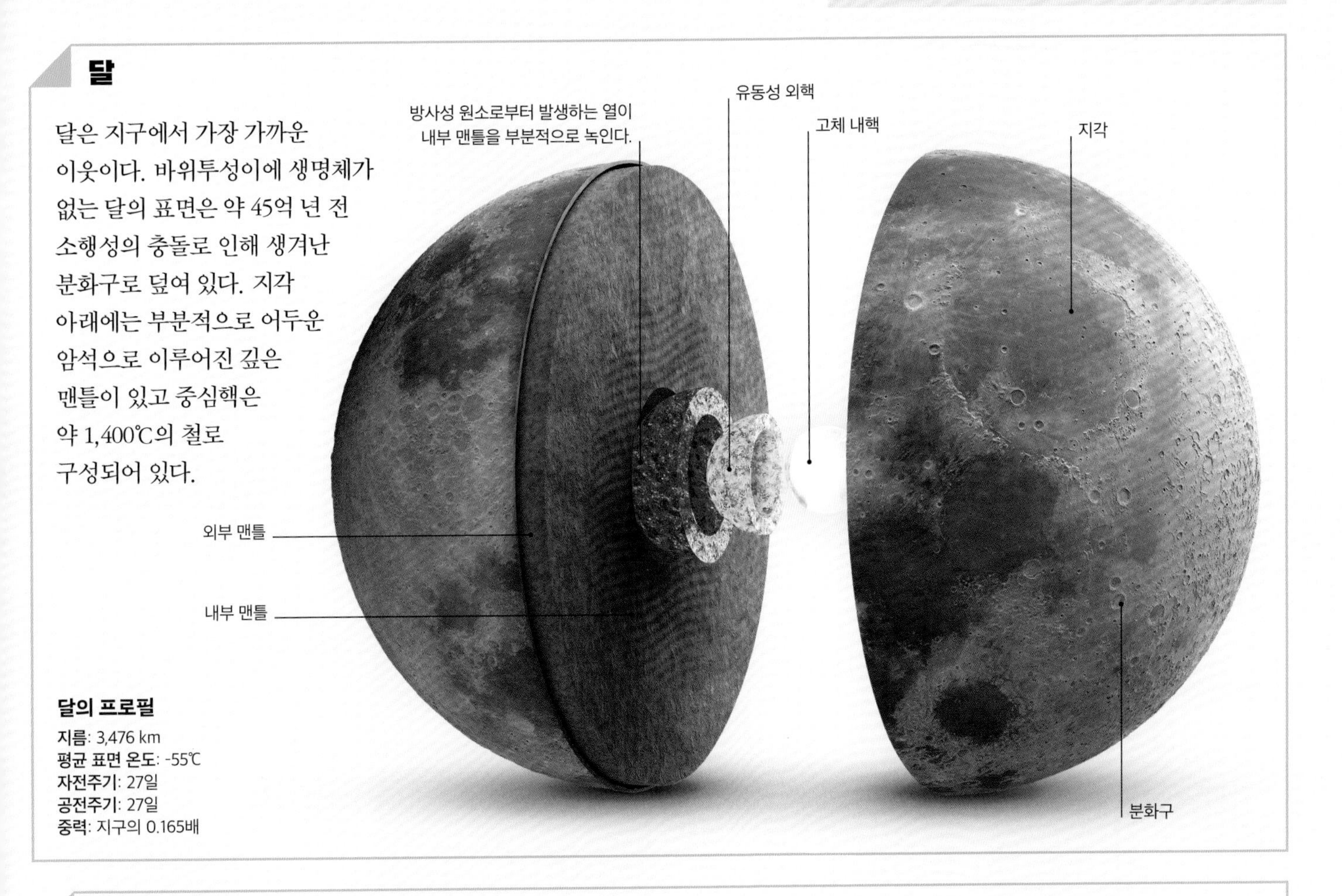

달의 프로필
지름: 3,476 km
평균 표면 온도: -55℃
자전주기: 27일
공전주기: 27일
중력: 지구의 0.165배

일식과 월식

일식은 달의 그림자가 지구 표면을 가로지를 때 발생한다. 월식은 달이 지구의 그림자 속으로 들어갈 때 일어난다. 1년에 최대 7번의 일식과 월식이 일어날 수 있다.

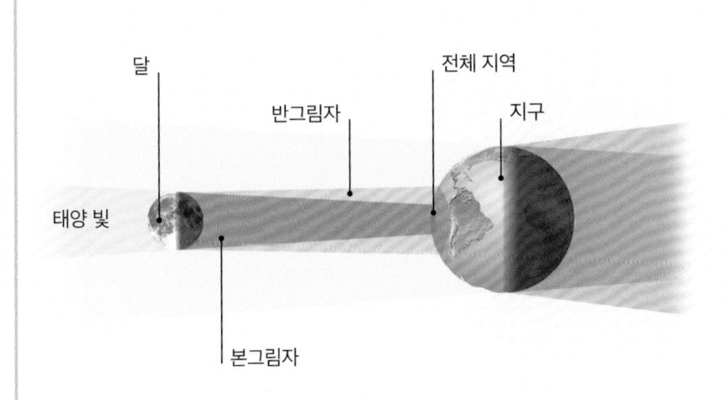

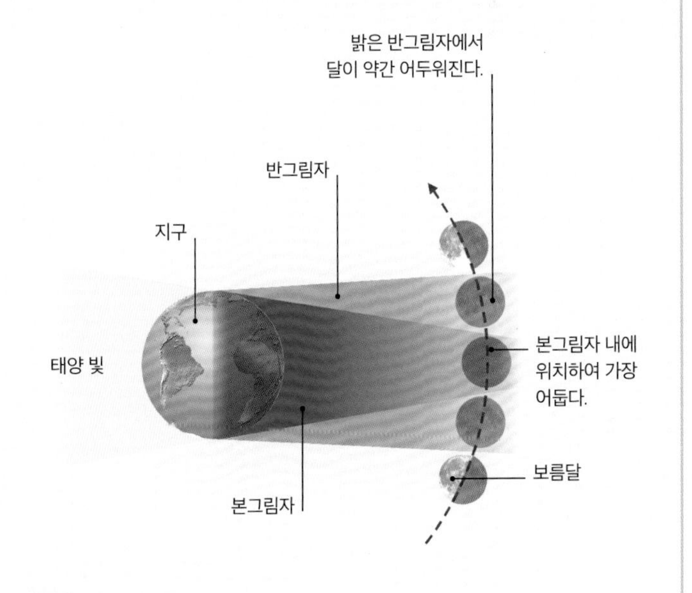

일식

일식은 달이 태양 앞을 가려 지구 표면에 그림자를 드리울 때 발생한다. 달의 본그림자에 위치한 사람들은 개기일식을 볼 수 있고 달의 반그림자에 있는 사람들은 부분일식만 볼 수 있다.

월식

월식은 태양, 지구, 달의 일직선으로 정렬되는 보름달에만 발생한다. 달이 지구의 본그림자에 들어가 태양 빛이 달에 도달하지 못하게 되어 달은 지구에서 보이지 않게 된다.

성운

별은 성운이라 불리는 먼지와 가스의 어두운 구름 깊은 곳에서 생성된다. 천문학자들은 별의 밝기를 측정하기 위해 겉보기 등급이라는 척도를 사용한다. 이는 지구에서 관찰되는 별의 밝기를 나타낸다. 6등급까지의 별은 육안으로 관찰이 가능하지만 7등급 이상의 별을 보려면 쌍안경이나 망원경이 필요하다. 다음은 가장 밝은 일부 성운들이다.

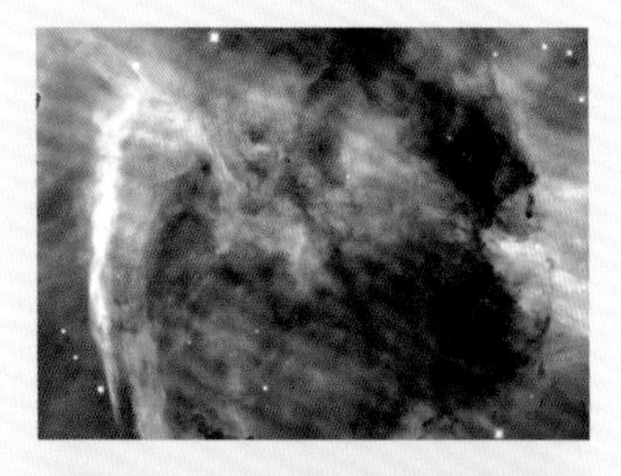

이름: 카리나성운
명칭: NGC 3372
별자리: 용골자리
겉보기 등급: 1
거리: 6,500광년
가시성: 육안

이름: 아령성운
명칭: M27
별자리: 여우자리
겉보기 등급: 7.5
거리: 1,360광년
가시성: 쌍안경

이름: 오리온성운
명칭: M42
별자리: 오리온자리
겉보기 등급: 4
거리: 1,340광년
가시성: 육안

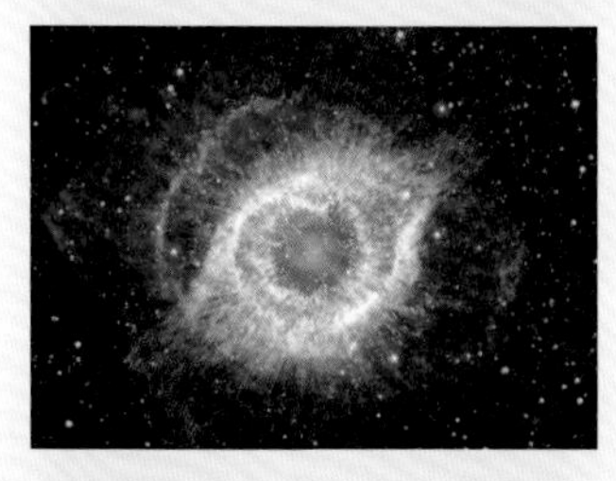

이름: 나선성운
명칭: NGC 7293
별자리: 물병자리
겉보기 등급: 7.6
거리: 700광년
가시성: 쌍안경

이름: 석호성운
명칭: M8
별자리: 궁수자리
겉보기 등급: 6
거리: 4,100광년
가시성: 육안

이름: 장미성운
명칭: NGC 2237
별자리: 외뿔소자리
겉보기 등급: 9
거리: 5,200광년
가시성: 쌍안경

은하

은하는 거대한 별, 가스, 먼지, 암흑물질로 이루어진 집합체이다.
수십억 년 전, 천천히 독특한 모양으로 형성되며 탄생했다. 은하에는 나선형, 막대나선형, 타원형, 불규칙형 등 4가지 주요 유형이 있다. 태양은 은하수라는 막대나선형 은하에 속해 있다. 아래 표는 쌍안경이나 육안으로 관찰할 수 있는 일부 은하계를 나열한 것이다.

색인

 불규칙 은하  막대나선은하

나선은하 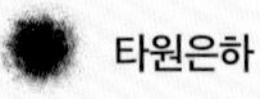

타원은하

유형	이름	코드	별자리	겉보기 등급	거리	가시성
	대마젤란운	LMC	황새치자리/멘사자리	0.9	16만 광년	육안
	소마젤란운	SMC	큰부리새자리	2.7	20만 광년	육안
	안드로메다 은하	M32	안드로메다자리	3.4	250만 광년	육안
	삼각형자리 은하	M33	삼각형자리	5.7	290만 광년	쌍안경
	센타우루스자리 A 은하	NGC 5128	센타우루스자리	6.8	1,370만 광년	쌍안경
	보데 은하	M81	큰곰자리	6.9	1,180만 광년	쌍안경
	남쪽 바람개비 은하	M83	바다뱀자리	7.5	1,520만 광년	쌍안경
	조각실자리 은하	NGC 253	조각가자리	8.0	1,140만 광년	쌍안경

혜성

혜성은 오르트 구름으로 알려진 광대한 구름 속에 태양계 가장자리에 존재하는 깨지기 쉬운 눈과 먼지 덩어리이다. 혜성의 중심에는 지름이 수 킬로미터에 달하는 더러운 눈덩어리인 핵이 있다. 혜성이 태양에 아주 가까이 지나가면 눈이 가스로 변하고 그 과정에서 먼지와 가스를 방출한다. 이것은 거대한 구형의 머리와 하나 또는 두 개의 꼬리로 구성된 코마라고 불리는 거대한 물질 구름을 형성한다.

주기 혜성
혜성이 오르트 구름을 떠나면 일정한 간격으로 태양에 가까워지는 궤도를 따라 이동할 수 있다. 핼리 혜성과 같은 단주기 혜성은 태양 궤도를 도는 데 200년 미만이 걸린다.

번호	이름	궤도 주기	관측 수	다음 도착 예정 시기
1	1P/핼리	75년	30	2061년 7월
2	2P/엔케	3년 3개월	62	2027년 2월
3	6P/다레스트	6년 5개월	20	2028년 3월
4	9P/템플	5년 5개월	12	2028년 2월
5	17P/홈스	6년 8개월	10	2028년 1월
6	21P/글라코비니-지너	6년 6개월	15	2025년 3월
7	29P/슈바스만-바흐만	15년	7	2035년 2월
8	39P/오테르마	19년	4	2042년 7월
9	46P/비르타넨	5년 4개월	10	2029년 10월
10	50P/아렌드	8년 2개월	8	2032년 8월
11	55P/템펠-터틀	33년	5	2031년 5월
12	67P/츄류모프-게라시멘코	6년 4개월	7	2028년 4월
13	81P/빌트	6년 4개월	6	2029년 5월
14	109P/스위프트-터틀	133년	5	2126년 7월

유성

혜성과 소행성은 우주를 여행할 때 유성이라고 불리는 암석과 먼지 덩어리를 흩뿌린다. 가장 작은 유성체는 지구 대기를 통과하면서 불타서 유성으로 알려진 빛의 줄무늬를 만들어낸다. 대부분의 유성은 타버리기 전에 몇 초 동안만 빛을 발한다. 유성이 완전히 타지 않으면 남은 조각이 지구 표면에 떨어지며 이를 운석이라고 한다. 지구에 떨어지는 대부분의 운석은 작은 바위보다 크지 않다.

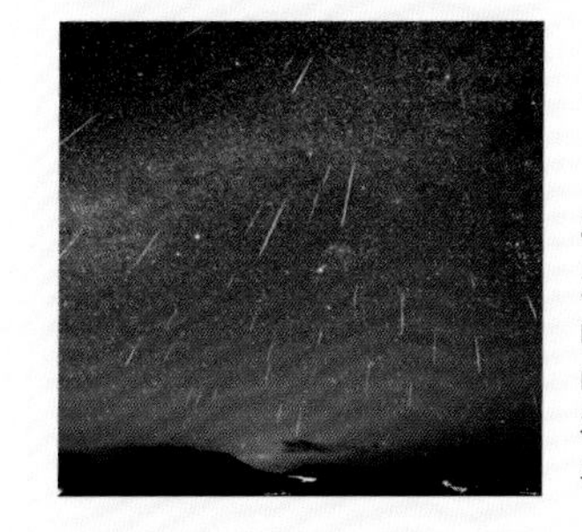

유성우
지구가 유성의 밀집 지역을 통과할 때 유성우 즉 "별똥별"이 생성된다. 다음은 주요 유성우와 매년 유성우가 관측될 가능성이 가장 높은 날짜의 목록이다.

번호	이름	극대기	시간당 유성 수	모혜성/소행성
1	용자리 유성우	1월 4일	120	2003 EH1
2	거문고자리 유성우	4월 22일	10	C/1861 G1(대처)
3	물병자리 에타 유성우	5월 5일	30	1P/핼리
4	페르세우스자리 유성우	8월 12일	100	109P/스위프트-터틀
5	쌍둥이자리 유성우	12월 14일	120	3200 페이톤

인명록

오늘날 우리가 알고 있는 모든 과학 지식은 수 세기에 걸쳐 세계에서 가장 뛰어난 사람들이 신중하게 질문하고 연구하고 관찰한 결과물이다. 다음에 역사상 가장 영감을 준 과학자, 발명가, 수학자, 철학자들이 소개되어 있다.

가브리엘로 팔로피오(1523~1562)
귀와 생식 기관의 구조에 대한 초기 지식에 기여한 이탈리아의 해부학자. 그의 연구 결과는 1561년 『해부학 관찰』에 발표되었다.

갈릴레오 갈릴레이(1564~1642)
68~69쪽

굴리엘모 마르코니(1874~1937)
이탈리아의 물리학자, 전기공학자, 무선 통신 발명가. 그는 1896년 영국 해협에서 최초의 무선 신호를 보냈고 1902년에는 대서양을 가로질러 전파를 전송하는 데 성공했다. 1909년 노벨 물리학상을 페르디난트 브라운과 공동 수상했으며 단파 무선 통신을 개발하는 데 기여했다.

귀스타브 가스파르 코리올리(1792~1843)
지구의 회전으로 인해 바람이나 해류가 지구 표면을 가로질러 곡선 경로를 따르게 하는 힘인 코리올리 힘을 처음 설명한 프랑스의 엔지니어이자 수학자이다.

그레이스 호퍼(1906~1992)
205쪽

길버트 화이트(1720~1793)
영국의 박물학자이자 성직자, 작가로 영국 햄프셔에 있는 집 주변의 자연사에 관심을 갖게 되었다. 1789년에는 다른 박물학자들과의 서신을 모아 오늘날까지도 널리 읽히고 있는 『셀본의 자연사와 유물들』을 출간했다.

니콜라우스 코페르니쿠스(1473~1543)
57쪽

니콜라 테슬라(1856~1943)
155쪽

닐스 보어(1885~1962)
168쪽

도로시 호지킨(1910~1994)
페니실린, 인슐린, 비타민 B12의 분자 구조를 규명한 것으로 알려진 영국의 화학자. 호지킨은 X-선 결정학을 사용하여 각 분자의 원자와 결합에 대한 지도를 만들었다. 이 연구로 1964년 노벨 화학상을 수상했다.

드니 파팽(1647~약 1712)
프랑스 태생의 영국 물리학자이자 발명가로 증기를 이용한 연구로 증기 기관을 개발했다. 그는 압력솥, 증기 안전 밸브, 응축 펌프, 외륜 보트를 발명하기도 했다.

드미트리 멘델레예프(1834~1907)
145쪽

라우라 바시(1711~1778)
98쪽

레오나르도 다빈치(1452~1519)
58~59쪽

레오나르도 피보나치(1170~1250)
46쪽

레이첼 카슨(1907~1964)
202~203쪽

로버트 고더드(1882~1945)
로켓 기술을 개척한 미국의 물리학자이자 발명가. 그는 최초의 액체 연료 로켓을 발명했다. 로켓 과학에 관한 그의 연구인 『극한의 고도에 도달하는 방법』은 1920년 스미스소니언 연구소에서 출판되었다.

로버트 코흐(1843~1910)
독일 의사이자 미생물학 및 세균학의 선구자. 결핵을 일으키는 박테리아를 발견한 공로로 1905년 노벨 생리의학상을 수상했으며 탄저균과 콜레라의 원인인 박테리아도 발견했다.

로버트 훅(1635~1703)
건축, 천문학, 생물학, 화학, 지도 제작 분야에 큰 공헌을 한 영국의 발명가이자 물리학자. 스프링에 관한 연구로 유명한 그는 두 개의 렌즈로 구성된 현미경을 발명했으며 세포를 최초로 기록한 과학자이기도 하다.

로저 베이컨(약 1214~1292)
48~49쪽

루돌프 디젤(1858~1913)
자신의 이름을 딴 디젤 엔진을 발명한 것으로 유명한 독일의 발명가이자 기계 엔지니어이다.

루이 파스퇴르(1822~1895)
142~143쪽

르네 데카르트(1596~1650)

프랑스의 수학자, 과학자, 철학자. 그는 종종 "현대 철학의 아버지"로 불리며 "나는 생각한다. 고로 나는 존재한다."라는 명언으로 잘 알려져 있다. 또한 기하학과 광학 분야에도 기여했다.

마리 퀴리(1867~1934)

180~181쪽

마이클 패러데이(1791~1867)

123쪽

메리 애닝(1799~1847)

115쪽

벤자민 프랭클린(1706~1790)

전기를 연구하고 피뢰침을 발명한 미국의 과학자, 철학자, 정치가. 미국 건국의 아버지 중 한 사람이기도 하다.

빌헬름 뢴트겐(1845~1923)

1895년 X-선 발견으로 1901년 최초의 노벨 물리학상을 수상한 독일의 물리학자. X-선의 도입은 의학과 현대 물리학에 혁명을 일으켰다. 그는 역학, 열, 전기 분야의 발견으로도 유명하다.

쇠렌 페테르 라우리츠 쇠렌센(1868~1939)

산도를 측정하기 위해 pH 눈금을 도입한 덴마크 생화학자. 이 척도는 산성과 알칼리성 물질에서 색이 변하는 지시지(또는 용액) 또는 pH 미터를 사용하여 물질의 산도를 측정한다.

스티븐 호킹(1942~2018)

224~225쪽

아르키메데스 (기원전 약 287~기원전 약 212)

이탈리아 시칠리아의 시라쿠사에서 태어난 그리스의 발명가, 철학자, 수학자. 그는 부력의 원리를 발견하고 아르키메데스 나사를 발명한 것으로 유명하다. 또한 로마인들로부터 시라쿠사를 방어하기 위해 공성기를 만들기도 했다.

아리스토텔레스(기원전 384~기원전 322)

30~31쪽

아이작 뉴턴(1642~1727)

88~89쪽

안토니 판 레이우엔훅(1632~1723)

현미경을 통해 박테리아와 같은 단세포 생물을 관찰한 최초의 과학자가 된 네덜란드 미생물학자. 그는 직접 현미경을 제작하고 개발하여 근육 섬유와 적혈구를 설명하는 데 사용했다.

알라지(약 854~약 925)

35쪽

알베르투스 마그누스(약 1200~1280)

51쪽

알렉산더 그레이엄 벨(1847~1922)

150쪽

알렉산더 플레밍(1881~1955)

스코틀랜드 세균학자이자 1945년 노벨 생리의학상 공동 수상자. 그는 항생제 페니실린의 발견으로 유명하며 눈물이나 타액과 같은 체액에서 발견되는 항균 효소인 리소자임을 발견했다.

알베르트 아인슈타인(1879~1955)

172~173쪽

알 콰리즈미(약 780~약 850)

페르시아의 수학자, 지리학자, 천문학자로 "대수학의 아버지"로 널리 알려져 있다. 그는 유럽에 아라비아 숫자를 도입하는 데 기여했다. 바그다드에서 활동하며 두 권의 수학 교과서와 지리와 천문학에 관한 중요한 저작물을 저술했다.

알프레드 노벨(1833~1896)

다이너마이트와 무연 화약을 발명한 스웨덴의 화학자. 그는 유언을 통해 막대한 재산의 대부분을 물리학, 화학, 생리학 또는 의학, 문학, 평화 분야의 업적에 수여하는 노벨상을 만드는 데 기부했다.

알하젠(965~1040)

광학 분야에 기여한 아랍의 수학자, 천문학자, 물리학자. 그는 반사와 굴절의 법칙을 고안하고 인간의 눈의 해부학적 구조를 설명했다.

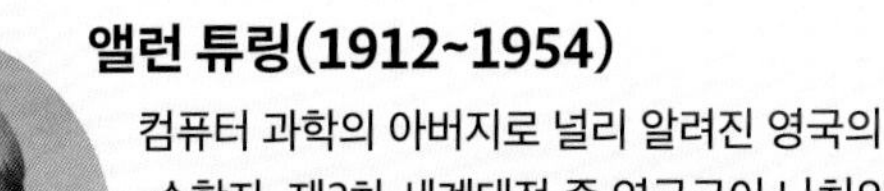

앨런 튜링(1912~1954)

컴퓨터 과학의 아버지로 널리 알려진 영국의 수학자. 제2차 세계대전 중 영국군이 나치의 암호를 해독할 수 있도록 한 전자식 컴퓨터의 프로토타입인 봄베라는 암호 해독기를 개발했다.

에드워드 제너(1749~1823)

천연두 백신을 개발한 영국의 의사. 그는 경미한 우두병에 감염된 사람이 치명적인 천연두 바이러스에 감염되지 않는다는 사실을 발견했다. 이 연구 결과는 1798년에 발표되었고 곧이어 백신 접종이 널리 보급되었다.

에드윈 허블(1889~1953)

은하수는 수많은 은하 중 하나에 불과하며 우주는 팽창하고 있다는 사실을 발견한 미국의 천문학자. 허블 우주 망원경은 그의 이름을 따서 명명되었다.

에우클레이데스(기원전 약 330~기원전 약 260)

"기하학의 아버지"로 불리는 그리스의 수학자. 이집트 알렉산드리아의 수학 학교의 교사였던 그는 13권으로 구성된 『기하학원론』으로 가장 잘 알려져 있다. 이 책은 19세기까지 학교에서 표준 수학 교과서로 사용되었다.

에이다 러블리스(1815~1852)

127쪽

오마르 하이얌(약 1048~1131)

43쪽

오토 한(1879~1968)

1917년 동료 리제 마이트너와 함께 방사성 원소 프로트악티늄을 발견한 독일의 화학자이자 물리학자. 1938년 핵분열을 발견하여 1944년 노벨 화학상을 수상했다.

요하네스 구텐베르크 (약 1395~약 1468)

금속 활자로 인쇄하는 방법을 발명한 독일의 인쇄업자. 1430년대에 인쇄기를 발명했으며 1455년에는 구텐베르크 성경이라고도 알려진 42행 성경을 제작했다.

요하네스 케플러(1571~1630)

행성의 운동에 대한 연구로 유명한 독일의 천문학자. 1611년 그는 갈릴레이 망원경을 개량해서 현재 케플러 망원경으로 알려진 망원경을 만들었다.

윌리엄 램지(1852~1916)

스코틀랜드의 화학자로 아르곤, 네온, 크세논, 크립톤 기체를 발견한 공로로 1904년에 노벨 화학상을 수상했다. 그는 또한 이러한 기체들이 헬륨 및 라돈과 함께 비활성 기체라고 불리는 새로운 원소군을 형성한다는 사실을 입증했다.

윌리엄 브래드퍼드 쇼클리(1910~1989)

기술 역사상 가장 위대한 혁신 중 하나로 꼽히는 트랜지스터를 발명한 공로로 1956년 노벨 물리학상을 존 바딘, 월터 브라테인과 공동 수상한 미국 물리학자이다.

윌리엄 하비(1578~1657)

75쪽

이븐 시나(약 980~1037)

38쪽

장 바티스트 비오(1774~1862)

운석의 존재를 규명하고 설탕 용액을 분석하는 기술을 개발한 프랑스의 물리학자, 천문학자, 수학자. 1804년 최초의 과학 탐사용 열기구에 탑승한 과학자 중 한 명이었다. 동료 물리학자 펠릭스 사바트와 함께 1820년에 전기와 자기의 관계를 증명했다.

제인 구달(1934~)

탄자니아 곰베 스트림 국립공원의 침팬지에 대한 연구로 잘 알려진 영국의 인류학자. 그녀는 침팬지가 유능한 도구 제작자이며 매우 복잡한 사회적 행동을 한다는 사실을 발견했다.

제임스 와트(1736~1819)

증기 기관 기술을 개선하여 산업 혁명에 기여한 영국의 엔지니어. 모형 증기 기관을 수리하던 중 실린더를 두 개로 늘리면 엔진을 훨씬 더 강력하게 만들 수 있다는 사실을 깨달았다.

조너스 에드워드 소크(1914~1995)

최초의 효과적인 소아마비 백신을 발견한 미국의 의사로 1952년 소아마비 백신의 인체 실험을 시작했다. 1955년 백신이 미국에서 널리 사용되도록 출시되었다.

조르주 퀴비에(1769~1832)

고생물학(화석 연구)과 해부학 연구로 가장 잘 알려진 프랑스 동물학자. 그는 화석을 살아 있는 동물의 골격과 비교함으로써 생물 종 전체가 멸종했음을 증명할 수 있었다.

조바니 도메니코 카시니(1625~1712)

87쪽

조지 불(1815~1864)

현대 컴퓨터 과학의 많은 토대를 마련한 영국의 수학자로 논리학에 관해 연구했다. 그는 현대 디지털 컴퓨터 회로 설계의 기본이 되는 대수학의 한 형태인 불대수로 알려진 논리 체계를 고안했다.

조지프 리스터(1827~1912)

의학에서 소독 기술을 개척한 영국의 외과의사. 그는 수술 기구를 살균하고 수술 후 상처를 깨끗하게 유지하기 위해 페놀을 사용하는 방법을 도입했다. 그의 수술법은 전 세계 병원에서 표준으로 자리 잡았다.

조지프 톰슨(1856~1940)

전자를 발견하고 전기와 마그네슘의 수학적 이론을 발전시킨 영국의 물리학자. 그는 기체를 통한 전기 전도 연구로 1906년 노벨 물리학상을 수상했다.

존 로지 베어드(1888~1946)

스코틀랜드의 엔지니어, 발명가, 텔레비전의 선구자. 그는 1924년 도형의 윤곽을 전송하는 데 성공하고 1926년에는 움직이는 물체를 전송하는 데 성공했다. 1928년에는 최초의 컬러 텔레비전 화면을 제작했다.

지그문트 프로이트(1856~1939)

오스트리아의 정신과 의사이자 정신분석학의 창시자. 비엔나에서 일하면서 최면에 관심을 갖게 된 그는 최면이 정신 장애를 가진 사람들을 돕는 데 어떻게 사용될 수 있는지 탐구했다. 이후 꿈 분석을 전문으로 연구하여 1899년에 유명한 저서 『꿈의 해석』을 출간했다.

찰스 다윈(1809~1882)

134~135쪽

찰스 리히터(1900~1985)

진원지에서 지진의 규모를 측정하는 리히터 규모를 개발한 미국의 물리학자. 그는 또한 미국에서 지진이 가장 많이 발생하는 지역을 보여주는 지도를 고안했다.

찰스 배비지(1791~1871)

영국의 수학자이자 발명가로 "컴퓨팅의 아버지"로 불리는 인물이다. 그는 정보를 저장할 수 있는 기계식 컴퓨터 두 대를 만드는 데 평생을 바쳤다. 비록 완성하지는 못했지만 현대 컴퓨터의 선구자로 평가받고 있다.

카를 벤츠(1844~1929)

독일의 엔지니어이자 자동차 제조업자이다. 그는 고틀립 다임러와 협력하여 1885년 최초의 내연 기관 자동차를 성공적으로 제작했고, 1893년에는 최초의 사륜 자동차를 생산했다. 그는 1899년 세계 최초의 경주용 자동차를 생산하기 시작했다.

카를 보쉬(1874~1940)

1931년 노벨 화학상을 수상한 독일의 산업 화학자. 그는 수소와 질소를 결합하여 암모니아를 생산하는 하버-보쉬 공정을 개발했다. 이 공정을 통해 엄청난 양의 비료와 폭약을 생산할 수 있게 되었다.

크리스티안 네틀링 바너드(1922~2001)

개심 수술의 선구자이자 1967년 최초의 인간 대 인간 심장 이식에 성공한 남아프리카공화국의 외과의사. 그의 환자였던 루이스 워시칸스키라는 식료품점 직원은 교통사고 피해자의 심장을 이식받았지만 18일 후 폐렴으로 사망했다.

크리스티안 하위헌스(1629~1695)

82쪽

토머스 에디슨(1847~1931)

149쪽

튀코 브라헤(1546~1601)

67쪽

파라셀수스(1493~1541)

스위스계 독일인 의사, 철학자, 식물학자, 점성술사로 질병 치료에 화학을 도입했다. 유럽 전역을 여행하며 의술을 펼친 그는 유황, 납, 수은을 질병 치료제로 도입했다.

프톨레마이오스(약 100~약 170)

그리스-로마의 천문학자, 수학자, 지리학자. 그는 행성의 움직임을 설명하는 태양계 모델을 만들었고 지구가 우주의 중심에 있다고 주장했다. 또한 세계 지도를 만들고 『알마게스트』 백과사전을 저술하기도 했다.

플라톤(기원전 427~기원전 347)

그리스 철학자이자 소크라테스의 제자. 기원전 388년 플라톤은 아테네에 아카데미라는 학교를 세웠다. 자신의 저서 『국가』에서 이상적인 사회를 통치하는 방법에 대한 이론을 제시했다. 그는 모든 물질이 공기, 흙, 불, 물로 구성되어 있다고 믿었다. 또한 구형의 지구와 행성의 움직임을 믿었다.

피타고라스(기원전 580~기원전 500)

플라톤과 아리스토텔레스의 저작에 영향을 준 그리스 철학자이자 수학자. 그는 자연과 세계를 숫자를 통해 해석할 수 있다고 가르쳤으며 기하학의 피타고라스 정리와 직각삼각형에 대한 연구로 잘 알려져 있다.

하워드 월터 플로리(1898~1968)

1928년 알렉산더 플레밍이 처음 발견한 항생제 페니실린을 정제하고 생산하기 위해 에른스트 체인과 공동으로 노력한 호주의 병리학자. 이 세 과학자는 1945년에 노벨 생리의학상을 공동 수상하였다.

하인리히 헤르츠(1857~1894)

154쪽

히포크라테스 (기원전 약 460~기원전 약 377)

"의학의 아버지"로 널리 알려진 그리스 의사. 그는 환자와 환자의 증상을 관찰하는 것을 의료 행위의 기본으로 삼았고 모든 질병에는 합리적인 설명이 있다고 믿었다.

용어집

결합
분자 내에서 원자 또는 원자단을 서로 붙잡아 두는 원자 간의 인력.

경도
물체가 본초 자오선에서 동쪽 또는 서쪽으로 얼마나 멀리 떨어져 있는지를 측정한 값. 경도는 북쪽에서 남쪽으로 이어지며 본초 자오선은 북극에서 영국 그리니치를 경유하여 남극까지 이어지는 가상의 선.

공해
더럽거나 유독한 물질 또는 화학 물질로 인한 환경 피해.

광년
빛이 1년에 이동하는 거리. 1광년은 약 9조 5천억 km.

광전지
빛을 사용하여 전기를 생성하는 전자 장치.

기어
기계의 속도나 힘을 높이기 위해 가장자리에 톱니가 있고 함께 회전하는 서로 다른 크기의 한 쌍의 바퀴 중 하나.

기후 변화
지구 환경 변화 또는 인간 활동으로 인한 지구 날씨 패턴의 장기적인 변화.

끓는점
액체가 기체로 변하는 온도.

녹는점
고체가 액체로 변하는 온도.

다이오드
회로를 통해 전류가 한 방향으로만 흐르도록 하는 전자 부품.

단백질
신체가 새로운 세포를 만드는 데 도움이 되는 필수 영양소.

대륙
아프리카 같은 지구의 큰 땅덩어리 중 하나.

레버
밀거나 당기거나 돌리는 힘의 크기를 증가시킬 수 있는 피벗(교점)에서 균형을 이룬 막대.

렌즈
빛을 굴절시켜 사물을 더 크게 또는 더 작게, 더 가깝게 또는 더 멀리 보이게 하는 곡선형의 투명한 플라스틱이나 유리 조각.

마찰
움직이며 접촉하는 두 물체 사이의 힘. 마찰은 속도를 늦추고 열을 발생시킴.

먹이사슬
서로 연결된 일련의 생물체로 한 생물체가 다음 생물체를 먹는 관계.

멸종
하나의 종이 완전히 사라짐.

멸종 위기
식물이나 동물의 종이 멸종 위험에 처해 있는 상태.

모터
전기와 자기를 사용하여 회전 운동이나 직선 운동을 일으키는 기계.

물리학
주로 에너지와 물질에 관련된 과학을 연구하는 학문. 물리학자는 물질과 에너지의 관계를 연구하는 과학자.

물질
우리 주변의 모든 것을 구성하는 것.

미생물
현미경을 통해서만 볼 수 있는 미세한 생물체. 박테리아는 가장 일반적인 유형의 미생물.

바이러스
살아 있는 세포를 감염시켜 증식하는 미생물로 종종 질병을 유발함.

박테리아
한 개의 세포로 이루어진 미생물의 집단으로 일부는 질병을 일으키기도 함.

방사선 연대 측정
물체에 포함된 방사성 물질의 양을 측정하여 연대를 알아내는 방법.

배터리
화학 물질을 사용하여 전하를 저장하는 휴대용 전기 공급 장치.

백신
질병에 걸리는 것을 막기 위한 예방적 치료.

번식
두 동물이 짝짓기를 통해 새끼를 낳는 것.

별
핵심부에서 핵반응으로 에너지를 방출하는 천체.

보존
어떤 과정, 사물 또는 생명을 유지하는 것.

복제
유기체의 체세포에서 다른 유기체를 만들어 유전적으로 동일하게 만드는 과정.

부력
액체 속의 물체가 그 아래의 수압으로 인해 위로 뜨려는 힘.

분자
두 개 이상의 원자가 서로 결합되어 있는 화합물의 최소 단위.

블랙홀
중력이 너무 강해서 어떤 물질이나 빛도 빠져나갈 수 없는 천체.

비타민
신체 성장과 발달에 필요한 화합물.

살충제
해충을 없애는 데 사용되는 물질.

생물학
살아 있는 유기체에 관한 과학의 한 분야. 생물학자는 생물을 연구하는 과학자.

생식
후손을 만드는 과정.

서식지
식물이나 동물이 일반적으로 사는 곳.

세포
모든 생명체를 이루는 기본 단위.

소독제
질병을 일으키는 미생물을 죽이는 의료용 약물. 감염을 예방하기 위해 피부에 소독제를 바르기도 함.

양성자
원자핵에서 발견되는 양전하를 띠는 아원자입자.

어는점
액체가 고체로 변하는 온도.

에너지
현재 또는 미래에 어떤 일을 할 수 있도록 하는 물체의 속성. 에너지의 종류에는 운동 에너지와 위치 에너지 등이 있음.

엔진
동력을 공급하는 기계 장치.

연금술
납을 금으로 바꾸는 것을 목표로 한 근대 화학 이전의 학문 분야.

연소
나무나 석탄과 같은 연료가 공기 중의 산소와 함께 연소하여 열 에너지를 방출하는 화학 반응.

원소
동일한 원자로 이루어진 물질의 기본 구성 요소.

원자
원소의 특성을 가진 원소의 가장 작은 부분.

위도
사물이 적도에서 북쪽 또는 남쪽으로 얼마나 떨어져 있는지를 측정하는 값. 적도는 지구의 한가운데를 수평으로 가로지르는 가상의 선.

유전
여러 세대에 걸쳐 특성이 전달되는 것.

유전학
생물의 성장과 생김새를 조절하는 세포의 일부인 유전자를 연구하는 학문.

은하
중력의 힘으로 묶여져 있는 별, 먼지, 가스의 거대한 집단.

응결
기체나 증기가 액체로 변화하는 과정.

이론
관찰이나 실험에 근거한 사실이나 현상에 대한 설명.

인터넷
전 세계의 컴퓨터가 정보를 교환할 수 있는 네트워크.

자기장
자석 주위에 펼쳐지는 보이지 않는 힘의 패턴.

자력
특정 금속을 끌어당기거나 밀어내는 힘.

전극
전도체로 만들어진 전기 접점. 회로의 주요 부분을 배터리의 화학 물질과 같은 외부의 어떤 것과 연결함.

전기
원자 내부에서 전자가 일으키는 에너지의 일종. 정전기는 전자가 한 곳에 모여서 만들어지는 반면, 전류는 전자가 이동할 때 발생함.

전자
원자핵 주변에서 발견되는 음전하를 띠는 아원자입자.

전자석
전기로 인해 자기장을 생성하는 자석.

전파
파동으로 이동하는 에너지의 일종으로 특히 소리와 같은 정보를 전송하는 데 사용함.

절연체
열의 흐름을 감소시키는 물질.

종
생김새가 비슷하고 서로 번식할 수 있는 유기체의 그룹.

주파수
에너지 파동이 위아래로 움직이는 빈도를 측정한 값.

중력
모든 물체를 끌어당기는 힘. 지구에서는 물체를 아래로 떨어뜨리고 물체에 무게를 부여하는 역할을 함.

중성자
원자핵에서 발견되는 전하가 없는 아원자입자.

증발
액체가 기체 또는 증기로 변하는 현상.

지구 물리학자
지구와 지구 환경을 연구하는 물리학자.

지구 온난화
지구의 기온이 상승하여 가뭄과 심한 폭풍 등과 같이 전 세계 날씨에 영향을 미치는 현상.

진공
공기와 다른 모든 물질이 제거된 빈 공간.

진화
종이 여러 세대에 걸쳐 변화하는 과정.

질량
물체가 포함하고 있는 물질의 양.

천문대
천문학자들이 우주를 연구하는 건물.

천문학
우주에 있는 물체를 연구하는 학문. 천문학자는 우주에 있는 물체를 연구하는 과학자.

철학
지식, 현실, 생명의 본질과 존재, 마음과 같은 사상을 연구하는 학문.

크랭크축
피스톤의 상하 운동을 자동차 바퀴를 돌리는 회전 운동으로 바꾸는 자동차 엔진의 막대.

탄수화물
쌀이나 빵과 같은 전분질 식품에서 발견되는 화합물로 에너지를 공급함.

태양계
태양, 행성 및 그 위성, 태양의 중력에 영향을 받는 다른 천체들을 포함하는 우주 영역.

특허
발명을 제작, 사용, 판매할 수 있는 독점적 권리를 부여하는 정부 문서.

포유류
어미의 젖을 먹고 새끼를 낳는 온혈 척추동물.

피스톤
원통 안에 단단히 끼워져 앞뒤로 움직이는 둥근 금속 부품.

필라멘트
전구에 전류가 흐를 때 빛을 내는 전구의 부품.

합금
금속과 소량의 다른 금속 또는 비금속을 혼합하여 만든 물질.

항생제
박테리아를 죽이거나 성장을 늦추는 의료용 약물.

해부
시체의 내부 구조를 연구하기 위해 시체를 절개하는 것.

핵
양성자와 중성자로 이루어진 원자의 중심 부분.

호르몬
신체 기능을 조절하는 혈류의 화학 물질.

화석
지구의 지각 또는 바깥층에 보존된 식물과 동물의 유해.

화학
화학 물질의 구성과 반응에 관한 과학의 한 분야. 화학자는 화학 물질과 그 반응을 연구하는 과학자.

화학 물질
원소 또는 화합물로 이루어진 물질.

화합물
두 가지 이상의 서로 다른 원소의 원자 또는 분자를 결합하여 만든 화학 물질.

회로
전기가 흐르는 경로. 모든 전기 및 전자 제품 내부에 회로가 있음.

효소
생물이 내부의 화학 반응 속도를 높이기 위해 사용하는 물질.

힘
물체의 속도, 이동 방향 또는 모양을 변경하는 밀거나 당기는 작용.

DNA
데옥시리보핵산. 부모가 자손에게 유전 정보를 전달할 수 있도록 하는 염색체 내부의 화학 물질.

찾아보기

감사의 글

DK(Dorling Kindersley)는 다음의 분들께 감사드립니다.
색인: Helen Peters, 프루프리딩: Polly Goodman, 편집: Rupa Rao, Esha Banerjee, and Priyaneet Singh, 디자인: Mansi Agrawal, Roshni Kapur, and Meenal Goel, 삽화: Arun Pottirayil, 기술 지원: Vishal Bhatia, 사진: Ashwin Adimari, Subhadeep Biswas, Deepak Negi, and Nishwan Rasool
사진 수록을 허가해 주신 다음의 분들께도 감사드립니다.
(a)는 above, (b)는 below/bottom, (c)는 center, (f)는 far, (l)은 left, (r)은 right, (t)는 top을 의미합니다. 하나 또는 다수의 알파벳이 결합되어 본문 페이지 내 사진의 위치를 지시합니다.

1 Dorling Kindersley: The Science Museum, London. 2 Alamy Stock Photo: Zev Radovan/BibleLandPictures (crb). The Trustees of the British Museum: (cr). 3 Dorling Kindersley: The Science Museum, London (cr). Dreamstime.com: Andreykuzmin (ca); Alexei Sysoev (fcr); Olha Rohulya (clb). Getty Images: Krzysztof Kwiatkowski/E+ (crb, crb/plugs). iStockphoto.com: Benjamin Albiach GalAln (cb). 6 Alamy Stock Photo: Werner Forman Archive/Heritage Image Partnership Ltd (clb); Peter Horree (cb). Dorling Kindersley: The University of Aberdeen (br). Dreamstime.com: Nickolayv (c). 6-7 akg-images: Erich Lessing (c). Dreamstime.com: Rhombur (Background). 7 Alamy Stock Photo: View Stock China (cra). Getty Images: De Agostini Picture Library (crb). 8 Alamy Stock Photo: Werner Forman Archive/Heritage Image Partnership Ltd (bc). 9 123RF.com: Peter Vrabel (tr). Alamy Stock Photo: Peter Horree (c); The Natural History Museum (clb). Getty Images: Danita Delimont (b). 10 Press Association Images: Martin Mejia/AP (cb). 10-11 123RF.com: antonel (t/Aged Paper). 11 Rex by Shutterstock: Universal History Archive / UIG (crb). 12 The Trustees of the British Museum: (tr). Getty Images: Egyptian/Deir el-Medina, Thebes, Egypt (bl). 13 Alamy Stock Photo: hwo/imageBROKER (bl). Dorling Kindersley: The University of Aberdeen (tl). Getty Images: Dea Picture Library (bc). 14-15 Science Photo Library: Javier Trueba/Msf. 16 Alamy Stock Photo: dpa picture alliance archive (tc). Dorling Kindersley: Peter Hayman/The Trustees of the British Museum (ca). Dreamstime.com: Witr (bc). Getty Images: Universal History Archive (clb). 17 Alamy Stock Photo: Gianni Dagli Orti/The Art Archive (bl). 18-19 akg-images: Erich Lessing (cb). Alamy Stock Photo: Liu Xiaofeng/TAO Images Limited (tc). 18 Getty Images: Dea/A. Dagli Orti (tl). 19 Alamy Stock Photo: Zev Radovan/BibleLandPictures (tc). Dorling Kindersley: Peter Hayman/The Trustees of the British Museum (tr). Getty Images: Dea/A. Dagli Orti (cb). 20 Alamy Stock Photo: Werner Forman Archive/Heritage Image Partnership Ltd (bl). Getty Images: Dea Picture Library (cla). Wellcome Images http://creativecommons.org/licenses/by/4.0/: (crb). 20-21 Getty Images: Dea/G. Dagli Orti (c). 21 Getty Images: AFP (tr). 22-23 Alamy Stock Photo: andrew parker. 24 Alamy Stock Photo: Antiqueimages (crb); Snyder Collection/Prisma Bildagentur AG (cl); Classic Image (bl). 25 Alamy Stock Photo: Stephen Birch (tl); View Stock China (cb); Epa/Cardiff University (crb). Getty Images: De Agostini Picture Library (cra). 26-27 Dreamstime.com: Rhombur (cb). 26 Alamy Stock Photo: F1online digitale Bildagentur GmbH (clb). 27 Getty Images: Dea/D. Dagli Orti (tc); Dea Picture Library (cr). 28-29 Dorling Kindersley: The Science Museum, London (bc). 28 Alamy Stock Photo: North Wind Picture Archives (bl). All rights reserved. Royal Library of Belgium: (tc). The Art Archive: British Library (cr). 29 Alamy Stock Photo: dbtravel (cr). Getty Images: Leemage (br); Stock Montage/Archive Photos (tl). 30 Alamy Stock Photo: North Wind Picture Archives (tl). Getty Images: Dea Picture Library (br). The Art Archive: Bibliothèque de la Sorbonne Paris/Kharbine-Tapabor/Coll. Jean Vigne (clb). 31 Dreamstime.com: Nickolayv. 32 Alamy Stock Photo: Granger Historical Picture Archive (t/Background); Photo Researchers, Inc (cl). Getty Images: Dea/G. Dagli Orti (c). 32-33 Getty Images: Science & Society Picture Library (cra). 33 Alamy Stock Photo: Interfoto (cl). Courtesy of University Archives, Columbia University in the City of New York: Rare Book & Manuscript Library (clb). Dorling Kindersley: National Maritime Museum, London (cr). 34 akg-images: Roland and Sabrina Michaud (cla). Photoshot: Mel Longhurst (bc). 34-35 Alamy Stock Photo: Granger Historical Picture Archive (tc). 35 Science Photo Library: Sheila Terry (c). Wellcome Images http://creativecommons.org/licenses/by/4.0/. 36 Alamy Stock Photo: Dennis Hallinan (cb). Getty Images: De Agostini Picture Library (cl). SuperStock: Interfoto (tc). 36-37 Alamy Stock Photo: Peter Horree (c). 37 Alamy Stock Photo: 914 collection (cr). Rex by Shutterstock: Universal History Archive (crb). 38 Alamy Stock Photo: Photo Researchers, Inc (cra). Dorling Kindersley: Stephen Oliver (bl). Roshdi Rashed: Geometry and Dioptrics in Classical Islam, London, al-Furqān, 2005.: (br). Wellcome Images http://creativecommons.org/licenses/by/4.0/: Asian Collection (tc). 39 Alamy Stock Photo: World History Archive (tc). Alamy Stock Photo: imageClick, Inc. (br). Science Photo Library: (bl). 40-41 Alamy Stock Photo: Photo Researchers, Inc. 42 Alamy Stock Photo: Walter Rawlings/robertharding (cla). Reproduced by kind permission of the Syndics of Cambridge University Library: (cb). NASA: CXC/SAO (bc). Wellcome Images http://creativecommons.org/licenses/by/4.0/.
43 Courtesy of University Archives, Columbia University in the City of New York: Rare Book & Manuscript Library (crb). Getty Images: Bettmann (cr). 44 Alamy Stock Photo: Prisma Archivo (clb). Getty Images: Cem Canbay (cla). NASA: Reto Stockli/Alan Nelson/Fritz Hasler (bc). 44-45 Alamy Stock Photo: Photo Researchers. 45 Alamy Stock Photo: Granger Historical Picture Archive (clb). Getty Images: Hulton Archive (cr); Science & Society Picture Library (tc). NASA. 46-47 Getty Images: Universal Images Group (tc). 46 Alamy Stock Photo: Granger Historical Picture Archive (cb). Wikipedia: Drawing from treatise "On the Construction of Clocks and their Use", Ridhwan al-Saati, 1203 C.E. (cla). 47 akg-images: British Library (bc). Getty Images: Dea/G. Dagli Orti (ca). 48 akg-images: British Library (tl). Alamy Stock Photo: Photo Researchers, Inc (bl). Wellcome Images http://creativecommons.org/licenses/by/4.0/: Iconographic Collections (crb). 49 Getty Images: Leemage/Universal Images Group. 50 Alamy Stock Photo: Interfoto (cra). Getty Images: Print Collector/Hulton Archive (br). Wellcome Images http://creativecommons.org/licenses/by/4.0/: Asian Collection (cla). 51 Getty Images: Dea/G. Dagli Orti (br). Rex by Shutterstock: Martin Siepmann/imageBROKER (tl). Wellcome Images http://creativecommons.org/licenses/by/4.0/: Iconographic Collections (bl). 52-53 Alamy Stock Photo: Chronicle. 54 Alamy Stock Photo: Gianni Dagli Orti/The Art Archive (ca). Getty Images: Photo 12/Universal Images Group (br); Science & Society Picture Library (bl). 55 Alamy Stock Photo: Granger Historical Picture Archive (cb); Interfoto (bl). 56-57 Dorling Kindersley: National Maritime Museum, London (bc). 56 Alamy Stock Photo: Malcolm Park editorial (clb). Chapin Library, Williams College.: (bc). Courtesy of University Archives, Columbia University in the City of New York: Rare Book & Manuscript Library (cra). Photo Scala, Florence: Photo Josse (cla). 57 Alamy Stock Photo: Interfoto (cla). Getty Images: Time Life Pictures/Mansell/The LIFE Picture Collection (cra). Wellcome Images http://creativecommons.org/licenses/by/4.0/: Iconographic Collections (ca); Rare Books (crb). 58 Getty Images: ullstein bild. 59 Alamy Stock Photo: Interfoto (crb). Getty Images: GraphicaArtis/Archive Photos (tr). 60-61 Dreamstime.com: Dragoneye (Background). 60 akg-images: Massimiliano Pezzolini (l). Alamy Stock Photo: charistoone-images (bc). Dorling Kindersley: Natural History Museum, London (cb). Getty Images: Universal History Archive (c). Wellcome Images http://creativecommons.org/licenses/by/4.0/: Science Museum, London (crb). 61 Alamy Stock Photo: Granger Historical Picture Archive (clb); Mary Evans Picture Library (tc); Cabinet Revel/Photos 12 (ca). Dorling Kindersley: The Science Museum (cr). 62 Dorling Kindersley: Natural History Museum, London (tr). Getty Images: Universal History Archive (b). 63 Alamy Stock Photo: Photos 12 (tr). Getty Images: Apic (crb); PHAS / Universal Images Group (cb). 64 Alamy Stock Photo: World History Archive (cl). Getty Images: Science & Society Picture Library (c). 64-65 Museo Galileo, Florence: Franca Principe (c). 65 National Maritime Museum, Greenwich, London: (cb). 66 akg-images: Massimiliano Pezzolini (tr). Alamy Stock Photo: Sonia Halliday Photo Library (bl). 67 Getty Images: Dea/G. Dagli Orti (bl); Science & Society Picture Library (br). NASA: JPL-Caltech (cra). Photoshot: World History Archive (ca/supernova). Wellcome Images http://creativecommons.org/licenses/by/4.0/: Iconographic Collections (ca). 68 Alamy Stock Photo: Everett Collection Historical (crb). Dorling Kindersley: The Science Museum, London (bl). Getty Images: Science & Society Picture Library (tl). 69 Alamy Stock Photo: Pictorial Press Ltd. 70 Alamy Stock Photo: Lordprice Collection (clb); Photo Researchers, Inc (br). Getty Images: Science & Society Picture Library (cla). 71 Alamy Stock Photo: Granger Historical Picture Archive (tr). Dorling Kindersley: Board of Trustees of the Royal Armouries (br). Getty Images: Print Collector/Hulton Fine Art Collection (bl). 72 Alamy Stock Photo: Granger Historical Picture Archive (tl). NASA: JPL/DLR (br). 73 NASA: Tiago Campante/Peter Devine (cl). 74 Alamy Stock Photo: charistoone-images (b). NASA: (cla). 75 Alamy Stock Photo: Granger Historical Picture Archive (tc). Getty Images: Heritage Images (br); Time Life Pictures (cra); Stock Montage/Archive Photos (clb). Wellcome Images http://creativecommons.org/licenses/by/4.0/: Rare Books (tc). 76 Alamy Stock Photo: Granger Historical Picture Archive (clb); Photo Researchers, Inc (tl). Dorling Kindersley: The Science Museum, London (r). 77 Alamy Stock Photo: Interfoto (crb). Dorling Kindersley: The Science Museum, London (cb). Getty Images: Bettmann (cra). 78 123RF.com: Antonio Abrignani (cra). Alamy Stock Photo: Lebrecht Music and Arts Photo Library (ca). Dorling Kindersley: Natural History Museum, London (cla). Science Photo Library: Adam Hart-Davis (br). Wikipedia: University of Huelva (bl). 79 Alamy Stock Photo: Photo Researchers, Inc (tr). Dorling Kindersley: The Science Museum, London (b). Getty Images: Science & Society Picture Library (tc). 80 Alamy Stock Photo: Chris Hill / National Geographic Creative (ca). Dorling Kindersley: The Science Museum, London (cb). Dreamstime.com: Paul Cowan (crb). SuperStock: Science and Society (bc). 80-81 Dreamstime.com: Dragoneye (c). 81 Getty Images: Science & Society Picture Library (c); Science & Society Picture Library (crb). 82 Alamy Stock Photo: Granger Historical Picture Archive (c). Getty Images: Leemage (bl); Science & Society Picture Library (bc). 83 Bridgeman Images: Derby Museum and Art Gallery, UK (br). Science Photo Library: (cra). Wellcome Images http://creativecommons.org/licenses/by/4.0/: Rare Books (cb). 84-85 Dorling Kindersley: The Science Museum (cb). 84 akg-images: (cl). Getty Images: Universal Images Group (cra). 85 Getty Images: Science & Society Picture Library (c); Science & Society Picture Library (cr); Universal Images Group (tl). 86 Wellcome Images http://creativecommons.org/licenses/by/4.0/: Iconographic Collections (bl). 87 Getty Images: Science & Society Picture Library (crb). Science Photo Library. Wellcome Images http://creativecommons.org/licenses/by/4.0/: Iconographic Collections (cla). 88 Dorling Kindersley: The Science Museum, London (tl). Rex by Shutterstock: Universal History Archive/Universal Images Group (bl). 89 Getty Images: Bettmann. 90 Dreamstime.com: Jochenschneider (cla). Getty Images: Science & Society Picture Library (br). Princeton University Library: (bl). 91 Bridgeman Images: Christie's Images (tr). Getty Images: Time Life Pictures (b). Science Photo Library: Detlev Van Ravenswaay (tl). 92 Alamy Stock Photo: Granger Historical Picture Archive (cl). Dorling Kindersley: The Science Museum, London (c). 92-93 Getty Images: De Agostini / G. Dagli Orti (c). 93 Alamy Stock Photo: Niels Poulsen DK (crb). Getty Images: Print Collector/Hulton Archive (c). Library of Congress, Washington, D.C.. Penobscot Marine Museum, Searsport, Maine: Walker's Harpoon Log, circa 1886; Object ID No. 447 (tl). 94 Alamy Stock Photo: Prisma Archivo (bl). Dreamstime.com: Vladvitek (cb). Getty Images: De Agostini/G. Dagli Orti (t). 95 Dreamstime.com: Arenaphotouk (br). Wellcome Images http://creativecommons.org/licenses/by/4.0/: Rare Books (tc); Science Museum, London (cl). 96 Bridgeman Images: The Stapleton Collection. 97 Bridgeman Images: The Stapleton Collection. 98 123RF.com: Hasnuddin Abu Samah (tr). Alamy Stock Photo: The Natural History Museum (tc). Getty Images: Science & Society Picture Library (clb). Science Photo Library: Royal Institution Of Great Britain (br). Wellcome Images http://creativecommons.org/licenses/by/4.0/: Iconographic Collections (cla). 99 Alamy Stock Photo: Interfoto (clb); Cabinet Revel/Photos 12 (br). Dorling Kindersley: The Science Museum, London (cra). Getty Images: Hulton Archive (cla). 100 Alamy Stock Photo: Granger Historical Picture Archive (bc). Getty Images: Bettmann (bl); Dea Picture Library (cra); Stock Montage / Archive Photos (crb). 101 Alamy Stock Photo: The Natural History Museum (clb). Dorling Kindersley: National Motor Museum, Beaulieu (b); Science Museum, London (ca). Mary Evans Picture Library: (ca). 102 The European Library: Image provided by Fondazione BEIC (http://www.beic.it/)/Europeana (http://www.europeana.eu/portal/en/record/9200369/BibliographicResource_3000147610904.html) (cl). Getty Images: Science & Society Picture Library (r). 103 123RF.com: PaylessImages (clb); radub85 (fclb). Alamy Stock Photo: H. Mark Weidman Photography (clb/Stratus). Getty Images: De Agostini Picture Library (cra); Science & Society Picture Library (tc). NASA. Science Photo Library: Science Source (tl). 104-105 Getty Images: Heritage Images/Hulton Fine Art Collection. 106 Dorling Kindersley: Science Museum, London (ca). Getty Images: Science & Society Picture Library (br). 106-107 Alamy Stock Photo: Mary Evans Picture Library (tc). 107 123RF.com: Georgios Kollidas (tc). Science Photo Library. 108 Alamy Stock Photo: Gianni Dagli Orti/The Art Archive (cr). Dorling Kindersley: The Science Museum, London (crb); The Science Museum (bl); The Science Museum, London (br). Getty Images: De Agostini Picture Library (tl); Science & Society Picture Library (c); Science & Society Picture Library (cb). Wellcome Images http://creativecommons.org/licenses/by/4.0/: Eadweard Muybridge/University of Pennsylvania. (cra); Science Museum, London (bc). 109 Getty Images: Dea Picture Library (cr). Science Photo Library: CCI Archives (cl). 110 Getty Images: Bettmann (bl); De Agostini Picture Library (cra); Science & Society Picture Library (crb). Wellcome Images http://creativecommons.org/licenses/by/4.0/: Iconographic Collections (b). 111 Dorling Kindersley: The Science Museum, London (cla). Getty Images: Science Museum/SSPL (bc). Library of Congress, Washington, D.C.: (tr). Wellcome Images http://creativecommons.org/licenses/by/4.0/. 112-113 Getty Images: De Agostini Picture Library. 114 123RF.com: Eric Isselee/isselee (bl). Alamy Stock Photo: Pharcide/Chronicle (tr). 115 Alamy Stock Photo: Natural History Museum, London (cra). Dorling Kindersley: Natural History Museum, London (cla); Oxford Museum of Natural History (cb). Dreamstime.com: Igor Kaliuzhny (tl). 116-117 Dorling Kindersley: Royal Tyrrell Museum of Palaeontology, Alberta, Canada (bc). 116 Dreamstime.com: Tinglee1631 (cb). 117 Getty Images: Bettmann (tl); James L. Amos (cra). Science Photo Library: Nature Source (cla). 118 Alamy Stock Photo: Gianni Dagli Orti/The Art Archive (cla); FotoFlirt (br). Getty Images: Science & Society Picture Library (cra). Science Photo Library: Royal Institution Of Great Britain (clb). 119 Alamy Stock Photo: Sabena Jane Blackbird (br); StampCollection (clb). 120 Alamy Stock Photo: Dave Blackey/All Canada Photos (tr). Wellcome Images http://creativecommons.org/licenses/by/4.0/: Rare Books (cl). 122 Alamy Stock Photo: Guildhall Library & Art Gallery / Heritage Image Partnership Ltd (b). Getty Images: Joseph Niepce/Hulton Archive (cla); Science & Society Picture Library (cra). 123 Alamy Stock Photo: The Natural History Museum (clb); The Natural History Museum (crb). Dorling Kindersley: The Science Museum, London (ca); The Science Museum, London (cra). Dreamstime.com: Nicku (cla). 124 Getty Images: Science & Society Picture Library (tr); Science & Society Picture Library (c). Harvard College Observatory. 124-125 Dorling Kindersley: The Science Museum (c). 125 Science Photo Library: Sheila Terry (cra). 126 Dorling Kindersley: The Science Museum, London (ca). Getty Images: Ullstein Bild (bc). 127 Alamy Stock Photo: Granger Historical Picture Archive (cla). Getty Images: Science & Society Picture Library (cra); Science & Society Picture Library (clb). National Museum of American History/Smithsonian Institution: Kenneth E. Behring Center (br). 128-129 Getty Images: Science & Society Picture Library. 130 Getty Images: Science & Society Picture Library (tr); Science & Society Picture Library (c). 131 123RF.com: abrakadabra (cra). Science Photo Library: Martin Bond (crb). SuperStock: Bridgeman Art Library, London (clb). 132 Alamy Stock Photo: Tom Gillmor/Chronicle (clb); Interfoto (tr). Getty Images: Heritage Images/Hulton Archive (cb). 133 Alamy Stock Photo: Mary Evans Picture Library (bc). Getty Images: Apic/Hulton Archive (c). Muzeum Przemysłu Naftowego i Gazowniczego im. Ignacego Łukasiewicza of Bóbrka (Poland).: (clb). 134 Alamy Stock Photo: Classic Image (crb). Getty Images: Science & Society Picture Library (tl). 135 Getty Images: Print Collector/Hulton Archive. 136 123RF.com: Tomasz Wyszolmirski (clb). Dorling Kindersley: The Science Museum, London (tr). University of Oklahoma Libraries: (cla). 137 Alamy Stock Photo: Design Pics Inc. (clb). Fotolia: Natallia Yaumenenka/eAlisa (cb). Getty Images: Science & Society Picture Library (ca). 138 Getty Images: Bettmann (cra); Science & Society Picture Library (cla). 139 Getty Images: Science & Society Picture Library (bc). Science Photo Library: CCI Archives (cra). 140 Alamy Stock Photo: Photo Researchers, Inc (cl). Getty Images: Science & Society Picture Library (r). 141 Getty Images: Chicago History Museum (tl). NASA: Earth Observatory/Robert Simmon (clb). 142 Getty Images: Dea Picture Library. 143 123RF.com: darkbird (Background). Alamy Stock Photo: Granger Historical Picture Archive (crb). Wellcome Images http://creativecommons.org/licenses/by/4.0/: Iconographic Collections (clb); Science Museum, London (tr). 144 Dorling Kindersley: The Science Museum, London (bl). Getty Images: Mandel Ngan / AFP (br); Science & Society Picture Library (tr). 145 Alamy Stock Photo: Granger Historical Picture Archive (cra); Interfoto (br). Getty Images: De Agostini Picture Library (clb); Science & Society Picture Library (bc). 146 Alamy Stock Photo: Lanmas (cl). Dorling Kindersley: The Science Museum, London (cb). Science Photo Library: Sheila Terry (cra). 147 Getty Images: Science & Society Picture Library (crb). 148 Dorling Kindersley: The Science Museum, London (cra). Getty Images: Science & Society Picture Library (crb). Science Photo Library: Detlev Van Ravenswaay (tc). 149 akg-images. Dorling Kindersley: The Science Museum, London (ca). Getty Images: Dea Picture Library (tr). Wellcome Images http://creativecommons.org/licenses/by/4.0/: Iconographic Collections (cla); Eadweard Muybridge/University of Pennsylvania. (bc). 150-151 Dorling Kindersley: The Science Museum, London (cb). 150 Alamy Stock Photo: Granger Historical Picture Archive (cl). Getty Images: Science & Society Picture Library (tc). 151 Getty Images: Bettmann (crb); Science & Society Picture Library (tr). 152-153 Getty Images: Stefano Bianchetti/Corbis Historical. 154 Alamy Stock Photo: Granger Historical Picture Archive (ca). Dorling Kindersley: National Motor Museum, Beaulieu (bl). Getty Images: Three Lions/Hulton Archive (tr); Science & Society Picture Library (crb). 155 Getty Images: Science & Society Picture Library (t); Science & Society Picture Library (bc). Library of Congress, Washington, D.C.. 156 Alamy Stock Photo: Sergio Schnitzler (cb). Dorling Kindersley: The Science Museum, London (cl). Dreamstime.com: Dennis Chamberlain (crb). Getty Images: Science & Society Picture Library (ca). Science & Society Picture Library: Science Museum (tc). Andrew Skudder: https://www.flickr.com/photos/skuds (bc). 156-157 Alamy Stock Photo: Photo Researchers, Inc (tc). 157 Dorling Kindersley: James Mann/Colin Spong (c). Science Photo Library: Detlev Van Ravenswaay (r). 158 akg-images. Alamy Stock Photo: Pictorial Press Ltd (tr); World History Archive (cla). Getty Images: Hulton Archive (clb). 158-159 University of Chicago Library. 159 Alamy Stock Photo: Tetra Images (bc). Dreamstime.com: Dennis Chamberlain (cra). National Museum of American History/Smithsonian Institution: Kenneth E. Behring Center (br). 160 Alamy Stock Photo: Interfoto (tc); Mary Evans Picture Library (cla). Getty Images: Marc Dozier (bc). 161 Alamy Stock Photo: Ewing Galloway (cb). Dorling Kindersley: The Science Museum, London (cra). Getty Images: Library of Congress/digital version by Science Faction (clb); Universal Images Group (cla). 162 Getty Images: Albert Harlingue / Roger Viollet (cla). Science & Society Picture Library: Science Museum (cb). 162-163 Alamy Stock Photo: Chronicle (c). 163 Alamy Stock Photo: Aviation History Collection (c); chrisstockphotography (cr). 164 Alamy Stock Photo: Grant Heilman Photography (cla); Sergio Schnitzler (tr). 165 Getty Images: Science & Society Picture Library (tr); Science & Society Picture Library (ca); Bob Thomas/Popperfoto (b). 166 Getty Images: Lambert/Archive Photos (ca). 166-167 Alamy Stock Photo: Lordprice Collection (bc). 167 Getty Images: ullstein bild (cra); ullstein bild (crb). 169 Rex by Shutterstock: Magic Car Pics (clb). Science Photo Library: Wellcome Dept. Of Cognitive Neurology (crb). 170 123RF.com: Mikhail Vorozhtsov (bl). ESA/Hubble: NASA (cra). 170-171 Andrew Skudder: https://www.flickr.com/photos/skuds. 171 123RF.com: Duncan Noakes (c). Alamy Stock Photo: Classic Image (cra); nobeastsofierce Science (clb). 172 Getty Images: Keystone-France/Gamma-Keystone. 173 Alamy Stock Photo: KEYSTONE Pictures USA (bl). Fotolia: Paul Fleet (crb). Getty Images: Print Collector / Hulton Archive (tr). Wikipedia: (cb). 174 123RF.com: claudiodivizia (cla); Oleg VydyboretS (ca). Alamy Stock Photo: Zvonimir Atletić (crb). 174-175 Getty Images: Hulton Archive (tc). 175 Getty Images: Bettmann (bc). NASA: JPL-Caltech (cra). Science Photo Library: Millard H. Sharp (bl). 176 Dorling Kindersley: James Mann/Colin Spong (cb). 177 Alamy Stock Photo: Handypix (cr); Imagein (tl). Rex by Shutterstock: WestEnd61 (cl). 178 Alamy Stock Photo: Hipix (ca). Getty Images: Bettmann (cla). NOAA: Haymon et al/NOAA-OE/WHOI (clb). 178-179 Dreamstime.com: Olha Rohulya (t). Getty Images: Daily Herald Archive/SSPL (cb). 179 Alamy Stock Photo: sciencephotos (b). Bridgeman Images: Tallandier (tr). Getty Images: Davies/Hulton Archive (cl). 180 123RF.com: darkbird (Background). Alamy Stock Photo: Lebrecht Music and Arts Photo Library (clb). Dorling Kindersley: The Science Museum, London (crb). Getty Images: Culture Club/Hulton Archive (tl). 181 Science Photo Library: Science Source. 182 Alamy Stock Photo: Everett Collection Historical (cla). 183 Alamy Stock Photo: Mob Images (cra). Getty Images: Bettmann (bc). NASA: JPL-Caltech/STScI/CXC/SAO (crb). 184-185 Science Photo Library: Eye Of Science. 187 Alamy Stock Photo: Granger Historical Picture Archive (cra). Getty Images: Bettmann (br). Science Photo Library: Peter Scoones (clb). 188 Alamy Stock Photo: Granger Historical Picture Archive (tl). Getty Images: Christopher Cooper (cl). 190 Alamy Stock Photo: Everett Collection Inc (clb). NASA: JPL (cb). Science Photo Library: Detlev Van Ravenswaay (r). 191 Getty Images: Haynes Archive/Popperfoto (ca); Bettmann (br). Science Photo Library: David Parker (cb). 192-193 Alamy Stock Photo: Photo Researchers, Inc. 194 Alamy Stock Photo: Rafael Ben-Ari (br); PjrStudio (crb); Chris Willson (cla). Dorling Kindersley: Oxford Museum of Natural History (ca). 194-195 iStockphoto.com: Benjamin Albiach GalAln. 195 Dorling Kindersley: Andy Crawford (ca); The Science Museum, London (cl). Getty Images: (tc); Bloomberg (cr). NASA. Ed Uthman, MD: (c). 196 Getty Images: Apic/Hulton Archive (cla). Science Photo Library: Detlev Van Ravenswaay (tr). SuperStock: Science and Society/Science and Society (crb). Courtesy of U.S. Army: (bc). 197 Alamy Stock Photo: Rafael Ben-Ari (c). Getty Images: Science Museum/SSPL (cra). Science Photo Library: James King-Holmes (crb). 198-199 iStockphoto.com: Benjamin Albiach GalAln (c). 199 Science Photo Library: Dr. Charles Mazel/Visuals Unlimited, Inc (cra); J.C. Revy, Ism (cb); David Parker (crb). 200 123RF.com: Yulia Clam (crb). Alamy Stock Photo: Everett Collection Historical (bl). Getty Images: Bettmann (cr). 201 Alamy Stock Photo: PjrStudio (br). Getty Images: Bettmann (bl); GraphicaArtis/Hulton Archive (cra). Science Photo Library: Mark Williamson (crb). 202 123RF.com: darkbird (Background). Environmental Protection Agency (EPA): (clb). Getty Images: Mint Images - Frans Lanting (cla). PENGUIN and the Penguin logo are trademarks of Penguin Books Ltd: (bc). Rachel Carson Council: Carson family (tl). 203 Getty Images: Alfred Eisenstaedt/The LIFE Picture Collection. 204 Alamy Stock Photo: Interfoto (bl). Press Association Images: Uncredited/AP (ca). 204-205 Getty Images: Bettmann (bc). 205 Dorling Kindersley: Oxford Museum of Natural History (cla). Getty Images: Loomis Dean (cra); Daily Herald Archive/SSPL (tl). Courtesy of U.S. Army: (bc). 206-207 Dorling Kindersley: The Science Museum, London (tc). 206 123RF.com: cylonphoto (bl). Alamy Stock Photo: Granger Historical Picture Archive (crb). Getty Images: Bettmann (ca); Thomas J. Abercrombie/National Geographic (tr). 207 Alamy Stock Photo: Photo Researchers, Inc (crb). Getty Images: The Asahi Shimbun (cra). Ultimatecarpage.com/Wouter Melissen: (bl). 208-209 Getty Images: Bettmann. 210 Getty Images: Bettmann (cra); Apic/Hulton Archive (bl); Science & Society Picture Library (cb). National Museum of American History/Smithsonian Institution: Kenneth E. Behring Center (br). 211 Bridgeman Images: National Geographic Creative (crb). Getty Images: (bl). 212 Rex by Shutterstock: Sovfoto/Universal Images Group (cla). 212-213 NASA. 213 Dorling Kindersley: Dave Shayler/Astro Info Service Ltd (crb). NASA. 214 Alamy Stock Photo: Granger Historical Picture Archive (b). NASA. Photoshot: Karsten Lemm (crb). Science Photo Library. 215 Alamy Stock Photo: Sarah Edwards/WENN Ltd (cb). Dorling Kindersley: Oxford Museum of Natural History (crb). Dreamstime.com: Boaz Yunior Wibowo (bc). Getty Images: Krzysztof Kwiatkowski/E+ (cl); Time Life Pictures (cra). 216 Alamy Stock Photo: B Christopher (ca); le Moal Olivier (cra). Getty Images: Science & Society Picture Library (bl). Ed Uthman, MD: (crb). 217 Alamy Stock Photo: David Keith Jones/Images of Africa Photobank (bl); Trinity Mirror/Mirrorpix (cla); Trinity Mirror/Mirrorpix (crb). Dorling Kindersley: NASA/JPL (tr). NASA. 218 Alamy Stock Photo: Interfoto (clb); Chris Willson (ca). Science Photo Library: Klaus Guldbrandsen (tr). 218-219 NASA. 219 Alamy Stock Photo: claude thibault (br); Chris Willson (cb). NASA. Science Photo Library: D. Van Ravenswaay (cla); Mark Garlick (tl). 220 Alamy Stock Photo: Nils Prause (clb). 221 123RF.com: Andrey Kryuchkov (crb). Alamy Stock Photo: Stuart Yates (tr). Getty Images: Jim Reed (c). NASA: Scientific Visualization Studio/Goddard Space Flight Center (cla). 222 123RF.com: Adrian Misiak (cb), Oliver Sved (cra). NASA. 223 Alamy Stock Photo: evan Hurd (clb); Rick Edwards ARPS (tc); Chris Willson (cra). Getty Images: Arno Masse (bc). 224 Alamy Stock Photo: DWD-Media (bl); vintageusa1 (tl). NASA. 225 Getty Images: Handout. 226 Dorling Kindersley: Andy Crawford (bl). Getty Images: Paul HANNY/Gamma-Rapho (cla). NASA. 227 Alamy Stock Photo: epa european pressphoto agency b.v. (bl); Chris Willson (ca). Dorling Kindersley: Blackpool Zoo, Lancashire, UK (bc). Getty Images: Science & Society Picture Library (tc). 228 Dreamstime.com: Dan Breckwoldt (clb); Martinmark (clb/Smartphone). 228-229 Chris Harrison: Carnegie Mellon University, USA (tc). 229 Alamy Stock Photo: PG Pictures/Apple Watch is a trademark of Apple Inc., registered in the U.S. and other countries. (crb). Dreamstime.com: Kaspars Grinvalds (cr). Getty Images: Joel Saget/AFP (cra). 230-231 ESA / Hubble: NASA/N. Smith (University of California, Berkeley/http://creativecommons.org/licenses/by/3.0. 232 Dreamstime.com: Edward J Bock 111 (crb). Press Association Images: Scott Dalton/AP (cra). 233 Getty Images: Nicolas LE CORRE (br). NASA. Science Photo Library: Peter Menzel (tl).
234 Alamy Stock Photo: AF archive (crb). Getty Images: Ed Darack (clb); Oli Scarff/AFP (tr). 235 Dreamstime.com: Alexei Sysoev (bl). ESA: (cr). Getty Images: Bloomberg (l). 236 Alamy Stock Photo: BMD Images (cr). Getty Images: Yoshikazu Tsuno / AFP (bl). Science Photo Library: James King-Holmes (cl). 237 Getty Images: Laguna Design/Science Photo Library (crb). Science Photo Library: James King-Holmes (bl). 238 Getty Images: Universal Images Group (tl). 239 NASA. Science Photo Library: Ocean Power Delivery / Look At Sciences (tl). 240-241 © CERN: Claudia Marcelloni. 242 Alamy Stock Photo: Chris Schmid Photography (cl). Getty Images: AFP POOL (c). Copyright 2016 HRL Laboratories: Dan Little (cr). Martin Aircraft Company: (bl). 243 NASA: ESA (cra); JPL-Caltech (b). 244 Dreamstime.com: Andrey Pavlov (tl). Getty Images: Victor Habbick Visions (clb). NREL National Renewable Energy Laboratory: Warren Gretz (cb). Science Photo Library: Steve Gschmeissner (cb/wound). 245 Rice University: Tour Research Group (tl). Science Photo Library: IBM Research (tc); Spencer Sutton (c). 246 elifesciences: Berger et al/eLife 2015;4:e09560 (cla). Oculus VR: (cra). NASA (bl). DARPA: (br). 247 Alamy Stock Photo: Abaca Press (tl); UPI (bl). NASA (tr). 248 Dorling Kindersley: The Science Museum, London. 252 Fotolia: Karl Bolf (ca); HandmadePictures (c). 254 Dorling Kindersley: Natural History Museum, London (clb); Oxford Museum of Natural History (ca, cla, c, cb, crb, fcrb). 256 Fotolia: Yong Hian Lim (crb). 267 Dorling Kindersley: Natural History Museum, London (bc); The Science Museum, London (cl). 270 NASA. (ca, crb, clb, cb); ESA/Hubble (cla); ESA (cl); JPL-Caltech / CXC / SAO (fclb); Fred Espenak/GSFC (c). 274 NASA: The Hubble Heritage Team and Nolan R. Walborn (STScI), Rodolfo H. Barba' (La Plata Observatory, Argentina), and Adeline Caulet (France). (fcla). 276 NASA: JPL-Caltech / UCLA (cl); JPL-Caltech / Harvard-Smithsonian CfA (fcra); JPL-Caltech / Univ. of Ariz. (cr); JPL-Caltech (cra); JPL (cla); The Hubble Heritage Team and Nolan R. Walborn (STScI),Rodolfo H. Barba' (La Plata Observatory, Argentina), and Adeline Caulet (France). (fcla). 277 Alamy Stock Photo: Stocktrek Images, Inc. (cb). NASA: MSFC/MEO/Cameron McCarty (tc). 278 Alamy Stock Photo: Photo Researchers, Inc (cla). Getty Images: Bettmann (c). Library of Congress, Washington, D.C.: (bl). Wellcome Images http://creativecommons.org/licenses/by/4.0/: Iconographic Collections (clb, cb). 279 Getty Images: NurPhoto (bc); Universal Images Group (ca). Wellcome Images http://creativecommons.org/licenses/by/4.0/: (tc); Iconographic Collections (cla, clb). 280 Getty Images: Stock Montage (ca); Universal Images Group (tl). Wellcome Images http://creativecommons.org/licenses/by/4.0/: Iconographic Collections (tc); Rare Books (cl). 281 Getty Images: Heritage Images / Hulton Archive (cb); Robert W. Kelley / The LIFE Picture Collection (ca). Wellcome Images http://creativecommons.org/licenses/by/4.0/: Iconographic Collections (cla); Iconographic Collections (cl)

옮긴이 소개

박종석 경북대학교 사범대학 화학교육과 교수이다. 서울대학교 사범대학 화학교육과에서 학사, 서울대학교 과학교육학과에서 석사 및 박사학위를 취득했다. 한국과학교육학회장과 경북대학교 사범대학장을 역임하였다.

박다혜 대구광역시에서 초등교사로 재직하고 있다. 대구교육대학교에서 학사와 석사학위를 취득하고 경북대학교 과학교육학과에서 박사학위를 취득했다. 초등과학교육의 역사 연구에 관심을 가지고 있으며 현재는 환경교육 실천과 연구에 참여하고 있다.

전경희 대구광역시에서 중등교사로 재직하고 있다. 충남대학교 화학과에서 학사, 고려대학교 화학과에서 석사학위를 취득하고, 경북대학교 과학교육학과에서 박사학위를 취득했다. 과학고등학교에 근무하면서 과학영재 교육 및 IB 교육, 성장중심평가에 관심을 가지고 연구하고 있다.

최지미 대구광역시에서 초등교사로 재직하고 있다. 대구교육대학교에서 학사와 석사학위를 취득하고 경북대학교 과학교육학과에서 박사과정을 수료했다. IB 교육에 관심을 가지고 연구하고 있으며 다문화, 글로벌 교육 관련하여 활동하고 있다.

이영미 경북대학교에서 강사로 활동 중이다. 경북대학교 화학과에서 학사, 대구교육대학교에서 석사학위를 취득하고 경북대학교 과학교육학과에서 박사과정을 수료했다. 한국의 과학교육 역사에 관심을 가지고 연구하고 있다.

인류의 과학 기술 문명
불의 사용부터 우주 개척까지

초판 1쇄 인쇄 2024년 11월 20일
초판 1쇄 발행 2024년 11월 25일

지은이 DK 과학사 편집위원회
옮긴이 박종석, 박다혜, 전경희, 최지미, 이영미
펴낸이 조승식
펴낸곳 도서출판 북스힐
등록 1998년 7월 28일 제22-457호
주소 서울시 강북구 한천로 153길 17
전화 02-994-0071
팩스 02-994-0073
인스타그램 @bookshill_official
블로그 blog.naver.com/booksgogo
이메일 bookshill@bookshill.com

ISBN 979-11-5971-619-5
정가 30,000원